ATZ / MTZ-Typenbuch

Die komplexe Technik heutiger Kraftfahrzeuge und Motoren macht einen immer größer werdenden Fundus an Informationen notwendig, um die Funktion und die Arbeitsweise von Komponenten oder Systemen zu verstehen. Den raschen und sicheren Zugriff auf diese Informationen rund um ausgewählte Fahrzeugtypen bietet die regelmäßig aktualisierte Reihe ATZ/MTZ-Typenbuch. Sie bietet die zum Verständnis erforderlichen Grundlagen, Daten und Erklärungen anschaulich, systematisch und anwendungsorientiert.
Die Reihe wendet sich an Fahrzeug- und Motoreningenieure sowie Studierende, die Nachschlagebedarf haben und im Zusammenhang Fragestellungen ihres Arbeitsfeldes verstehen müssen und an Professoren und Dozenten an Universitäten und Hochschulen mit Schwerpunkt Kraftfahrzeug- und Motorentechnik. Sie stellt die charakteristischen Besonderheiten eines ausgewählten Fahrzeugtyps in Entwicklung, Konstruktion und den Eigenschaften der Funktion dar und ist damit auch für Entwicklungsingenieure in der Automobil- und Zulieferindustrie, Dienstleistern, Gutachter sowie technische interessierte Neuwagenkäufer von besonderem Interesse.

Uwe Ernstberger • Jürgen Weissinger •
Jürgen Frank (Hrsg.)

Mercedes-Benz SL

Entwicklung und Technik

Mit 323 Abbildungen

Springer Vieweg

Herausgeber
Uwe Ernstberger
Daimler AG
Sindelfingen, Deutschland

Jürgen Weissinger
Daimler AG
Sindelfingen, Deutschland

Jürgen Frank
Daimler AG
Sindelfingen, Deutschland

ISBN 978-3-658-00799-7 ISBN 978-3-658-00800-0 (eBook)
DOI 10.1007/ 978-3-658-00800-0

Die Deutsche Nationalbibliothek verzeichnet diese Publikation in der Deutschen Nationalbibliographie; detaillierte bibliographische Daten sind im Internet über http://dnb.d-nb.de abrufbar.

Springer Vieweg

Gedruckt auf säurefreiem und chlorfrei gebleichtem Papier.

Springer Vieweg ist eine Marke von Springer DE. Springer DE ist ein Teil der Fachverlagsgruppe Springer Science+Business Media
www.springer-vieweg.de

Leicht ist sportlich

Wolfgang Siebenpfeiffer

Liebe Leserin, lieber Leser,

eine Spontanumfrage auf der Straße nach der Bedeutung des Kürzels SL ergäbe wahrscheinlich „sportlich-luxuriös". Der Charakter des neuen Mercedes-Benz SL wäre damit gar nicht schlecht beschrieben, denn seit seiner ersten Vorstellung vor 60 Jahren bietet er genau dies: offenes sportliches Fahren im Verbund mit herausragendem Komfort.

Und dennoch meinten die Väter des 300 SL mit ihrer Modellbezeichnung anderes: In der ersten Pressemitteilung aus dem Jahr 1952 wurde das Kürzel mit „sportlich-leicht" aufgelöst. So schlicht sich das anhört, so sehr handelte es sich um eine für den Erfolg des Fahrzeugkonzepts entscheidende Eigenschaft. Denn Rennsportlegenden wie Rudolf Caracciola hätten das Auto nicht von Sieg zu Sieg treiben können, wenn nicht das Leergewicht mit 1060 Kilogramm sehr gering ausgefallen wäre. Der Sechszylindermotor mit 3 l Hubraum und „nur" 170 PS (Kilowatt waren noch unüblich) war relativ klein ausgefallen.

Heute betreibt man Leichtbau aus ganz anderen Gründen, es heißt, den Verbrauch zu minimieren, ohne die Sportlichkeit aufgeben zu müssen. Dabei gilt es manchmal, ganz neue Wege zu gehen, wie sie Mercedes mit der Vollaluminiumkarosserie des neuen SL erstmals in Großserie beschreitet. Die Dachstruktur ist sogar in Magnesium ausgeführt und dient so nicht nur geringen CO_2-Emissionen, sondern auch einem niedrigen Schwerpunkt. Die leichtesten Bauteile sind bekanntlich jene, auf die man ganz verzichten kann. Auch dafür bietet der neue SL ein gutes Beispiel: Die vorderen Längsträger wurden als Resonanzlautsprecher zur Wiedergabe von Basstönen ausgeführt.

Insgesamt um bis zu 140 Kilogramm ist der neue SL leichter als sein Vorgänger, und er hat auch bei Komfort und Sicherheit zugelegt. Ob „sportlich-luxuriös" oder „sportlich-leicht", der SL bleibt sich treu. Alle technischen Details finden Sie in diesem ATZextra.

Unser Dank gilt den Autoren und insbesondere den Buchkoordinatoren Jürgen Frank, Stefan Mack und Waldemar Rosen für die sehr gute Zusammenarbeit.

Viel Vergnügen bei der Lektüre wünscht Ihnen

Ihr

Wolfgang Siebenpfeiffer

Chefredakteur
Stuttgart, im Februar 2012

Autorenverzeichnis

Kommentar

Der neue SL – Athlet, Ästhet
Prof. Dr. Thomas Weber
Mitglied des Vorstands der Daimler AG, verantwortlich für Konzernforschung und Mercedes-Benz Cars Entwicklung.

Interview

„Kultivierte Sportlichkeit und Fahrspaß mit gesteigerter Leistung und Agilität"
Dr. Uwe Ernstberger
Leiter Programm-Management große Limousinen, Roadster und Sports Utility Vehicles (SUV).

Der SL – sportlich und leicht aus Tradition

Jürgen Frank
ist Abteilungsleiter Gesamtfahrzeugkonstruktion SL/SLK.

Positionierung des neuen SL

Bernd Stegmann
ist Leiter Produktmanagement S, CL, SL und SLK.

Peter Wagner ist Produktmanager SL.

Projektmanagement und Projektsteuerung

Gunter Fischer
ist Strategischer Projektleiter SL/SLK.

Dr. Ralf Theurer
ist Projektleiter Entwicklung SL.

Thomas Recknagel
ist Teamleiter Projektmanagement SL/SLK.

Weitere Autoren:
Peter Wagner (Projektleitung Marketing), Dr. Jürgen Braun (Projektleitung Strategiephase), Patricia Fernando (Projektleitung Controlling), Jörg Schmalenbach (Projektleitung Produktion), Axel Schlegel (Projektleitung Einkauf), Björn Bartels (Projektleitung After Sales).

Konzeptdefinition des neuen SL

Stefan Mack
ist Integrationsgruppensprecher Gesamtfahrzeug SL.

Umsetzung des Fahrzeugkonzepts

Jürgen Weissinger
ist Centerleiter Baureihe SL, SLK, SLR, Maybach und Sonderfahrzeuge.

Waldemar Rosen
ist Teamleiter Konzeption, Dokumentation, Serienbetreuung SL.

Stefan Mack
ist Integrationsgruppensprecher Gesamtfahrzeug SL.

Evelyn Carstens
ist Integrationsgruppensprecherin Digitales Produkt SL.

Das Design des neuen SL

Prof. Dr. h.c. Gorden Wagener
ist Leiter Design Mercedes-Benz Cars, Vans & Daimler Trucks.

Hans-Dieter Futschik
ist Leiter Design PKW-Exterieur.

Hartmut Sinkwitz
ist Leiter Kompetenz Center Interieur-Design.

Weitere Autoren:
Prof. Jürgen Bräuchle (Typprojektleiter Design SL), Hans-Harald Hanson (Informationsmanagement Design).

Maßnahmen zur Gewichts-reduzierung

Jürgen Weissinger
ist Centerleiter der Baureihen SL, SLK, SLR, Maybach und Sonderfahrzeuge.

Hartmut Scheihing
ist Gewichtecontroller in der Gesamtfahrzeugkonstruktion SL.

Leichtbaukarosserie

Michael Kelz
ist Centerleiter Entwicklung Karosserie Rohbau und Korrosionsschutz Gesamtfahrzeug.

Dr. Thomas Rudlaff
ist Abteilungsleiter der Entwicklung Rohbaukonzepte und Leiter Projekthaus Aluminium.

Werner Schretzlmeier
ist Teamleiter Entwicklung Unterbau S-/SL-/SLK-Klasse.

Michael Müller
ist zuständig für die Koordination des Teilprojekts Rohbau SL-Klasse.

Rita Bitzer
ist Funktionsgruppensprecherin Oberfläche und Korrosionsschutz Gesamtfahrzeug SL-Klasse.

Klappen und Anbauteile

Stephan Dürr
ist Funktionsgruppensprecher Rohbau 1 Vorbau und Boden.

Jochen Pfutterer
ist Funktionsgruppensprecher Rohbau 2 Seitenwand und Heck.

Willibald Assmann
ist Centerleiter Entwicklung Türen und Stoßfängersysteme.

Andreas Neye
ist Funktionsgruppensprecher Tür.

Weitere Autoren:
Jens Bühler (Teilprojektleiter Hybrid-Heckdeckel SL), Dirk Kappich (Türrohbau SL), Bernd Hey (Türscharniere).

Elektrohydraulisches Variodach

Dr. Andreas Zygan
ist Centerleiter Karosserieentwicklung Exterieur und Fahrzeugbetriebssysteme.

Jürgen Schrader
ist Abteilungsleiter Entwicklung Dachöffnungssysteme, offene Fahrzeuge, Zierrat und Testing.

Markus Kaute
ist Funktionsgruppensprecher Dach SL-Klasse.

Weitere Autoren:
Sebastian Thielen (Windschott), Martin Guckel (Teamleiter Entwicklung Komponenten offene Fahrzeuge).

Adaptives Wischersystem

Dr. Andreas Zygan
ist Centerleiter Karosserieentwicklung Exterieur und Fahrzeugbetriebssysteme.

Uwe Renz
ist Abteilungsleiter Entwicklung Glas und Wischersysteme.

Michael Bohn
ist Teamleiter für Entwicklung Wischersysteme.

Heiko Schmid
ist zuständig für die Entwicklung von Wischersystemen.

Jan Urban
ist zuständig für die Entwicklung von Wischersystemen.

Lichtsysteme

Dr. Andreas Zygan
ist Centerleiter Karosserieentwicklung Exterieur und Fahrzeugbetriebssysteme.

Markus Mai
ist Teamleiter Lichtsysteme.

Uwe Pfleiderer
ist Bauteilverantwortlicher Frontbeleuchtung.

Bernd Woltermann
ist Systemverantwortlicher Adaptiver Fernlicht-Assistent.

Thomas Gross
ist Bauteilverantwortlicher Heckbeleuchtung.

NVH und Aerodynamik

Stephan Reinberg
ist Integrationsgruppensprecher NVH & Aerodynamik der SL-Klasse.

Eberhard Wagner
ist zuständig für die NVH-Gesamtfahrzeug-Simulation der SL-Klasse.

Wolfgang Siegl
ist zuständig für die Triebstrang-Schwingungsanalyse der SL-Klasse.

Bernd Felgner
ist zuständig für Betätigungs- und Funktionsgeräusche der SL-Klasse.

Roger Schwolow
ist zuständig für die aerodynamische Entwicklung der SL-Klasse.

Bernd Pfingsten
ist zuständig für die Aeroakustik der SL-Klasse.

Weitere Autoren:
Gregor Koners (Akustik und Strukturdynamik), Oliver Schmid (Funktionsgruppensprecher NVH-Bauteile), Dr. Erich Jehle-Graf (Strömungssimulationen (CFD) der SL-Klasse).

Interieur und Sitzanlage

Dr. Stefan Geyer
ist Centerleiter Entwicklung Interieur.

Matthias Zeller
ist Funktionsgruppensprecher Cockpit SL.

Bernd Kuckuk
ist Teamleiter Heizkreislauf/Standheizung und Funktionsgruppensprecher Klimatisierung SL/SLK.

Ralf Peitzmeier
ist Teamleiter Bodenverkleidungen und Funktionsgruppensprecher Innenverkleidungen SL/SLK.

Karl-Heinz Fritz
ist Funktionsgruppensprecher Entwicklung Sitzanlage.

V6- und V8-Ottomotoren

Gerhard Doll
ist Leiter Konstruktion/Mechanik V-Ottomotoren.

Roland Kemmler
ist Leiter Fahrzeugapplikation V-Ottomotoren.

Anton Waltner
ist Leiter Verbrennungsentwicklung Ottomotoren.

Tilman Linder
ist Funktionsgruppensprecher Motoradaption.

Mittelschaltung und Getriebe

Boris Engel
ist Projektleiter DIRECT SELECT-Schaltung.

Daniel Heimgärtner
ist Bauteilverantwortlicher für Mittelschaltungen.

Frank Tomaschewski
ist Bauteilverantwortlicher DIRECT SELECT-Schaltung.

Jens Dorfschmid
ist Entwicklungsprojektleiter 7G-TRONIC PLUS.

Heinz Alber
ist Funktionsgruppensprecher Getriebe und Triebstrang.

Motorbetriebssysteme

Dr. Andreas Zygan
ist Centerleiter Karosserieentwicklung Exterieur und Fahrzeugbetriebssysteme.

Ulrich Moll
ist Abteilungsleiter Entwicklung Thermomanagement.

Andreas Böhringer
ist Funktionsgruppensprecher Abgasanlagen SL-Klasse.

Rainer Bandlow
ist Funktionsgruppensprecher Motorkühlung SL.

Fahrwerksystem

Dr. Andreas Faulhaber
ist Centerleiter PKW-Entwicklung Fahrwerk/Lenkung.

Karl-Heinz Schoger
ist Funktionsgruppensprecher Federungs- und Dämpfungssysteme SL.

Stefan Stelzer
ist Funktionsgruppensprecher Achsen SL.

Bernhard Schweizer
ist Funktionsgruppensprecher Bremse SL.

Fränky Schumacher
ist Funktionsgruppensprecher Räder/Reifen SL.

Lenksystem

Michael Rapp
ist Abteilungsleiter Entwicklung Lenksysteme.

Jürgen Class
ist verantwortlich für die Systemintegration Lenkanlage SL.

Soundsysteme

Norbert Niemczyk
ist Teamleiter Soundsysteme in der Vorentwicklung.

Jochen Linkohr
ist verantwortlich für die Entwicklung des Standard- und des Soundsystems im SL.

Leif Kreibich
ist Bauteilverantwortlicher für Soundverstärker.

Olaf Herholz
ist Projektleiter High-End-Soundsysteme bei Mercedes-AMG.

Weitere Autoren:
Rainer Albus, Verantwortlicher für Audiosysteme.

Telematikfunktionen

Carsten-Uwe Möller
ist HMI-Entwickler.

Tobias Kiefer
ist HMI-Entwickler.

Dr. Martin Seidel
ist Leiter des Teams Kombiinstrumententwicklung.

Sven Leischner
ist Projektleiter Digitale Betriebsanleitung.

Weitere Autoren:
Roger Spaney (Funktionsverantwortlicher für das Media Interface), Stefan Müller (Funktionsverantwortlicher für die COMAND Online Dienste).

Vernetzung und Komfortelektronik

Andreas Drossos
ist Systemsprecher Vernetzung SL.

Roland Lindbüchl
ist Projektleiter Entwicklung Transportmodus.

Dr. Dieter Grohmann
ist Leiter Bordnetz-Gesamtkonzept und Bordnetz-Management.

Stefan Wörner
ist Abteilungsleiter Bordnetz und elektrisches Energiemanagement sowie verantwortlicher E/E-Koordinator SL.

Weitere Autoren:
Thomas Fischer (Funktionsverantwortlicher für HANDS-FREE ACCESS), Bernd Grundner (Funktionsgruppensprecher Innenraumsysteme und Komponenten).

Integrale Sicherheit

Unfallvermeidung und Insassenschutz

Prof. Dr. Rodolfo Schöneburg
ist Centerleiter Passive Sicherheit und Fahrzeugfunktionen.

Prof. Dr. Thomas Breitling
ist Centerleiter Aktive Sicherheit, Fahrverhalten und Energie-Management.

Fahrerassistenzsysteme

Michael Schopper
ist Leiter radarbasierte Fahrerassistenzsysteme.

Taner Kandemir
ist Teamleiter Kollisionsvermeidende Systeme.

Dr. Robert Fröming
ist zuständig für die Funktionsentwicklung Aktiver Spurhalte-Assistent und Projektleiter nächste Generation Fahrerassistenzsysteme.

Heiner Messner
ist zuständig für die Funktionsentwicklung Aktiver Spurhalte-Assistent.

Markus Raab
ist zuständig für die Funktionsentwicklung Aktiver Totwinkel-Assistent.

Dr. Michael Grimm
ist Systemverantwortlicher Spurhalte-Assistent und Teilprojektleiter Abgesicherte Spurerkennung Aktiver Spurhalte-Assistent.

Aktive Sicherheit

Prof. Dr. Thomas Breitling
ist Centerleiter Aktive Sicherheit, Fahrverhalten und Energiemanagement.

Uwe Stenzel
ist Teamleiter Fahrdynamikversuch und Funktionsgruppensprecher Aktive Sicherheit.

Miriam Weyel
ist Typbetreuerin Fahrdynamikversuch und Fahrsicherheit.

Dr. Frank Dettki
ist Teamleiter Fahrwerksanalyse Versuch und Berechnung.

Passive Sicherheit

Prof. Dr. Rodolfo Schöneburg
ist Centerleiter Passive Sicherheit und Fahrzeugfunktionen.

Roland Bachmann
ist Abteilungsleiter Passive Sicherheit SUV, Luxus- und Roadsterfahrzeuge.

Dennis Waldherr
ist Projektkoordinator Passive Sicherheit und Fahrzeugfunktionen SL.

Jörg Hirschkorn
ist Funktionsgruppensprecher Rückhaltesysteme SL.

Umweltverhalten

Werner Daubenschmid
ist Teamleiter für Baureihenübergreifende Querschnittsaufgaben und Systeme.

Dr. Klaus Ruhland
ist Teamleiter Umweltgerechte Produktentwicklung.

Dr. Ulf Säger
ist Funktionsgruppensprecher Verbrauch und Energiemanagement SL.

Abstimmung und Erprobung des Gesamtfahrzeugs

Jürgen Weissinger
ist Centerleiter der Baureihen SL, SLK, SLR, Maybach und Sonderfahrzeuge.

Michael Scheer
ist Leiter der Abteilung Gesamtfahrzeugversuch SL, SLK und SLR.

Weitere Autoren:
Jörg Fabian (Gesamtfahrzeugversuch SL und SLK).

Abstimmung der Fahreigenschaften

Jürgen Berghus
ist Teamleiter Fahrwerk und Antrieb im Gesamtfahrzeugversuch SL.

Alexander Ott
ist verantwortlich für NVH-Erprobung und -Absicherung im Gesamtfahrzeugversuch SL.

Michael Ohmenhäuser
ist verantwortlich für NVH-Erprobung und -Absicherung SL.

Arne Wetzel
ist verantwortlich für die Gesamtfahrzeugintegration Motor, Triebstrang, Kraftstoff- und Regelsysteme.

Hauke Litzenberger
ist verantwortlich für die Fahrwerkabstimmung und -absicherung im Gesamtfahrzeugversuch SL.

Weitere Autoren:
Fränky Schumacher (Funktionsgruppensprecher Räder/Reifen SL), Christian Stal (Reifegradcontrolling und Erprobungsplanung Gesamtfahrzeugversuch SL).

Gesamtfahrzeugerprobung

Thomas Werner
ist verantwortlich für den thermischen Komfort im Gesamtfahrzeugversuch SL.

Jan Husser
ist verantwortlich für die Applikation Klima im SL.

Jürgen Alexander
ist verantwortlich für die thermische Absicherung Gesamtfahrzeug SL.

Dr. Thomas Binner
ist verantwortlich für die Berechnung zur thermischen Absicherung und Durchströmung Gesamtfahrzeug SL und SLK.

Pamela Amann
ist verantwortlich für die Erprobung und Absicherung des Variodaches im Gesamtfahrzeugversuch SL und SLK.

Carsten Söll
ist Teamleiter im Bereich Dauererprobung Gesamtfahrzeug SL und SLK.

Inhaltsverzeichnis

Karosserie

NVH/Aerodynamik

Interieur

Antriebsstrang

Elektrik / Elektronik

Umwelt

Erprobung

Der neue SL – Athlet, Ästhet

Prof. Dr. Thomas Weber ist Mitglied des Vorstands der Daimler AG und verantwortlich für Konzernforschung und Mercedes-Benz Cars Entwicklung.

SL – nur wenige Kürzel rufen bei Automobil-Enthusiasten so viel Begeisterung hervor wie dieses. Es steht für sechs Jahrzehnte Sportlichkeit und Eleganz. Was im Jahr 1952 mit dem Rennsportwagen 300 SL begann und sich in den Folgejahren zu einer Legende entwickelt hat, wird im Frühjahr 2012 mit der Markteinführung des neuen SL fortgeführt. Dieser setzt einen weiteren Glanzpunkt in der faszinierenden Historie unserer Sportwagen, denn das Kürzel SL verpflichtet uns immer wieder einen Sportwagen zu konzipieren, der in Perfektion Athletik und Ästhetik miteinander verbindet.

Auf Basis der bisherigen SL-Design-Ikonen, aber auch mit neuen Perspektiven, haben wir den neuen SL formal unverwechselbar weiterentwickelt. Ergebnis ist ein muskulöser und gleichzeitig stilvoll eleganter Luxussportwagen mit Betonung der klassischen, SL-typischen ausbalancierten Proportionen. Im Interieur vereinen wir die klare Atmosphäre eines Hochleistungssportwagens mit einem komfortablen und stilvollen Ambiente in höchster Wertanmutung.

Unser neuer SL setzt einen neuen Sicherheitsmaßstab im Roadstersegment, denn sein Lightweight-Body mit einem Aluminiumanteil von 90 % reduziert nicht nur das Gewicht gegenüber dem Vorgänger um bis zu 140 kg, sondern bietet mit dem serienmäßigen, vorausschauenden Insassenschutzsystem PRE-SAFE ein Sicherheitsniveau, das weit über alle Gesetzes- und Ratinganforderungen hinausgeht. Zur Unfallvermeidung sorgt das serienmäßige INTELLIGENT LIGHT SYSTEM für stets optimale Fahrbahnausleuchtung und die Müdigkeitserkennung ATTENTION ASSIST sowie ADAPTIVE BRAKE unterstützen den Fahrer.

DISTRONIC PLUS und der Aktive Spurhalte- und der Aktive Totwinkel-Assistent ergänzen optional die Ausstattung mit modernsten Fahrassistenzsystemen.

Die deutliche Gewichtsreduzierung führt in Verbindung mit unserer kraftvollen und effizienten BlueDIRECT-Motorengeneration zu sportlichen Fahrleistungen auf höchstem Niveau. Weniger Gewicht, gepaart mit klassenbester Aerodynamik durch eine c_w-Wert-Reduzierung auf bis zu 0,27, ergänzt mit weiteren BlueEFFICIENCY-Maßnahmen, führen aber auch zu einer Reduzierung der CO_2-Emission um bis zu 29 % gegenüber dem Vorgänger.

Die aktuelle Version des SL war mit über 160.000 verkauften Einheiten Marktführer im Segment.

Mit dem neuen SL – dem perfekten Sportwagen von Mercedes-Benz – werden wir diese Erfolgsgeschichte fortschreiben.

„Kultivierte Sportlichkeit und Fahrspaß mit gesteigerter Leistung und Agilität“

Die sechste Generation der SL-Klasse von Mercedes-Benz setzt neue Maßstäbe in der Klasse der Luxusroadster. Dr. Uwe Ernstberger, Leiter Programm-Management große Limousinen, Roadster und Sports Utility Vehicles (SUV), spricht über die Entwicklungsziele und deren Umsetzung.

Der SL hat mittlerweile eine fast 60-jährige Historie. Wie gehen Sie damit um?

Dr. Ernstberger _ Der neue SL von Mercedes-Benz ist die sechste Generation in unserer erfolgreichen SL-Dynastie, die ihren Ursprung im legendären 300 SL-Flügeltürer hat. Damit war, ist und bleibt der SL die Ikone im Sportwagensektor und konzeptionell mit keinem Wettbewerber direkt vergleichbar. Mit seinem jetzt noch muskulöseren und sportlicheren Design sowie unserem intelligenten Leichtbaukonzept interpretieren wir den Mythos SL neu und verbinden Athletik und Ästhetik in einmaliger Weise zum perfekten Sportwagen von Mercedes-Benz. Bei jedem neuen Modell kamen bisher immer auch bahnbrechende Innovationen zum Einsatz. Als Beispiele seien genannt die Benzindirekteinspritzung, der automatisch aufstellende Überrollbügel oder auch das im Wettbewerbsumfeld immer noch einmalige, vollaktive Fahrwerk Active Body Control. Im neuen SL feiern wir mit MAGIC VISION CONTROL und unserem Frontbass-System gleich zwei Weltpremieren, die unseren Kunden speziell auch beim Offenfahren durch ausgefeilte Technik einen echten Kundennutzen bieten. Auch damit setzen wir die SL-Tradition in eindrucksvoller Art fort.

Beim neuen SL verwirklichen Sie Leichtbau mittels Aluminium. Was waren Ihre Hauptstoßrichtungen, um Leichtbau zu realisieren?

Konsequente Gewichtsreduzierung gehört wie beim Namensgeber, dem Ur-SL von 1954, auch im neuen SL zu den herausragenden konstruktiven Merkmalen. Dabei betrachten wir Leichtbau bei der Karosserieentwicklung nicht nur zum Zweck der Gewichtsreduzierung, sondern fügen beste Aerodynamik, höchste Sicherheit und intelligenten Leichtbau als „3D-Body-Engineering" zusammen. Mit intelligentem Leichtbau folgen wir unserer Devise „das richtige Material an der richtigen Stelle" und haben uns beim neuen SL erstmalig in Großserie für ein Konzept entschieden, das zu 90 % auf die Verwendung von Aluminium zurückgreift. Einige Teile bestehen aber aus anderen Materialien. Für Tanktrennwand und Dachstruktur haben wir das noch leichtere Magnesium gewählt. A-Säulen und Dachquerträger über der Windschutzscheibe bestehen aus höchstfestem Stahl, um die erforderliche Stabilität im Überschlagsfall zu gewährleisten. Ein Novum im Automobilbau sind die großformatigen Gussteile. Sie reduzieren nicht nur Gewicht, sondern auch Komplexität, weil sich durch Integration von Funktionen auch die Anzahl der Bauteile deutlich verringert. Wir verwenden sowohl Vakuumdruckguss als auch Kokillenguss. Andere Bauteile bestehen aus Strangpressprofilen oder aus Aluminiumblechen mit unterschiedlichen Wandstärken. Trotz Erfüllung der höheren Anforderungen an Fahrleistungen, Sicherheit, Komfort und Kraftstoffverbrauch ist es uns dadurch gelungen, den neuen SL gegenüber seinem Vorgänger bis zu 140 kg leichter zu gestalten. Die neue Aluminium-Karosseriestruktur ist aber nicht nur leichter, sondern zeigt sich auch in Sachen Steifigkeit, Sicherheit und Komfort der Stahlausführung des Vorgängers überlegen. Großen Wert haben wir auch auf eine optimierte Aerodynamik gelegt und den Luftwiderstandsbeiwert auf bis zu 0,27 verbessert. Damit bietet der neue SL klassenbeste Aerodynamik. Wesentliche Stellhebel waren ein optimiertes Motorraum- und Unterbodenverkleidungskonzept, eine verstellbare Kühlerjalousie, neu gestaltete und positionierte Außenspiegel und viele weitere Detailmaßnahmen. Mit dem Gesamtpaket aus Gewichtsreduzierung, bester Aerodynamik und dem Einsatz unserer BlueDIRECT-Motoren ist unser neuer SL im Segment auch klar führend mit einer Reduzierung der

CO_2-Emission um bis zu 29 % gegenüber dem Vorgänger.

Komfort wird, wenn es um den SL geht, groß geschrieben. Gibt es dadurch Einbußen in punkto Fahrdynamik oder wie haben Sie diesen Zielkonflikt gelöst?
Ziel war es, kultivierte Sportlichkeit und Fahrspaß mit gesteigerter Leistung und Agilität zu verwirklichen und unseren Kunden damit sportliche Fahrleistungen auf höchstem Niveau zu bieten. Intelligenter Leichtbau ist hier der Schlüssel in mehrerer Hinsicht. Gewichtsreduzierung in Verbindung mit unseren kraftvollen Blue-DIRECT-Motoren führt zu hervorragender Längsdynamik. Weniger Gewicht in Verbindung mit unserer jetzt elektromechanisch arbeitenden Direktlenkung mit lenkwinkelabhängiger Übersetzung garantiert eine sportliche Queragilität. Um auch bezüglich Vertikaldynamik den bestmöglichen Kompromiss zwischen Komfort und Sportlichkeit zu ermöglichen, bieten wir zwei Federungssysteme zur Wahl an. Serienmäßig ist unser neuer SL mit einem semiaktiven, elektronisch kontinuierlich geregelten Verstelldämpfungssystem ausgestattet. Optional ist unser vollaktives in der zweiten Generation nochmals verfeinertes Active Body Control-System erhältlich, mit dem sich neben Wank- auch Nickbewegungen fast vollständig beseitigen lassen. Bei beiden Systemen kann der Fahrer selbst per Knopfdruck zwischen eher sportlicher oder komfortbetonter Abstimmung wählen. Unsere Aluminium-Karosseriestruktur reduziert aber nicht nur Gewicht. Wir konnten gleichzeitig die insbesondere für offene Fahrzeuge wichtige Torsionssteifigkeit um 20 % erhöhen und durch die Verwendung auf Steifigkeit optimierter Gussbauteile an den Anbindungsstellen für Fahrwerk und Powertrain ein exzellentes Abkoppelverhalten und damit das niedrigste Geräusch- und Schwingungsniveau im Segment erreichen. Mit unserem neuen SL verbinden wir die Leistungsfähigkeit eines Sportwagens mit der Kultiviertheit einer Luxuslimousine, oder kurz: der neue SL ist die S-Klasse unter den Roadstern. Und um dies so oft als möglich genießen zu können, haben wir auch die Alltagtauglichkeit durch das im Segment größte Gepäckraumvolumen weiter verbessert.

Auf welche Mercedes-Benz typische Tugenden haben Sie im neuen SL besonders Wert gelegt?
Vorbildliche Sicherheit ist in unserem Markenkern fest verankert und war daher auch für den neuen SL ein Hauptentwicklungsziel. Im Zentrum steht hier zunächst unsere neue Aluminium-Karosseriestruktur, die mit ihrem intelligenten Material- und Fertigungsmix in Verbindung mit dem serienmäßigen PRE-SAFE für beste Crasheigenschaften bei niedrigsten Insassenbelastungwerten weit unterhalb der gesetzlichen Vorgaben für Passive Sicherheit sorgt. Aber auch hinsichtlich Aktiver Sicherheit setzt der neue SL Maßstäbe. Mit dem serienmäßigen INTELLIGENT LIGHT SYSTEM ermöglichen wir unter allen Bedingungen eine automatisch optimale Fahrbahnausleuchtung. Ebenfalls serienmäßig ist der neue SL mit ATTENTION ASSIST und ADAPTIVE BRAKE ausgestattet. Zusätzlich bieten wir unseren Kunden das Fahrerassistenzpaket PLUS an, bestehend aus DISTRONIC PLUS mit PRE-SAFE-Bremse sowie dem Aktiven Spurhalte- und dem Aktiven Totwinkel-Assistenten. Mit diesem Gesamtpaket ist unser neuer SL der sicherste Roadster der Welt und setzt damit einen neuen Sicherheitsmaßstab im Segment.

Was sind für Sie die persönlichen Highlights am neuen Mercedes-Benz SL, auf die Sie als Entwickler ganz besonders stolz sind?
Das sind zwei neue ausgefeilte Lösungen, die Offenfahren in neuer Perfektion er-

möglichen und beide in unserem neuen SL ihre Weltpremiere feiern. Mit MAGIC VISION CONTROL, unserem hocheffizienten und adaptiven Wisch-Waschsystem, setzen wir einen neuen Maßstab in der Scheibenreinigung. Eine ausgeklügelte Wasserführung in Wischerarm und Wischerblatt verteilt das Wasser durch feine Austrittsöffnungen auf beiden Seiten der gesamten Wischblattlänge immer direkt dahin, wo es gebraucht wird – unmittelbar vor der Wischblattlippe. Man erlebt beim Sprühen keinen die Sicht behindernden Wasserschwall auf der Scheibe bei gleichzeitig optimalem Reinigungseffekt. Damit liefert MAGIC VISION CONTROL auch einen Beitrag zur Aktiven Sicherheit und zum ersten Mal ist bei einem Roadster auch bei geöffnetem Dach jederzeit ein komfortables Reinigen der Scheibe möglich. Erstmalig ist auf Wunsch dabei auch das Wischblatt beheizt, um das Anhaften von Schnee oder Eis im Winter zu verhindern und bei kalten Temperaturen warmes Wasser direkt auf die Scheibe zu bringen.

Das ebenfalls weltweit einzigartige Frontbass-System, bei dem zwei Basslautsprecher mit über 200 mm Durchmesser in die Stirnwand montiert sind und damit das dynamisch steife Volumen der Längsträger als Resonanzraum nutzen, erzeugt knackige Bässe in einem weiten Dynamikbereich bis hin zu sehr hohen Signalpegeln äußerst präzise und verzerrungsarm. Darüber hinaus erzeugt die von den übrigen Mittel- und Hochtonlautsprechern in Tür und Fondraum unabhängige Lage der beiden Bassboxen im Fußraum ideale akustische Abstimmverhältnisse. Zusätzlich wirken Stirnwand, Fahrzeugboden und Unterseite der Instrumententafel wie ein Schalltrichter. Der Effekt: mehr Leistung durch hohen akustischen Wirkungsgrad und Konzertsaal-Atmosphäre selbst beim Offenfahren.

Der SL – sportlich und leicht aus Tradition

Jürgen Frank

Wie kein anderer Sportwagen vereint der SL luxuriöse Eleganz und sportliche Dynamik. Damit setzt der neue SL eine Tradition fort, die im Jahr 1952 mit dem legendären Flügeltürer-SL begann.

Die Vor-SL-Ära

Schon die ersten Automobile vor 126 Jahren waren offene Fahrzeuge. Auch der erste Mercedes von 1900 – der Mercedes 35 PS – war mit 1000 kg Gewicht und dank seines Leichtmetallmotors für damalige Verhältnisse sensationell leicht und stark. Als offener Zweisitzer dominierte er die Rennwoche von Nizza; beim Bergrennen Nizza-La Turbie konnte die Durchschnittsgeschwindigkeit von 31,3 auf 51,4 km/h gesteigert werden.

Fortgeschrieben wurde die Geschichte der Mercedes-Benz-Sportwagen unter anderem mit dem weltberühmten leistungsstarken Mercedes-Benz 500 K Spezial-Roadster von 1934, eines der schönsten Autos, das je gebaut wurde. In den 1950er Jahren folgte der SL: Selten hat eine Buchstabenfolge wie die Modellbezeichnung „SL" – eigentlich nur als Kürzel für „sportlich" und „leicht" gedacht – einen ähnlich charismatischen Glanz erreicht. Die beiden Buchstaben sind heute die Garanten für eine einzigartige Tradition bei Mercedes-Benz und stehen für eine lebendige, pulsierende Legende.

W194, W198, W121 (1952 – 1963)

Wir feiern in diesem Jahr 60 Jahre SL. 1952 legte Mercedes-Benz mit dem W194 genannten Rennsportwagen den Grundstein für eine Ära von begeisternden und aufsehenerregenden Sportwagen. Am 12. März 1952 wird auf der wenig befahrenen Autobahn von Stuttgart nach Heilbronn der unter Leitung von Rudolf

Bild 1
Der SL (W194) erringt einen Doppelsieg bei der Carrera Panamericana 1952

Uhlenhaut entwickelte erste SL vorgestellt. Obwohl aus Kostengründen als Basis „nur“ der 300er-Sechszylindermotor (M 194) mit 170 PS und das Viergang-Schaltgetriebe von den Serienaggregaten des Mercedes-Benz 300 abgeleitet sind, gewinnen Rennfahrer wie Karl Kling, Herrmann Lang und Fritz Rieß unter Rennleiter Alfred Neubauer fast alle Sportwagenrennen der Saison. Der Dreifachsieg beim Preis von Bern, der Doppelsieg bei den 24 h von Le Mans und der Vierfachsieg beim Großen Jubiläumspreis vom Nürburgring sowie der Doppelsieg bei der Carrera Panamericana, Bild 1, machen den 300 SL auf Anhieb zur Legende.

Die Aluminium-Leichtbaukarosserie des SL wird von einem Stahlgitterrohrrahmen mit hoher Verwindungssteifigkeit getragen. Das Fahrzeug erreicht 230 km/h, nicht zuletzt dank eines c_w-Werts von 0,25. 15"-Räder und die Zweigelenk-Pendelachse sind weitere Merkmale des Sportwagens. Die Struktur macht aufgrund der Einstiegsverhältnisse die Flügeltüren erforderlich. Dem SL folgen Einzelfertigungen mit Kompressormotor (230 PS) und als Roadster, fast alle mit gleichem Radstand von 2400 mm.

Die Design-Ikone in der Serienversion des legendären „Flügeltürers“ (W198 I) wird am 6. Februar 1954 als erster Mercedes-Benz-Sportwagen der Nachkriegszeit zum Preis von 29.000 DM in New York vorgestellt, nachdem US-Importeur Max Hoffmann die Serienversion initiiert hatte. Sein 3-l-Aggregat M 198 mit Direkteinspritzung ist der erste Viertaktmotor mit Einspritzung im Automobilbau. Die um 45° geneigte Einbaulage des Motors und die Trockensumpfschmierung ermöglichen eine niedrige Motorhaube. Die Leistung beträgt mit der Seriennockenwelle 200 PS. Bevorzugt wird jedoch die Version mit Sportnockenwelle und 215 PS geordert, die dem Fahrzeug mit der Hinterachsübersetzung 1:3,25 eine Höchstgeschwindigkeit von 247 km/h erlaubt und es damit zum schnellsten Serienfahrzeug der Welt macht. 29 der insgesamt 1400 gebauten Flügeltürer sind mit Aluminiumaußenhaut versehen, was das Leergewicht von 1295 kg auf 1203 kg reduziert. Als Experiment wird 1955 ein Versuchsfahrzeug mit GFK-Außenhaut aufgebaut.

Schnell zeigte sich, dass ein offener Sportwagen mit komfortablerem Einstieg und verfeinerter Fahrwerkstechnik neue Käuferkreise erschließt. So wird von 1957 bis 1963 der mit W198 II benannte Roadster 300 SL 1858 Mal gebaut, Bild 2. Auf Basis der Technik und des Radstands des Flügeltürers wird der komfortablere Grand Tourer hinten mit einer fahrsichereren Eingelenk-Pendelachse an Längslenkern mit tiefliegendem Rollzentrum ausgerüstet. Die Spurweiten an Vorder- und Hinterachse vergrößern sich je um 13 mm und es sind 6,50 x 15"-Reifen auf 5 ½ J x 15"-Felgen montiert. Die Lenkung wird als indirektere Kugelumlauflenkung mit der Übersetzung 16,7:1 ausgeführt. Die anfangs vom Coupé übernommenen Servoinnenbackenbremsen werden 1961 durch Scheibenbremsen ersetzt. Der Graugussmotorblock wird im März 1962 durch einen Block aus Aluminium mit GG-Buchsen ersetzt. Optisch ist der Roadster mit vertikalen Scheinwerfern und integrierten Park-, Blink- und Nebelleuchten ausgestattet, was ihm in Verbindung mit der weit zu den A-Säulen gezogenen Panorama-Windschutzscheibe ein majestätisches Erscheinungsbild verleiht. Der Türschwellerbereich ist für einen komfortablen Einstieg durch die konventionell angeschlagenen Aluminiumtüren tiefer angeordnet. Der dafür an anderen Stellen verstärkte Rohrrahmen und die für mehr Fahrsicherheit und Komfort eingebrachten Umfänge machen den Roadster circa 35 kg schwerer als den Flügeltürer. Der Kofferraum wird durch die Reduzierung des jetzt außenbetankten

Bild 2
Links: Mercedes-Benz 300 SL Roadster (Baureihe W 198 II, 1957–1963); rechts: Mercedes-Benz 300 SL Coupé (Baureihe W 198 I, 1954–1957)

Kraftstoffbehälters von 130 auf 100 l spürbar größer. Das dichtgewebte Stoffverdeck aus Mohair auf einem Aluminiumgestell mit PVC-Heckscheibe, das sich vollständig unter dem Stahlblechdeckel des Verdeckkastens ablegen lässt, ist Serienumfang. Ein Hardtop mit Glas-Panoramaheckscheibe ist gegen Aufpreis erhältlich. Im Interieur, Bild 3, bestechen komfortable, perforierte Ledersitze mit dreifach verstellbarer Lehnenneigung. Die Türbeläge sind mit vertikal abgestepptem Leder bezogen und mit zwei Chromleisten sowie vielen verchromten Bedienelementen versehen. Die Instrumentenkonsole über dem in Wagenfarbe lackierten Instrumentenbord ist ebenfalls beledert und umfasst ein vertikal ausgerichtetes Kombiinstrument mit Anzeigen und Kontrollleuchten zwischen rundem Drehzahlmesser und Tachometer. Das nicht mehr abklappbare Lenkrad umfasst einen verchromten Hupenring, der sich zum Betätigen des Fahrtrichtungsanzeigers in die jeweilige Richtung drehen lässt. Eine elektrische Uhr ist links neben dem abschließbaren, beleuchteten Handschuhfach angeordnet.

Ebenfalls im Februar 1954 in New York wird das Showcar des 190 SL (W121) vorgestellt, der von 1955 bis 1963 in 25.881 Exemplaren als preiswerterer Tourenroadster mit selbsttragender Karosserie und Vierzylindermotor mit 105 PS und 142 Nm zum Preis von 16.500 DM angeboten wird. Der 190 SL macht die Faszination SL für einen größeren Käuferkreis erlebbar und wird heute gerne als Vorfahre des SLK betrachtet. Auf eine umfangreiche Abhandlung des 190 SL wird daher verzichtet und stattdessen auf [1] verwiesen, wo er als Urahn dieser Klasse beschrieben ist.

Bild 3
Interieur des Mercedes-Benz 300 SL Roadster (Baureihe W198 II, 1957 – 1963)

W113 (1963 – 1971)

1963 feiert eine neue SL-Generation in Genf als 230 SL ihre Premiere, Bild 4. Es ist ein Tourensportwagen mit verbessertem Raum- und Reisekomfort und erhöhter Passiver Sicherheit. Gestalterisch ist er durch ein besonderes Designmerkmal gekennzeichnet: das Coupédach senkt sich zur Mitte ab, was im Volksmund – in Analogie zu fernöstlichen Tempelarchitekturen – zur Bezeichnung Pagode führt. Zunächst wird der intern als W113 benannte Roadster als 230 SL angeboten. Der vom Limousinen-Typ 220 kommende, auf 2,3 l aufgebohrte Sechszylindermotor M 127 II leistet mit höherer Verdichtung 150 PS und erreicht ein Drehmoment von 196 Nm. Dies verhilft zu einer Beschleunigung von 0 auf 100 km/h in 11 s und zu einer Höchstgeschwindigkeit von 200 km/h. Zur Markteinführung im Sommer 1963 nimmt Eugen Böhringer am viertägigen Rallye-Marathon Spa-Sofia-Lüttich teil und gewinnt spektakulär. Bis 1967 werden 19.831 Fahrzeuge dieses Typs gebaut. Im März 1967 wird wiederum in Genf der seit Februar verfügbare 250 SL vorgestellt. Der um 6 mm vergrößerte Hub und eine auf 9,5:1 gesteigerte Verdichtung ergeben beim M 129 II 150 PS und 216 Nm Drehmoment. Bis 1968 werden davon 5196 Einheiten verkauft. Der nochmals überarbeitete Motor (M 130) wird schon Anfang 1968 im 280 SL vorgestellt. Ein größerer Zylinderabstand ermöglicht eine auf 86,5 mm vergrößerte Bohrung, was zu einer Leistungssteigerung auf 170 PS und einem Drehmoment von 240 Nm führt. Ein zusätzlicher Luft-Öl-Kühler dient zur thermischen Absicherung. Die Beschleunigung von 0 auf 100 km/h verkürzt sich auf 10 s. Von diesem Sportwagen werden bis 1971 23.885 Exemplare hergestellt.
Serienmäßig sind alle W113 mit einem Viergang-Schaltgetriebe ausgerüstet. Ab 1966 kann ein Fünfgang-Schaltgetriebe geordert werden. Wahlweise wird das

Bild 4
Mercedes-Benz SL (Baureihe W113, 1963 – 1971)

europaweit erste Automatikgetriebe in einem Sportwagen angeboten, eine Viergang-Automatik mit hydrodynamischer Kupplung (K4A 025). Dreieckslenker an der Vorderachse und die Eingelenk-Pendelachse sind, ebenso wie der Radstand von 2400 mm, vom 300 SL Roadster und vom 190 SL bekannt. Die wahlweise servounterstützte Kugelumlauflenkung verhilft dem Fahrzeug zu einem Wendekreis von nur 10,3 m. Scheibenbremsen vorne und Trommelbremsen hinten beim 230 SL sowie Scheibenbremsen hinten mit integrierter Trommel für die links am Tunnel zu bedienende Hebelhandbremse beim 250 SL und 280 SL sorgen für eine sichere Verzögerung. Die Zweikreisbremsanlage ist in Vorder- und Hinterachsbremskreis aufgeteilt und mit einem Bremsdruckregler für die Hinterachse ausgestattet. Als Bereifung dienen erstmals bei Mercedes-Benz serienmäßig Gürtelreifen, als Größe wird 185 x 14 auf 5,5J x 14, ab 1964 auf 6J x 14 gewählt.

Design- und aufbauseitig sind viele extravagante Merkmale zu erwähnen. Die schlanke zeitlos-sportliche, selbsttragende Karosserie hat Klappen aus Aluminium. Die Fahrgastzelle wird besonders steif und mit Knautschzonen in Front und Heck ausgebildet. Der W113 hat damit die weltweit erste Sicherheitskarosserie in einem Sportwagen. Der SL-typische Kühlergrill mit Zentralstern und vertikalen Scheinwerfern prägt die Fahrzeugfront. Der Roadster lässt sich mittels Hardtop in ein Coupé verwandeln, das aufgrund seiner Formgebung hohe Drucklasten (1000 kg), gute Rundumsicht und großzügige Kopffreiheit ermöglicht. Zudem fließt das Regenwasser nicht über die Seitenscheiben ab. Weiterhin ist das Coupédach für die Aufnahme eines Dachgepäckträgers ausgelegt.
Der Tourensportwagen wird wahlweise mit Faltverdeck, Coupédach oder mit beiden Dächern angeboten. Die sogenannte California-Ausführung ohne Faltverdeck

und zugehörigem Verdeckkasten wird ab dem 250 SL als 2+2-Sitzer hinten mit einer Sitzbank angeboten. Bei Fahrzeugen mit Stoffverdeck ist als Sonderwunsch ein klappbarer Quersitz im Fondraum wählbar. Das Stoffverdeck ist zweilagig auf ein geschmiedetes Stahlgestell gezogen und hat eine Kunststofffolie als Heckscheibe – elf Schritte sind zum Öffnen beziehungsweise Schließen notwendig. Verchromte Zierteile und Bedienelemente wie die Türgriffe, der Heckdeckelöffner und der hinten liegende Tankdeckel mit jeweils integrierten Schlössern unterstreichen die Wertigkeit des Exterieurs. Im für Sportwagen geräumigen Interieur stehen Luxus und Komfort an vorderster Stelle, Bild 5. Die bequemen Sitze sind serienmäßig aus MB-Tex, gegen Aufpreis mit Lederbezug erhältlich. Die Scharnierbeschläge sind verchromt, ein schwarzes Kunststoffrad verstellt die Lehnenneigung stufenlos, ein Entriegelungshebel lässt die Lehne klappen. Die Instrumententafel ist oben mit MB-Tex beziehungsweise Leder bespannt, schließt vorne mit einer Holzleiste zur Windschutzscheibe ab und ist mit einem Holzgitter als Lautsprecherverkleidung versehen. Auch die Ablage auf der Mittelkonsole ist in Echtholz eingerahmt. Die Instrumente präsentieren sich in einem in Wagenfarbe lackierten Instrumentenpaneel. Ein vertikal ausgerichtetes Kombiinstrument mit Anzeigen und Kontrollleuchten ist von zwei chromeingefassten Rundinstrumenten für Drehzahl und Geschwindigkeit umgeben. Verchromte Lamellendüsen, beleuchtetes und abschließbares Handschuhfach mit Kartenleselampe, elektrische Uhr, die Regelung von Heizung, Lüftung und gegebenenfalls Klimaanlage sowie wahlweise das Radio sind in der horizontal ausgerichteten Instrumententafel angeordnet. Diese ist oben und unten aus Sicherheitsgründen gepolstert. Ergänzend wird das

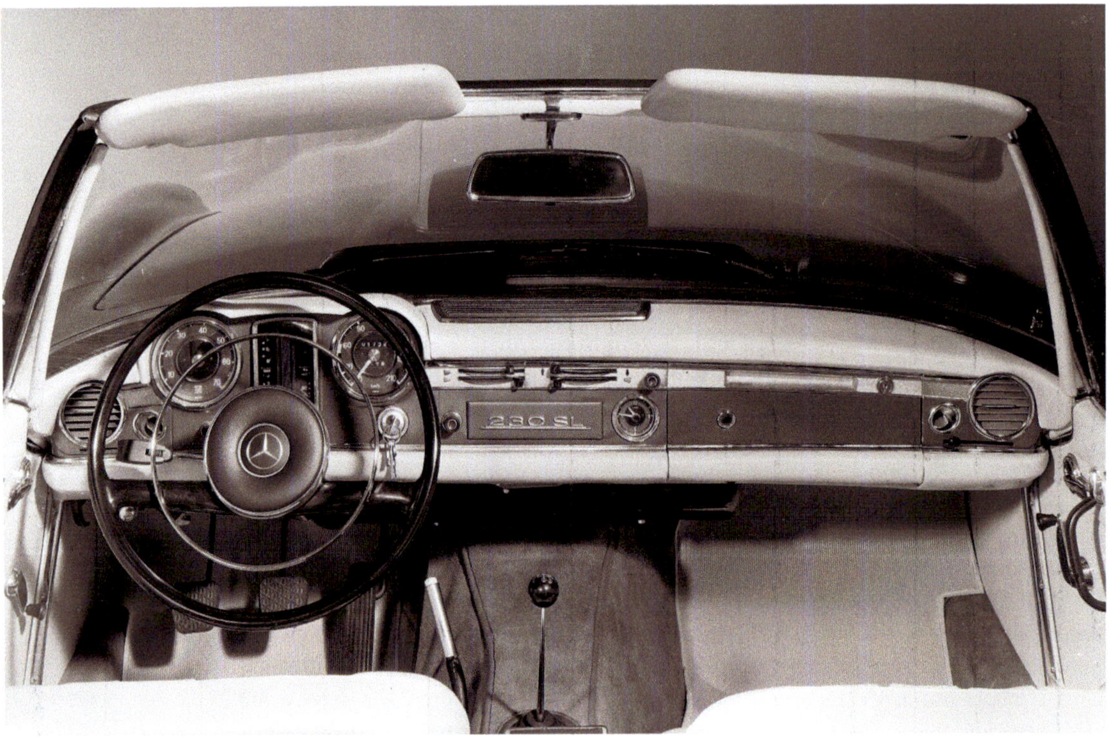

Bild 5
Interieur Mercedes-Benz SL (Baureihe W113, 1963 – 1971)

Lenkgetriebe aus dem Aufprallbereich genommen, die Lenksäule mit einem Knick und ab 1967 teleskopierbar ausgeführt und mit gepolsterter Prallplatte versehen. Damit und mit der zuvor erwähnten Karosseriestruktur hat der W113 die weltweit erste Sicherheitskarosserie in einem Sportwagen.

R107 (1971 – 1989)

Im April 1971 wird auf dem Motodrom in Hockenheim der „Pagode"-Nachfolger 350 SL vorgestellt, Bild 6. Dass die Baureihe 18 Jahre lang in einer Gesamtstückzahl von 237.287 Fahrzeugen gebaut werden wird, ahnt zu diesem Zeitpunkt noch niemand. Dem Fahrzeug werden aber mit Weitblick derart gute Gene mitgegeben, dass die Karosserie mehr Sicherheit, mehr Ausstattung und Komfort sowie Reserven für stärkere V8-Motorisierungen und aufkommende Abgasreinigungssysteme bietet.

Als Motorisierung dient zum Start ein V8-Motor aus Aluminium mit 3,5 l Hubraum (M 116, 200 PS, April 1971 bis März 1980, 15.304 Fahrzeuge), es folgen der 4,5-l-V8-Motor (M 117, 225 PS, für USA niederverdichtet, Juli 1971 bis November 1980, 66.298 Fahrzeuge) und der 2,8-l-Reihensechszylinder (M 110 mit Doppelnockenwelle, 185 PS, August 1974 bis August 1985, 25.436 Fahrzeuge). Als Getriebe sind für den 350 SL ein Viergang-Schaltgetriebe, wahlweise ein Viergang-Automatgetriebe mit hydrodynamischer Kupplung, im Juli 1972 ersetzt durch den Dreigang-Wandlerautomaten, der im 450 SL serienmäßig ist, erhältlich. Der 280 SL ist wahlweise auch mit einem Fünfgang-Schaltgetriebe verfügbar.

Zur ersten Modellpflege im Frühjahr 1980 werden die V8-Modelle auf Leichtmetallmotoren mit vergrößertem Hubraum umgestellt. Im Angebot sind der 3,8-l-V8-Motor (M 116, 218 PS, Mai 1980 bis Oktober 1985, 53.200 Fahrzeuge) und der 5,0-l-V8-Motor (M 117, 240 PS, April 1980 bis September 1985, Gesamtzahl der Fahrzeuge mit 5,0-l-V8-Motor siehe unten), beide nur mit Viergang-Wandlerautomatik verfügbar.

Zur zweiten Modellpflege (IAA September 1985) werden die Hubräume erneut

Bild 6 **Mercedes-Benz SL (Baureihe R107, 1971 – 1989)**

Bild 7
Interieur Mercedes-Benz SL (Baureihe R107, 1971 – 1989)

gesteigert und gleichzeitig auch in Europa die Sportwagen mit Katalysator beziehungsweise der Vorrüstung dafür (RÜF) ausgeliefert. Es handelt sich um den 3,0-l-Reihensechszylinder (M 103, 188 PS RÜF beziehungsweise 180 PS Kat, September 1985 bis August 1989, 13.742 Fahrzeuge), den 4,2-l-V8-Motor (M 116, 218 beziehungsweise 204 PS, November 1985 bis August 1998, 2148 Fahrzeuge) und den 5,0-l-V8-Motor (M 117, 245 beziehungsweise 231 PS, September 1985 bis August 1989, Gesamtzahl der Fahrzeuge mit 5,0-l-V8-Motor von 1980 bis 1989: 11.812 Fahrzeuge). Für die sogenannten Abgas-Länder USA, Kanada, Japan und Australien wird zusätzlich ein 5,6-l-V8-Motor (M 117, 227 PS, September 1985 bis August 1989, 49.347 Fahrzeuge) gefertigt.

Die Dreieckslenker der Vorderachse und die Schräglenker der Hinterachse sind je an einem stabilen Fahrschemel befestigt. Bei Roadstern mit einem Hubraum über 3,5 l wird hinten eine Koppelachse zur sicheren Radführung und Reduzierung des Anfahr- und Bremsnickens eingesetzt. Der R107 präsentiert sich zum Start mit Rädern 205/70 R14 auf 6,5J x 14, zur zweiten Modellpflege wächst die Größe auf 205/65 R15 und serienmäßigen Aluminiumrädern der Größe 7J x 15.

Die schnörkellose Form mit geraden Linien und umfangreichen Wölbungen, die leichte Keilform, das Coupédach (ab 1980 serienmäßig) und der Heckdeckel – immer noch leicht nach innen gewölbt – sowie die reichhaltige Chromausstattung ergeben ein zeitloses Design und ein automobiles Denkmal. Im Innenraum, Bild 7, sind nun straffere Sitze, ein neues Lenkrad mit Pralltopf, drei Rundinstrumente im Kombiinstrument, drei fahrzeugmittig angeordnete runde Luftdüsen – wobei zunächst wahlweise statt der mittleren Luftdüse eine Uhr geordert werden kann (serienmäßig ab 1973 im Drehzahlmesser integriert) zu finden. Dom- und Mittelkonsole sind gut gepolstert. Im Fond befindet sich eine großzügige Ablage, die wahlweise mit zwei Notsitzen ausgestattet werden kann. Die Sicherheit wurde nochmals deutlich gesteigert: Besonders erwähnenswert sind die steife Fahrgastzelle, stabile A-Säulen mit hochfesten Stahlrohren, energieaufnehmende, faltbare Längsträger und eine erstmals eingeklebte Windschutzscheibe. Im Falle eines Aufpralls schiebt sich der Motor-Getriebe-Verband definiert in den Tunnel, um die Fahrgastzelle nicht zu beschädigen. Der Tank wird erstmals bei Mercedes-Benz crashgeschützt über der Hinterachse angeordnet. Die gepolsterte Instrumententafel, das teleskopierbare Mantelrohr und das gepolsterte Lenkrad mit Pralltopf sind weitere, die Sicherheit steigernde Elemente. Ab 1973 sind Automatikgurte und Kopfstützen serienmäßig, für die USA sind zur Erfüllung der Sicherheitsvorschriften deutlich sichtbar verstärkte Stoßfänger montiert. Ab 1980 ist ABS verfügbar, ab 1982 Airbag im Lenkrad und Gurtstraffer für den Beifahrer. Zur Verbesserung der Wahrnehmbarkeit gibt es große Leuchten, Blinker, die um die Ecken herumgezogen sind, und ein geripptes Oberflächenprofil an den Heckleuchten.

Die Modellpflegen sind optisch eher unauffällig: Unter dem steil stehenden, großen Kühlergrill mit Zentralstern und den großen, nun horizontal angeordneten Scheinwerfern gibt es einen leicht modifizierten Frontspoiler, ab der zweiten Modellpflege größere glattflächige 15"-Räder. Innen sind Sitze mit verbesserter Seitenführung und ein neues Lenkrad zu erwähnen.

R129 (1989 – 2001)

Im Frühjahr 1989 wird in Genf die neue Generation des SL vorgestellt, intern als R129 bezeichnet, Bild 8. Seine prägende Keilform und die sportlich straffe Linienführung lösen auf Anhieb Begeisterung aus. Höchste Designqualität, eine gesteigerte Fahrdynamik und verbesserte Karosseriesteifigkeit (offen wie geschlossen), eine komfortable Ausstattung, Bild 9, verbessertes Raumangebot für große Personen und kompromisslose Sicherheit ermöglichen gesteigerten Fahrspaß und sind die auffälligsten Merkmale des sportlichen Roadsters. Als Besonderheit gelten die sensorgesteuerten Überrollbügel mit kombiniertem Windschott, die Gurtintegralsitze und das wohlgeformte, zur Außenhaut passende, vollautomatisch versenkbare elektrohydraulisch angetriebene Softtop sowie das serienmäßige Leichtmetall-Hardtop. Neu im Roadster ist auch die wahlweise erhältliche erste

Bild 8
Mercedes-Benz SL (Baureihe R129, 1989 – 2001)

Bild 9
Interieur Mercedes-Benz SL (Baureihe R129, 1989 – 2001)

Infrarotfernbedienung, die auch die Innenzentralverriegelung ansteuert. Der c_w-Wert hat sich drastisch von 0,44 auf 0,32 verbessert, selbst bei geöffnetem Dach ist sein c_w-Wert mit 0,43 noch besser als der seines geschlossenen Vorgängers.

Über die Produktionsdauer von zwölf Jahren werden bis zum 2. Juli 2001 204.490 Fahrzeuge gebaut. Auch in dieser Baureihe gibt es im Laufe der Jahre neun verschiedene Motoren: es beginnt mit dem 300 SL (3,0 l Hubraum, Zweiventiler, M 103, 140 kW, März 1989 bis Juni 1993, 12.020 Fahrzeuge), dem 300 SL-24 (3,0-l-Vierventiler, M 104, 170 kW, März 1989 bis Juni 1993, 26.984 Fahrzeuge) und dem 500 SL (5,0-l-Vierventiler, M 119, 240 kW, März 1989 bis August 1998, 70.344 Fahrzeuge). Basisausstattung bei den Sechszylindermodellen sind Fünfgang-Schaltgetriebe mit Zweimassenschwungrad, optional ist das bei den Achtzylindermodellen serienmäßige Viergang-Wandlerautomatgetriebe erhältlich.

Fahrwerkseitig wird der höheren Motorleistung und dem Streben nach höchster Fahrdynamik durch die Dämpferbein-Vorderachse und die Raumlenker-Hinterachse Rechnung getragen. Beide Achsen sind mit Drehstabstabilisatoren, Schraubenfedern und Gasdruckstoßdämpfern ausgerüstet. Auf Wunsch ist die Niveaueinstellung und -regulierung mit adaptivem Dämpfungssystem erhältlich. Die Scheibenbremsanlage ist vorne mit Vierkolben- und hinten mit Zweikolben-Festsattelbremszangen ausgeführt. Das Lederlenkrad mit 400 mm Durchmesser steuert über ein höhen- und längsverstellbares, teleskopierbares Mantelrohr die Kugelumlauf-Servolenkung. ASD (Automatisches Sperrdifferenzial) beziehungsweise ASR (Antriebsschlupfregelung) sind als Sonderausstattung für höhere Fahrdynamik und -sicherheit erhältlich.

Im Sommer 1992 wird die Baureihe durch das besonders hochwertige und luxuriös positionierte Topmodell 600 SL abgerun-

det, das sich äußerlich nur durch die Typkennzeichen unterscheidet. Sein V12-Motor mit 6 l Hubraum und mit Vierventiltechnik (M 120) leistet 290 kW und hat ein maximales Drehmoment von 570 Nm. Höchste Fahrleistungen mit grandioser Kraftentfaltung und die besonders reichhaltige Serienausstattung lassen keine Wünsche offen. Die Beschleunigung von 0 auf 100 km/h erfolgt in 6,1 s. Serienmäßig sind unter anderem Automatikgetriebe, ASR mit Tempomat, Klimaautomatik, Niveaueinstellung und -regulierung mit adaptivem Dämpfungssystem und Breitreifen der Dimension 225/55 R16 auf Rädern 8J x 16 zu nennen. Die Innenausstattung wird durch reichhaltige Holz- und Lederapplikationen komplettiert, ergänzt um Airbags für Fahrer- und Beifahrer, elektrische Sitz-, Lenksäulen-, Spiegelverstellung mit Memory und einen automatisch stufenlos abblendenden Innenspiegel sowie Sitzheizung.
Im Sommer 1993 wird der M 103 als M 104 auf Vierventiltechnik umgestellt, die Sechszylindermodelle firmieren dann als SL 280 (142 kW, 10.319 Fahrzeuge) und SL 320 (170 kW, 33.223 Fahrzeuge). Zur IAA 1995 wird die erste Modellpflege vorgestellt. Technisch zu erwähnen sind die neue elektronische Motorsteuerung und das neue Fünfgang-Automatikgetriebe mit Wandlerüberbrückungskupplung, das zu circa 10 % weniger Kraftstoffverbrauch führt. Im Exterieur erhält der SL unter anderem neue Stoßfänger vorne und hinten, neue Schwellerverkleidungen, ein Kühlergitter mit sechs Lamellen, weiße Blinkleuchten vorne und bichromatische Heckleuchten sowie Xenon-Licht als Sonderausstattung. Das neue Zwölfloch-Räderdesign und ein Panoramaglasdach im Hardtop runden die Neuerungen ab. Ein neues Innenraumdesign für Lenkrad, Sitze (auf Wunsch als Multikontursitze) und Türbeläge mit Holzzierstäben und Sidebags, ergänzt um die nun serienmäßige Klimaautomatik, den Tempomat mit Limiterfunktion und auf Wunsch Cupholder, werten das Interieur auf.
Die zweite Modellpflege bringt weitreichende Änderungen mit sich. Ab Mitte 1998 werden die Sechszylinder-Reihenmotoren durch V6-Motoren des Typs M 112 mit Dreiventiltechnik ersetzt. Vom neuen SL 280 (150 kW) werden bis zum Produktionsende 1704 Roadster verkauft. Begeisterte Kunden finden mit dem SL 320 (165 kW, 7070 Exemplare) und dem SL 500 (M 113, 225 kW, 23.704 Exemplare) mit überarbeitetem V8-Motor – ebenfalls mit neuen Dreiventilköpfen – ihr Traumfahrzeug. Äußerlich verändern sich die wählbaren Farben, die anklappbaren Außenspiegel, monochromatische Rückleuchten und die nun sichtbare Endrohrblende. Anbauteile und Türaußengriffe werden in Wagenfarbe lackiert.
Die Räder wachsen auf das Format 245/45 ZR 17 auf neuen Alurädern 8,25J x 17. Innen wird die Nappalederausstattung zur Serie, ebenso die Sitzheizung sowie neue Farben und Holzsorten. Die fünf Rundinstrumente werden in Chromringe gefasst. Hinzu kommt ein neues Lederlenkrad mit 390 mm Durchmesser.

R230 (2001 – 2012)

Gemäß Lastenheft muss der R230 die SL-Grundwerte Qualität, Komfort und Sicherheit weiter ausbauen. Zur Stärkung der Trendwerte muß er Faszination und Begehrlichkeit gezielt weiterentwickeln und damit seine Führungsposition im Roadstersegment durch die gelungene Zusammenstellung von intelligenten und innovativen Lösungen weiter stärken. Die Faszination von Exterieur und Interieur begeistert durch ihre Synthese aus luxuriöser Eleganz und sportlicher Dynamik, Bild 10. Die Front ist geprägt durch die flach angeordnete Kühlermaske mit markantem Zentralstern und die neue Interpretation des Vieraugengesichts. Die lange Motorhaube und die daran anschließende flache Windschutzscheibe unterstreichen die dynamische Erscheinung und ermöglichen einen erneut verbesserten c_w-Wert von 0,29. Der Innenraum wird umschlossen von rahmenlosen Seitenscheiben und dem erstmals beim SL eingesetzten Variodach, durch das sich der rassige Roadster in 16 s in ein attraktives Coupé und wieder zurück verwandeln lässt. In der Seitenansicht sind die markanten Finnen im Vorderkotflügel, die Außenspiegel mit integrierten Blinkleuchten, in Wagenfarbe lackierte Türgriffe und diverse Räderdesigns prägend. Der V-förmig eingeschnittene Kofferraumdeckel zwischen den seitlich weit nach vorne gezogenen Heckleuchten ist auf Wunsch mit einer Fernentriegelung erhältlich und erschließt darunter ein Kofferraumvolumen von bis zu 339 l, das auch die Mitnahme zweier Golfbags bei geöffnetem Dach ermöglicht. Zwei verchromte, kraftvoll dynamisch, oval ausgeführte Endrohre runden das Heck ab.

Das exklusive Ambiente im Interieur ist geprägt durch reichhaltige Ausstattung mit edlen Materialien wie Leder, Holz und Aluminium, Bild 11. Hat der Fahrer in den Gurtintegralsitzen mit vielen elektrisch verstellbaren Positionen – beheiz- und belüftbar – Platz genommen, dann eröffnet sich vor ihm der Blick durch ein sportliches Lederlenkrad auf das Kombiinstrument mit zwei in chronographischer Präzision ausgeführten Rundinstrumenten und die sie flankierenden Segmentanzeigen. Die fließenden Linien der Instrumententafel über den Mitteldom zur Mittelkonsole, mit darin integriertem Bildschirm, den Runddüsen, Schaltern und Bedienelementen, bis hin zur Schaltkulisse und dem Dachbetätigungsschalter, sind aus einem Guss. Von 2001 bis 2012 werden 169.434 Fahrzeuge produziert.

Zur Markteinführung steht der 5,0-l-V8-Motor (M 113) mit 225 kW und 460 Nm und serienmäßigem Fünfgang-Automatgetriebe zur Verfügung. Die Vierlenker-Vorderachse in Verbindung mit der Raumlenker-Hinterachse bildet die Basis für ein sportlich-dynamisch abgestimmtes Fahrwerk, das durch das elektrohydraulische Bremssystem SBC und eine Vielzahl von Assistenzsystemen ergänzt wird. Besonderer Erwähnung bedarf das beim SL 500 serienmäßige ABC-System (Active Body Control), ein aktives Federungs- und Dämpfungssystem, das den Spagat zwischen Sportlichkeit und Komfort in bis dato nicht bekannter Weise umsetzt. Es passt die Federung stets der Fahrsituation an, reduziert Aufbaubewegungen beim Anfahren, Bremsen und Kurvenfahrt und optimiert dadurch das Fahrzeughandling. Das einstellbare Fahrzeugniveau wird eingeregelt und bei höherer Fahrgeschwindigkeit – aero- und fahrdynamisch günstig – abgesenkt. Die Federung kann zwischen den Modi Sport und Komfort verstellt werden. Neben der Basisbereifung 255/45 R17 auf 8,5J x 17 kann wahlweise eine 18"- oder eine 19"-Bereifung gewählt werden.

Die Steifigkeit der Leichtbau-Stahlkarosserie ist im Vergleich zum Vorgänger um 20 % gesteigert. Ein intelligenter Materialmix von hochfesten Stählen mit Aluminium, Magnesium und Kunststoffen und die bis auf die Hinterkotflügel aus Aluminium bestehende Außenhaut helfen wesentlich, das Gewicht des Fahrzeugs zu senken, und das, obwohl Sicherheit und Ausstattungsumfang deutlich zulegen. Die hochfeste Fahrgastzelle mit den im Crashfall energieabsorbierenden Front- und Heckpartien sowie modernste Rückhaltesysteme sind wesentliche Bestandteile der Passiven Sicherheit. Das serienmäßige Windschott am automatisch ausklappenden Überrollbügel steigert den Fahrkomfort beim Offenfahren. Das optional wählbare Panorama-Variodach mit Sonnen-

Bild 10
Mercedes-Benz SL (Baureihe R230, 2001 – 2012)

Bild 11
Interieur Mercedes-Benz SL (Baureihe R230, 2001 – 2012)

schutzrollo vermittelt auch bei geschlossenem Dach das Gefühl, offen zu fahren.

Im Sommer 2002 wird mit dem SL 350 die Motorpalette um den 3,7-l-V6-Motor (M 112) mit 165 kW und 325 Nm erweitert, serienmäßig mit SEQUENTRONIC und Lenkradschalttasten ausgestattet. Der SL 600 komplettiert mit dem Zwölfzylinder-Biturbomotor (M 275) mit 368 kW und 800 Nm im Frühjahr 2003 das Motorangebot.

Im Frühjahr 2006 wird die Baureihe einer ersten Modellpflege unterzogen. Die neue Kühlermaske im optisch verfeinerten Stoßfänger vorne, das neue Räderdesign und neue Heckleuchten in Klarglasoptik setzen feine Akzente. Die Wertigkeit des Interieurs wird durch geänderte Farben und Materialien in Form von Leder-, Alu- und Holzzierteilen sowie neue Schalter und Einstiegsschienen deutlich erhöht. Die V6-/V8-Motorgeneration wird zur Steigerung der Fahrdynamik in der Leistung deutlich verbessert. Im SL 350 kommt der Sechszylinder (M 272) mit 200 kW und 350 Nm, im SL 500 der Achtzylinder (M 273) mit 285 kW (+ 60 kW) und 530 Nm (+ 70 Nm) zum Einsatz. Beim Flaggschiff SL 600 lauten die neuen Leistungsdaten 380 kW und 830 Nm.

Die zweite Modellpflege im Frühjahr 2008 besticht durch eine komplett überarbeitete Frontpartie. Eine neue Leuchtenform, die prägnante Kühlerlamelle mit Zentralstern, überarbeitete Stoßfänger sowie die Powerdomes auf der Motorhaube kennzeichnen die markante, neue Front. Kiemenartige Zierblenden in den Vorderkotflügeln, neue Außenspiegel mit Pfeilblinkerdesign und neue Räderdesigns vervollständigen das Bild der Seitenlinie. Überarbeitete Heckleuchten, ein Diffusor am Stoßfänger sowie neue trapezförmige Endrohrblenden runden das Erscheinungsbild im Heck ab. Im Innenraum fällt besonders das neue Dreispeichen-Sportlenkrad ins Auge, kombiniert mit einer neuen Gestaltung des Kombiinstruments. Das COMAND wird durch die neue Telematikgeneration NTG 2.5 aufgewertet. Neue Farben und Zierteile ergänzen die stilvolle Interieurgestaltung. Als Besonderheit wird AIRSCARF zur Steigerung des Offenfahrkomforts auch beim SL eingeführt, das Intelligent Light System vervollständigt auf Wunsch das Aktive Sicherheitspaket. Die Motoren wurden nochmals verbrauchsoptimiert, der Sechszylinder wird als Sportmotor mit 232 kW leistungsgesteigert. Die wahlweise erhältliche Direktlenkung sorgt für noch mehr Agilität.

Bild 12
Mercedes-Benz SL (Baureihe R231, 2012)

Die neueste Generation: R231

60 Jahre nach dem ersten SL tritt der neue SL R231 an, Bild 12, die Erfolgsgeschichte der sportlichen und leichten Fahrzeuge von Mercedes-Benz weiterzuschreiben. Das Ergebnis jahrelanger, intensiver Ingenieursarbeit zur Fortsetzung der Legende SL wird im Folgenden detailliert beschrieben.

Literaturhinweis

[1] Frank, J.: Der SLK – Fortsetzung der Roadster-Erfolgsgeschichte. In: ATZextra Der neue SLK von Mercedes-Benz, April 2011

Positionierung des neuen SL

Bernd Stegmann | Peter Wagner

Schon der erste SL zeichnete sich durch ein spektakuläres, zukunftsweisendes Design und technische Lösungen aus, die ihrer Zeit weit voraus waren. Dieser Tradition sind auch die Folgegenerationen treu geblieben. Das Ziel der Entwicklung des neuen SL der Baureihe R231 war, die besonderen Stärken des Modells weiter auszubauen und insbesondere an Sportlichkeit zuzulegen, ohne dabei das sehr erfolgreiche ausgewogene Gesamtkonzept infrage zu stellen.

Entscheidend für Markterfolg

Die Positionierung eines neuen Fahrzeugs im Wettbewerbsumfeld ist zusammen mit den Fahrzeugeigenschaften einer der wichtigsten Faktoren, die über Erfolg oder Misserfolg im Markt entscheiden. Insofern kommt der Positionierung des neuen SL eine ganz besondere Bedeutung zu. Der größte Erfolg eines neuen Fahrzeugs stellt sich dann ein, wenn es in seinen Produkteigenschaften die Erwartungen der vorgesehenen Kundenzielgruppe optimal trifft und es der Abteilung Produktkommunikation zur Markteinführung gelingt, diese Eigenschaften zu vermitteln und sich gleichzeitig bei der Positionierung hinreichend vom Wettbewerb zu differenzieren. Um dies tun zu können, folgt die Positionierung eines neuen Fahrzeugs in der Regel einem festgelegten Prozess:

- Mithilfe der Marktforschung und soziodemografischer Daten werden die Zielkunden mit ihrem Umfeld und ihren Erwartungen an das Produkt möglichst präzise definiert.
- Das erwartete Wettbewerbsumfeld des Fahrzeugs wird bezüglich der jeweiligen Produkteigenschaften und der Produktpositionierung der Wettbewerber beschrieben.
- Aus den Erwartungen der Kunden und dem Wettbewerbsumfeld wird ein Ziel-Produktleistungsprofil bezüglich der technischen Eigenschaften als Basis für die Entwicklungsziele des neuen Fahrzeugs abgeleitet.
- Basierend auf den technischen Eigenschaften des Fahrzeugs und den Erwartungen der Zielkunden wird die Produktpositionierung abgeleitet.
- Die Produktpositionierung wird mithilfe eines Kommunikationskonzepts, das die spezifische Mediennutzung der Zielkunden berücksichtigt, umgesetzt.

Der SL verfügt wie kein anderer Wettbewerber im Segment über eine einzigartige Historie und einen kontinuierlichen Erfolg im Markt. Diese Sonderstellung gilt es natürlich bei der Produktpositionierung zu berücksichtigen und zu nutzen.

Produktpositionierung der Vorgängerbaureihen

Seit fast 60 Jahren ist der Mercedes SL eine automobile Legende. Seit dem ersten käuflichen 300 SL von 1954, Bild 1, der aus den legendären Mercedes-Benz-Rennwagen entwickelt wurde, dominiert die SL-Baureihe weltweit das Segment der offenen Luxussportwagen. Der SL hat

Bild 1
Der Mercedes 300 SL von 1954

seit seinem ersten Auftritt 1954 über alle Generationen hinweg Impulse bei Technik sowie Design gesetzt und verkörpert wie kein zweites Auto das Markenimage von Mercedes-Benz. Bereits von der ersten Modellgeneration des SL wurden von 1954 bis 1963 3258 Exemplare verkauft, davon 1858 Roadster. Das erscheint nach heutigen Maßstäben wenig. Berücksichtigt man aber die damalige Preisstellung und die Absatzvolumen des Wettbewerbs im Segment, war bereits die erste Generation des SL ein großartiger Erfolg.

Schon der erste SL zeichnete sich durch ein spektakuläres, zukunftsweisendes Design und technische Lösungen aus, die ihrer Zeit weit voraus waren. Beispielsweise wurde er als eines der ersten Serienfahrzeuge mit einer Benzindirekteinspritzung ausgerüstet. Die Fülle der technischen Detaillösungen und der innovativen Designelemente machten ihn schon damals zu einem legendären Sportwagen für wenige und zu einem Traumwagen für viele. Bereits der erste SL wurde zum Begleiter der Schönen, Mächtigen und Reichen.

Dieser Tradition der besonderen und herausragenden technischen Lösungen und des führenden Designs sind auch die Folgegenerationen des SL treu geblieben. Das hat den SL seit fast sechs Jahrzehnten mit deutlich über 650.000 verkauften Fahrzeugen in seinem Segment weltweit zum Marktführer für offene Luxussportwagen gemacht. So hatten beispielsweise einige technische Highlights in der vorletzten SL-Baureihe R129 (1989 bis 2001) Weltpremiere: Der Luxussportwagen überraschte seinerzeit mit einem sich automatisch in 0,3 s aufstellenden Überrollbügel, der, zusammen mit dem Elektronischen Stabilitäts-Programm ESP, eine neue Dimension der Fahrzeugsicherheit in der Roadsterwelt aufstieß, Bild 2. Mit dem bahnbrechenden elektrohydraulisch versenkbaren Verdeck und einem aufklappbaren Windschott, das die Passagiere im offenen Auto wirksam vor Verwirbelungen schützte, setzte der R129 im Wettbewerbsumfeld Maßstäbe beim Komfort.

Die Vorgänger-SL-Baureihe R230 (2001 bis 2012) begeisterte zur Markteinfüh-

Bild 2
Technisches Highlight in der vorletzten SL-Baureihe: der sich automatisch aufstellende Überrollbügel

rung mit dem Active Body Control-Fahrwerk (ABC). ABC kompensiert nahezu alle Wank- und Nickbewegungen des Fahrzeugaufbaus beim Beschleunigen, Bremsen und in Kurven. Es bietet auf Knopfdruck eine einmalige Spreizung der Fahrwerkseigenschaften zwischen sportlich und komfortabel. Eine weitere Besonderheit im R230 war das elektrohydraulisch platzsparend im Kofferraum versenkbare Variodach, ein Hardtop, das den SL wahlweise zum Roadster oder zum Coupé werden lässt. In Verbindung mit der innovativen Nackenheizung AIRSCARF, die auf Wunsch warme Luft in den Nackenbereich bläst, kann das Freiluftvergnügen auch bei kühleren Temperaturen genossen werden.

Diese Beispiele zeigen die Schwerpunkte der sehr erfolgreichen Produktpositionierung der Vorgängerbaureihen. Allen SL-Generationen gemeinsam ist ihre Auslegung als Sportwagen mit hohem Alltagsnutzen bei überzeugenden Fahrleistungen. Nicht pure Fahrdynamik und kompromisslos sportliche Eigenschaften machen den Erfolg des SL aus, sondern die einmalige Kombination aus Design, Sportlichkeit, Sicherheit, Komfort und innovativen technischen Lösungen. Diese lange, erfolgreiche Tradition bedeutet eine Verpflichtung und gibt deutliche Hinweise auf die Positionierung des neuen SL (Baureihe R231). Aber nichts ist beständiger als der Wandel, und ob die Rezepturen der Vergangenheit auch in Zukunft wirken, muss unter anderem mit Daten der Marktforschung bewertet werden.

Marktforschung

Um die Wünsche und die wichtigsten Kaufgründe potenzieller Kunden zu eruieren, genießen bei Mercedes-Benz kontinuierliche Marktforschungserhebungen (Panels) und darauf aufbauende Verfahren hohe Priorität. Soziodemographie, Milieus, Lebenswelten, Gewohnheiten und Produktanforderungen stehen im Mittelpunkt dieser Kundenanalysen. Für die beiden wichtigsten Absatzregionen USA und Westeuropa, die zusammen circa 80 % des geplanten Absatzvolumens ausmachen, liegt trotz der Exklusivität des SL eine unter wissenschaftlichen Gesichtspunkten hinreichend große Datenbasis vor. Ergänzt werden diese Daten durch den regelmäßigen Informationsaustausch mit den wichtigsten Landesvertriebsgesellschaften, die ihrerseits in regem Kontakt mit ihren Verkäufern stehen. Mit diesen Informationen ergibt sich in Bezug auf die Kundengruppe des SL folgendes Gesamtbild:

- Käufer des SL sind hauptsächlich erfolgreiche Geschäftsleute, überwiegend selbstständig oder in höheren Führungspositionen. Sie genießen ein hohes soziales Ansehen. Ihr hohes Haushaltseinkommen ermöglicht ihnen einen gehobenen Lebensstil. Der Anteil der weiblichen Kunden liegt bei circa 20 %. Der SL-Kunde möchte seinen Erfolg genießen und wählt ein Fahrzeug, das seinen persönlichen Erfolg und Status reflektiert.
- Der SL-Kunde besitzt mehrere Fahrzeuge, nutzt den SL überwiegend privat und legt großen Wert auf aktiven, sportlichen Fahrspaß und Leistungsfähigkeit sowie athletisches und sportlich-elegantes Design, Exklusivität und innovative Technik. Markentypische Sicherheitsausstattung und Komfort sowie hohe Wertanmutung über dem Niveau des Wettbewerbs und eine ausgeprägte Alltagstauglichkeit werden vorausgesetzt.
- Die Zielgruppen in USA und in Westeuropa unterscheiden sich in ihrer Erwartungshaltung nur wenig. US-Amerikaner legen noch etwas mehr Wert auf Längsdynamik und Luxus und sind im Schnitt geringfügig jünger als europäische Kunden.

Wettbewerber

Der neue SL der Baureihe R231 trifft auf ein herausforderndes Marktumfeld und einen erhöhten Wettbewerbsdruck. Die in der Vergangenheit zum Teil sehr fokussiert positionierten Wettbewerber zeigen heute in ihren Produkteigenschaften auch eine zunehmend breiter gestreute Ausrichtung auf Komfort und Alltagsnutzen. Die wichtigsten Kernwettbewerber des neuen SL sind der Porsche 911, das Jaguar XK Cabrio und das BMW 6er Cabrio. Diese Wettbewerber legen dabei ihre Schwerpunkte entweder auf Sportlichkeit oder Komfort. Der neue SL kombiniert diese eigentlich gegensätzlichen Eigenschaften in vorbildlicher Weise miteinander und bietet ein einzigartiges Paket aus Komfort, Sportlichkeit, Alltagstauglichkeit, Wertanmutung, Variabilität und Integraler Sicherheit.

Produktleistungsprofil

Aus den Ergebnissen der Marktforschung und der Produktpositionierung der Vorgängerbaureihen leitet sich unter Berücksichtigung des relevanten Wettbewerbs das Produktleistungsprofil des neuen SL der Baureihe R231 ab. Grundsätzlich war es das Ziel der Entwicklung, die besonderen Stärken des SL weiter auszubauen und insbesondere an Sportlichkeit zuzulegen, ohne dabei das sehr erfolgreiche ausgewogene Gesamtkonzept des SL infrage zu stellen. Im Einzelnen bedeutete dies für die Entwicklung des neuen SL:

Ausbau des hohen Niveaus bei Sicherheit, Komfort und Qualität

Erreicht wird dies unter anderem durch den Einsatz aller Fahrerassistenzsysteme aus der S-Klasse, neuentwickelte Sportsitze mit vielfältigen Komfortfunktionen, mit neuen Ausstattungen wie dem elektrischen Windschott oder dem MAGIC SKY CONTROL-Dach, einer um circa 20 % gesteigerten Steifigkeit der Karosserie und besonders geringe Spaltmaße im Interieur und Exterieur, die Maßstäbe bei offenen Fahrzeugen setzen.

Deutliche Verbesserung der Längsdynamik

Den wichtigsten Beitrag dazu leisten die neuen BlueDIRECT-Motoren. Insbesondere der neue 4,6-l-V8-Motor, Bild 3, – der weltweit wichtigste Motor für den SL – verhilft dem neuen SL 500 dank Doppelturboaufladung, gesteigerter Leistung und erheblich gesteigertem Drehmoment zu deutlich verbesserten Fahrleistungen. Der Basis-V6-Motor setzt einen Maßstab beim Kraftstoffverbrauch. Die V6- und V8-Motoren verbrauchen im Vergleich zu ihren Vorgängertriebwerken bis zu 29 % weniger Kraftstoff. Zur Verbesserung der Fahrdynamik tragen natürlich auch eine deutliche Gewichtsreduktion durch die Vollaluminiumkarosserie und weitere Maßnahmen bei.

Deutliche Verbesserung der Querdynamik

Die Gewichtsreduktion, unter anderem durch die Vollaluminiumkarosserie, und der serienmäßige Einsatz einer adaptiven Verstelldämpfung, die es dem Fahrer auf Knopfdruck ermöglicht, zwischen einer komfortablen und einer sportlichen Dämpfungsabstimmung zu wählen, sind die wesentlichen Stellglieder zur Verbesserung der Querdynamik, Bild 4. Gesteigert werden kann diese noch durch Wahl des überarbeiteten und neu abgestimmten ABC-Fahrwerks, das den klassischen Zielkonflikt zwischen Fahrkomfort und Fahrdynamik noch besser lösen kann. Dabei werden die dynamischen Bewegungen der Karosserie beim Beschleunigen, Bremsen und bei Kurvenfahrt mittels sehr schnell arbeitender Hydraulikelemente nahezu vollständig ausgeregelt.

Bild 3
Antrieb 4,6-l-V8-Ottomotor

Einsatz innovativer technischer Lösungen

Die wichtigste Innovation ist sicherlich die Ausführung der nahezu kompletten Karosserie in großserientauglicher Aluminiumbauweise. Besonderer Wert bei der Entwicklung wurde auf eine stückzahlgerechte Fertigungstechnik gelegt. So verfügt die Karosserie über erheblich mehr Aludruckgusselemente als zum Beispiel der ebenfalls in Aluminium gebaute SLS, der durch den vorwiegenden Einsatz von Stranggusselementen einen hohen Anteil an Schweiß- und Klebeverbindungen in der Fertigung aufweist. Auch werden im SL erstmalig Komponenten aus recyceltem Aluminium eingesetzt, ein Novum im Serienautomobilbau.

Erstmalig zum Einsatz kommt das patentierte Frontbass-Lautsprechersystem, das die vorderen Längsträger der Karosserie als Resonanzvolumen für die Basslautsprecher nutzt und so dem Fahrzeug zu einer Klangwiedergabe verhilft, die im Bereich offener Fahrzeuge ihresgleichen sucht.

Die zweite Weltinnovation ist MAGIC VISION CONTROL, ein neues Scheibenwaschsystem, das das Waschwasser wischrichtungsgebunden durch eine Vielzahl kleiner Düsen im Wischblatt direkt vor den Wischer versprüht und so die Sichtbeeinträchtigung während des Waschvorgangs und den Wischwasserverbrauch erheblich reduziert. Ganz nebenbei ermöglicht das System auch das Waschen der Frontscheibe bei geöffnetem Verdeck

Bild 4
Fahrwerkschalter des neuen SL

Bild 5
Neuinterpretation des Zentralsterns im Kühlergrill

im Stand und bei niedrigen Geschwindigkeiten, ohne dass Waschwasser in den Innenraum tritt.

Design

Das Design des neuen SL ist natürlich dem Mythos SL verpflichtet. Ein SL war schon immer ganz neu und zugleich ganz traditionell. Das Designziel war deshalb, wieder eine außerordentlich ästhetische Gesamtqualität mit dem markentypischen Zusammenspiel von Fortschritt und Tradition zu schaffen. Der neue SL ist ein stilvoll sportlicher und eleganter Luxussportwagen mit den klassischen SL-typischen Proportionen. Sein Design ist gekennzeichnet durch kraftvoll ausmodellierte Flächen, die durch wenige Charakterlinien akzentuiert werden. Einerseits sowohl beim Interieur als auch beim Exterieur auf den ersten Blick als Teil der aktuellen Sportwagenfamilie von Mercedes-Benz erkennbar, betont der SL anderseits durch die Ausgestaltung von Details seine formale Eigenständigkeit. Besonders hervorzuheben im Exterieur ist die moderne organische Neuinterpretation des Zentralsterns im Kühlergrill, der Vorbild für künftige Mercedes-Benz-Fahrzeuge sein wird, Bild 5.
Das Interieur besticht durch großzügige Raumgestaltung, hochwertige Materialien und liebevoll ausgestaltete Details wie das Sportlenkrad oder den neuen Wählhebel, Bild 6. Minimale Spaltmaße vermitteln höchste Liebe zum Detail und zur Präzision. Damit trifft der neue SL auch formal die Erwartungen der anspruchsvollen Kunden.

Bild 6
Wählhebel des neuen SL

Produktpositionierung

Die Produktpositionierung des neuen SL knüpft nahtlos an die seines Vorgängers an. Auch der SL der neuesten Generation bleibt ein Luxussportwagen mit herausragend hohem Nutzwert. Der neue SL wird bei Komfort, Bedienbarkeit, Sicherheit und Qualität weiterhin der Maßstab im Segment bleiben und damit die Erwartungen der Kunden an die Marke und an die Ikone SL erfüllen. Bezüglich dieser Kriterien ist der neue SL quasi eine offene S-Klasse für zwei.
Die Innovationskraft der Marke Mercedes-Benz wird durch die segmentspezifischen Innovationen des neuen Fahr-

zeugs belegt. Auch diese Innovationsträgerschaft des SL ist bereits Teil seiner eigenen Historie und wird von ihm erwartet. In dem für Sportwagen wichtigen Kriterium Agilität übertrifft der neue SL seinen Vorgänger deutlich. Durch die Aluminiumkarosserie, die serienmäßige adaptive Verstelldämpfung und insbesondere durch die neuen BlueDIRECT-Motoren haben sich Längs- und Querdynamik deutlich verbessert. Diese gesteigerte Agilität bildet auch den Schwerpunkt der neuen Produktpositionierung. Der neue SL ist bei Bedarf deutlich sportlicher zu fahren als sein Vorgänger. Dies korreliert mit den Erwartungen der SL-Kunden und eröffnet dem neuen SL Eroberungspotenzial.

Die zweite Positionierungsbotschaft zielt auf die sehr hohe Designqualität, die sich in der Gesamtheit und insbesondere in der Fülle der mit Leidenschaft gestalteten Details manifestiert. Auch dies trifft voll die Kundenerwartungen im Segment. So lässt sich die Produktpositionierung in der Kernbotschaft „Der neue SL: Athlet, Ästhet" zusammenfassen. Der neue SL verkörpert damit wie kein zweites Fahrzeug der Marke Mercedes-Benz das Ideal der kultivierten Sportlichkeit.

Kommunikationskonzept

Die Daten der Marktforschung zeigen, dass die Kommunikationszielgruppen in den beiden wichtigsten Absatzregionen USA und Westeuropa recht ähnlich sind. Sowohl Lebenswelten, soziodemografische Daten als auch die Erwartungen an das Produkt SL sind sich so ähnlich, dass ein einheitliches Kommunikationskonzept für beide Regionen umgesetzt werden kann. Zu beachten ist dabei, dass die anvisierte Zielgruppe in ihrer relativ knapp bemessenen Freizeit Medien sehr spezifisch nutzt. Das Kommunikationskonzept hat zwei Schwerpunkte. Zum einen ist der SL aufgrund seiner Historie und seiner Produkteigenschaften mit seiner kultivierten Sportlichkeit hervorragend geeignet, Botschafter der Marke Mercedes-Benz zu sein. Dies für die Marke zu nutzen bedarf einer breitenwirksamen Kommunikation über Massenmedien durch Fernsehspots, klassische Werbeanzeigen und Internet-Specials.

Die zielgruppenorientierte Kampagne dagegen ist zum anderen speziell auf die typische Zielgruppe des SL ausgerichtet. Sie berücksichtigt Freizeit- und Medienverhalten und wird den neuen SL im Schwerpunkt im Rahmen von exklusiven Events in einem zielgruppenspezifischen Umfeld durch Direktkommunikation präsentieren. Auf den Sponsoringplattformen von Mercedes-Benz wie Motorsport (Formel 1), Golf oder der Fashion Week wird der neue SL ebenfalls inszeniert werden.

Zusammenfassung

Auch der neue SL der sechsten Generation positioniert sich als typischer SL und setzt wieder Maßstäbe mit seiner einzigartigen Kombination aus hochwertigem Design, modernster Technik, größtmöglicher Sicherheit, hoher Wertanmutung und großer Alltagstauglichkeit. Beim Thema Sportwagen folgt er mehr als seine Vorgänger wieder den Spuren seines legendären Urahnen 300 SL und legt deutlich an Dynamik zu, ohne die sonst sportwagentypischen Kompromisse eingehen zu müssen. Der neue SL ist wieder der neue Maßstab kultivierter Sportlichkeit.

Projektmanagement und Projektsteuerung

Gunter Fischer | Dr. Ralf Theurer | Thomas Recknagel

Garant für einen erfolgreichen Produktentstehungsprozess ist das optimale Zusammenspiel der Bereiche Entwicklung, Produktion, Qualität, Produktmanagement, Betriebswirtschaft/Controlling, Einkauf und After Sales. Beim neuen SL war schon zum Projektstart eine vollständige Standardprojektorganisation aus diesen Bereichen aufgebaut, zudem wurden Projekthäuser für das Dach und den Aluminiumrohbau implementiert. Eine weitere Besonderheit lag in der engen Anbindung der Bereichsprojektleitung Produktion an die Projektleitung.

Tradition und Wandel

Mit dem Wissen um die historischen Leistungen von Mercedes-Benz und der Bedeutung des SL in der Firmengeschichte kann man die Erwartungen und aktuellen Herausforderungen an das Projekt „neuer SL" ermessen. Dies gilt insbesondere vor dem Hintergrund einer vollständigen Neuentwicklung und dem erstmals bei Mercedes-Benz dargestellten Vollaluminiumrohbau. Wie seine erfolgreichen Vorgänger setzt auch der neue SL die Erfolgsgeschichte von exklusiven Mercedes-Benz-Roadstern fort und entwickelt sie in vorbildlicher Weise weiter. Schwerpunkte der Projektarbeit bildeten zum einen ein ausgewogenes Verhältnis im „magischen Dreieck", Bild 1, zum anderen eine permanente Zielüberprüfung der einzelnen Einsatzfaktoren in einem dynamischen Umfeld, kombiniert mit einem projektübergreifenden Wissensmanagement bei Mercedes-Benz.

Projektorganisation

Der neue SL wurde wie schon der SLK in einem Produktentstehungsprozess gemäß Mercedes development system (MDS) enhanced entwickelt, Bild 2. Dieser Prozess verlief in drei Phasen (Konzept- und Entwicklungsphase sowie Markteinführung) und wurde durch klar definierte Meilensteine untergliedert. Zum Projektstart war bereits die vollständige Standardprojektorganisation mit allen Teilprojektleitern aus den Bereichen Marketing/Vertrieb, Entwicklung, Produktion, Einkauf, Qualität, Betriebswirtschaft/Controlling, After Sales sowie den interdisziplinär besetzten Funktionsgruppen arbeitsfähig aufgebaut. Roadsterspezi-

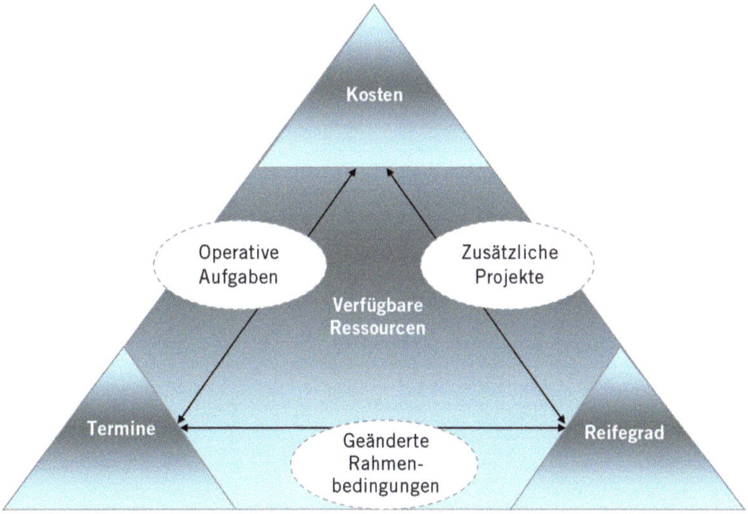

Bild 1
Das magische Dreieck

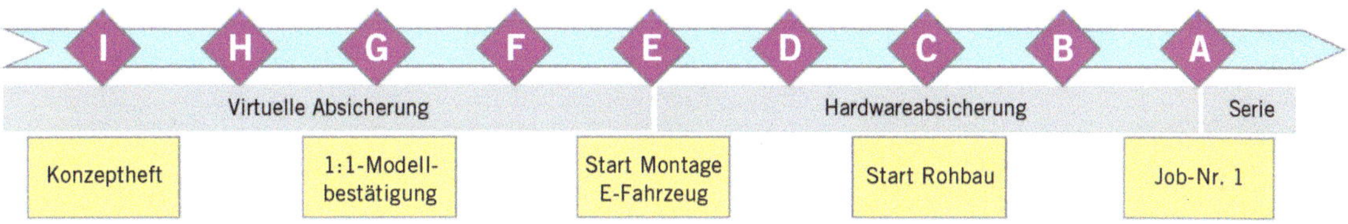

Bild 2
Quality Gates im Produktentstehungsprozess

fisch wurde die Projektorganisation durch je einen Teilprojektleiter RHT (retractable hardtop) und Aluminiumrohbau erweitert sowie die dazugehörenden Projekthäuser „Dach“ und „Aluminium“ implementiert. Hier wurden bereichsübergreifend alle Umfänge und die Schnittstellen zwischen Dach, Rohbau und Fahrzeug koordiniert. Eine weitere Besonderheit lag in der engen Anbindung der Bereichsprojektleitung Produktion an die strategische Projektleitung und die Teilprojektleitung Entwicklung auf einer gemeinsamen Projektfläche, um eine optimale Kommunikation sicherzustellen.

Funktionsgruppenarbeit

Die kleinste unternehmerische Einheit in der Projektorganisation ist die Funktionsgruppe. Im Projekt des neuen SL (R231) gab es 27 Funktionsgruppen mit Mitarbeitern aus den Bereichen Entwicklung (Leitung), Montageplanung, Logistik, Einkauf, Kaufteileplanung und Controlling. Diese Mitarbeiter hatten als Bauteilverantwortliche zum Beispiel für Rohbau, Federung/Dämpfung oder Sitze die Aufgabe, eine Reihe von spezifischen Zielen zu realisieren, Bild 3. Dafür wurde in der Pkw-Entwicklung von Mercedes-Benz die Arbeit in Funktionsgruppen schon in der Strategiephase eingeführt und die Ziele gemeinsam abgeleitet. Dies hatte den großen Vorteil, dass sich alle Beteiligten von Beginn an stärker mit den spezifischen Zielen identifizieren konnten und somit eine höhere Verbindlichkeit erreicht wurde.

Üblicherweise liegt bei Mercedes-Benz die Leitung und Sprecherfunktion der Funktionsgruppen bei der Entwicklung. In Funktionsgruppen mit hohem Fertigungszeitanteil und einer hohen Zahl von in der Strategiephase identifizierten Optimierungsansätzen zur produktionsgerechteren Gestaltung wurden Funktionsgruppen-Doppelspitzen von Mitarbeitern aus Entwicklung und Produktion gebildet. Dadurch wurde das gegenseitige Verständnis weiter gestärkt und es konnten zusätzlich erhebliche Synergiepotenziale gehoben werden.

Bild 3
Einbindung der Funktionsgruppenstruktur

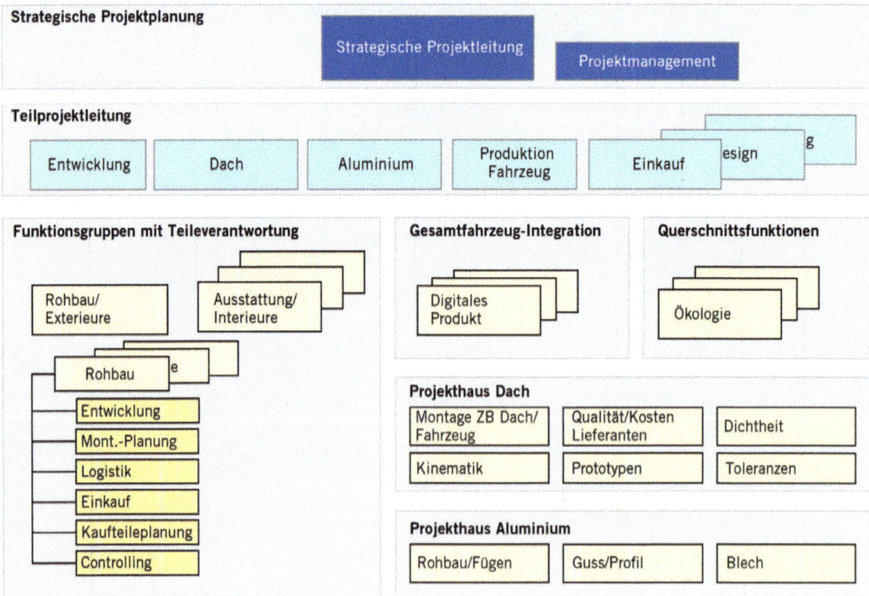

Um die übergreifenden Funktionsziele besser zu verankern und die Zielerreichung abzusichern, wurden unter Führung des Entwicklungsprojektleiters neben den Funktionsgruppen für die Komponentenentwicklung zehn weitere Gesamtfahrzeugintegrationsteams in die Projektorganisation eingegliedert. Die Abstimmung funktionaler Anforderungen und von Komponentenbelangen konnte so frühzeitig vom Projektleiter angestoßen und der Zielerreichungsgrad bewertet werden.

Projektgremien

Um die komplexen Sachverhalte zielgerichtet abarbeiten zu können, sind in der Organisation von Mercedes-Benz themenspezifische Gremien verankert. Diese Gremien liegen in der gemeinsamen Verantwortung des Strategischen Projektleiters und des Centerleiters Baureihe SL. Das zentrale gemeinsame Gremium ist die „SL-Pro/-Tech“ als fachübergreifendes Entscheidungsgremium (ab Start Serienentwicklung bis zur Markteinführung). Inhaltlich werden technische oder produktbezogene Themen mit Auswirkungen auf die Zielerreichung (Funktion, Reifegrad, Kosten, Termine) behandelt und entschieden. Systemseitig werden notwendige Änderungen durchgängig im Tool NCM (New Change Management) verfolgt und bis zum Einsatz in der Produktion dokumentiert. Alle Informations-, Bewertungs- und Entscheidungsgrundlagen sowie Ergebnisse werden so in einem durchgängigen Prozess zusammengefasst.

Projektspezifische Prozesse

Um alle im Lastenheft durch den Vorstand beschlossenen Projektziele erreichen zu können, kamen verschiedene Prozesse zur Produktoptimierung zum Einsatz. Auszugsweise werden hier die wesentlichen Instrumente/Gewerke und besondere SL-spezifische Schwerpunkte der einzelnen Teilprojekte durch die Teilprojektleiter beschrieben.

Produktmanagement

Das Produktmanagement begleitet das Fahrzeugprojekt als zentraler Ansprechpartner aus dem Vertrieb. Es koordiniert in der Entwicklungsphase alle erforderlichen Aktivitäten der Zentralbereiche des Vertriebs. In der frühen Projektphase werden die produktspezifischen Markenwerte, Positionierungen und wirtschaftliche Prämissen, die für das Projekt zu erwarten sind, festgelegt. Ein weiterer wesentlicher Schritt ist die Festlegung der einzelnen konkreten Produkteigenschaften in einer Matrix von sogenannten Kundennutzenkriterien, die in einem spezifischen Ziel-Produktleistungsprofil münden. Dieses bildet die Positionierung des Produkts im Wettbewerbsumfeld ab und bewertet jedes relevante Kriterium im Hinblick auf konkrete technische Eigenschaften gegenüber den wichtigsten Kernwettbewerbern.

Während des Projektverlaufs steuert das Produktmanagement Veränderungen von Vertriebsplandaten, Marktanforderungen und Wettbewerbsaktivitäten ein und stimmt Fragestellungen aus dem Projekt innerhalb der Vertriebsorganisation ab. Zur Markteinführung müssen die Kommunikationsbereiche und die Marktorganisationen informiert und alle wesentlichen Kommunikationsaktivitäten koordiniert werden. Zusammengefasst ist das Produktmanagement die Schnittstelle zwischen Markt beziehungsweise Kunden sowie Fahrzeugprojekt und übernimmt nach der Markteinführung die vertriebsseitige Ausgestaltung der Lebenszyklusphase des Fahrzeugmodells.

Strategiephase

In der ersten Phase des neuen Entwicklungsprozesses (Strategiephase) galt es, weitgehend konfliktfreie Ziele zu erarbeiten. Die betriebswirtschaftlichen Zielleitplanken und funktionalen Anforderungen wurden aus der Produktpositionierung sowie aus Markt-, Kunden-, und Wettbewerbsanalysen abgeleitet.
Die Zielsetzungen wurden in einem Fahrzeugleistungsprofil hinterlegt und über einen dreistufigen Prozess bis auf konkrete, messbare Ziele heruntergebrochen (Operationalisierung). Auf dieser Basis wurden über einen intensiven Abgleich Zielkonflikte herausgearbeitet, Anforderungen priorisiert und entsprechende Entscheidungen getroffen. Das über diesen Prozess definierte Produktkonzept wurde in einem Konzeptheft dokumentiert und vom Vorstand verabschiedet. Erfolgsfaktor für den Produktionsentstehungsprozess war die Einbindung aller relevanten Bereiche in den Definitionsprozess der Ziele während der Strategiephase.

Betriebswirtschaft/ Controlling

Jedes Produkt, auch das technisch anspruchsvollste und begeisterndste, muss letztendlich für den Kunden preislich attraktiv sein. Die Höhe der Kosten für ein Fahrzeug ist eng mit dem zeitlichen Ablauf des Produktentstehungsprozesses verknüpft. Zu Beginn des Projekts kann die Höhe der Kosten noch signifikant beeinflusst werden, während im weiteren Projektverlauf die Beeinflussbarkeit sukzessive abnimmt. Späte Änderungen sind überproportional teuer. Daraus abgeleitet wurde der Design-to-Cost-Prozess (DtC) entwickelt und angewendet, um die Kosten bereits in der frühen Phase eines Projekts konsequent zu beeinflussen. Basis hierbei sind unter anderem Referenzkalkulationen (REC), in denen die Bauteile unter optimalen Herstell- und Einkaufsbedingungen bewertet werden. Die Umsetzung des DtC-Prozesses, ein stringentes Kostencontrolling aller Fahrzeug- und Sonderausstattungsumfänge und die enge Zusammenarbeit mit allen Projektbeteiligten haben zu einem optimalen Einsatz der Ressourcen beim neuen SL geführt.
Das Produktcontrolling der Fertigungskosten zeichnet sich durch eine hohe Transparenz aus, die durch die Werkskostenmatrix (WKM) gewährleistet ist. Dabei erfolgt eine Übersetzung der technischen Parameter und Einsatzfaktoren (wie Schweißnahtlänge, Teilezahl oder -größe und Fertigungszeit) in die Fertigungskosten. Für die unterschiedlichen Mitteleinsatzarten wurde ein „Füllstandscontrolling“ eingeführt und Zielwerte monatlich mit Mitteleinsätzen abgeglichen, die bereits ausgegeben oder für als notwendig erkannte Änderungen reserviert waren. Auf Basis einer detaillierten Mittelabflussplanung konnte somit der Ausgabenverlauf der Mitteleinsätze prognostiziert und der Einsatz der zur Verfügung stehenden Mittel gezielt auf die kundennutzenorientierten Änderungen fokussiert werden. Durch Konzentration auf die Erfolgsfaktoren zeichnete sich der Projektverlauf durch eine erfolgreiche Kostenarbeit aus.

Einkauf

Mercedes-Benz kann bei der Roadsterbaureihe SL voller Stolz auf eine fast 60-jährige Tradition zurückblicken. Dieser Tradition fühlte sich die Projektmannschaft verpflichtet und hat daher gemäß dem Leitsatz „Das Beste oder nichts" hohe Ansprüche an sich und den neuen SL gestellt. Der Einkauf war bereits frühzeitig im Rahmen der DtC-Phase in den Zielbildungsprozess für den neuen SL eingebunden. Hierbei galt es, das Optimum zu definieren zwischen technischen Inhalten, Qualitätsansprüchen, Designinhalten und maximalem Kundennutzen, aber auch Herstellbarkeit und kaufmännischen Zielgrößen. Zum Start der Entwicklung wurden dafür eindeutige Produkt-, Qualitäts- und Kundennutzenziele und auch Kostenziele als Basis für die weitere Projektarbeit definiert.

Der neue SL bietet dem Kunden zeitgemäße Technik und zahlreiche Innovationen, wie den Vollaluminiumrohbau, das Glasdach MAGIC SKY CONTROL, Bild 4, die Komfortfunktion HANDS-FREE ACCESS zum berührungslosen Öffnen und Schließen des Kofferraumdeckels, das adaptive Scheibenwasch-System MAGIC VISION CONTROL, die innovative Lautsprecher-Anordnung des Frontbass-Systems oder das elektrische Windschott. Viele der Komponenten wurden gemeinsam mit Lieferanten entwickelt und zur Serienreife gebracht. Um eine frühzeitige Lieferanteneinbindung zu gewährleisten, wurde rechtzeitig ein Vergabezeitplan erstellt. Darin wurden alle Vergabeumfänge abgebildet und mit einem Zieltermin versehen.

Mercedes-Benz setzt darauf, seine Produkte in Zusammenarbeit mit Lieferanten zu gestalten, welche die hohen technischen Ansprüche und Qualitätsanforderungen von Mercedes-Benz erfüllen. Dabei galt es, verlässliche und zukunftsfähige Partner aus der Zulieferindustrie einzubinden und eine gleichbleibend hohe Qualität zu gewährleisten. Durch Anfragen bei als Entwicklungspartner geeigneten Lieferanten wurde sichergestellt, dass die Belange aller Fachbereich bei der Vergabe berücksichtigt wurden.

Bild 4
Das Glasdach MAGIC SKY CONTROL lässt sich auf Knopfdruck wahlweise hell oder dunkel schalten

Mit der Lieferantenbeauftragung startete das Änderungsmanagement, das zusammen mit dem Einkauf unter Berücksichtigung von Terminen, Kosten und Qualität einen wichtigen Beitrag zur Reifegradabsicherung und zum erfolgreichen Anlauf des Fahrzeugs leistet.

Produktion

Mit Verabschiedung des Konzepthefts des neuen SL wurde die Verantwortung für den Bereich Produktionsplanung an die Bereichsprojektleitung Produktion übergeben. Mercedes-Benz typisch wurde hierbei die Vertretung der Planungs- und Werksinteressen im Projekt in einer Funktions-/Organisationsstruktur gebündelt. Ziel war es, einen verantwortlichen Vertreter und Ansprechpartner für die Produktionsplanung im Gesamtprojekt zu integrieren, der die Produktionsinteressen vertritt und eine einheitliche, übergreifende Beurteilung der Produktionsstufe nach innen und außen sicherstellt, Bild 5.

Die geographischen Gegebenheiten beim Projekt des neuen SL (Entwicklung in Sindelfingen, Produktionsplanung in Sindelfingen und Bremen, Produktionsstandort in Bremen) machten es erforderlich, ein Produkthaus SL als Verbindungsstelle zum Projekt und den Entwicklungsbereichen räumlich auf einer Projektfläche bei der Projektleitung in Sindelfingen zu installieren. Das Produkthaus diente als ständiger Ansprechpartner vor Ort für alle Projektbeteiligten, insbesondere für die Koordination von funktionsgruppenübergreifenden Produktionsthemen sowie als Vertreter des Produktionswerks in den Gremien. Fokus war dabei insbesondere die produktionsgerechte Gestaltung, die kontinuierliche Verfolgung des Fortschritts bereits in den digitalen Baubarkeits- und Bauteileworkshops sowie die Verifizierung der beschlossenen Maßnahmen an den Erprobungsfahrzeugen. Dadurch konnte im Vergleich zum Vorgängerfahrzeug ein höherer Reifegrad zum früheren Zeitpunkt erreicht werden.

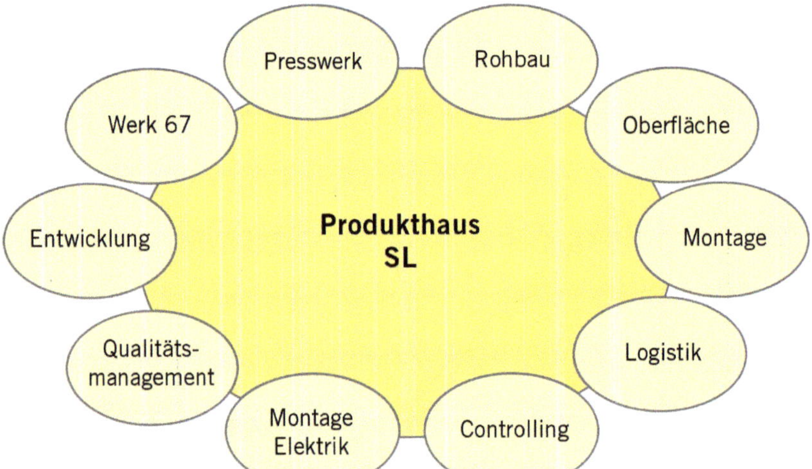

Bild 5
Das Produkthaus als funktionsübergreifende Organisationseinheit

Projekthaus Aluminium

Um die Mercedes-Benz-Qualität auch im Aluminiumrohbau, Bild 6, abzubilden, wurde für den neuen SL das Projekthaus Aluminium gegründet. Es hatte die Aufgabe, die aluminiumspezifischen Rohbauumfänge bereichsübergreifend zu koordinieren und zu bündeln. Dem Projekthaus kam bei der gesamtheitlichen Absicherung eine zentrale Querschnittsfunktion in der Entwicklung des Vollaluminiumrohbaus zu. Als Teilprojekt Rohbau, organisatorisch direkt in das Gesamtprojekt der Baureihe R231 eingebunden, wurden hier – neben der Verantwortung für Kosten, Termine, Reifegrad, Herstellbarkeit und Gewicht – die Kompetenzen aufgebaut, die in der gesamten Prozesskette dieses Fahrzeugs und in zukünftigen Mercedes-Benz-Rohbauten zum Einsatz kommen werden. Mit der Leitung des Teilprojekts Rohbau in der Baureihe R231 betraut, hatte das Projekthaus Aluminium das übergeordnete Leitbild, einen prozesssicher herzustellenden Aluminiumrohbau zu entwickeln. Um dieses Ziel zu erreichen, war eine ständige Überprüfung der Projektzielgrößen erforderlich. Eine weitere Kernaufgabe war die Sicherung der entwickelten Ideen und Verfahren in Patenten.

Regelmäßige Kommunikation zwischen den beteiligten Bereichen ist die Grundlage für eine erfolgreiche Entwicklungsarbeit. Um diese sicherzustellen, wurden über alle Entwicklungsphasen hinweg Expertenkreise für Guss-, Profil- und Blechbauteile sowie für das Fügen von Rohbauten eingesetzt. Diese befassten sich unter anderem mit den technologiebezogenen Themen Fügen und Vorbehandlung von Rohbauteilen, Schweißnahtverzug oder Prozesssicherheit in der Produktion. Ausgewählte Fachleute des Mercedes-Benz Technology Centers in Sindelfingen diskutierten aluminium- und rohbauspezifische Fragen, suchten Lösungen und bereiteten Entscheidungen in übergeordneten Gremien vor. Grundlagenarbeit als Vorbereitung für den erstmaligen Einsatz von neuartigen Fügeverfahren wie Fließlochschrauben

Bild 6
Aluminiumrohbau des neuen SL

(flow drill), Vollstanznieten oder Reibrührschweißen im Rohbau einer Großserie war die essenzielle Voraussetzung für den Erfolg.
Aufgrund seiner zentralen Querschnittsfunktion koordinierte das Projekthaus Aluminium ebenfalls bereichsübergreifende Einzelprojekte. Ein Beispiel dafür ist die Entwicklung einer Simulation zur Beurteilung des Spannungsverzugs am Aluminiumrohbau. Dieser kann durch das in der Produktion eingesetzte MiG-Schweißen oder die Materialverdrängung beim Hohl- und Vollstanznieten entstehen. Mit einer Simulation der Wärmeeinflusszone beim Schweißen oder der Materialverdrängung beim Nieten ließen sich dann Rückschlüsse auf auftretende Spannungen im Bauteil ziehen, die direkt für die Entwicklung neuer Fixierkonzepte und Konstruktionsprinzipien genutzt werden konnten.
Neben dieser Grundlagenentwicklung war die Begleitung des Aufbaus von Erprobungs- und Bestätigungsfahrzeugen in der Anlauffabrik ein wichtiger Bestandteil des Projekthauses Aluminium zur Vorbereitung auf die Produktion unter Serienbedingungen. Die sich daran anschließende Vorortbegleitung unterstützte das Produktionswerk bei der Lösung auftretender Probleme während der Serienproduktionsvorbereitung und im Produktionshochlauf.
Mercedes-Benz war bereits vor dem Aufsetzen des Projekthauses Aluminium einer der führenden Automobilhersteller beim Aluminiumeinsatz, insbesondere durch den Einsatz bei der Karosserieaußenhaut vieler Baureihen. Diesen Leichtbaugedanken weiter voranzutreiben ist eines der zentralen Ziele von Mercedes-Benz. Ein Beitrag dazu ist der weiter gesteigerte Einsatz von Aluminium auch in der Rohbaustruktur. Das Projekthaus Aluminium führt daher Seminare zum Aufbau von Aluminiumkompetenz durch und sichert so den Know-how-Transfer. Diese Schulungen wurden bereits in Bremen und Sindelfingen mit inzwischen mehr als 400 Teilnehmern erfolgreich durchgeführt. Das ist ein wichtiger Meilenstein auf dem Weg zu leichteren Fahrzeugen und weiter reduzierten Emissionen.

Kundendienst

Die zunehmende Komplexität der Fahrzeugtechnik und die daraus resultierenden Auswirkungen und Anforderungen an die weltweiten Serviceorganisationen machen eine proaktive, konstruktive Beteiligung der After-Sales-Bereiche in den Fahrzeugentwicklungsprojekten notwendig. Der Projektleiter After Sales hat die Aufgabe, diese interdisziplinär einzufordern und zu koordinieren. Darunter fallen zum Beispiel auch die rechtzeitige Bereitstellung aller Kundendienstprodukte, wie neue Reparaturbeschreibungen, Werkstatteinrichtungen, Sonderwerkzeuge, Systemdiagnosetools, Bedienungsanleitungen, Ersatzteile inklusive Dokumentation, sowie das Training der Serviceorganisation.
Ein Schwerpunkt des Projektleiters After Sales ist die service- und teilegerechte Produktgestaltung so zu beeinflussen, dass das Fahrzeug in allen circa 6000 Werkstätten weltweit mit handelsüblichen Werkzeugen günstig gewartet und repariert werden kann. Dafür wurde bereits in der frühen Entwicklungsphase zusammen mit der Entwicklung an 3D-Modellen und Prototypen gearbeitet. So konnten beispielsweise teure Strukturkomponenten im crashrelevanten Front-, Seiten- und Heckbereich des R231 reparaturfreundlich gestaltet und Montagekomponenten gezielt schadfrei gehalten werden. Als Ergebnis wurde eine sehr gute und wettbewerbsfähige Einstufung bei der Vollkaskoversicherung erreicht. Auch bezüglich Werkstattaufenthalte

konnten durch Fokussierung auf servicegerechte Demontage und Montage die entstehenden Kosten unter das Niveau des Vorgängers gebracht werden.
Die Aluminiumrohbaustruktur des R231 stellt neue Herausforderungen an das Werkstattnetz und die Servicespezialisten. Kann der SLS als Vorreiter von Vollaluminiumfahrzeugen bei Mercedes-Benz aufgrund seiner geringen Stückzahl noch durch Spezialisten aus der Zentrale repariert werden, ist dies in der Großserie beim neuen SL so nicht mehr möglich. Aus diesem Grunde wurde ein spezielles Training für die Servicemitarbeiter mit regelmäßiger Überprüfung der erlernten Kenntnisse entwickelt. Mit den Bereichen Entwicklung und Qualitätssicherung wurden Lösungen zur Qualitätssteigerung erarbeitet und konstruktiv umgesetzt. So konnte beim neuen SL, trotz gestiegener Komplexität der Systeme, die Zuverlässigkeit im Vergleich zum Vorgänger weiter gesteigert werden.

Fazit

Erst das optimale Zusammenspiel der Bereiche Entwicklung, Produktion, Qualität, Produktmanagement, Betriebswirtschaft/Controlling, Einkauf und After Sales ist Garant für das Erreichen der einzelnen Projektziele. Damit die Methoden und Techniken im Projektmanagement dem aktuellen Stand entsprechen, müssen Veränderungs- und Optimierungsprozesse permanent angestoßen und umgesetzt werden. Dabei ist bei Mercedes-Benz ein vernetztes Wissensmanagement mit permanentem Zugriff auf optimierte Lernprozesse verankert. Nicht zuletzt ist der „Faktor Mensch" durch Förderung entsprechender Kommunikations- und Zusammenarbeitsmodelle ein wichtiger Baustein. Als wichtigste Erfolgsfaktoren können unter anderem aufgezählt werden:

- der Aufbau einer Projekthausorganisation
- hoch motivierte Mitarbeiter mit dem Drang, ihren persönlichen Beitrag einzubringen
- ein hohes Bewusstsein für die Wünsche der Kunden
- der Wunsch, den neuen SL gemäß dem Motto: „Das Beste oder nichts" für den zukünftigen Kunden zu formen
- der Wunsch, Kunden den neuen SL zu attraktiven Kosten in die Hände zu geben.

DANKE

Bei der Erstellung des Beitrags haben zudem mitgewirkt: Peter Wagner (Projektleitung Marketing), Dr. Jürgen Braun (Projektleitung Strategiephase), Patricia Fernando (Projektleitung Controlling), Jörg Schmalenbach (Projektleitung Produktion), Axel Schlegel (Projektleitung Einkauf), Björn Bartels (Projektleitung After Sales).

Konzeptdefinition des neuen SL

Stefan Mack

Der Tradition der legendären SL-Baureihe folgend, sollten Design, Sicherheit, Fahrdynamik, Komfort, Qualität und Umweltverhalten beim neuen SL weiter verbessert werden. Entwicklungsziel war, diese einzelnen Merkmale zu einem perfekt abgestimmten Gesamtprodukt zu vereinen. Dazu wurde dem neuen SL eine Vielzahl von Innovationen mit auf den Weg gegeben.

Maßstab im Wettbewerbsfeld

Der historisch gewachsene Anspruch an den neuen SL orientiert sich neben der Sportlichkeit und einem individuellen, statusbetonten Design an den Markenwerten von Mercedes-Benz wie Sicherheit, Komfort und Langzeitqualität. Diese Grundwerte galt es, auf hohem Niveau roadsterspezifisch für größten Fahrgenuss weiter auszubauen. Mit insgesamt fünf Auszeichnungen für höchste Fahrzeugqualität gehört das Vorgängermodell des neuen SL zu den erfolgreichsten Fahrzeugen bei den Kundenbefragungen der US-Marktforscher J.D. Power im Segment der „Premium Sporty Cars". Dies war zugleich höchste Motivation, den Erfolg fortzuschreiben, und Maßstab für die Entwicklung des neuen SL.
Der Bedeutung des Namens SL – sportlich-leicht – wurde durch konsequente Gewichtsreduzierung Leben eingehaucht. Neue Werkstoffe, Technologien und Aggregategenerationen für maximal mögliche Verbrauchsreduzierung und damit geringstmögliche Kohlendioxidemissionen sind in den neuen SL integriert und unterstreichen den Anspruch an einen verantwortungsvollen Umgang mit der Umwelt. Es wurde alles getan, um den neuen SL trotz der Erfüllung der komplexen gesetzlichen Anforderungen und gesellschaftspolitischen Erwartungen lückenlos an die legendären Vorgänger-SL-Baureihen anzuschließen und wiederum Maßstäbe im internen und externen Wettbewerbsfeld zu setzen.

Entwicklungsziele

Die Umsetzung der Entwicklungsziele in erlebbare technische Lösungen spiegelt sich im Erscheinungsbild des Exterieurs und Interieurs, in der Antriebstechnik, im Maßkonzept und in den umfangreichen innovativen Serien- und Sonderausstattungen wider. Die Vielzahl der miteinander vernetzten technischen Detaillösungen sowie der zu lösenden Zielkonflikte führten zu einer Komplexität, die höchste Ansprüche an das Know-how der beteiligten Bereiche stellte, aber auch eine sehr gut organisierte Projektmannschaft erforderte. Erst mit der Auflösung dieser Zielkonflikte und durch die detaillierte Abstimmung der Komponenten aufeinander entstand ein perfektes Gesamtprodukt. Als prägnante Beispiele sind Design, Sicherheit, Fahrdynamik, Komfort, Qualität und Umweltverhalten des neuen SL zu nennen:

- Von einem SL wird seit jeher etwas ganz Besonderes erwartet: Dynamik, Exklusivität und Eleganz, Bild 1. Zur formalen Identität der Automobile mit dem Stern gehören auch Zitate früherer Designelemente, die letztlich zur Unverwechselbarkeit der Marke beitragen und so das typische Zusammenspiel von Optik und Technik bei Mercedes-Benz schaffen. Durch diese anspruchsvolle Formensprache waren aufwendige Lösungen in der Rohbauumformtechnik, eine gezielte Werkstoffauswahl und höchste Präzision in der Produktion gefordert.
- Die Mercedes-Benz-Sicherheitsphilosophie wurde als ganzheitliches Sicherheitskonzept umgesetzt: Verschiedene Fahrerassistenzsysteme sollen ein sicheres Fahren durch Vermeidung von Gefahren ermöglichen. Bei erkannten Gefahren sollen vorbeugende Schutzmaßnahmen aktiviert werden. Kommt es dennoch zu einem Unfall, so stehen zahlreiche Sicherheitsausstattungen für den bedarfsgerechten Schutz zur Verfügung. Nach einem Unfall können automatisch die Türen entriegelt, die Seitenscheiben um 50 mm abgesenkt und die Innenbeleuchtung aktiviert werden, um schnel-

Bild 1
W198 und R231 im Vergleich

le Hilfe zu ermöglichen und Schlimmeres zu vermeiden.

- Das legendäre Flügeltürencoupé von 1954 war der erste reinrassige Sportwagen, der nach dem zweiten Weltkrieg bei Daimler-Benz entwickelt wurde und der erste, der den Namen SL trug. Als Nachfolger wurde drei Jahre später der Roadster präsentiert, der 300 SL. Zur Verkaufsförderung in den USA erfolgten öffentlichkeitswirksame Renneinsätze zum Produktionsanlauf mit einem aus dem SL abgeleiteten 300 SLS, Bild 2. Paul O'Shea gewann die amerikanische Sportwagenmeisterschaft in der Kategorie D mit deutlichem Vorsprung vor der Konkurrenz. Dieser Historie verpflichtet, wurde bei der Entwicklung des neuen SL großer Wert auf eine vorbildliche Agilität in Längsrichtung und auf hohe Querdynamik gelegt. Die Auslegung des Fahrwerks, des steifen Rohbaus, der elektromechanischen Direktlenkung (Electric Power Steering EPS), der Sitze mit optimalem Seitenhalt und die Abstimmung der Regel- und Assistenzsysteme erfolgten unter der Prämisse, einen Sportwagen mit einem Maximum an Fahrspaß bei gleichzeitig höchstem Komfort zu entwickeln.
- Zum Komfort zählen einerseits das erstklassige Geräuschniveau in allen Fahrsituationen, der vorbildliche Sitzkomfort sowie das gute Raumgefühl. Andererseits gewährleistet die Abstimmung der Fahrwerkskomponenten bestmöglichen Federungs- und Abrollkomfort. Für ein optimales Zusammenspiel von Federung und Dämpfung wurde für den SL eine Verstelldämpfung entwickelt. Das Gesamtpotenzial eines adaptiven Dämpfungssystems bei Funktionalität und Reaktionsgeschwindigkeit ermöglicht den bestmöglichen Kompromiss zwischen Komfort und Sportlichkeit.
- Schon bei Projektbeginn wurden höchste Qualität und Zuverlässigkeit, ebenso wie montage- und servicegerechte Konstruktionen, als Ziele festgelegt. Um die geforderte Qualität zu erreichen, wurden Ziele beschrieben, mit denen die Bauteile beziehungsweise Baugruppen während ihrer Entwicklung immer wieder verglichen und bei Bedarf optimiert wurden. Noch ehe die ersten Prototypen auf den Teststrecken fuhren, hatten mehrere virtuell zusammengebaute Fahrzeuge bereits unzählige Kilometer in Simulationen zurückgelegt. So wurde der neue SL auf vielen Millionen virtuell und real gefahrenen Kilometern weltweit getestet und abgestimmt.
- Zur Senkung des Kraftstoffverbrauchs und um der CO_2-Diskussion gerecht zu werden, kommen neben der Gewichtsreduktion neuentwickelte Motoren zum Einsatz, die mit Direkteinspritzung, ECO Start-Stopp-Funktion, Generatormanagement und anderen verbrauchssenkenden Maßnahmen kombiniert wurden. Weitere Optimierungen, wie die Verringerung des Luftwiderstands durch den Einsatz einer regelbaren Kühlerjalousie, reibungsoptimierte Getriebe und nochmals schlupfreduzierte Drehmomentwandler, liefern zusätzliche Beiträge zur CO_2-Reduktion. Neben dem effizienten Betrieb des Fahrzeugs in Kundenhand wurde auch die umweltfreundliche Herstellung im Lastenheft verankert und umgesetzt.

Innovationen

In der Markengeschichte von Mercedes-Benz stehen die SL-Modelle seit den 1950er-Jahren für die erfolgreiche Verbindung aus Innovation, Tradition, Sportlichkeit, Komfort und Eleganz. Dieser Anspruch wird im neuen SL durch zahlreiche neue technische Lösungen, Materialkonzepte und Innovationen fortge-

Bild 2
Mercedes 300 SLS von Paul O'Shea 1957 in Virginia

schrieben. Dazu zählen Vollaluminiumrohbau, stufenloses, reibungsbasiertes Türscharnier, SMC-Hybridheckdeckel mit integrierten Antennen, HANDS-FREE ACCESS, Panorama-Variodach mit schaltbarer Transparenz, elektrisch betätigtes, voll integriertes Windschott, MAGIC VISION CONTROL, Frontbass-System und die Sitzanlage.
Beispielsweise ist die Rohbaukarosserie des neuen SL eine vollständige Neuentwicklung. Es ist der erste Vollaluminiumrohbau, Bild 3, bei Mercedes-Benz, der in Großserie gefertigt wird. Die Karosserie des neuen SL bietet trotz hoher Gewichtseinsparung im Vergleich zum Vorgänger verbesserten Nutzen in Sachen Sicherheit und Komfort. Erreicht wird diese Gewichtseinsparung durch den umfassenden Einsatz von Aluminium und konsequentem, intelligentem Leichtbau. In Summe führen alle konstruktiven Maßnahmen zu einem leichten, torsions- und biegesteifen Rohbau mit einem optimalen Verhältnis von Steifigkeit und Gewicht. Die Verwindungssteifigkeit der Karosserie konnte im Vergleich zur bereits sehr steifen Vorgängerbaureihe nochmals gesteigert werden. Nicht zuletzt bestimmen die steifigkeitsrelevanten Konstruktionsmerkmale auch die hohe sicherheitsrelevante Gestaltfestigkeit der Karosserie im Falle eines Crashs. Somit erfüllt der neue SL alle aktuellen gesetzlichen sowie die hohen internen Anforderungen von Mercedes-Benz.
Die Befestigung der ebenfalls aus Aluminium gefertigten Türen erfolgt über Scharniere aus Aluminium und Stahl, welche mit einer stufenlosen Türhaltefunktion ausgestattet sind. Damit ist es möglich, den Türöffnungswinkel in der Garage oder auf dem Parkplatz optimal auf den zur Verfügung stehenden Abstand einzustellen und diesen vollständig für den Ein- und Ausstieg zu nutzen.
Der Heckdeckel in Hybridbauweise ist aus einem Stahlinnenteil und einer einschaligen SMC-Kunststoffbeplankung (Sheet Molding Compound) zusammengesetzt. Ein nahezu identischer Wärmeausdehnungskoeffizient der beiden Werk-

stoffe ermöglicht dieses Konzept. Die Komponenten werden im Fertigungsprozess miteinander verklebt. Das Stahlinnenteil schafft die Voraussetzung für minimalen Bauraum bei maximaler Steifigkeit. Das ermöglicht roadstertypische Proportionen und eine vollständige, unsichtbare Integration der Antennen für Navigation, digitales Radio und Mobilfunk. Damit gibt es beim neuen SL keine Antennenstummel mehr auf der aerodynamisch ausgefeilten Karosserie.

Die Sonderausstattung HANDS-FREE ACCESS in Verbindung mit KEYLESS-GO und Heckdeckelfernschließung ermöglicht ein berührungsloses, vollautomatisches Öffnen und Schließen des Heckdeckels per sogenannter Kickbewegung im Bereich des hinteren Stoßfängers. Somit kann die Be- und Entladung des Fahrzeugs noch schneller und komfortabler erfolgen, sogar mit vollbeladenen Händen, ohne den Schlüssel oder die Griffklappe in die Hand nehmen zu müssen.

Wie die Vorgängerbaureihe hat auch der neue SL serienmäßig ein Variodach. Damit kann der Kunde das Fahrzeug auf Knopfdruck von einem Coupé mit festem Dach in einen offenen Roadster verwandeln und umgekehrt. Neu hingegen sind im SL die drei wählbaren, bereits im SLK erfolgreich eingeführten Dachvarianten. Alle Varianten sind in Magnesium-Kunststoff-Bauweise hergestellt. Serienmäßig hat der neue SL ein Dach mit einer Beplankung aus lackiertem Kunststoff. Als Sonderausstattung kann entweder ein im Mittelteil transparentes Dach mit manuell zu betätigendem Rollo oder als High-end-Variante ein Glasdach mit schaltbarer Transparenz (MAGIC SKY CONTROL) bestellt werden. Durch Anlegen einer elektrischen Spannung kann das Glas in seiner Licht- und Energiedurchlässigkeit verändert werden. Die Nanopartikel richten sich in dem unter Spannung stehenden elektrischen Feld des Daches so aus, dass bis zu 48 % der Lichtstrahlung die Scheibe durchdringen kann. Bei Spannungsfreiheit orientieren sich die Partikel wieder zufällig gemäß der Brownschen Molekularbewegung und blockieren die Strahlung.

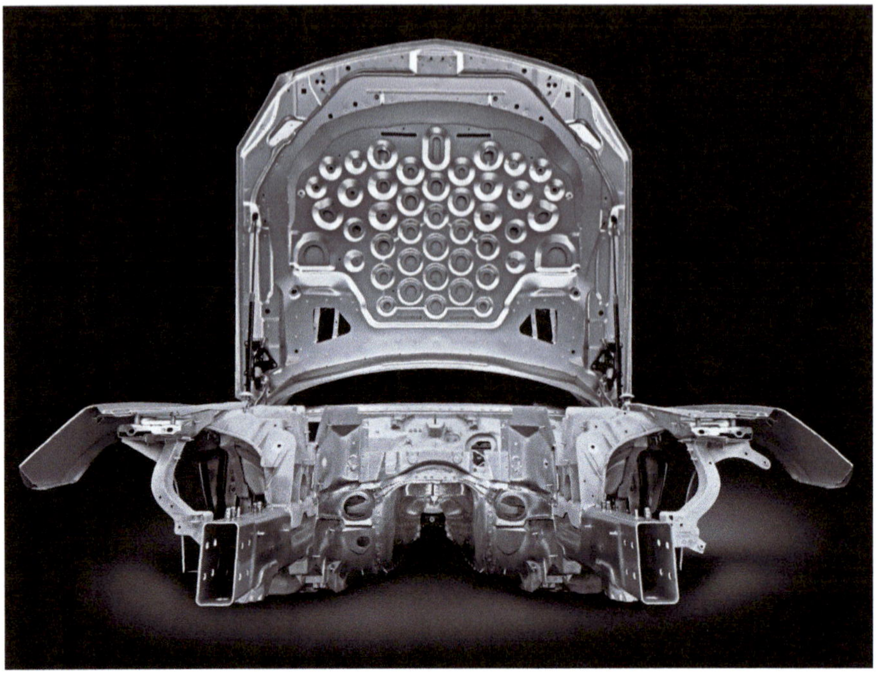

Bild 3
Vollaluminiumrohbau des neuen SL

Zur Vermeidung von turbulenten Luftbewegungen, Bild 4, wie sie sich beim offenen Fahren normalerweise einstellen, wird serienmäßig ein manuell betätigtes Klapprahmenwindschott aus feinmaschigem, synthetischem Textilgewebe angeboten. Aufbau, Anordnung und Funktion ähneln dabei dem aus der Vorgängerbaureihe bekannten System. Als neues Highlight ist optional ein elektrisch betätigtes und im eingefahrenen Zustand voll in die Fondraumverkleidung integriertes Windschott erhältlich. Das elektrische Windschott lässt sich bequem vom Fahrer oder Beifahrer auch während der Fahrt über einen in der Nähe des Verdeckschalters in

Bild 4
SL mit aufgestelltem Windschott im Windkanal

die Mittelkonsole angeordneten Schalter aus- und einfahren. Die Vorteile des elektrischen Windschotts gegenüber einem konventionellen Windschott bestehen in seiner stimmigen Integration in die Fondraumverkleidung und im Komfort beim Wechsel zwischen Gebrauchs- und Nichtgebrauchsstellung.

Der neue SL erhält wie die Vorgängerbaureihe eine Zweiarmwischeranlage, wobei fahrerseitig ein Wischerarm mit fester Drehachse und beifahrerseitig ein Viergelenkhubwischerarm angeordnet sind. Neu zum Einsatz kommt ein System aus innovativen MAGIC VISION CONTROL-Wischerarmen und -blättern sowie einem teilautonomen Waschsystem. Die Wischer erlauben es, Waschwasser zur Reinigung der Windschutzscheibe dorthin zu bringen, wo es tatsächlich benötigt wird: zur Bewegungsrichtung passend direkt vor die Wischlippe des Wischerblatts. Damit ist eine Reinigung der Windschutzscheibe auch bei offenem Dach bei jeder Geschwindigkeit möglich, ohne dass Waschwasser in den Innenraum oder an die Seitenscheiben gelangt. Die gezielte, auf den zu reinigenden Bereich begrenzte Waschwasserverteilung hat eine stark verbesserte Durchsicht während des Reinigungsvorgangs zur Folge und erhöht damit die Aktive Sicherheit des neuen SL.

Die im Fußraum platzierten Basslautsprecher, Bild 5, des Frontbass-Systems bieten durch die trichterförmige Anordnung von Instrumententafel, Seitenwand und Boden einen prinzipbedingten deutlichen Leistungsgewinn im Bass- und Grundtonbereich. Ein absolut schalldichtes Resonanzvolumen des Lautsprechers – zur Vermeidung eines akustischen Kurzschlusses – in Verbindung mit einer steifen Anbindung des Lautsprecherchassis sind wichtige Voraussetzungen für einen präzisen Tiefbassbereich. Das mit dem SL eingeführte Frontbass-System nutzt dafür die Volumina der vorderen Längsträger und angrenzender

Bild 5
Im Fußraum angeordneter, in den Rohbau montierter Basslautsprecher

ideal steifer Rohbaustrukturen. Die konventionellen Basslautsprecher in den Türen und eine voluminöse Bassbox im Fahrzeuginnenraum können dadurch entfallen. Zur Verbesserung der Klangbrillanz wandern die Hoch- und Mitteltöner in den Türen weiter nach oben. Als Ergebnis der intensiven Entwicklungsarbeit erhält der Kunde eine Musikanlage mit Gesamtakustik und Leistungsfähigkeit auf Topniveau. Neben der Gewichtseinsparung durch den Entfall der Bassbox konnten im Innenraum zusätzliche Ablagemöglichkeiten im Türbereich realisiert werden.

Zudem erhält der neue SL eine vollelektrische Sitzanlage mit Memoryfunktion, die höchsten und zugleich vielfältigen Ansprüchen an Sitzkomfort, Ergonomie, Sicherheit sowie Sportlichkeit gerecht wird. Zur weiteren Steigerung des Komforts wird als Sonderausstattung eine Sitzanlage mit wärmereflektierendem Lederbezug angeboten. Dieses speziell beschichtete Leder reflektiert die Wärmestrahlung der Sonne und reduziert besonders bei dunklen Ausstattungsfarben das Aufheizen der Oberfläche. In Kombination mit der optionalen Aktivbelüftung verbessert sich der thermische Sitzkomfort spürbar.

Umsetzung des Fahrzeugkonzepts

Jürgen Weissinger | Waldemar Rosen | Stefan Mack | Evelyn Carstens

Das im Lastenheft des neuen SL definierte Fahrzeugkonzept stellte hohe Anforderungen an die beteiligten Entwicklungsbereiche. Bei der Umsetzung nutzte Mercedes-Benz seinen Vorsprung bei der auf digitale Simulation gestützten Produktentwicklung. Damit konnten unter anderem beim Maßkonzept, beim Bedienkomfort, bei den Ablagemöglichkeiten und beim Package Maßstäbe gesetzt werden.

Maßkonzept

Ein SL zeichnet sich stets durch ein großzügiges Platzangebot und ein komfortables Raumgefühl aus. Trotz der weiter steigenden Anzahl sicherheitstechnisch erforderlicher und komfortverbessernder Systeme konnten die im Vergleich zum Vorgänger moderat vergrößerten Außenabmessungen in den Innenraum überführt werden. Zu Beginn der Entwicklung wurden die im Maßkonzept verankerten Zielwerte festgelegt und deren Einhaltung im Entwicklungsablauf permanent überwacht, Bild 1.

Roadstertypische Proportionen waren auch für den neuen SL oberste Maßgabe. Im Vergleich zum Vorgänger hat er in der Länge um 50 mm und im Bereich der Hinterachse in der Breite um 57 mm zugelegt. Die Höhe ist unverändert geblieben. Durch optimiertes Türpackage stiegen die Innenraumkomfortmaße für Fahrer und Beifahrer gegenüber dem Vorgänger deutlich: Der Schulterraum ist um 37 mm angewachsen, die Ellenbogenfreiheit um 28 mm. Damit werden dem Fahrer in dieser Fahrzeugklasse unerreichte Bewegungsfreiräume angeboten. Die vorne um 41 mm und hinten um 57 mm vergrößerten Spurweiten tragen in Verbindung mit dem um 25 mm vergrößerten Radstand zu einer nochmals verbesserten Fahrdynamik und einem gesteigerten Fahrkomfort bei. Eine Übersicht der wichtigsten Konzeptmaße im Vergleich zum Vorgänger und zum SLK zeigt Bild 2.

Ergonomie und Bedienkonzept

Auch hinsichtlich Fahrerhaltung, Sitzkomfort und einfacher Bedienung erhebt der SL traditionell den Anspruch, den Maßstab in seiner Klasse zu setzen. Das Ziel für den neuen SL war, die Ergonomiequalität und damit auch den erlebbaren Komfort für Fahrer und Beifahrer weiter auszubauen. Während der Entwicklung wurden einzelne ergonomische Kenngrößen mit dem 3D-Menschmodell Ramsis digital überprüft und optimiert. Dies betrifft grundlegende konzeptionelle Werte wie eine entspannte Sitzposition, die kleinen und großen Passagieren gleichermaßen ermöglicht werden muss, aber auch Optimierungen im Detail. Diverse Sichtuntersuchungen – wie die Sicht auf die Fahrbahn, die Sicht nach hinten oder die Sicht aufs Kombiinstrument – wurden im Ergonomieprüfstand vor der Rundprojektion virtuell durchgeführt, um so den aktuellen Entwicklungs- und Designstand zu validieren und gegebenenfalls zu korrigieren. In einem frühen Entwicklungsstadium konnte so die Lage des Kombiinstruments im Zusammenspiel mit einer ergonomisch optimalen Lenkradgrundposition festgelegt werden. Die Längs- und Höhenverstellung des Lenkrads kann damit von allen Fahrern vollständig zur Einstellung einer ergonomischen Arm- und Oberkörperhaltung genutzt werden, Bild 3.

Um den Insassen bereits beim Einstieg guten Komfort bieten zu können, wurden die Randbedingungen für die am Ein- und Ausstieg beteiligten Komponenten frühzeitig mit den Entwicklungsbereichen Design, Rohbau, Türen und Dach abgestimmt. Analysen mit dem digitalen 3D-Menschmodell Ramsis dienten dazu, die ergonomierelevante Einstiegslinie – gebildet durch Dachrahmenaußenkante und Türausschnitt – zu beschreiben.

Neben dem Ziel einer perfekten Fahrerhaltung besteht auch der Wunsch nach einem schlüssigen Bedien- und Anzeigekonzept. Zur Vereinfachung der Bedienung der immer umfangreicheren, individuell einstellbaren Fahrzeugsysteme wurde bei Mercedes-Benz die zentrale Bedieneinheit (ZBE) eingeführt. Aufgrund der Häufigkeit des Zugriffs durch

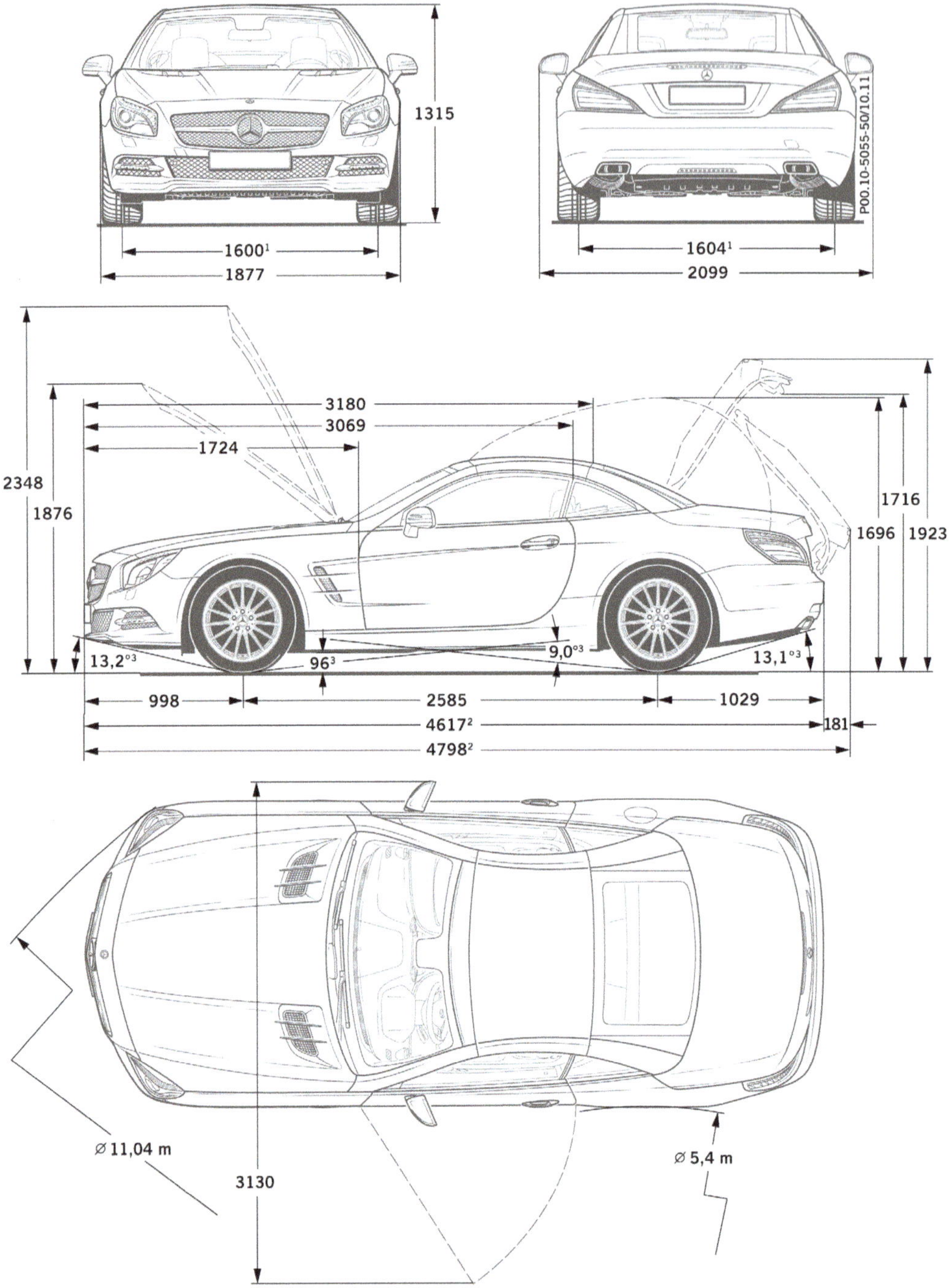

Maße unbelastet

¹ Bei Belastung mit zwei Personen à 68 kg
² Inkl. Kennzeichen-Adapter (5 mm)
³ Bei zulässigem Gesamtgewicht

Bild 1
Das Maßkonzept des neuen SL (Angaben in mm)

	Mass (GCIE)	Einheit	SL 500 (R230)	SL 500 (R231)	SLK 200 (R172)
Abmessungen Exterieur					
Fahrzeuglänge (ECE)*	L103	mm	4562	4612	4134
Fahrzeugbreite	W103	mm	1820	1877	1810
Breite über Außenspiegel	W144	mm	2069	2099	2006
Fahrzeughöhe (fahrfertig)	H101-M	mm	1317	1315	1301
Stahlfederfahrwerk	L101	mm	2560	2585	2430
Radstand	L104	mm	985	998	870
Überhanglänge vorne*	L105	mm	1017	1029	834
Überhanglänge hinten	W102-1	mm	1559	1600	1559
Spurweite vorne (KO-Lage)	W102-2	mm	1547	1604	1565
Abmessungen Interieur					
Max. Kopffreiheit vorne (Serie)	H62	mm	990	992	993
Max. Kopffreiheit vorne (mit SA Panorama-Variodach)	H62 GD	mm	1018	1020	1001
Schulterraum	W3-1	mm	1372	1409	1326
Ellenbogenbreite	W10-1	mm	1444	1472	1404
Gepäckraum					
Gepäckraumvolumen (Kofferraumvolumen) bei geschlossenem Dach	V210	l	– (339)	504 (381)	335 (325)
Gepäckraumvolumen (Kofferraumvolumen) bei offenem Dach	V210.1	l	– (235)	364 (241)	225 (215)
Kraftstoffbehältervolumen	–	l	80	65	60

*ohne Kennzeichenadapter

Bild 2
Konzeptmaße des neuen SL im Vergleich zum Vorgänger und SLK

Bild 3
Sicht auf das Kombiinstrument

den Fahrer sitzt sie auch im neuen SL auf der Mittelkonsole und ist für ein breit gefächertes Personenkollektiv optimal erreichbar. Die einfache Bedienung von Radio, Navigation, Telefon und weiteren Funktionen ist so über das im primären Sichtbereich platzierte Zentraldisplay in entspannter Körperhaltung möglich.

Ablagekonzept im Innen- und im Kofferraum

Der Innenraum des SL bietet ein durchdachtes Ablagekonzept. Mit ausgewählten Probanden, die ein repräsentatives Personenkollektiv abbilden, wurden diverse Ablagekonzepte erarbeitet, bewertet und validiert. Maßgebend für die Auslegung der Ablagen sind die Abmessungen der zu transportierenden Elemente. Diese wurden bei Entwicklungsbeginn festgelegt und beschreiben eine Vielzahl notwendiger und nützlicher Utensilien wie Parkscheibe, Warnweste, Verbandstasche, Brille, Mütze, Taschentücher, Putzlappen, Schwamm, Handy, Garagentoröffner, Geldbeutel, Regenschirm oder Handtasche als 3D-Datensätze.

Neben dem Handschuhfach in der Instrumententafel auf der Beifahrerseite gibt es drei Ablagefächer in der Mittelkonsole. Im vorderen Bereich der Mittelkonsole unterhalb des Klimabediengeräts befindet sich eine Ablage, optional sind dort zwei Becherhalter beziehungsweise ein Aschenbecher und ein Becherhalter untergebracht. Weiter hinten bietet ein großes Ablagefach unter der Armauflage ausreichend Verstaumöglichkeiten insbesondere für nützliche Dinge wie Telefon oder iPod. Die mittig angeordnete Fondbox mit Rolloabdeckung ergänzt die Ablagen. Als Sonderausstattung werden hier ein Flaschenhalter oder ein Feuerlöscher angeboten. Komplettiert wird das Angebot durch die abschließbare Fondbox hinter dem Fahrer. Wie bei Mercedes-Benz üblich, ist im Beifahrerfußraum am Mitteltunnel ein Netz für die Fixierung

Bild 4 **Ablagemöglichkeiten im Innenraum des neuen SL**

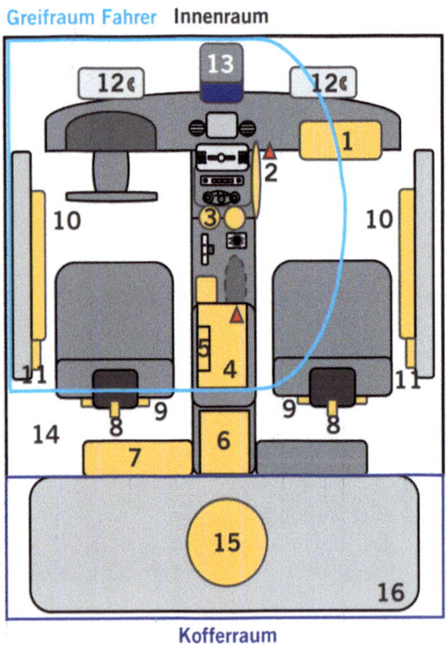

1 Handschuhkasten (einschließlich Vorrichtung zur Befestigung von Kugelschreiber, Münzen und Scheckkarten)
2 Netz im Beifahrer-Fußraum
3 Nichtraucher-Ablage vorne
: SA Ascher vorne + ein Cupholder
: SA Doppelcupholder
4 Ablagefach unter Armauflage
5 Handy-Halterung im Ablagefach
6 Ablagefach unter Rollo
: SA Bottleholder
: SA Feuerlöscher
7 Fondbox links
8 Kleiderhaken an den Sitzen
9 Pompadourtaschen an Sitzen
10 Türtasche links / rechts (fest)
11 Regenschirm-Halterung in Türtasche links / rechts integriert
12 Kartenclip an Sonnenblende links / rechts
13 Brillenfach in Dachbedieneinheit
14 Fondraum
15 Kofferraummulde
16 Kofferraum (Kofferboden mit Verzurrösen)

kleiner Utensilien zu finden. Die beiden Türtaschen werden um jeweils einen Regenschirmköcher erweitert, Bild 4 .

Die Gestaltung des Kofferraums wird wesentlich durch das Variodach bestimmt, das bei geöffnetem Dach im oberen Teil des Kofferraums liegt. Um eine Kollision zwischen Gepäckstücken und Dachelementen während des Einschwenkens der Dachkomponenten und im Fahrbetrieb zu vermeiden, ist im Kofferraum eine in Längsrichtung schwenkbare Trennhaube installiert. Nur bei nach hinten geschwenkter und eingerasteter Haube kann das Variodach geöffnet werden. Zur Nutzung des gesamten Kofferraumvolumens bei geschlossenem Dach und zur bequemen Entladung des Kofferraums kann die Haube mit einem Handgriff nach vorn geschwenkt oder bei Bedarf vollständig entnommen werden. Zur leichteren Zugänglichkeit beim Be- und Entladen kann das im Kofferraum abgelegte Dach – wie bereits beim Vorgänger – auf Knopfdruck um circa 25° nach oben in die Beladehilfsstellung (Easy-Pack) geschwenkt werden. Durch ein optimiertes Kofferraumpackaging wurde auch die Möglichkeit verbessert, zwei Golfbags zu verstauen, Bild 5. Der Kompressor und die Füllflasche des TIREFIT-Reifenpannensystems sind in einem Ablagefach in der Kofferraumwanne untergebracht, die durch Hochschwenken des Kofferraumbodens zugänglich wird. Wiederholte digitale Ausliterung mit VDA-Quadern während der Entwicklung des neuen SL bot die Möglichkeit, konsequent auf die Gestaltung von Ablagen, Verkleidungen und auf die Lage von Komponenten im Fahrzeug Einfluss zu nehmen. Das Ergebnis sind gegenüber Wettbewerb und Vorgänger nochmals verbesserte Ablagemöglichkeiten und -volumina, Bild 6.

Bild 5
Zwei Golfbags im Kofferraum des neuen SL

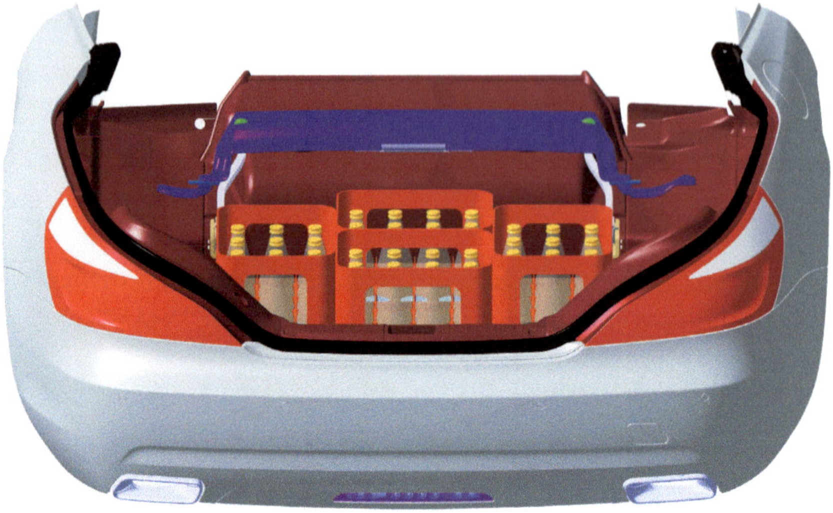

Bild 6
Digitale Überprüfung der Beladung mit Getränkekisten

Package

Fahrzeuge wie der legendäre Mercedes 300 SL-Flügeltürer von 1954 oder der sogenannte Pagoden-SL aus dem Jahr 1963 haben das Kürzel SL berühmt gemacht. Stets sorgten die noblen Modelle für bewundernde Blicke und beeindruckten mit ihrer Wertbeständigkeit. War der erste SL noch mit einem aus dem Rennsport übernommenen Stahlgitterrohrrahmen mit einer Außenhautbeplankung aus Aluminium aufgebaut, so besteht der komplette Rohbau des neuen SL fast ausschließlich aus leichtem Aluminium. Die intelligent gestaltete Rohbaustruktur ist aus Alublechen, Strangpressprofilen und mehreren Gussknoten aufgebaut. Aus der Vorgängerbaureihe wurde der bewährte Standardantrieb übernommen: Der Hinterradantrieb mit maximal nach hinten verlagertem Motor- und Getriebeverbund sorgt für eine ausgeglichene Achslastverteilung von 50:50, Bild 7.

Das Motorenangebot umfasst die bei der Modellpflege der aktuellen S-Klasse eingeführten V6- und V8-Ottomotoren M 276 und M 278. Das weiterentwickelte

Bild 7
Anordnung der Aggregate beim SL 500 (Angaben in mm)

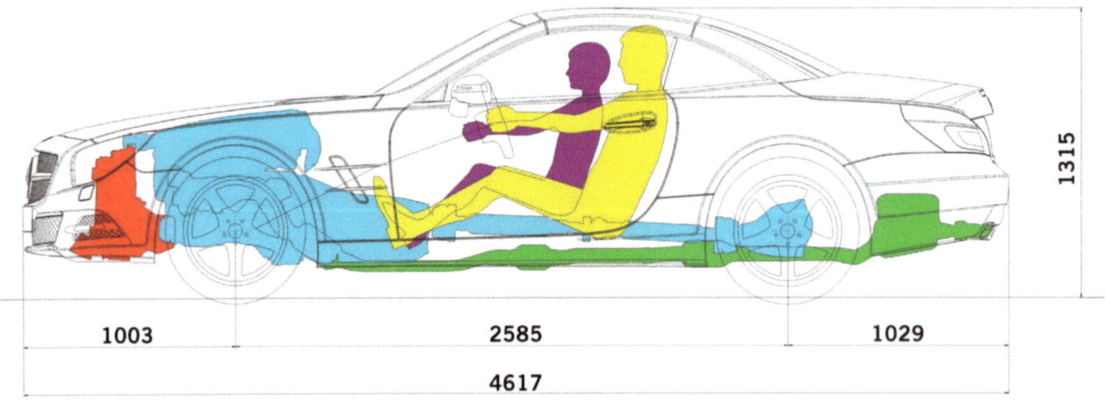

Bild 8
Motorraum des neuen SL 500

Automatikgetriebe 7G-TRONIC PLUS ist mit einem reibungsoptimierten Drehmomentwandler kombiniert. Das Ergebnis ist eine Kombination aus nochmals gesteigertem Wirkungsgrad, dynamischem Ansprechverhalten und hohem Schalt- und Geräuschkomfort. Bei der Anordnung aller Komponenten wurde neben einer produktions- sowie montagegerechten Konstruktion besonderer Wert auf Servicefreundlichkeit und die Vermeidung spezifischer Varianten gelegt. So ist der Unterschied in der Ausführung für Links- oder Rechtslenker auf die typischen Aggregate wie Lenkung, Bremskraftverstärker und Klimaanlage begrenzt.

Die Anordnung der Aggregate und Komponenten im Vorbau wird unter anderem durch zunehmende gesetzliche Reglementierung, aktive Assistenzsysteme sowie Fußgänger- und Insassenschutzanforderungen bestimmt. Damit entsteht eine zunehmende Herausforderung an die Ingenieure, diesen ständig wachsenden Umfang optimal in den zur Verfügung stehenden Bauraum zu integrieren, Bild 8.

Im Innenraum dagegen ordnet sich alles ergonomisch um Fahrer und Beifahrer an. Die Bewegungsfreiräume – vorgegeben durch Maßkonzept und Ergonomie – bestimmen dabei die Lage und die Gestaltung der umgebenden Komponenten, wie Türverkleidung mit Armlehne, Instrumententafel mit Kombiinstrument und Bedienelementen, Anzeigen und Ablagen. Ein ebenso wichtiges Kriterium ist die Forderung nach guter Rundumsicht, Bild 9.

Bild 9
Digitale Auslegung des Innenraums mit Ramsis

Minimaler Bauraumbedarf durch zum Beispiel optimiertes sitzinternes Package ist Voraussetzung für eine minimale Höhenmaßkette und große Kopffreiheit bei sportwagentypisch flachem Dachverlauf. Völlig neu gestaltet ist auch der Fondraum. Der vom Vorgänger bekannte Überrollbügel wich zwei aus dem CLK bekannten Kassetten mit federvorgespannten Überrollschutzprofilen, die unsichtbar unter der Fondraumverkleidung angeordnet sind. Der Überschlagschutz wird durch die besonders steif ausgeführten A-Säulen komplettiert, die mit Stahlrohren verstärkt sind.
Unterschiedliche Kunden haben unterschiedliche Ansprüche an die Fahrzeugnutzung. Die Abmessungen des Kofferraums wurden daher auf ein typisches SL-Kundenprofil ausgelegt. So legt der eine Kundenkreis Wert auf die Mitnahme zweier Golfbags, der andere benötigt Platz für einen Jumbokoffer oder mehrere Getränkekisten. Auch in Kombination mit unterschiedlichen Sonderausstattungen steht dem Kunden ein großzügiges und für einen Sportwagen üppiges Gepäckraumvolumen zur Verfügung.

Umsetzung

Bei der Entwicklung des neuen SL nutzte Mercedes-Benz seinen Vorsprung bei der auf digitale Simulation gestützten Produktentwicklung. Die so durch frühzeitige Richtungsentscheidungen eingesparte Entwicklungszeit konnte für eine zielgerichtete Erprobung und intensive Feinabstimmung der Prototypen genutzt werden. Ebenso konnten komplexe, für den Montageablauf im Werk und im Servicefall notwendige Montage- und Demontageschritte im Vorfeld digital simuliert und bewertet werden. Das Ziel war das Erreichen des Gesamtoptimums bezüglich Funktion, Design, Ergonomie, Gewicht, Fahrdynamik und Kosten bei gleichzeitiger Erfüllung von Montage-, Crash- und Kundendienstanforderungen.

Digitales Produkt

Die vollständige digitale Beschreibung des Fahrzeugs ermöglichte bereits in einem frühen Entwicklungsstadium die Überprüfung der geplanten Montagekonzepte und -reihenfolgen des Produktionswerks. Für die digitalen Untersuchungen wurde das Virtual-Reality-Center mit seinen 3D-Projektionswänden und -räumen im Mercedes-Benz Technology Center in Sindelfingen genutzt. Mit spezieller 3D-Visualisierungssoftware lassen sich hier räumliche Darstellungen des digitalen Fahrzeugs erzeugen, um die Untersuchungen so realitätsnah wie möglich durchzuführen. Um das Montagewerk in Bremen mit einzubeziehen, wurden die Untersuchungen simultan nach Bremen übertragen und dort für die gemeinsame Bearbeitung ebenfalls in dreidimensionaler Ansicht dargestellt. Die Kommunikation mit dem Montagewerk erfolgte parallel über Videokonferenzen. Ziel war es, den Entwicklungsstand des digitalen Fahrzeugs – unter Berücksichtigung der Montagebelange – stetig zu verbessern. Die verantwortlichen Bereiche aus Konstruktion, Planung und Produktion haben gemeinsam in intensiven Workshops dafür gesorgt, dass dieses Ziel erreicht wurde.
Die folgenden Herausforderungen aus der Montage verdeutlichen das vielfältige Spektrum der digitalen Baubarkeit. Häufige, typische Aufgaben stellen die Überprüfung der Erreichbarkeit von Verschraubungen mit elektrischen Schraubwerkzeugen durch den Monteur dar. Eine realistische Darstellung der Schraubwerkzeuge mit Größe und Ausrichtung ist eine wichtige Voraussetzung zur ergonomischen Bewertung von Montagestel-

Bild 10
Ergonomie-, Zugänglichkeits- und Sichtuntersuchung mit einem 3D-Menschmodell

len im Fahrzeug und zur Vermeidung sogenannter Blindverschraubungen. Das sind Montagestellen, die vom Monteur nicht eingesehen werden können. Mit 3D-Menschmodellen wurde die Einsehbarkeit der Schraubstellen für den Montagemitarbeiter und die Haltung, die der Monteur bei der Montage einnehmen muss, überprüft und unter ergonomischen Aspekten bewertet. Notwendige Bauteilanpassungen, Änderungen in der Montagereihenfolge oder an den Montagebedingungen, beispielsweise Arbeitshöhen, wurden auf diese Weise frühzeitig erkannt und Verbesserungsmaßnahmen vereinbart, lange bevor das Fahrzeug oder die Produktionsanlage als Hardware zur Verfügung stand, Bild 10.

Bild 11
Verwendung von Vorrichtungen beim Einbau des Daches in das Fahrzeug

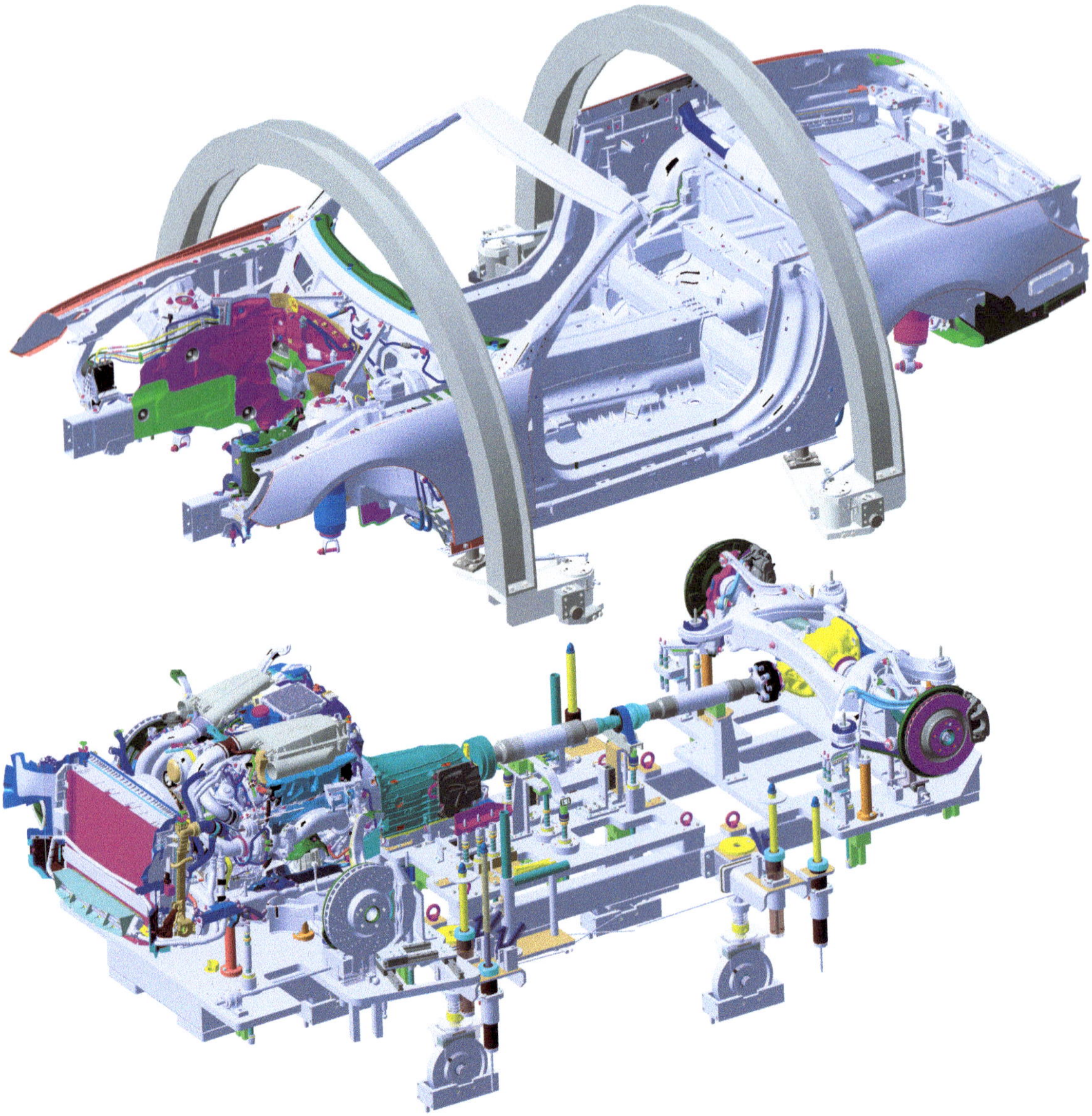

Bild 12
Simulation der Montage des Antriebsstrangs in das Fahrzeug

Eine weitere Aufgabenstellung ist die Überprüfung der verwendeten Vorrichtungen bei der Montage. Voraussetzung dafür ist die Bereitstellung der Vorrichtungen als digitale 3D-Bauraumbeschreibung. Für die Untersuchungen werden die Fahrzeugdaten montageanforderungsgerecht aufgebaut und der Zustand des Fahrzeugbauzustands in der dazugehörigen Montagestation im Bandablauf dargestellt. Ermöglicht wird dies durch eine frühzeitige Bereitstellung der Montagereihenfolge durch das Montagewerk. So wurde beispielsweise das Dach des neuen SL digital in verschiedene montagerelevante Stellungen gefahren und in der jeweiligen Vorrichtung auf Kollisionsfreiheit bei der Montage und beim Dachablauf geprüft. Zusätzlich wurden das Anfahren der Vorrichtung mit dem vormontierten, funktionsgeprüften Dach an das Fahrzeug, das Aufsetzen des Daches sowie die anschließende automatisierte Verschraubung simuliert und optimiert, Bild 11.

Eine ebenfalls umfangreiche Simulation war für die sogenannte Hochzeit erforderlich. Auf dem digital nachgebildeten Mechanisierungsrahmen wurden unter anderem die Motor- und Antriebsstrangkomponenten, die Vorderachse, die Hinterachse und der Kühler aufgenommen. Zunächst wurden die Abstände zu den beweglichen Teilen des Montagerahmens, die Aufnahmen an den Anlageflächen und die Möglichkeiten für automatisierte Verschraubungen überprüft. Im zweiten virtuellen Schritt wurde die in die Födereinrichtung eingehängte Karosserie in einer weiteren Fügesimulation auf den vollständig bestückten Mechanisierungsrahmen gesetzt. Dabei erfolgte der Test, ob die geforderten Abstände zwischen den Bauteilen während des gesamten Fügevorgangs eingehalten werden, Bild 12.

Durch kontinuierliche Überprüfung des digitalen Fahrzeugs im Entwicklungsprozess und unter Einbeziehung aller beteiligten Bereiche war es möglich, stetige Verbesserungen im Montageablauf zu erzielen. Die Rückmeldungen zu notwendigen Änderungen an den Bauteilen, den Vorrichtungen, der Montagereihenfolge und den Schraub- sowie Fügeprozessen hat frühzeitig Optimierungen ermöglicht, die den Reifegrad des Produkts verbessert haben, bevor teure Änderungen beispielsweise an den Bauteilen oder Vorrichtungen beauftragt wurden. Um die Möglichkeiten des digitalen Produkts optimal nutzen zu können, ist eine vollständige Bereitstellung aller benötigten Daten Voraussetzung.

Das Design des neuen SL

Prof. Dr. h.c. Gorden Wagener | Hans-Dieter Futschik | Hartmut Sinkwitz

Vom Design eines Mercedes-Benz SL wird seit jeher etwas ganz Besonderes erwartet. Auch in der sechsten Generation des faszinierenden Sportwagens haben die Designer durch das Mercedes-Benz typische Zusammenspiel von Fortschritt und Tradition wieder einen außerordentlich ästhetischen Gesamteindruck geschaffen.

Stilvoll sportlich und elegant

Der neue SL von Mercedes-Benz ist bereits die sechste Generation dieser erfolgreichen Fahrzeugklasse. Ihren Ursprung hatte sie vor fast sechzig Jahren mit dem legendären 300 SL-Flügeltürer des Jahres 1954. Der Mythos SL verpflichtet den neuen SL ein Sportwagen zu sein, bei dem es neben vorbildlicher Fahrdynamik und höchster Perfektion auch immer um Leidenschaft geht, vor allem um die Leidenschaft für offene Autos.

Für einen Designer ist es immer ein Traum, einen SL zu gestalten, denn kaum eine Karosserie hat eine so gestreckte und flache Form. Es ist aber auch eine Herausforderung, denn von einem SL wird seit jeher etwas ganz Besonderes erwartet. Ein SL war schon immer ganz neu und zugleich ganz traditionell. Tatsächlich ist es immer gelungen, den Spagat zwischen Innovation und Tradition zu meistern. Denn zur formalen Identität der Automobile mit dem Stern gehören auch Zitate traditioneller Formelemente, die letztlich zur Unverwechselbarkeit der Marke beitragen. Das Designziel für den neuen SL war deshalb, wieder eine außerordentliche, ästhetische Gesamtqualität mit dem Mercedes typischen Zusammenspiel von Fortschritt und Tradition zu schaffen.

Der neue SL ist ein stilvoll sportlicher und eleganter Luxussportwagen. Sein Design zeichnet sich durch eine ausbalancierte Proportion und durch wenige Linien gebildete, kraftvoll ausmodellierte Flächen aus.

Frontansicht

Seit jeher ist der SL durch seine markante Front unverwechselbar. Der typische und breite Lufteinlass und die weit außen platzierten Scheinwerfer lassen ihn als Mitglied der Mercedes-Benz Sportwagenfamilie erkennen. Die markante Front lässt den neuen SL sehr maskulin wirken, was durch die Negativstellung des Scheinwerfergehäuses im Bereich des Grills noch unterstützt wird. Die klassische Trennung zwischen Stoßfänger und Kühlermaske wurde aufgehoben. Die Unterkante der Maske taucht in den Stoßfänger und führt so in Verbindung mit dem aufrecht stehenden Grill sowie der

UNI
Schwarz, Feueropal
Metallic
Obsidianschwarz, Cavansitblau, Iridiumsilber, Tenoritgrau, Palladiumsilber, Dolomitbraun, Magnetitschwarz, Perlbeige
Bright-Lacke
Diamantweiß, Saphirrot
Sonderfarbe
Cerussitgrau Shape

Farbfächer des neuen SL

ausgeprägten Pfeilung zu mehr formaler Präsenz des Fahrzeugs. Gleichzeitig verlängert die steil stehende Kühlermaske die Motorhaube. An deren hinterem Ende befinden sich zwei Lufteinlassgitter mit jeweils zwei verchromten Finnen. Formal bestimmend für die lange Motorhaube ist die erhaben herausmodellierte Kante, die sich von der Kühlermaske aus entwickelt und in einem gespannten Bogen in die A-Säule führt. Der mittlere Bereich der Haube ist, einem Powerdome gleich, angehoben.

Der serienmäßige Scheinwerfer des Intelligent Light Systems (ILS) ist geprägt von einer fackelförmigen Anordnung von Blinker und Positionslicht sowie einem den Hauptscheinwerfer umfassenden Chrombügel. Die Tagfahrleuchten befinden sich als horizontales LED-Band bei beiden Scheinwerfervarianten jeweils im äußeren Bereich des Stoßfängers.

Seitenansicht

Bestimmend für die Seitenansicht mit ihren kraftvoll ausmodellierten Flächen ist die Schulterlinie. Sie erstreckt sich, beginnend bei den Scheinwerfern, wie ein gespannter Muskel über die gesamte Länge des Fahrzeugs bis in die Heckleuchten. Eine zweite Linie, die aus den Kotflügelgittern erwachsende Charakterlinie, gliedert die Proportionen und verleiht dem Fahrzeugkörper bereits im Stand Schub nach vorne. Am Heck setzt sie sich dezent fort und läuft in der Heckleuchte aus. Die Kotflügelgitter mit den beiden Finnen entsprechen in ihrer Ausprägung denen auf der Motorhaube. Die freistehenden Außenspiegel sind auf die Bordkante aufgesetzt und ermöglichen durch ihre optimierte Position eine verbesserte Sicht auf die Straße. Je nach Motorvariante sind verschiedene 17" oder 18" große Leichtmetallräder serienmäßig, auf Wunsch ist eine 18"- und 19"-Mischbereifung erhältlich. Für den neuen SL stehen insgesamt zwölf Lackierungen zur Auswahl.
Das bewährte, vollelektrische Variodach wird in drei Ausführungen angeboten. Serienmäßig wird das Dach aus PC/ABS in Wagenfarbe lackiert. Optional sind eine transparente Variante, ebenfalls aus PC/ABS, und eine Variante mit Dachmittelteil aus Glas und schaltbarer Transparenz verfügbar.

Heckansicht

Das Heck ist klar gezeichnet: Wenige, elegant fließend gezeichnete Linien verleihen dem Fahrzeug einen vornehmen

Abschluss. Die sich nach innen zuspitzenden Rückleuchten, deren Kontur einen dezenten Knick aufweisen, betonen ebenso die Breite des Fahrzeugs wie die horizontale Sicke im unteren Bereich des Stoßfängers.
Die Rückleuchten sind in Voll-LED-Technik ausgeführt, wobei der Blinker keilförmig eingefügt ist und der Heckansicht Dynamik verleiht. Die Nebelschlussleuchte und der Rückfahrscheinwerfer befinden sich mittig zwischen den zwei trapezförmigen, in den Stoßfänger integrierten Auspuffendrohrblenden.

Interieur

Die Instrumententafel entspricht dem neuen, schon vom SLS bekannten Mercedes-Benz Sportwagenstil. Die Formübergänge zwischen Instrumententafel, Mittelkonsole und Türverkleidungen sorgen in Verbindung mit dem Einsatz hochwertiger Materialien für eine hohe Wertanmutung. Minimale Spaltmaße vermitteln hohe Detailgüte und Präzision. Durch eine aufwendige und vielfältige Linienführung wird eine formale Komplexität erzeugt, die in Verbindung mit einer hohen Fertigungspräzision ein hohes Maß an Wertigkeit erkennbar macht.
Das Oberteil der Instrumententafel bildet in Verbindung mit den Bordkanten der Türen sowie der Hutablage eine formale Einheit und ist immer in Kontrastfarbe ausgeführt. Im Bereich der Instrumententafel dominieren vier runde Belüftungsdüsen die gesamte Stirnfläche. Diese im „Triebwerkslook" mit justierbarem Düsenkreuz ausgeführten Luftausströmer sind eine modern interpretierte emotionale Anlehnung an die Mercedes-Benz Sportwagen-Historie. Das Dreispeichen-Sportlenkrad aus Nappaleder mit seinem ergonomischen Griffbereich hat galvanisierte Speichen und ist im unteren Bereich abgeflacht.
Ein weiteres Highlight im Innenraum ist das Kombiinstrument. Es besteht aus zwei klassischen Rundinstrumenten für Geschwindigkeit und Drehzahlmesser und einem mittig angeordnetem Farbdisplay. Die hochwertigen Zeiger, die dreidimensionalen Skalenringe der Zifferblätter sowie die durchleuchteten Scherblätter im Zentrum von Tacho und Drehzahlmesser zeigen viel Liebe zum Detail.
Im Bereich der Mittelkonsole fällt besonders der neuartige Wählhebel ins Auge, der wie der zentrale Drehsteller zur Bedienung des COMAND-Systems ergonomisch optimal positioniert ist. Vor diesen Bedienelementen befindet sich das mit einem Deckel versehene Fach für die beiden Becherhalter. Die Mittelkonsole findet ihre formale Fortsetzung in den Zierstäben von Instrumententafel und Tür. Auffällig ist hierbei die üppige Verwendung von edlen Hölzern. Alternativ können Zierteile aus Aluminium gewählt werden.

Interieurausstattungen

Stoff / Leder Lugano
Schwarz
Leder Lugano
Schwarz, Kristallgrau, Ingwerbeige, Bengalrot
Leder Nappa
Schwarz, Ingwerbeige, Bengalrot, Designo-Porcellain, Nussbraun
Leder Nappa exclusiv
Schwarz, Ingwerbeige, Bengalrot, Designo-Porcellain, Nussbraun

DANKE

Bei der Erstellung des Beitrags haben zudem mitgewirkt: Prof. Jürgen Bräuchle, Typprojektleiter Design SL, sowie Hans-Harald Hanson, Informationsmanagement Design.

Das Design der Sitze betont den edlen, sportlichen Charakter des Fahrzeugs. Die Sitze bieten hervorragenden Seitenhalt und gleichzeitig ein hohes Maß an Bequemlichkeit. Die Grafik der Sitze variiert mit der Wahl des Leders.

Maßnahmen zur Gewichtsreduzierung

Jürgen Weissinger | Hartmut Scheihing

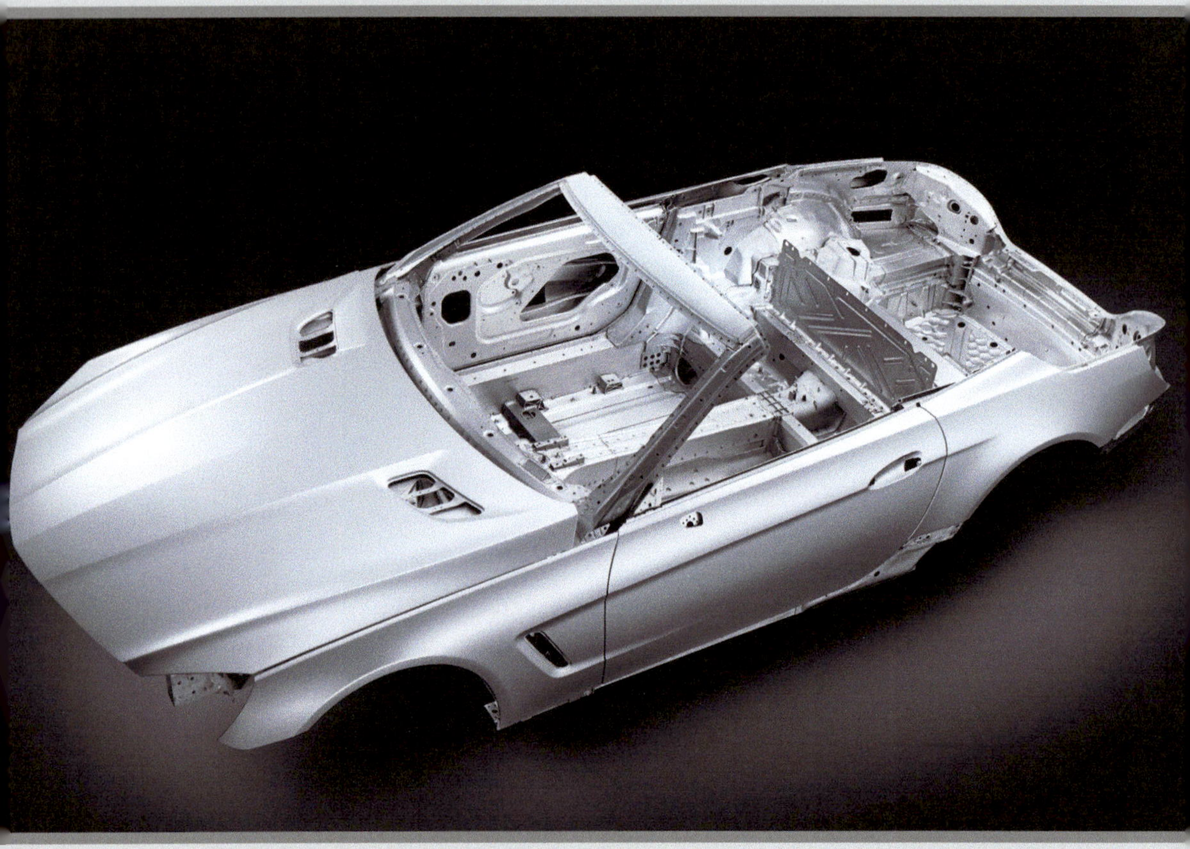

Beim neuen SL wurden alle Entwicklungsumfänge konsequent auf Gewichtseinsparung getrimmt. Trotz höherer Komfort- und Sicherheitsanforderungen konnten durch werkstofforientierten und konstruktiven Leichtbau im Vergleich zum Vorgänger bis zu 140 kg eingespart werden.

Motivation

Leichtbau war einer der Schwerpunkte im Lastenheft zur Entwicklung des neuen SL. Unter der Vorgabe einer Gewichtsreduktion um mindestens 100 kg gegenüber dem Vorgängermodell wurden in allen Bereichen Leichtbauaktivitäten gestartet, um das ambitionierte Ziel von über 5 % Gewichtseinsparung zum bisherigen SL – der ebenfalls schon mit Leichtbaumaßnahmen versehen war – zu erreichen. Verschärft wurde diese Zielvorgabe durch gestiegene Anforderungen, wie verbesserte Komfortmaße, höhere Steifigkeit, gesteigerte Leistung, erhöhte Anforderungen an Crash- und Fußgängersicherheit, sowie Verbrauchs- und Emissionsverbesserungen. Die daraus resultierenden Änderungen der Fahrzeuggröße und die erforderlichen Maßnahmen in den Bereichen Rohbau, Motor, Antriebsstrang, Bremse, Kühlung, Tank und Abgasanlage brachten zunächst eine Gewichtserhöhung um circa 75 kg für das neue Fahrzeug mit sich. Dank konsequenter Umsetzung des Leichtbaugedankens in allen Entwicklungsbereichen und dem Einsatz innovativer Technologien konnten die Mehrinhalte kompensiert und die vorgegebene Gewichtsreduktion mit einem Mindergewicht von 125 kg beim SL 500 beziehungsweise 140 kg beim SL 350 sogar deutlich übertroffen werden, Bild 1.

Rohbau in Vollaluminium

Der neue SL erhält als zweite Mercedes-Benz-Baureihe nach dem SLS eine in Vollaluminiumbauweise gefertigte Karosserie und ist damit der erste in Großserie gefertigte Mercedes mit Aluminiumrohbau. Durch die Umstellung des kompletten Rohbaus auf Aluminium wird bei der Rohbauzelle gegenüber dem Vorgänger 24 % Gewicht eingespart – und dies trotz Verbesserungen bei Sicherheit und Steifigkeit in Verbindung mit deutlich gestiegenen gesetzlichen Anforderungen, beispielsweise beim Fußgängerschutz und beim Crash-Rating.

Möglich wurde diese deutliche Gewichtseinsparung neben der Umstellung auf Aluminium durch eine auf den neuen Werkstoff und die spezifischen Anforderungen

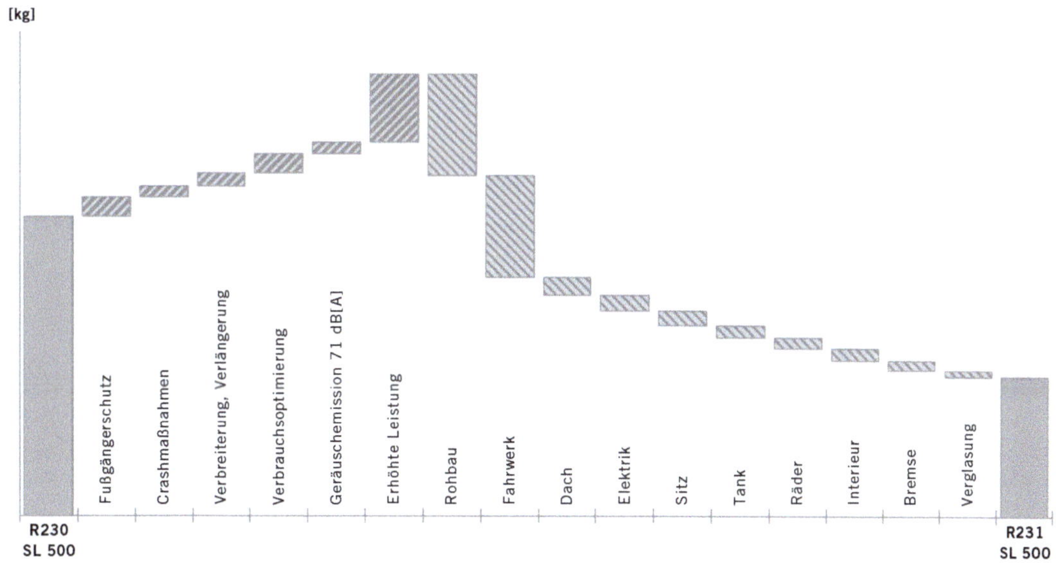

Bild 1 Gewichtsüberleitung vom Vorgängertyp (R230) zum neuen SL (R231)

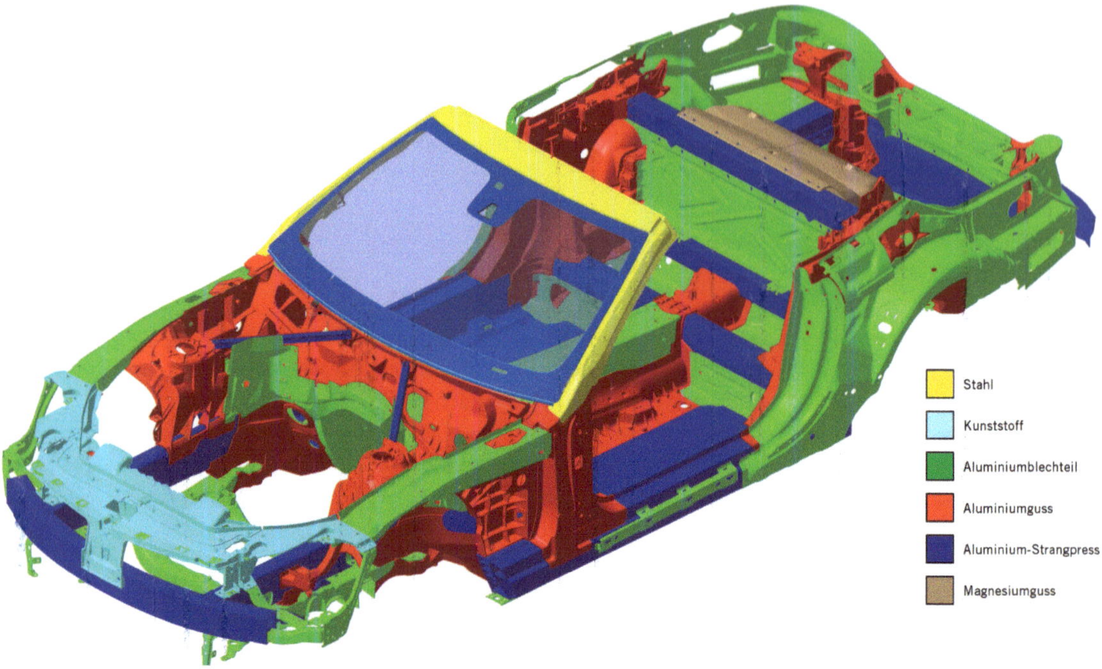

Bild 2
Rohbaustruktur

der jeweiligen Bereiche zugeschnittene Konstruktion, Bild 2. So besteht beispielsweise der Unterboden aus einer Kombination von Gussteilen (Längsträger hinten in Kokillenhohlguss), Hohlprofilen (Hauptboden in Form eines Plattenbodens) und Innenhochdruck umgeformten Teilen (vordere Längsträger in IHU-Technik). Die seitlichen Längsträger, die Schweller, werden aus einem Siebenkammer-Strangpressprofil gebildet. Zum Schutz der Insassen kommt im Bereich A-Säule/Dachrahmen das einzige Stahlteil der Rohbauzelle zum Einsatz: Ein in das Kastenprofil der A-Säule eingezogenes Rohr aus hochfestem Stahl erwies sich als bestmögliche Lösung der gegenläufigen Anforderungen von Leichtbau und Stabilität. Für das Frontend wurde eine Kombination aus Aluminium und faserverstärktem Kunststoff (FVK) gewählt. Die Gewichtsoptimierungen schlossen selbst Details wie die oberen Türscharniere, die ebenfalls auf Aluminium umgestellt wurden, ein.

Die Kombination von gewichtsoptimierten Werkstoffen und anforderungsgerechter Konstruktion ermöglicht in der Rohbaustruktur eine Gewichtsreduktion von 110 kg gegenüber einem optimierten leistungsgleichen Stahlrohbau. Mit der Werkstoffumstellung ist es nicht nur gelungen, die durch das gestiegene Anforderungsprofil bedingten Gewichtserhöhungen zu kompensieren: Trotz Verbesserung der Verwindungssteifigkeit um über 20 %, vergrößerten Außenabmessungen und der Berücksichtigung gestiegener Crashanforderungen und des Fußgängerschutzes bleibt ein deutliches Mindergewicht zum Rohbau des Vorgängers.

Abdämpfungen

Das für das Erreichen der NVH-Ziele (Noise Vibration Harshness) notwendige Abdämpfungspaket des neuen SL wurde von den bisher verwendeten Absorberschäumen an vielen Stellen auf spritzbare Akustikmassen (SAM) umgestellt. Die SAM werden per Roboter direkt auf den Rohbau appliziert. Damit ist punktgenauer Sitz und optimale Dosierung gewährleistet; variable, anforderungsgerechte Schichtdicken sind möglich. In Verbindung mit überarbeiteten Unterbodenverkleidungen – zum Beispiel der nun einschaligen unteren Abdeckung des Motorraums – spart diese Umstellung circa 3 kg an Abdämpfungsmaterial ein.

Türen und Klappen

Schon beim Vorgängertyp spielte der Leichtbaugedanke eine große Rolle: Motorhaube, Türen und Heckdeckel des R230 waren in Leichtbauweise ausgeführt. Der R231 übernimmt die Vollaluminiumbauweise der Motorhaube, die Türen sind als Aluminiumblechschalen ausgeführt. Weitere Gewichtseinsparungen gelangen im Detail. So erbrachte die Umstellung der Fensterheberführungsschienen von Stahl auf Aluminium eine Gewichtsreduktion von 0,5 kg.

Um Antennen unsichtbar in den Heckdeckel integrierten zu können, wird das Bauteil in Hybridbauweise gefertigt. Über dem Stahlinnenteil sitzt eine einschalige Sheet-Molding-Compound-Kunststoffbeplankung (SMC). Mit der Markteinführung der AMG-Varianten wird das Stahlinlay auf CFK umgestellt, was eine Gewichtseinsparung von annähernd 5 kg für den Heckdeckel mit sich bringt.

Variodach in Magnesium-Kunststoff-Bauweise

Gewichtserleichterungen am beweglichen Dach ermöglichen sekundäre Gewichtsreduzierungen am Klappmechanismus. Ein weiterer Vorteil ist die Verlagerung des Fahrzeugschwerpunkts nach unten, mit einer daraus resultierenden Steigerung der Fahrdynamik. Aus diesen Gründen stand auch das Variodach im Fokus der Gewichtsoptimierungen. Insbesondere zwei Leichtbaumaßnahmen, das Dachvorderteil in Magnesium-Kunststoff-Bauweise, Bild 3, und C-Säu-

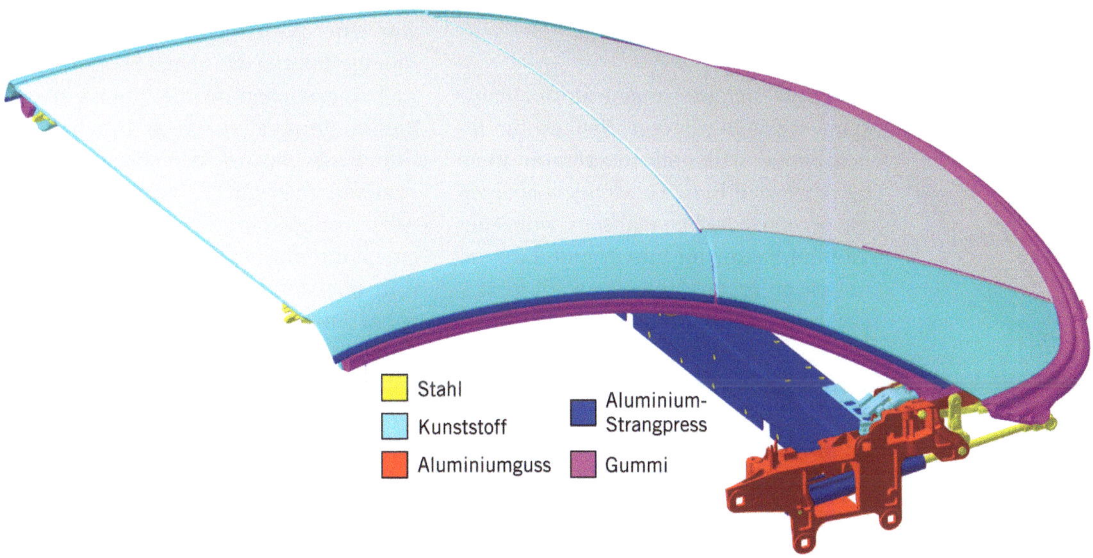

Bild 3
Materialmix beim Variodach des neuen SL

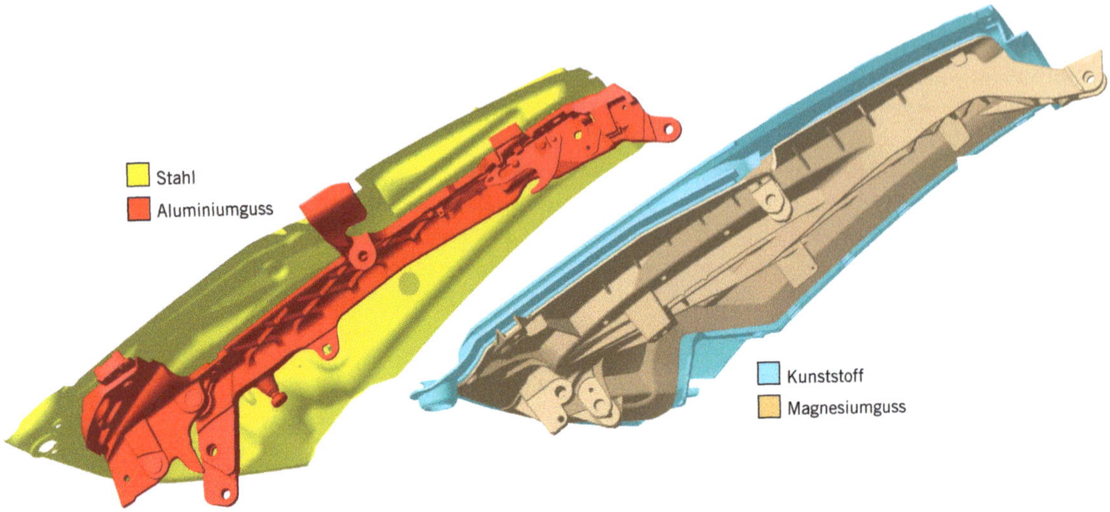

Bild 4
Aufbau der C-Säule beim Vorgänger und beim neuen SL

len als kunststoffbeplankte Magnesiumlenker mit integrierten Funktionen, Bild 4, führten zu einer nochmaligen Gewichtsreduktion gegenüber dem schon leichten Aluminiumdach des Vorgängers. In Verbindung mit weiteren Optimierungen an der Konzeption von Rohrrahmen, Hutablage, Heckscheibenrahmen und Gestell konnten am Dach Gewichtseinsparungen in Höhe von 15 kg realisiert werden.

Verglasung

Gewichtserleichterungen an der Fahrzeugverglasung bergen Risiken für Innenraumakustik und -temperatur. Beim R231 wurden hohe Gewichtseinsparungen an den Scheiben realisiert, wobei der Wohlfühlfaktor im Innenraum dank innovativer Technologie dennoch gesteigert werden konnte. Die Windschutzscheibe besteht nun aus zwei Schichten Verbundglas mit einer dazwischen liegenden Akustikfolie. Mit dieser erstmals im Maybach eingesetzten Technik sinkt die Außengeräuschkulisse im Innenraum, trotz einer um 0,5 mm verringerten Scheibendicke und einer damit verbundenen Gewichtsreduktion von über 1 kg. Gewicht in ähnlicher Größenordnung konnte auch an der Heckscheibe eingespart werden: Die Optimierung des Verbunds mit dem Klappdach ermöglicht den Einsatz einer 0,7 mm dünneren Heckscheibe.

Interieur

Leichtbau ohne Einschränkungen bei Komfort, Wertanmutung und Qualität war eine der Vorgaben für die Innenraumgestaltung des neuen SL. Um dieses Ziel zu erreichen, wurden an mehreren Stellen innovative Wege beschritten. Zum Beispiel wurde der Träger der Instrumententafel von Stahl- auf Hybridbauweise umgestellt. Er besteht nun aus einem durchgehenden IHU-Aluminiumrohr mit Magnesiumstreben und angespritzten Polymerhaltern, Bild 5. Das Trägerteil der Mittelkonsole kombiniert Leichtbau und Steifigkeit nach bionischen Grundsätzen, Bild 6.

Mit der Einführung der Shift-by-Wire-Technik wurde der Schaltbock durch einen joystickähnlichen Hebel ersetzt. Diese DIRECT SELECT-Schaltung wiegt

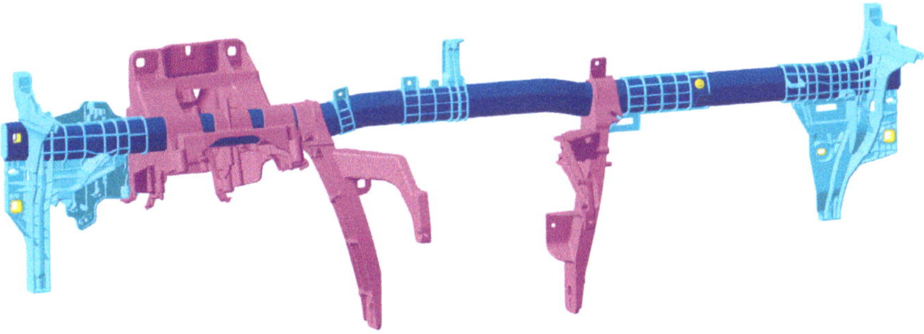

Bild 5
Instrumententafelträger in Hybridbauweise

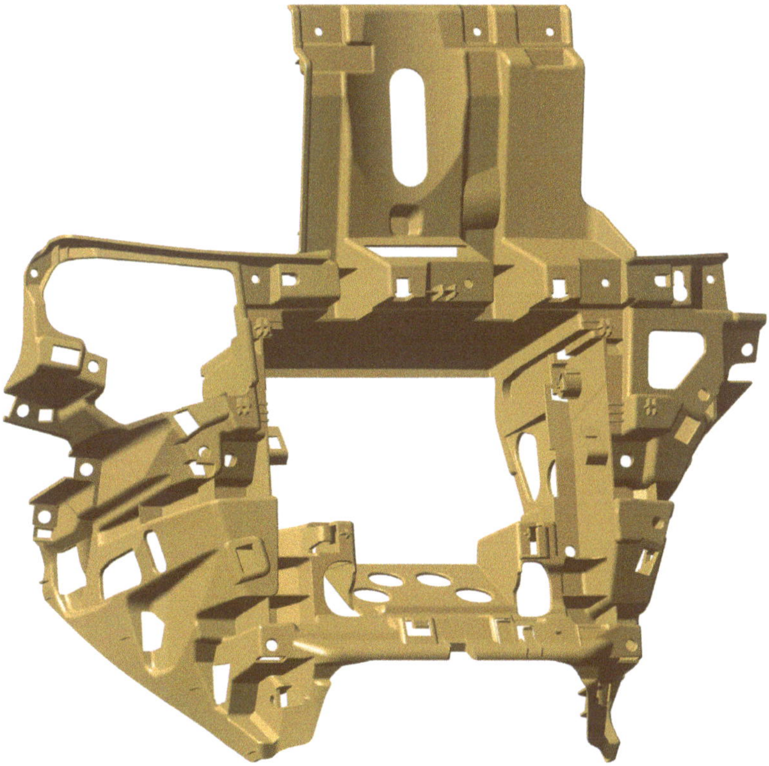

Bild 6
Konstruktive Ausführung der bionisch berechneten Struktur des Mittelkonsolenträgerteils

nur noch ein Sechstel des im Vorgänger verbauten Automatikwählhebels.
Der Kofferraumboden in Form einer PU-Wabenplatte anstelle der bisher verwendeten Holzplatte und die Umstellung der Beifahrerfußplatte von Stahl auf Kunststoff sind weitere Bausteine für die deutliche Gewichtsreduzierung der Innenausstattung.

Sitzstruktur

Für die Sitzstruktur des R231 bildet ein modulares Sitzkonzept die Grundlage. Dieses verbindet Stahl- und Blechbiegeteile in Form einer gewichtsoptimierten Schweißkonstruktion und bildet ein wichtiges Verstärkungselement beim Seitenaufprall. Die stabile Auslegung des

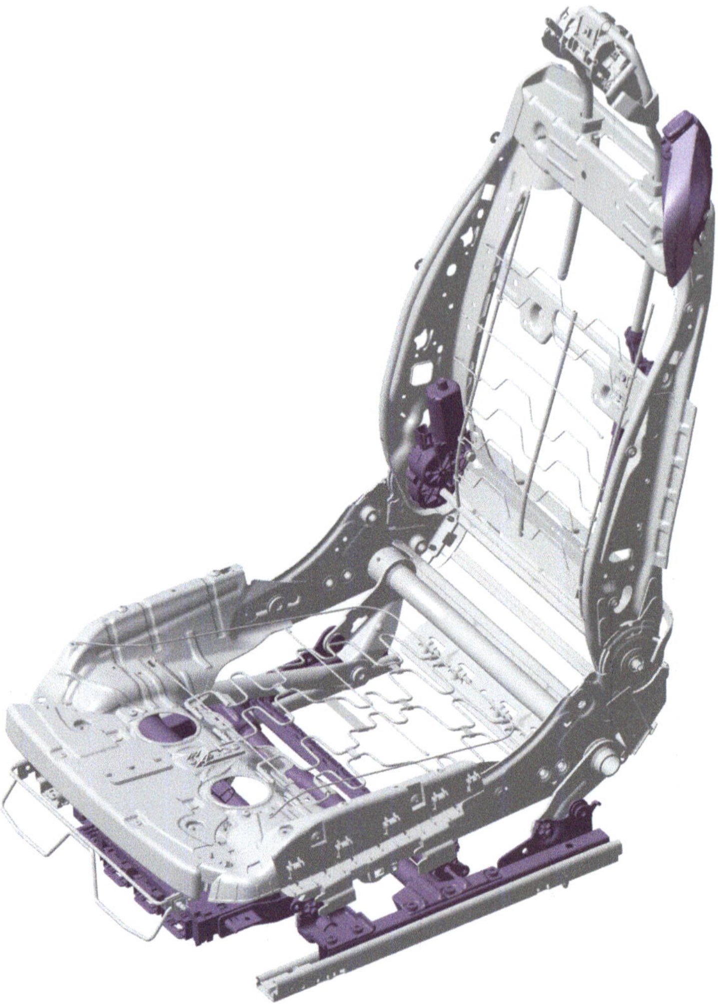

Bild 7
Sitzstrukturmodul

Sitzmoduls erlaubt die Abkehr vom aus früheren SL-Typen bekannten Integralsitz. In Verbindung mit weiteren Leichtbaumaßnahmen – zum Beispiel der Umstellung auf Seltenerden bei den Sitzverstellmotoren – ermöglicht die neue Sitzstruktur eine Gewichtsreduktion von 11 kg, Bild 7. Und dies, obwohl im neuen Sitz Mehrgewichte durch Erweiterung des Kundennutzens kompensiert werden mussten, verursacht beispielsweise durch eine serienmäßige Vierwege-Lordosenstütze und eine crashaktive Kopfstütze.

Elektrik

Eine 95-Ah-Batterie im Kofferraum, die bei Fahrzeugen mit ECO Start-Stopp-Funktion von einer 12-Ah-Batterie unterstützt wird, sichert die Energieversorgung des Bordnetzes im neuen SL. Durch den Einsatz eines intelligenten Systems zum dynamischen Lastmanagement wird die Abkehr vom Zweibatterienkonzept des Vorgängers ermöglicht. Damit wird eine deutliche Gewichtsreduktion des Bordnetzes bei unveränderter Fahrzeugzuverlässigkeit erreicht.

Jedes Fahrzeug erhält einen ausstattungsspezifischen Leitungssatz für Innenraum, Cockpit und Motorraum, der sich aus dem Basisumfang, den gewählten Sonderausstattungen und der Fahrzeugvariante ergibt. Durch diesen maßgeschneiderten Leitungssatz wird Zusatzgewicht in Form nicht benötigter Leitungen vermieden. Das innovative Frontbass-System ermöglicht durch Nutzung der Längsträgervolumen den Entfall der bisher beim Soundsystem (Sonderausstattung) verwendeten Kombination aus separater Bassbox und Basslautsprechern in den Türen. Das spart über 4 kg Gewicht ein, bei gleichzeitig gesteigertem akustischen Klangerlebnis.

Achsen

Betrachtet man die an den Achsen eingesetzten Werkstoffe, wird deutlich, dass der Leichtbaugedanke ebenso wie Fahrsicherheit, Agilität, Dynamik und Komfort bei der Entwicklung dieser Bauteile im Fokus stand. Die Bauart der Vorderachse entspricht der aus dem Vorgängertyp bekannten Vierlenkerachse, die bereits weitgehend gewichtsoptimiert war. Beim R231 werden nun zusätzlich Achsschenkel und Federlenker aus Aluminium gefertigt, sodass die beiden Vorderachshälften komplett aus diesem Werkstoff bestehen. Der Integralträger – ein Montageträger, der die Vorderachshälften, das Lenkgetriebe sowie den Motor aufnimmt und mit der Karosserie verbindet – ist beim neuen SL ebenfalls in Aluminiumbauweise ausgeführt.
Die neuentwickelte Hinterachse wurde konsequent auf Leichtbau getrimmt. Durch die Ausführung aller Radführungsteile in Aluminium konnten auch hier die ungefederten Massen verringert werden, wodurch eine feiner ansprechende Fahrwerksauslegung möglich wurde. Der Hinterachsfahrschemel besteht zur Erhöhung der Einleitungssteifigkeit aus Stahl. Bei der Kombination von Fahrdynamik und Komfort bietet dieser Werkstoff aufgrund seiner spezifischen Eigenschaften an dieser Stelle Vorteile. Dem Leichtbaugedanken wurde durch eine gewichtsoptimierte Bauweise des Fahrschemels Rechnung getragen. Das Bauteil besteht aus hochfestem Stahl mit angepassten Blechstärken. Seitenteile und hintere Querbrücke werden durch verschweißte Halbschalen gebildet. Blechdicken und Verstärkungen wurden auf Gewicht und Leistung der Fahrzeuge zugeschnitten. Durch motorisierungsspezifische Optimierungen konnten am Hinterachsfahrschemel des SL 350 zusätzliche 2,6 kg gegenüber dem Fahrschemel des SL 500 eingespart werden.

Federung und Dämpfung

Der neue SL wird serienmäßig mit einer semiaktiven Verstelldämpfung ausgeliefert. Dieses System bietet neben der Möglichkeit, per Schalter eine eher sportliche oder komfortable Abstimmung zu wählen, den Vorteil, die Dämpfungskräfte kontinuierlich an die Straßenbedingungen anzupassen. Trotz dieser Mehrumfänge konnte gegenüber dem Standardfedersystem des Vorgängers durch Optimierungsmaßnahmen wie Einrohr- statt Mehrrohrdämpferbeine, Aluminiumkopflager oder Rohrdrehstäbe eine Gewichtseinsparung von rund 10 kg realisiert werden.
Als Sonderausstattung werden ein Sportfahrwerk mit um 10 mm abgesenktem Niveau sowie das schon aus dem Vorgänger SL bekannte aktive ABC-Fahrwerk angeboten. Bei diesem wurden bereits im Vorgänger umfangreiche Gewichtsreduzierungen, wie Integrationsmaßnahmen bei der Regelung, umgesetzt.

Bremse und Pedalanlage

Eine Minimierung des Bremsengewichts bietet neben reduziertem Fahrzeuggewicht als weiteren Vorteil eine Verringerung der ungefederten Massen. Durch eine optimierte Bremsenkühlung über Luftführungsrinnen am Unterboden, Luftleitschaufeln und ausgeformte Bremsenabdeckbleche wird die Bremsleistung so weit gesteigert, dass auf den Einsatz größerer und damit schwererer Bremsscheiben an der Vorderachse – die ohne diese Maßnahmen aus thermischen Gründen notwendig wären – verzichtet werden kann. Weitere Gewichtseinsparungen an der Hinterachse bringen die Aluminiumbremssattelgehäuse, die Umstellung von einer mechanischen Fußfeststellbremse auf eine elektrische Parkbremse sowie Bremsabdeckbleche aus Aluminium.
AMG-Varianten bieten eine zusätzliche Möglichkeit zur deutlichen Gewichtsreduktion der Bremsanlage: Mit der Keramikbremsanlage als Sonderausstattung wird das Fahrzeug um circa 19 kg leichter, Bild 8.
Auch die Pedalanlage wurde gewichtsoptimiert. Das Fahrpedalmodul besteht aus Kunststoff, die Fahrpedalstellung wird per Hallsensor abgenommen. Das Bremspedal bleibt aus Steifigkeitsgründen in gewohnter Stahlblechausführung, der Bremspedallagerbock ist in Kunststoff-Stahl-Hybridbauweise ausgeführt.

Bild 8 Keramikbremsanlage (Option für AMG-Varianten)

Leichtbauräder

Der neue SL 500 erhält als Serienausstattung neuartige Leichtbauräder, Bild 9, die im sogenannten Flow-Forming-Verfahren hergestellt werden. Bei diesem innovativen Produktionsverfahren werden extrem leichte und dabei hochfeste Räder hergestellt, indem der Radrohling erhitzt und die Felge unter hohem Druck ausgewalzt wird. Das Material wird damit stärker als bisher üblich verfestigt. Mit der durch diese Fertigungsweise möglichen Materialeinsparung kann gegenüber einem optisch ähnlichen Gussrad eine Gewichtsersparnis von annähernd 15 % realisiert werden. Zur Wahrung der Mobilität bei einer Reifenpanne gehört in Europa das Pannenset TIREFIT mit elektrischem Kompressor zur Serienausstattung. In USA und Japan erhalten die Fahrzeuge serienmäßig eine Bereifung mit Notlaufeigenschaften (in Europa als Sonderausstattung erhältlich). Beide Varianten bieten gegenüber einem Ersatzrad deutliche Gewichtseinsparungen und Gepäckraumvorteile.
Dass sich Gewichtsoptimierung auch im Kleinen lohnt, zeigt sich am Beispiel der Radschrauben am neuen SL. Die Umstellung auf Radschrauben mit gewichtsoptimiertem Kopf, Bild 10, bringt je Schraube zwar nur einige Gramm, aufsummiert über alle verbauten Radschrauben ergibt

Bild 9
Leichtbaurad, Serienausstattung beim SL 500

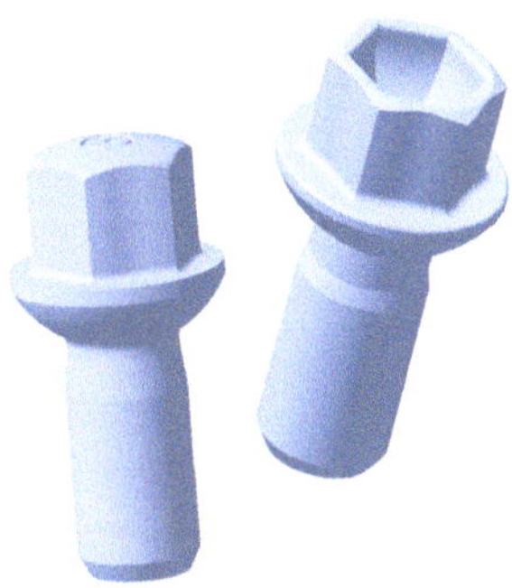

Bild 10
Radschraube des Vorgängermodells und gewichtsoptimierte Radschraube des neuen SL

sich für das Fahrzeug jedoch eine Einsparung von circa 0,25 kg.

Kraftstoffanlage

Vorgabe bei der Auslegung der Kraftstoffanlage war unter anderem die mögliche Reichweite des Fahrzeugs pro Tankfüllung. Der Aktionsradius des Vorgängermodells diente als Maßstab zur Auslegung des notwendigen Tankvolumens. Die Effizienz der im R231 eingesetzten Maßnahmen zur Verbrauchsreduzierung erlaubte eine Reduktion des Tankvolumens von 80 l auf 65 l bei einer Reichweitensteigerung um 30 km. Für ein vollgetanktes Fahrzeug bedeutet dies eine Gewichtsreduzierung um circa 10 kg. Kunden, die auf eine noch größere Reichweite Wert legen, können als Sonderausstattung einen 75 l fassenden Tank erhalten.

Leichtbaukarosserie

Michael Kelz | Dr. Thomas Rudlaff | Werner Schretzlmeier | Michael Müller | Rita Bitzer

Aus Gewichtsgründen besteht beim neuen SL die komplette Rohbaustruktur der Karosserie aus leichtem Aluminium. Durch eine Bauweise mit Gussbauteilen und Strangpressprofilen konnten dabei die weiter gestiegenen Anforderungen an Sicherheit, Komfort und Karosseriesteifigkeit erfüllt werden. Trotzdem wurde das Gewicht im Vergleich zu einer Stahlkarosserie um 110 kg gesenkt. Dafür wurde im Fertigungsprozess eigens ein aluminiumgerechtes Karosseriefügekonzept entwickelt, das speziell auf die Großserienproduktion des neuen SL abgestimmt ist. Um die Langzeitqualitäten des Fahrzeugs sicherzustellen, werden Karosserie und Anbauteile mit einem umfangreichen Paket an Korrosionsschutzmaßnahmen geschützt.

Rohbaustruktur aus Aluminium

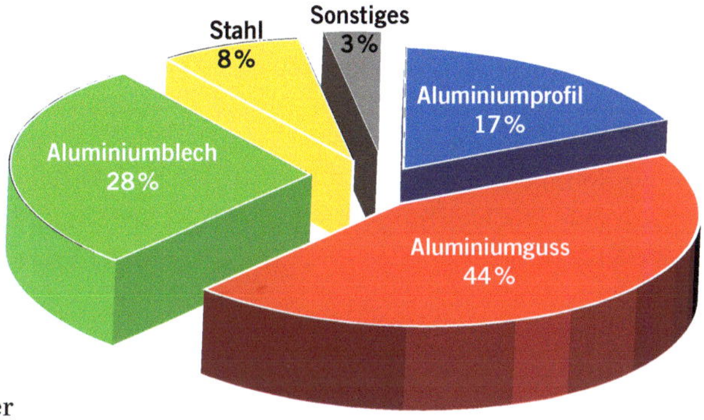

Bild 1
Halbzeugmix der Rohbaustruktur

Der neue SL ist das erste Fahrzeug von Mercedes-Benz in Großserie, welches mit einer Rohbaustruktur aus Aluminium ausgestattet ist. Um den hohen Anforderungen im Hinblick auf Komfort, Sicherheit und Steifigkeit auf der einen Seite sowie Gewicht und Wirtschaftlichkeit auf der anderen Seite gerecht zu werden, musste besonderes Augenmerk auf eine belastungsgerechte Auslegung der Karosserie gelegt werden. Durch die gussintensive Bauweise, Bild 1, war es möglich, die lokalen Steifigkeiten an den relevanten Krafteinleitungsstellen wie Achsbefestigungen, Getriebelagerung oder Gelenkwellenanbindung deutlich zu steigern. Neben den funktionalen Vorteilen konnte durch die Verwendung großer Gussteile infolge von Bauteil- und Funktionsintegration die Anzahl der verbauten Einzelteile deutlich reduziert und somit auch eine erhebliche Einsparung an Fügeumfängen realisiert werden. Neben den Gussteilen tragen auch die Strangpressprofile, welche vorzugsweise als Längs- und Querträger zum Einsatz kommen, maßgeblich zur 24%igen Steigerung der globalen Steifigkeit gegenüber dem Vorgänger bei.

Diese bei Mercedes-Benz erstmals in Großserie eingesetzte Bauweise stellte auch bei der Auswahl der geeigneten Fügeverfahren eine große Herausforderung dar. Das Ziel war, an jeder Stelle der Struktur die am besten geeignete Verbindungstechnik zu verwenden, was durch ein geeignetes Spektrum aluminiumgerechter Fügeverfahren erreicht werden konnte. Somit kommen im neuen SL die Verfahren Stanznieten, fließlochformende Schrauben (FLS), Kleben, MIG-Schweißen und Widerstandspunktschweißen zum Einsatz.

Vorbau

Die gussintensive Bauweise des neuen SL lässt sich deutlichsten im Vorbau erkennen. Die Dämpferkonsolen, die zweischaligen Stirnwandquerträger sowie die einteilige obere Stirnwand bestehen allesamt aus Vakuumdruckguss und bilden, zusammen mit dem als Innenhochdruck

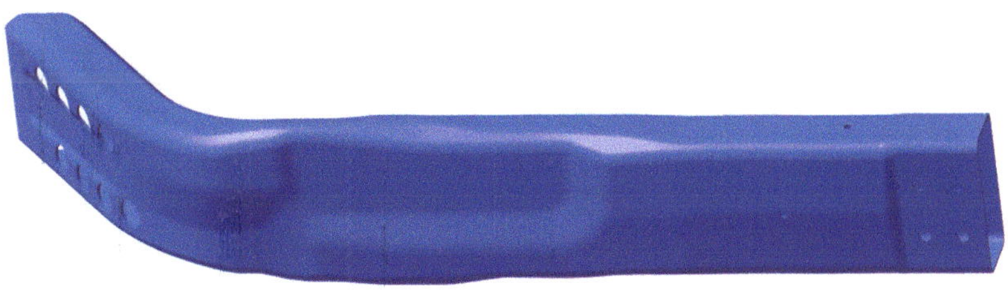

Bild 2
Innenhochdruck umgeformter Längsträger vorne

umgeformtes Strangpressprofil (IHU) ausgeführten vorderen Längsträger, tragende Elemente der Vorbaustruktur, Bild 2. Durch Einsatz dieser Techniken war es möglich, Bauteile mit höchster Komplexität zu realisieren, die – speziell im Vorbau – knapp bemessenen Bauräume optimal zu nutzen und somit eine sehr stabile Hochleistungsstruktur darzustellen.

Hauptboden

Auch im Hauptboden findet sich eine Vielzahl technischer Raffinessen. Ein Highlight ist der sogenannte Plattenboden: Anstelle eines tiefgezogenen Bodenblechs verhelfen dünnwandige Strangpressprofile, die durch Reibrührschweißen miteinander verbunden sind, Bild 3, dem neuen SL zu einer einzigartigen Steifigkeit im Bodenbereich. Das Reibrührschweißen kommt jedoch nicht nur im Boden zur Anwendung: Der aus Aluminiumblech gefertigte Tunnel verfügt über eine obenliegende Verstärkung, welche als Tailored-Welded-Blank-Platine (TWB) mit drei verschiedenen Blechdicken ausgeführt ist. Die Schweißnähte zu ihrer Erstellung werden ebenfalls mittels Reibrührschweißen dargestellt.
Die oben beschriebene Bauteil- und Funktionsintegration wurde im Verbindungsträger durch Ausführung als Vakuumdruckgussteil beispielhaft umgesetzt: Neben der Integration der Schnittstellen zu Vorbau und Heckboden sowie einer funktionsoptimierten Wandstärken- und Rippenverteilung konnten alle Befestigungspunkte für Gelenkwelle, Getriebebrücke, Tunnelstreben und die tunnelseitige Sitzverschraubung in einem einzigen Bauteil vereint werden.

Heckboden

Der Heckboden wird aus einem MIG-geschweißten Rahmen aus Längs- und Querträgern aufgebaut. Das zentrale Element dieses Rahmens ist ein Längsträger aus Kokillenhohlguss, Bild 4; diese Technik kommt im neuen SL erstmals innerhalb einer Rohbaustruktur zum Einsatz. Durch die Einteiligkeit des gesamten Längsträgers, in Kombination mit der konstruktiven Gestaltungsfreiheit des Gussteils für beispielsweise Krafteinleitungsstellen, konnte ein Optimum an Steifigkeit und Betriebsfestigkeit bei gleichzeitiger Umsetzung von Kosten- und Gewichtspotenzialen erreicht werden. Die Heckbodenrahmenstruktur wird durch eine Kofferraumwanne aus Vakuumdruckguss und wiederverwertetem Aluminiumblech sowie weiteren Bodenblechen geschlossen, welche mittels FLS-

Bild 3
Reibrührgeschweißter Plattenboden

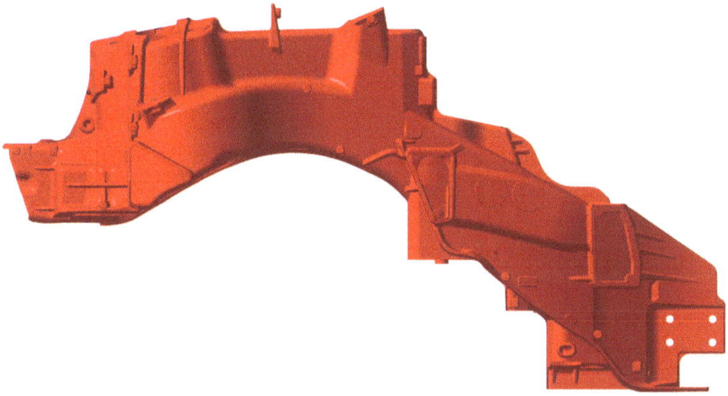

Bild 4
Kokillenhohlgusslängsträger

Verschraubung in Kombination mit Kleben gefügt werden.

Seitenwand und Aufbau

Das größte Einzelteil der gesamten Rohbaustruktur ist in der Seitenwand zu finden. Es handelt sich hierbei um den 1,7 m langen Schweller, welcher als Siebenkammer-Strangpressprofil ausgeführt ist, Bild 5. Durch die flexible Gestaltungsmöglichkeit der Kammeraufteilung im Schweller konnte der bestmögliche Kompromiss für alle wesentlichen Rohbaufunktionen bei minimalem Bauteilgewicht realisiert werden.

Die B-Säulen sowie die unteren A-Säulen sind als funktions- und bauteilintegrierte Großgussteile dargestellt. Lediglich in den oberen A-Säulen sowie im Dachrahmen kommen Stahlbauteile zum Einsatz. Eine Kombination aus hoch- und höchstfesten Blechen und Rohren sorgt dabei für eine größtmögliche Insassensicherheit beim Fahrzeugüberschlag.

Ein weiteres Novum beim neuen SL findet sich in der Reihenfolge des Rohbauaufbaus der Seitenwand. Durch den Einsatz von Halbzeugen und geeigneten Fügeverfahren kann erstmals eine komplette Zusammenbau-Seitenwand, bestehend aus Schweller sowie vollständiger A- und B-Säule, an den Unterbau gefügt werden. Somit lassen sich zwei wesentliche Vorteile realisieren: Zum einen können nahezu alle wichtigen Funktionsmaße im Bereich Seitenwand, insbesondere die für einen Roadster essenziell wichtigen Dachöffnungsmaße, in einem Unterzusammenbau eingestellt und kontrolliert werden. Dieser bildet die Basis für eine reproduzierbar hohe maßliche Qualität. Das Ergebnis ist ein Exterieur mit kleinen Spaltmaßen und damit hoher Wertanmutung. Zum anderen kann innerhalb der Rohbauaufbaulinie auf mehrere Fügestationen verzichtet werden, was zu einer Senkung der Herstellkosten beiträgt.

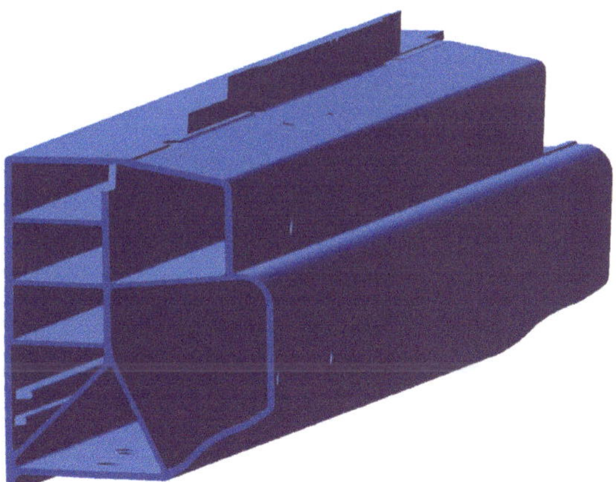

Bild 5
Profilgestaltung des Schwellers

Produktion des Karosserierohbaus

Die Produktion des Rohbaus ist auf einer Grundfläche von 22.700 qm untergebracht, Bild 6. Die Halle ist in 13 Anlagenteile für die verschiedenen Aufbaustufen Z1 bis Z3 sowie deren Untergruppen unterteilt. Die einzelnen Linien sind durch eine übergreifende Fördertechnik verbunden. Zusätzlich beinhaltet die Anlage Nacharbeitsplätze und ein Messhaus mit zwei Zeiss-Messanlagen zur Überprüfung der Maßhaltigkeit. Die Anlagen in Bremen ermöglichen die Produktion von bis zu 135 Einheiten in drei Schichten pro Tag.

Zu den Besonderheiten der neuen Produktionsstätte gehören die Twinlifter, Bild 7, welche die herkömmliche Fördertechnik ersetzen. Sie transportieren die Karosserien innerhalb der Aufbaulinie, indem sie diese anheben und von Station zu Station weiterreichen. Für jede Aufbaustrecke kommt ein Twinlifter zum Einsatz. Bei einer Laufstrecke von 70 m bietet er Platz für zwei Karosserien, die mit einer maximalen Geschwindigkeit von 2 m/s transportiert werden. Die Vorteile dieses Systems gegenüber einer Bodenfördertechnik liegen in der Möglichkeit, auch Drehvorrichtungen zu bestücken, die für das MIG-Schweißen benötigt werden.

Ein weiterer Bestandteil der Aufbaustrecke ist die im Takt mitfahrende Frässtation. Die Karosserien werden vom Twinlifter von oben in die Anlage gefahren, damit dort Bodenelemente und zum Beispiel die Achsanbindungen hochpräzise gefräst werden können.

Die Vorbereitung der neuen Produktionsstätte war nicht die einzige Herausforderung, der sich die Entwicklerteams von

Bild 6
Rohbauproduktion im Werk Bremen

Mercedes-Benz gestellt haben. Dazu gehörte ebenfalls die Entwicklung eines aluminiumgerechten Karosseriefügekonzepts für die sichere Verbindung von diversen Halbzeugen aus Aluminiumblechen, Aluminiumguss, Aluminiumstrangpressprofilen und einigen wenigen hochfesten Stahlblechen im Bereich des vorderen Windschutzscheibenrahmens (Überschlagschutz). Die Fügeverfahren für den Werkstoff Aluminium mussten weiter entwickelt, im Grundsatz erprobt und unter Serienfertigungsbedingungen getestet werden. Dazu gehören das MIG-Schweißen und das Bolzenschweißen sowie das Fügen mit Vollstanz- und Halbhohlstanznieten. Speziell für diese Aufgaben wurden insgesamt 161 Roboter in die Produktion integriert. Weitere Verfahren sind Verbindungen mit Fließlochschrauben (flow drill screw) oder Einpressschrauben, aber auch die Verwendung von Stanzmuttern und der Bolzensetztechnik Rivtac.

Zur Vorbereitung der Großserienproduktion mit dem Vollaluminium-Materialkonzept bereiteten sich die Mitarbeiter des Center of Competence im Werk Bremen bereits zwei Jahre vor Start der Serienproduktion auf die Karosseriefertigung des neuen SL vor. Dafür wurden Mitarbeiter aus der Karosseriefertigung des Ziel-Produktionswerks Bremen in die Nullserienfertigung in Sindelfingen integriert. So konnten bereits in der Nullserie die Karosserien erprobt und optimiert sowie die Prozesse in den bereits im Automatikbetrieb laufenden Serienanlagen eingefahren werden. Durch gezielte Schulungen wurden die Mitarbeiter auf die neuen Techniken, Verfahren und Materialien bei der Aluminiumfertigung vorbereitet. Seit Ende 2010 unterstützt die Karosseriefertigung zusätzlich den Anlagenbau

Bild 7
Twinlifter zum Transport der Karosserien

für die Fertigung des neuen SL in Bremen. Für die Koordination der Abläufe von Anlagenaufbau bis zum Anlagenhochlauf wurde das speziell für Vollaluminiumfahrzeuge entwickelte Alu-MDS (Aluminium-Mercedes-Benz Development System) mit einem vorgezogenen Aufbaustart der Fertigungsanlagen sowie einer frühzeitigen automatisierten Fertigung eingesetzt.

Korrosionsschutz

Die bekannte Zuverlässigkeit und Wertstabilität von Mercedes-Benz-Fahrzeugen ist auch einem sorgfältig definierten Korrosionsschutzkonzept zu verdanken, das geeignete Erprobungsmethoden zur Simulation der Langzeitbeständigkeit vorsieht. Die Absicherung des Korrosionsschutzes erfolgte nach dem neuesten Mercedes-Benz-Korrosionsschutztest, der auf Basis der Umweltbelastung in unterschiedlichsten Weltklimaten und der spezifischen Fahrzeugbeanspruchungen weiterentwickelt wurde. Alle in der Fertigung eingesetzten Materialien und Prozesse sind optimal auf die Anforderungen und den Langzeitkorrosionsschutz des neuen SL abgestimmt. Intensiv berücksichtigt wurden die Oberflächenprozess- und Korrosionsschutzmerkmale von unterschiedlichen Aluminiumlegierungen sowie das Tauchverhalten der im Vergleich zur Stahlbauweise im Gewicht reduzierten Aluminiumrohbaukarosserie.
In der digitalen Absicherungsphase wurden mit neuentwickelten Simulationswerkzeugen die Tauchbarkeit für die kathodische Tauchlackierung und die Temperaturverteilung des Rohbaus in den Trockenöfen ausgelegt und der Rohbau gezielt optimiert. Auch die Applikation der Korrosionsschutzmaterialien wurde sehr frühzeitig digital entwickelt, um eine automatisierte und prozesssichere Fertigung zu unterstützen.

Konzept für Karosserie und Anbauteile

Der Langzeitkorrosionsschutz wird beim neuen SL durch eine aluminiumspezifische Anpassung des Beschichtungsprozesses, die gezielte Einzelbauteilvorbeschichtung von integrierten Bauteilen und Fügeelementen aus Stahl sowie durch eine Vielzahl konstruktiver Maßnahmen konsequent umgesetzt. Die Karosserie wird durch die Tauchlackierung und umfangreiche Nahtabdichtungsmaßnahmen geschützt. Der Korrosionsschutz hochbelasteter Bereiche wird zusätzlich durch Hohlraumkonservierung zuverlässig sichergestellt.
Die Korrosionsschutzmaßnahmen werden mit einer kataphoretischen Tauchlackierung und durch Nahtabdichtungsumfänge, Bild 8, für alle korrosionskritischen Bereiche ergänzt. Das Zusammenspiel von konstruktiver Gestaltung der Bauteile, Werkstoffauswahl, Fügetechniken und Produktionsprozessen sichert die Qualität des Fahrzeugs und damit die Mercedes-Benz spezifischen hohen Gewährleistungsmaßstäbe hinsichtlich der Mobilitätsgarantie MobiloLife ab. Dank neuer Lacksysteme ist es gelungen, die Qualität der Oberfläche hinsichtlich Farbe, Glanz, Alterungsbeständigkeit sowie Kratz- und Steinschlagempfindlichkeit weiter zu verbessern und dabei die Umweltbelastung durch den Lackierprozess auf ein Minimum zu begrenzen.

Maßnahmen für Aggregate und Komponenten

Die hohe Korrosionsschutzqualität von Aggregaten und Komponenten wird durch eine konsequent korrosionsschutzgerechte Gestaltung der Bauteile sowie

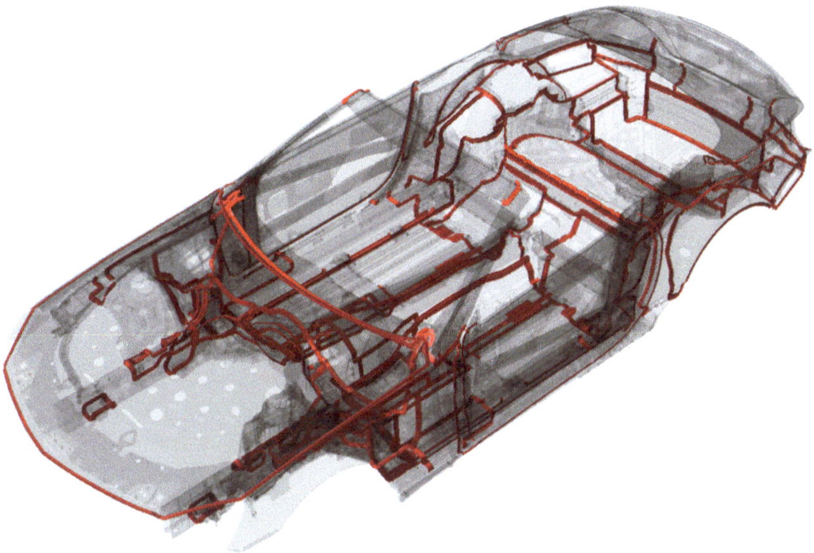

Bild 8
Nahtabdichtungen am neuen SL

durch die Auswahl optimaler Werkstoffe und organische Korrosionsschutzbeschichtungen (beispielsweise kathodische Tauchlackierung oder Pulverbeschichtung), galvanisch abgeschiedene Zinklegierungsschichten, Zinklamellenüberzüge oder Kombinationen aus galvanischen Zinklegierungsschichten mit organischen Duplexbeschichtungen (Top Coats) erreicht.

Die Bauteile der Vierlenker-Vorderachse und der Raumlenker-Hinterachse sind zum Teil aus korrosionsbeständigen Aluminium-Legierungswerkstoffen hergestellt. Eisenwerkstoffe werden durch hochwirksame Korrosionsschutzschichten geschützt. Alle Bauteile der Hinterachse werden zusätzlich zu diesen Schichten mit einem Korrosionsschutzlack konserviert. Der Langzeitschutz an korrosiv stark belasteten Fahrwerksteilen aus Eisenwerkstoffen wird durch die Verwendung von galvanisch abgeschiedenen Zinklegierungsschichten beziehungsweise im Tauchschleuderverfahren aufgebrachten Zinklamellenüberzügen erreicht. Bauteile im Achsbereich, die einer starken Steinschlagbelastung ausgesetzt sind, werden durch zusätzliche Kunststoffverkleidungen geschützt.

Diese hochwirksamen Schichtsysteme werden unter anderem auch an den Bremssätteln aus Gusseisen beziehungsweise Aluminium (bei Verbundbauweise) eingesetzt. Bei Bauteilen wie der Getriebeölwanne lassen sich die optimalen Korrosionsschutzanforderungen durch eine Lackierung erreichen. Hierzu werden anforderungsgerechte Lackierbeschichtungen mit einem Langzeitkorrosionsschutz appliziert. Im Bereich des Motors werden großflächige Unterbodenverkleidungen eingesetzt. Dadurch wird unter anderem das Eindringen von Schmutz und korrosiven Medien deutlich reduziert. Die Abgasanlagen bestehen aus hochwertigen, korrosionsbeständigen Chrom- oder Chrom-Nickel-Stählen und gewährleisten somit eine hohe Langzeitfunktionalität.

Klappen und Anbauteile

Stephan Dürr | Jochen Pfutterer | Willibald Assmann | Andreas Neye

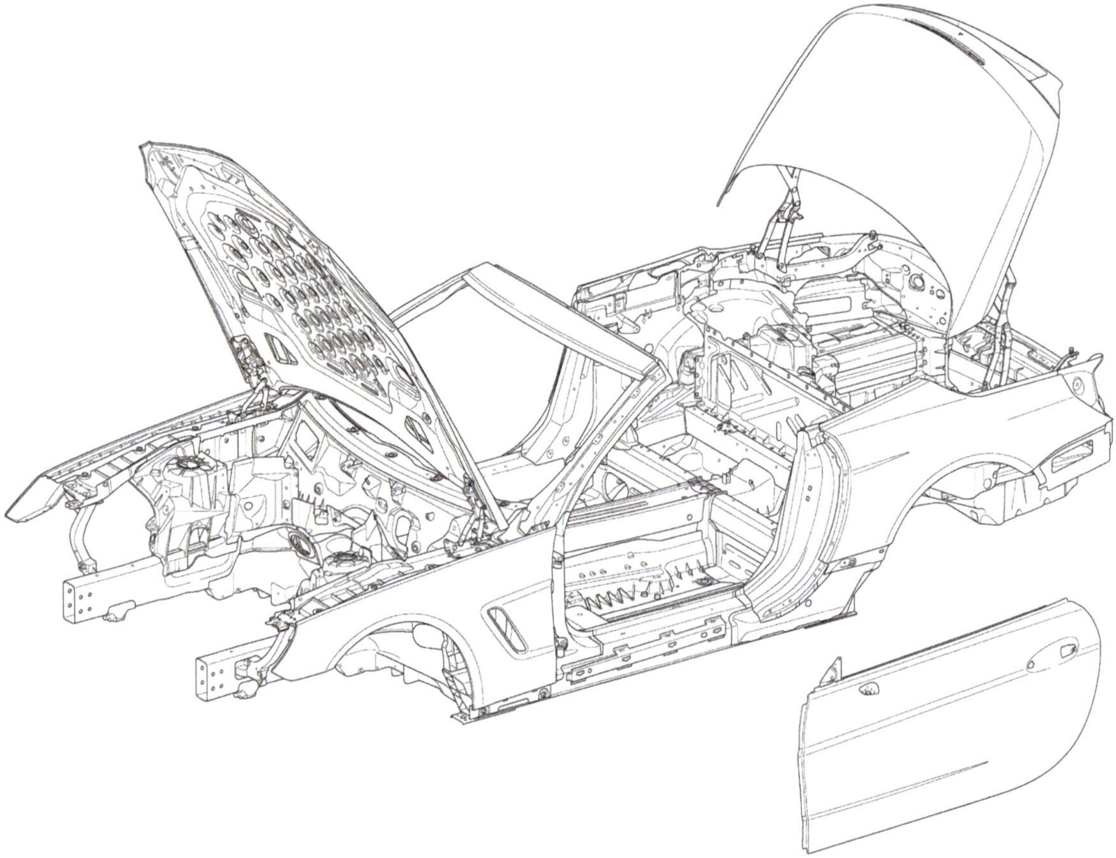

Auch bei Klappen und Anbauteilen der Karosserie des neuen SL wurde besonderer Wert auf geringes Gewicht gelegt. So ist der Heckdeckel beispielsweise in Hybridbauweise mit Stahlinnenteil unter einer Kunststoffbeplankung ausgeführt und der Türrohbau basiert auf einer optimierten Leichtbaukonstruktion aus Aluminium.

Karosserieanbauteile

Leichtbau spielte beim SL schon immer eine besondere Rolle. Diesen umzusetzen, ist bei ständig steigenden Anforderungen eine große Herausforderung. Beim neuen SL ist dies für die Rohbauanbauteile hervorragend gelungen. Durch ihre homogene Bauweise und die Verwendung geeigneter Materialien bietet die Motorhaube einen ausgezeichneten Fußgängerschutz. Die Motorhaubenscharniere sind als Viergelenke konzipiert. Bei Aktivierung des Fußgängerschutzsystems wird die Motorhaube an der Haubenhinterkante um circa 85 mm aufgestellt. Die Pyrotechnik ist in die Scharniere integriert, während der Aufstellbewegung ist die Motorhaube in den Verschlüssen drehbar gelagert. Die Motorhaube erreicht die erforderliche Endlage in kürzester Zeit. Die speziell abgestimmten Deformationselemente an den Motorhaubenscharnieren reduzieren hierbei ein Nachschwingen der Motorhaube und stellen somit den erforderlichen Freiraum unterhalb der Motorhaube bei einem Kopfaufprall sicher. Eine detaillierte Beschreibung des Fußgängerschutzes enthält der Artikel zur Passiven Sicherheit.

Hybridheckdeckel

Im Fokus der Entwicklungsarbeit stand die Realisierung eines Heckdeckelsystems, das alle Kundenbedürfnisse hinsichtlich Funktionalität, Wertanmutung und Qualität erfüllt. Zur Entwicklung des neuen Hybridheckdeckels wurde ein interdisziplinäres Projektteam gebildet, in dem die betroffenen Bereiche Design, Rohbauentwicklung und Produktionsplanung, die Gewerke Presswerk, Rohbau und Oberfläche sowie die Montage zusammengewirkt haben.

Der Hybridheckdeckel ist zweischalig aufgebaut. Er besteht aus einem Stahlinnenteil und einer Kunststoffbeplankung aus sogenanntem Sheet Molding Compound (SMC), Bild 1. Ein nahezu identischer Wärmeausdehnungskoeffizient der bei-

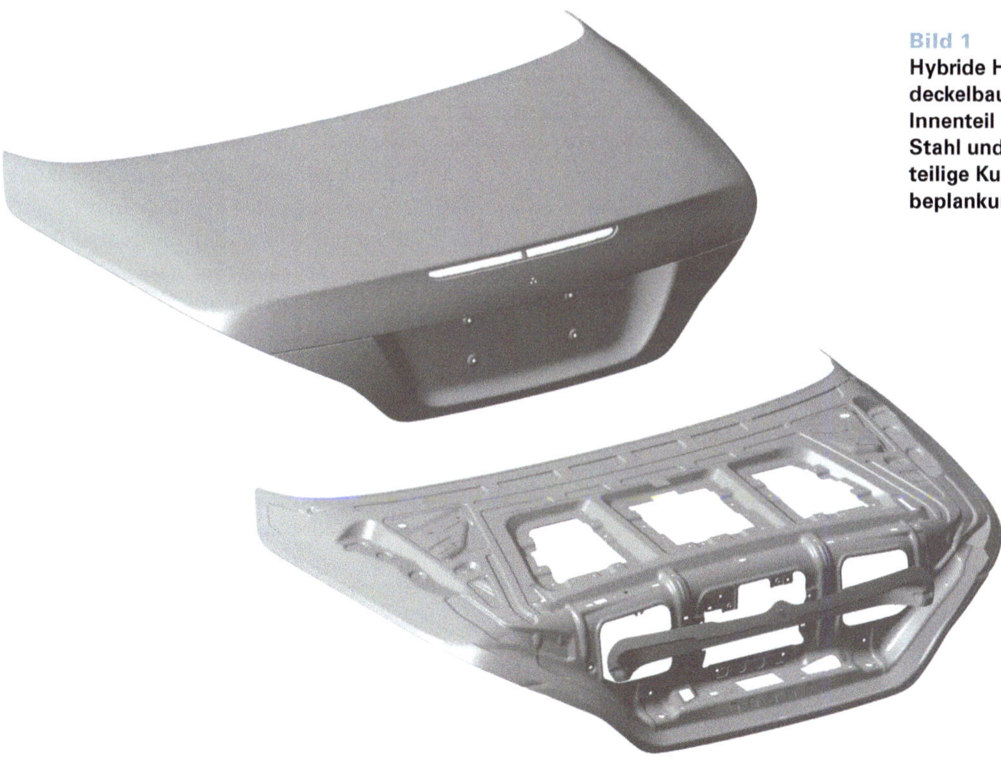

Bild 1
Hybride Heckdeckelbauweise: Innenteil aus Stahl und einteilige Kunststoffbeplankung

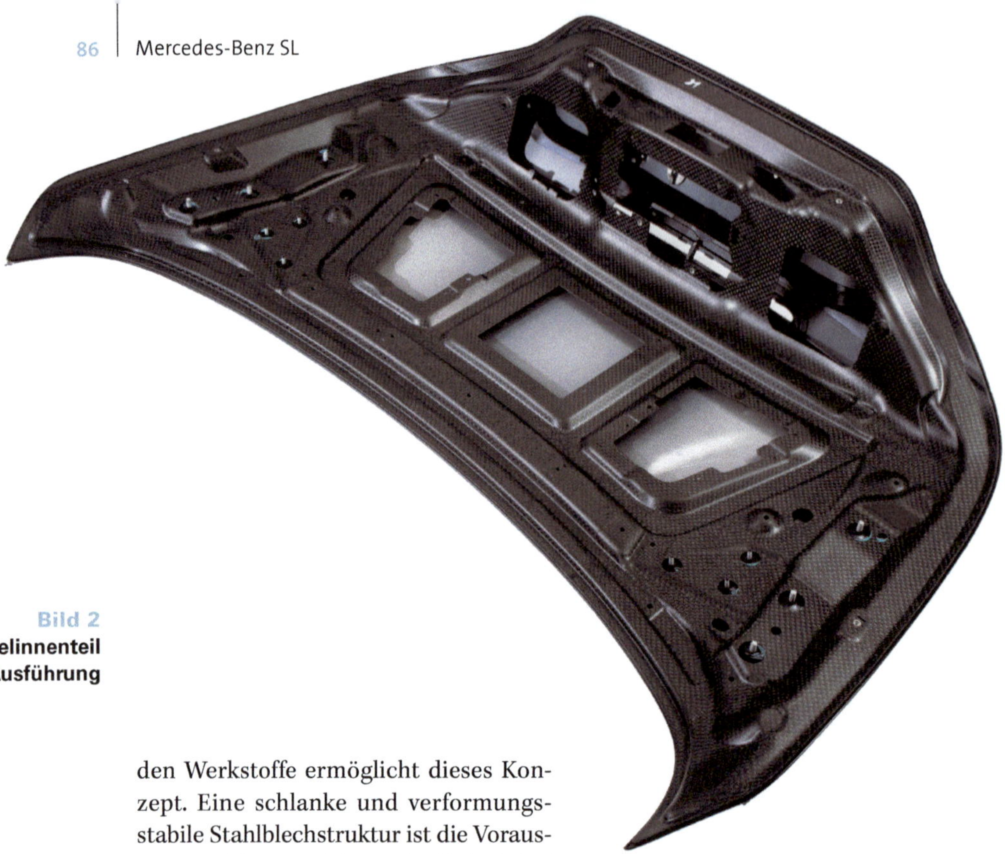

Bild 2
Heckdeckelinnenteil in CFK-Ausführung

den Werkstoffe ermöglicht dieses Konzept. Eine schlanke und verformungsstabile Stahlblechstruktur ist die Voraussetzung für ausreichend Steifigkeit bei minimalem Bauraumbedarf. So kann genügend Raum für das abgelegte Dach und die roadstertypischen Proportionen des Hecks geschaffen werden. Der Heckdeckel ist wie beim Vorgänger in zwei Richtungen schwenkbar – in Fahrtrichtung für die Beladung des Kofferraums und gegen die Fahrtrichtung für die Dachablage im Kofferraum.

Die glasfaserverstärkte SMC-Kunststoffbeplankung besteht überwiegend aus Glasfasern, Harzen und Füllstoffen. Glashohlkugeln im LD-SMC-Halbzeug (LD: low density) dienen zur Gewichtsreduzierung und unterstützen damit den Leichtbau. Neuartige Additive im SMC-Halbzeug und ein direkt dem Pressen folgender Inmould-Coating-Prozess (IMC) mit leitfähigem Material lassen bereits im Presswerkzeug eine unmittelbar lackierbare Class-A-Kunststoffoberfläche entstehen.

Grundlegend neuartig ist die Werkzeugkonzeption. Durch den Einsatz eines innovativen Schieberkonzepts auf der Außenhaut im Kennzeichenbereich ist es möglich, die komplexe Außenhautgeometrie einteilig herzustellen. Der einzigartige Laufwinkel dieses Schiebers erlaubt maximale Freiheitsgrade bei der Gestaltung des Heckdeckels. Außerdem ermöglicht es die Kunststoffbeplankung, die Antennen für Navigation und Telefonfunktionen von außen unsichtbar in den Heckdeckel zu integrieren.

Trotz gleicher Wärmeausdehnungskoeffizienten von Stahl und SMC werden Innenteil und Beplankung am Fahrzeug im nicht verbundenen Zustand lackiert und nach Aufbringen des Korrosionsschutzes auf das Stahlinnenteil und Anbringen der Antennen in der Montage miteinander zum Hybridheckdeckel verklebt. Ein induktiv zur Aushärtung gebrachtes Zweikomponenten-Klebstoffsystem verbindet die beiden unterschiedlichen Materialen.

Prozesskonzeption, -aufbau und -absicherung sowie die hohe Automation und Prozessverkettung wurden Mercedes intern realisiert. Die modulare Bauweise ermöglicht in Zukunft den Einsatz neuer Werkstoffe, um das Gewicht weiter zu optimieren. So wird zunächst bei AMG-Fahrzeugen das Stahlinnenteil durch zwei miteinander verklebte kohlefaserverstärkte Kunststoffbauteile (CFK) ersetzt, Bild 2. Damit wird eine weitere Gewichtsreduzierung von 4,5 kg am Heckdeckel erzielt. Die CFK-Innenteile werden im Joint Venture European Advanced Composite Centre (EACC GmbH) der beiden Firmen Daimler AG und Toray hergestellt.

Türrohbau

Die Türstruktur des neuen SL wurde von Grund auf neu entwickelt. Die steife und verformungsstabile Rohbaustruktur der rahmenlosen Türen basiert auf einer optimierten Leichtbaukonstruktion aus Aluminium. Durch einen intelligenten Mix aus Blech-, Druckguss- sowie Strangpressbauteilen konnte das Türgewicht gegenüber dem Vorgänger – bei verbesserter Funktion – weiter gesenkt werden. Die Rohbautür, Bild 3, besteht aus fünf Blechteilen, drei Strangpressprofilen und einem Gussteil. Hinzu kommen noch die Fensterführungsschiene, zwei Konsolen und ein Halter für die Befestigung von Anbauteilen. Die Türbeplankung mit ihrer markanten Formgebung und insbesondere das Türinnenteil mit seiner komplexen Geometrie und großen Ziehtiefe stellen höchste Anforderungen an den Umformprozess. Die Fertigung der Tür erfolgt ohne thermische Fügeverfahren. Als einzige Verbindungstechnik wird das Stanznietklebverfahren durchgängig umgesetzt. Im ersten Fertigungsschritt wird das Türinnenteil inklusive Halter und Konsolen mit der Scharnierverstärkung aus Druckguss verbunden, ergänzt um die Verstärkung im Bordkantenbereich innen. Parallel entsteht aus drei Strangpressprofilen und der Konsole vorne sowie der Schlossverstärkung ein stabiler Verstärkungsrahmen, in der die Fensterführungsschiene integriert wird. Dieser Verstärkungsrahmen wird in das Innenteil gefügt, bevor im letzten Prozessschritt die Beplankung gefalzt wird. So kommen für den Aufbau der Rohbautür des neuen SL mehrere Meter an Kleberraupen und circa 100 Nieten zum Einsatz.

Die zusätzlichen Strangpressprofile, Bild 4, sind für den Insassenschutz beim Seitenaufprall in den Türrohbau integriert. Diese sind als Mehrkammerprofile ausgeführt und bieten hierdurch erhöhte Biegesteifigkeit bei gleichzeitig geringen Wandstärken. Die bogenförmige Ausführung ermöglicht es, einerseits der Designkontur optimal zu folgen und andererseits den Bauraum bestmöglich auszunutzen. Die Verprägungen an den Enden ermöglichen eine stabile, großflächige Anbindung an den Türrohbau. Neben der Reduzierung der Verformungstiefe bei einer seitlichen Kollision übertragen die Profile auch Längskräfte bei einem Frontalaufprall.

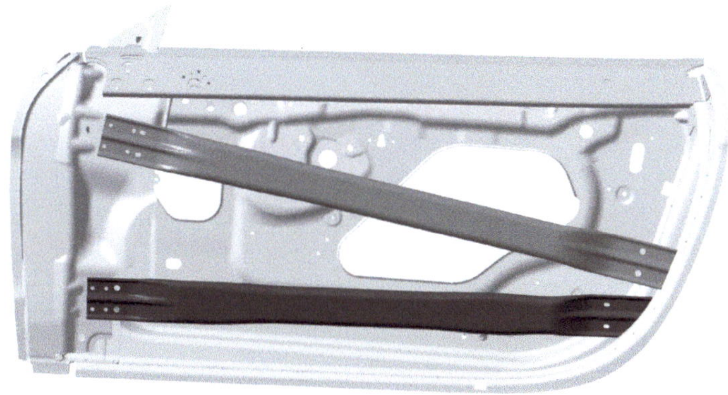

Bild 3
Türrohbau ohne Beplankung

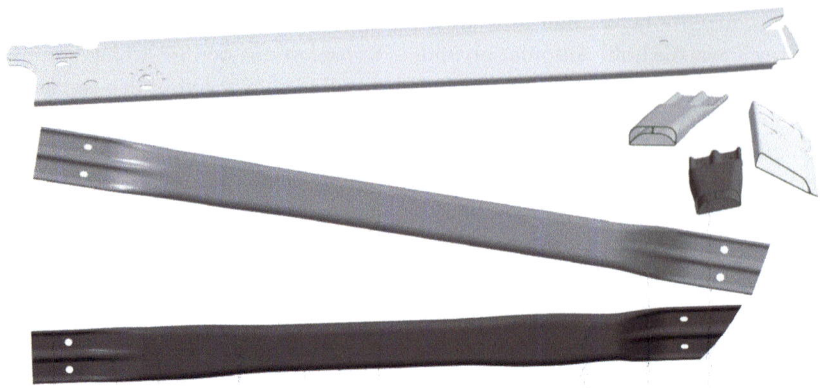

Bild 4
Strangpressprofile Türrohbau

Um die Kräfte, die beim Frontalaufprall im Brüstungsbereich offener Fahrzeuge auftreten, übertragen zu können, wurde auch die äußere Bordkante der Tür als Aluminium-Strangpressprofil ausgeführt. Dieses wird der Außenform folgend ebenfalls streckgebogen und an den Enden verpresst. Daran wird auch der auf der Türbeplankung stehende Außenspiegel verschraubt. Für seine maximal steife Anbindung werden Verstärkungshülsen in das Strangpressprofil geschweißt. Gemeinsam mit einer Blechverstärkung im inneren Türbereich wird das obere Türprofil gebildet, welches als Lastpfad bei einem Frontalaufprall Kräfte in die Karosseriestruktur ableitet. Die Scharnierverstärkung ist als Druckgussbauteil ausgeführt und trägt durch gezielte Materialstärkenauslegung entscheidend zu den guten Ergebnissen bei den statischen und dynamischen Lastfällen bei. In hochbelasteten Bereichen sind zusätzliche Versteifungsrippen ausgebildet. Die Verschraubung der Türscharniere erfolgt an im Gussteil eingenietete Muttern. Im Bereich der A-Säule wird die Beplankung um den Flansch am Gussteil gefalzt. Die vordere Türfuge wurde als Sicherheitsfuge ausgebildet und ermöglicht nach einem Crash das leichte Öffnen der Türen. Die steife A-Säule und die Schar-

Bild 5
Unteres Türscharnier mit stufenloser Türhaltefunktion

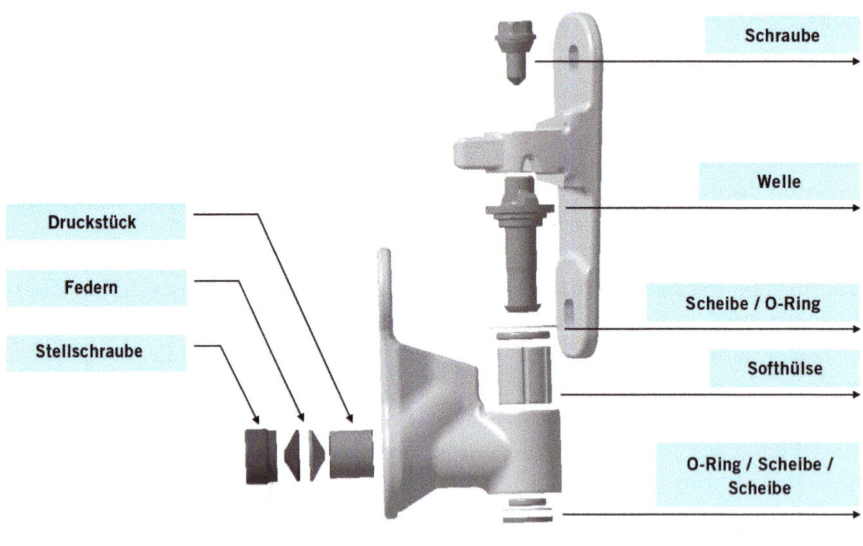

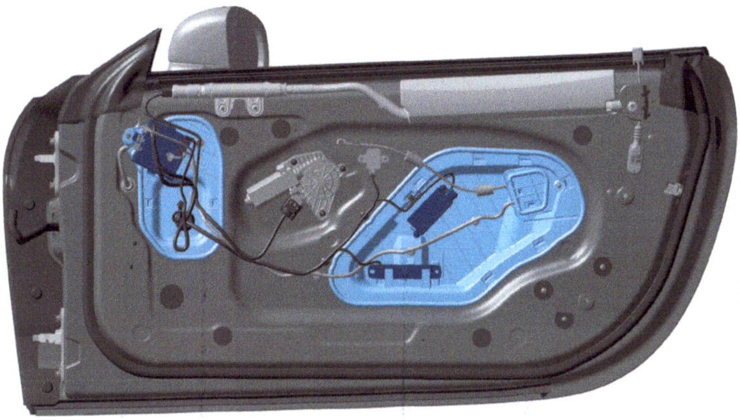

Bild 6
Rohbautür mit Anbauteilen

nierverstärkung aus Aluminiumdruckguss an der Tür stellen im Crashfall sehr hohe Festigkeitsansprüche an die Türscharniere. Die Türscharniere wurden daher neu konzipiert, um die gestellten Festigkeitsanforderungen einerseits und die ergonomischen Anforderungen beim Ein- und Ausdrehen der langen Türen andererseits zu erfüllen. Als weiterer Beitrag zur CO_2-Emmisionsverringerung ist das obere Türscharnier als Aluminiumschmiedeteil ausgeführt. Die Gewichtsverringerung an diesem Bauteil beträgt circa 40 %.

In das untere Scharnier, Bild 5, ist ein innovativer, stufenloser Türhalter integriert, der die Tür sicher in jeder Zwischenposition fixiert. Durch Verzicht auf vordefinierte Raststellungen kann die Tür so immer auf optimale Abstände, beispielsweise zu nebenstehenden Fahrzeugen, gebracht werden. Ein komfortables Ein- und Aussteigen ist dadurch gewährleistet.

Durch eine neue Auslegung des Seitenscheibenabzugs konnte die Scheibenfläche im Vergleich zum Vorgänger deutlich nach vorne verlängert werden. Dadurch wird die Durchsicht zwischen Spiegel und A-Säule ermöglicht, was zu einer verbesserten Rundumsicht beiträgt. Der Türrohbau ist im hinteren Bereich so variabel ausgelegt, dass er verschiedene Schlossvarianten aufnehmen kann. Als Sonderausstattung kann so im neuen SL – und damit erstmals in einem Roadster von Mercedes-Benz – ein Schloss mit Zuziehhilfe angeboten werden.

Öffnungen im Türinnenteil ermöglichen die ergonomisch günstige Montage von Schloss, Fensterheber, diversen Anbauteilen sowie der elektrischen Leitungen. Abgedichtet werden diese Montageöffnungen zum Fahrzeuginnenraum hin durch zwei verrastende Kunststoffdeckel, Bild 6. Diese verfügen hierfür über eine umlaufende Dichtschnur. Darauf verrastet werden das Türsteuergerät, die Antennen für KEYLESS-GO und die Innenraumsensoren. Einpressschrauben im Türinnenteil ermöglichen die direkte Befestigung des Headbags ohne zusätzlichen Halter.

DANKE

Bei der Erstellung des Beitrags haben zudem mitgewirkt: Jens Bühler, Teilprojektleiter Hybrid-Heckdeckel SL; Dirk Kappich, zuständig für Türrohbau SL; Bernd Hey, zuständig für Türscharniere.

Elektrohydraulisches Variodach

Dr. Andreas Zygan | Jürgen Schrader | Markus Kaute

Wie der Vorgänger SL besitzt auch der neue SL ein elektrohydraulisch öffnendes und schließendes Variodach. Es ist nun modular aufgebaut und kann in unterschiedlichen Varianten geordert werden – lackiert, transparent mit Verdunkelungsrollo oder mit schaltbarer Transparenz.

Systemkomponenten

Beim neuen SL kommt eine Weiterentwicklung des aus dem Vorgängermodell bekannten Variodaches zum Einsatz. Das Materialkonzept und der in allen Elementen modulare Aufbau sind vom aktuellen SLK abgeleitet. Die Herausforderung bestand darin, das im Vergleich zum SLK größere und hochwertiger ausgestattete Dach ohne funktionale Einschränkungen gegenüber der Vorgängerbaureihe im Gesamtpackage des Fahrzeugs zu integrieren. So wurde die bekannte Easy-Pack-Funktion zur erleichterten Kofferraumbeladung ebenso umgesetzt wie die als Sonderausstattung erhältliche Heckdeckelfernschließung zum automatischen Öffnen und Schließen des Heckdeckels zur Kofferraumbeladung. Serienmäßig kann beim neuen SL die Öffnungs- und Schließfunktion des Daches via Funksignal auch von außen mithilfe des Fahrzeugschlüssels betätigt werden.

Durch Integration von Funktionselementen in Druckguss- und Kunststoffbauteile wurde die Anzahl der bewegenden Teile erheblich reduziert. Somit konnte eine deutliche Gewichtsreduzierung gegenüber der Vorgängerbaureihe realisiert werden. Die modulare Gestaltung vereinfacht die Montage des Variodaches wesentlich. Durch die auf sofortige Betriebsbereitschaft ausgelegte Technik des Modulsystems werden Einstellarbeiten und damit in Zusammenhang stehende Fehlereinflüsse vollständig vermieden. Die Maßhaltigkeit des zusammengebauten Daches wird im Wesentlichen durch hochpräzise bearbeitete Druckgussteile und eine reproduzierbar genaue PU-Umschäumung bestimmt. Die Toleranz des gesamten Variodaches liegt damit im Bereich von +/–0,5 mm.

Dachvorderteil

Künftig kann der Kunde zwischen drei Dachvarianten wählen. Hierfür ist das in Magnesium-Kunststoff-Leichtbauweise ausgeführte Dachvorderteil modular aufgebaut, Bild 1. Die verschiedenen Varianten werden in einem separaten Herstellungsprozess umschäumt, was gleiche Anschlussgeometrien und Toleranzen gewährleistet. In der Basisvariante bietet der neue SL ein Dach mit einer Beplankung aus Kunststoff, die in Wagenfarbe lackiert ist. Auf Wunsch wird ein transparentes Mittelteil mit integriertem, manuell zu betätigendem Verdunkelungsrollo verbaut. Als High-End-Variante bietet der SL das beim aktuellen SLK erstmals verfügbare Panorama-Variodach mit MAGIC SKY CONTROL. Dabei wird die Licht- und Energiedurchlässigkeit des Glases mittels einer elektrischen Schaltung verändert. Das einzigartige Glasdach lässt sich auf Knopfdruck hell oder dunkel schalten. Hell ist es fast völlig durchsichtig und offeriert auch bei kalter Witterung ein unvergleichliches, cabrioähnliches Fahrerlebnis. Im dunklen Zustand spendet das Dach im Sommer wohltuenden Schatten und verhindert bei intensiver Sonneneinstrahlung das Aufheizen des Innenraums. Die grundlegende Technik des Daches bedient sich der Physik eines Plattenkondensators: Zwischen den zwei Glasscheiben des Sicherheitsverbundglases ist ein zusätzlicher, dreilagiger Folienverbund einlaminiert. Wird an die mit einer leitfähigen Indium-Zinn-Oxidschicht (ITO) beschichteten äußeren PET-Folien eine elektrische Wechselspannung in Höhe von 120 V angelegt, richten sich die stabförmigen Polyiodid-Nanopartikel in der Zwischenlage im elektrischen Feld so aus, dass bis zu 48 % der Lichtstrahlung die Scheibe durchdringen kann. Bleibt die Stromversorgung hingegen ausgeschaltet, orientieren sich die Partikel wieder zufällig gemäß

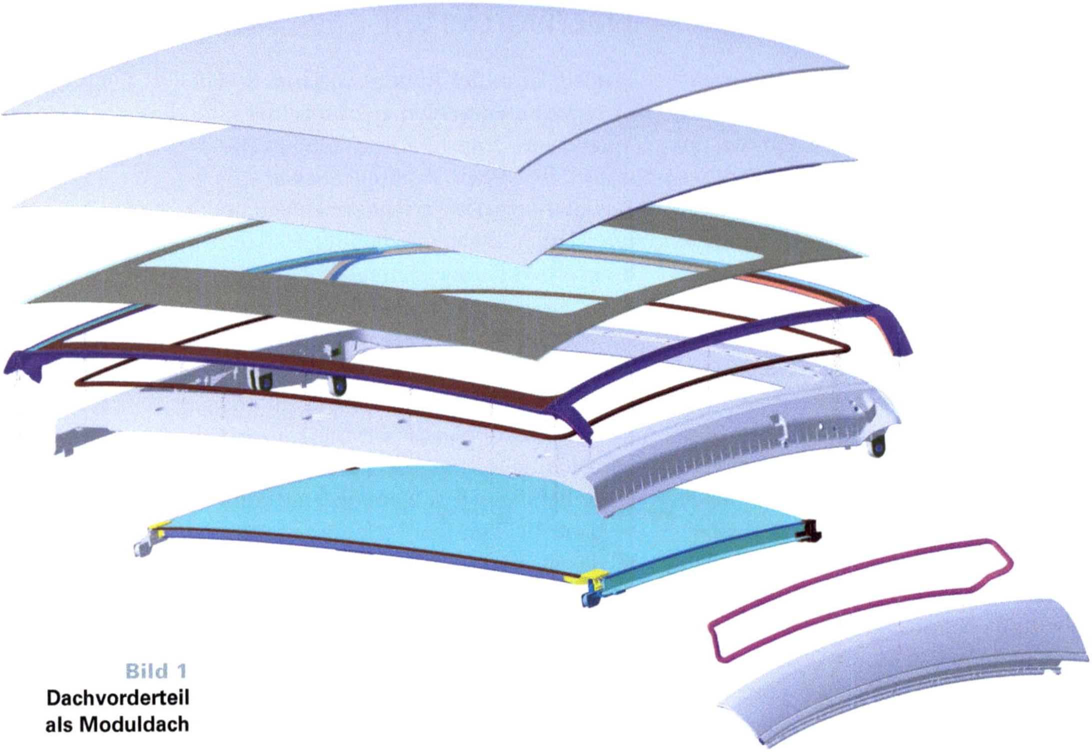

Bild 1
Dachvorderteil als Moduldach

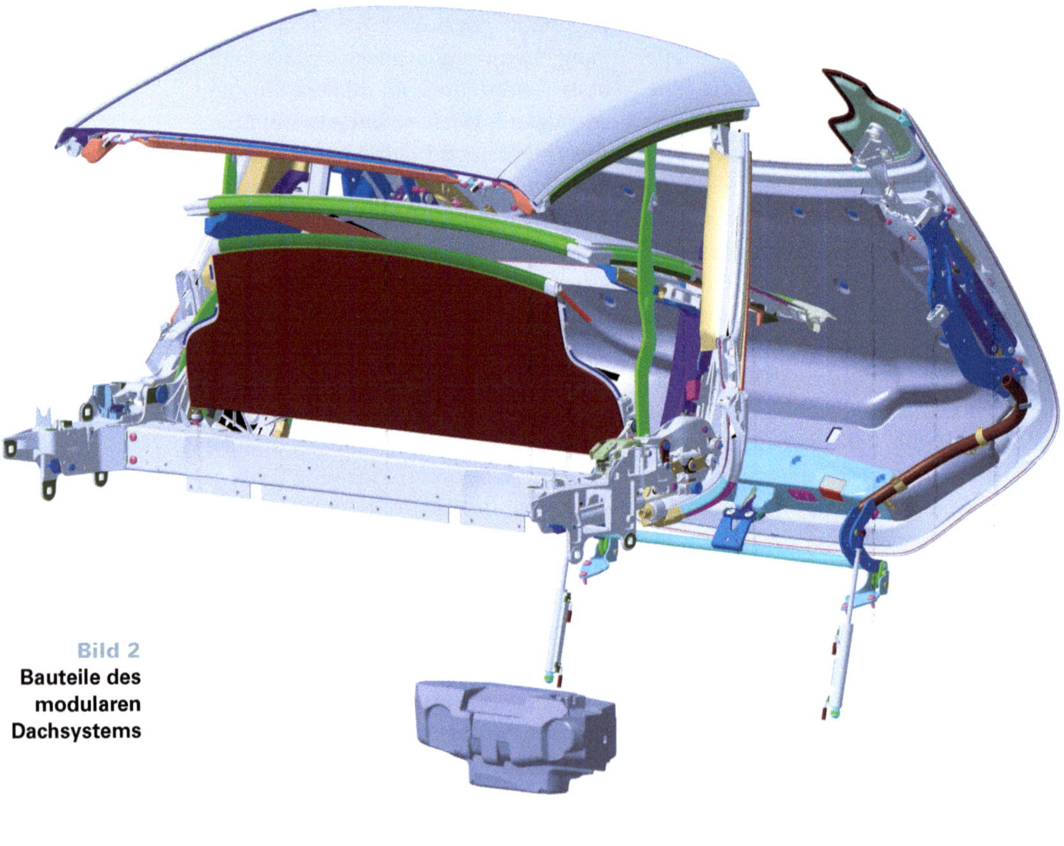

Bild 2
Bauteile des modularen Dachsystems

den thermodynamischen Gesetzen der Brownschen Molekularbewegung und blockieren die Strahlung. Steuergerät und Wandler sind im Vorderteil des Daches integriert, der Schalter befindet sich in der Dachbedieneinheit. Da das innovative Glas die Sonnenstrahlung wesentlich effektiver abschirmt als konventionelle Wärmeschutzgläser oder Rollos, genießen die Insassen des neuen SL besonders hohen Klimakomfort. Wenn das Fahren mit offenem Dach wegen zu großer Hitze unangenehm ist, bleiben Fahrer und Beifahrer unter dem Panorama-Variodach mit MAGIC SKY CONTROL entspannt – ein wichtiger Beitrag zum Wohlfühlen und zur Mercedes-Benz typischen Konditionssicherheit.

Dachbauteile

Das Variodach besteht im Wesentlichen aus den kinematischen Elementen Dach, C-Säulen und Heckscheibe, die untereinander mit einer Schwenkmechanik verbunden sind. Dabei ist es gegenüber dem Vorgänger SL gelungen, die drehende Heckscheibe ohne zusätzlichen Einstellaufwand nochmals einfacher und stabiler anzubinden. Durch Vereinfachung der Schwenkmechanik unter Beibehaltung der Funktionalität konnten die Bauteilkomplexität und das Gewicht gegenüber der Vorgängerbaureihe deutlich reduziert werden. Beispielsweise konnten für die Darstellung der Easy-Pack-Funktion zwei Hydraulikzylinder eingespart werden. Durch den Einsatz von kunststoffumspritzten Lenkern in der Mechanik wurde das Gelenkspiel reduziert, zudem erfolgt der Bewegungsablauf deutlich harmonischer. Auch eine Geräuschentwicklung im Fahrbetrieb an den Lagerstellen konnte mit dieser Maßnahme ausgeschlossen werden. Die beiden Schwenkmechaniken sind über einen Aluminium-Strangpressprofilquerträger fest miteinander verbunden. Somit bildet das Dach eine stabile Einheit, die beispielsweise im Montageablauf ohne Zusatzversteifungen als komplettes Modul gehandhabt werden kann.

Zum Variodach-System gehört außerdem der Heckdeckel. Er ist bekanntlich in Fahrtrichtung, aber auch entgegen der Fahrtrichtung zu öffnen, um einerseits das Ablegen der Dachelemente im Kofferraum und andererseits die Zugänglichkeit des Kofferraums zu ermöglichen. Durch die Kombination des oben liegenden Rohrrahmens aus der Vorgängerbaureihe und des beim SLK verwendeten Verschluss- und Hydraulikkonzepts konnte ein optimales System für den neuen SL bereitgestellt werden:

- Unterbringung sperriger Gegenstände wie zweier Golfbags im Kofferraum bei geöffnetem Dach durch oben liegenden Rohrrahmen
- Entfall zweier Verschlüsse zur Verriegelung des Rohrrahmens durch die Konzeptübernahme vom SLK
- Heckdeckelbewegung zur Dachablage über ein Zweigelenk wie beim SLK
- Heckdeckelbewegung zur Kofferraumbeladung über ein Mehrgelenk, um wie bei der Vorgängerbaureihe ein maximales Öffnungsmaß zu erhalten.

Das Variodach lässt sich nur dann öffnen und schließen, wenn die Gepäckhaube im Kofferraum geschlossen ist. Die Haube ist in Längsrichtung schwenkbar und verhindert, dass Gepäckstücke mit dem im Kofferraum abgelegten Dach kollidieren. Um das gesamte Kofferraumvolumen bei geschlossenem Dach nutzen zu können, muss die Haube mit einem Handgriff nach vorne geklappt werden. Wird das maximal nutzbare Kofferraumvolumen benötigt, kann die Gepäckhaube entnommen werden.

Das modulare Dachsystem, Bild 2, beinhaltet:

- das vordere Moduldachelement in innovativer Magnesium-Kunststoff-Leichtbauweise

Bild 3
Dachbedienschalter

- die C-Säulenmodule in Magnesium-Kunststoff-Leichtbauweise
- die Heckscheibe aus 3,15 mm dickem, heizbarem Einscheibensicherheitsglas, die auf einem kinematisch eingebundenen Magnesiumdruckgussrahmen geklebt ist
- die Hutablage, welche über die Schwenkmechanik des Daches zwangsgesteuert wird
- die beiden Schwenkmechaniken des Daches, welche an einem Aluminium-Strangpressprofilquerträger befestigt sind
- das Dichtsystem
- den Hydraulikantrieb
- die Heckdeckelmechanik mit Rohrrahmen und Seitenklappenantrieb.

Dieses Dachsystem ist im Bereich der B-Säulenstümpfe mit der Rohbaustruktur verschraubt. Zu diesem Montagemodul gehören die Dachhydraulikeinheit mit den zwei Hydraulikzylindern des Dachantriebs, die beiden Antriebszylinder für die Dachverschlüsse vorne sowie die beiden Zylinder zum Schwenken des Heckdeckels nach hinten und bei der Sonderausstattung Heckdeckelfernschließung die beiden Antriebszylinder im Heckdeckelscharnier.

Die Steuerung der Hydraulikeinheit mit integrierten Magnetventilen erfolgt sequenziell über Endschalterabfragen mit überlagerten Funktionen durch das voll diagnosefähige Verdecksteuergerät. Ein vollständiges Öffnen oder Schließen des Daches dauert somit weniger als 20 s. Im geschlossenen Zustand sind die einzelnen Elemente des Variodaches durch ein abgestimmtes Dichtsystem miteinander verbunden. Zwei Verschlüsse mit jeweils einem Hydraulikzylinder im Dachvorderteil verriegeln das Dach am Windschutzscheibenrahmen. Dadurch wird neben einer nahezu geräuschlosen Verriegelung auch ein maximal großer Durchsichtsbereich bei den transparenten Dachvarianten ermöglicht. Dachelement und C-Säulen werden zusätzlich im Bereich der Schwenkachse durch einen Verschluss miteinander verriegelt. Die Entriegelung erfolgt durch die vorderen Dachverschlüsse über Bowdenzüge. Beim Öffnen und Schließen des Daches beschreiben die einzelnen Elemente aus der Ruhelage heraus – hydraulisch angetrieben und über eine Kulisse und Lenker gesteuert – festgelegte Schwenkbewegungen. Der Bewegungsablauf der Hutablage erfolgt im neuen SL kinematisch zwangsgesteuert. Die Seitenklappen sind wie bei der Vorgängerbaureihe platzsparend im Heckdeckel untergebracht und werden elektrisch über einen zentralen Antriebsmotor betätigt.

Die Startbedingungen für die Dachbetätigung sind:

- Fahrzeug im Stillstand
- Gepäckhaube im Kofferraum geschlossen
- Heckdeckel geschlossen.

Sind diese Voraussetzungen erfüllt, öffnet sich das Variodach bei Betätigung des Bedienschalters unter der Klappe des Handschmeichlers, Bild 3. Dabei folgt das Dach einer festen Funktionslogik, bei der sich die zeitlichen Abläufe der einzelnen Funktionen teilweise überschneiden, Bild 4:

- vordere Verschlüsse am Dach zum Windschutzscheibenrahmen werden entriegelt
- Rohrrahmen des Heckdeckels öffnet zwangsgesteuert nach hinten

Bild 4
Kinematik beim Öffnen des Daches

- Seitenklappen werden ausgestellt
- Fondseitenscheiben werden abgesenkt
- Seitenscheiben vorne werden in Kurzhubposition gebracht
- Dach wird geöffnet
- Heckscheibe rotiert dabei gegenläufig zur Rotationsbewegung der C-Säulen um zirka 150°
- Dachelement, Heckscheibe und C-Säulen werden im Kofferraum so abgelegt, dass sich die gewölbten Flächen der Elemente Dach und Heckscheibe im Kofferraum aneinanderschmiegen, womit das größtmögliche Restvolumen für das Gepäck erreicht wird
- Rohrrahmen mit Heckdeckel wird geschlossen
- Seitenscheiben vorne werden aus der Kurzhubposition geschlossen.

Der Schließvorgang des Variodaches läuft in umgekehrter Reihenfolge ab. Während des gesamten Ablaufs bleibt die Funktion Heckdeckelöffnung gesperrt. Der Öffnungs- oder Schließvorgang unterbricht, sobald das Fahrzeug fährt, der Dachbedienschalter losgelassen oder die Zündung ausgeschaltet wird.

Hydraulikantrieb

Es kommen insgesamt sechs Hydraulikzylinder zum Einsatz, zwei für den Dachantrieb, zwei für die Dachverschlüsse am Windschutzscheibenrahmen und zwei für den Heckdeckelantrieb. Bei der Sonderausstattung Heckdeckelfernschließung kommen zwei zusätzliche Hydraulikzylinder im Heckdeckelscharnier zum Einsatz. Die Hydraulikeinheit, eine Mehrkolbenpumpe mit integrierten elektromagnetischen Ventilen, ist im Kofferraum mittig vor der Starterbatterie angeordnet.

Automatische Beladehilfe

Die aus dem Vorgänger bekannte Komfortfunktion Easy-Pack steht auch im neuen SL zur Verfügung. Um den Zugriff auf das Gepäck zu erleichtern, kann das komplett abgelegte Variodach (Dachelement, Heckscheibe und C-Säulen) bei vollständig geöffneter Heckklappe circa 25° um eine vordere Drehachse nach oben schwenken, Bild 5.

Überrollbügel

Das Überrollbügelsystem besteht aus zwei Kassetten mit federvorgespannten Bügeln, die am Rohbau im Bereich hinter den Sitzen befestigt sind. Durch den konsequenten Einsatz von lastfalloptimierten Aluprofilen konnte hier eine Gewichtsreduzierung ohne Einschränkung beim Insassenschutz realisiert werden. Die Kassetten sind vollständig in den Fondraum integriert und im eingefahrenen Zustand für den Kunden nicht sichtbar. Bei einem vom System registrierten Überschlags werden diese in Sekundenbruchteilen über das Airbagsteuergerät ausgelöst, ausgefahren und verrastet. Durch dieses beim SL neue Überrollbügelkonzept konnte ein innovatives Windschottkonzept und ein für den Kunden optimal nutzbarer Fondraum realisiert werden.

Windschott

Der neue SL bietet dem Kunden erstmals zwei Windschottvarianten zur Auswahl. Serienmäßig ist er mit einem Klapprahmenwindschott ausgestattet, dessen Aufbau, Anordnung und Funktion ähnlich dem aus der Vorgängerbaureihe sind. Es besteht aus einer in die Fondraumver-

Bild 5
Easy-Pack-Funktion

Bild 6
Elektrisches Windschott eingefahren und ausgefahren

kleidung integrierten Aufnahme, einem Montageteil mit Stoffspannbügel und feinmaschigem, synthetischem Textilgewebe. Bei montiertem Windschott kann der Spannbügel vom Fahrer während der Fahrt durch einen einfachen Handgriff aufgestellt und somit die Lufteinströmung in den Fahrzeuginnenraum durch das gespannte Stoffschild minimiert werden. Eine Fahrtunterbrechung ist aufgrund der einfachen Handhabung, im Gegensatz zu anderen Windschottsystemen, nicht notwendig. Im Bedarfsfall kann das gesamte System mit wenigen Handgriffen vollständig aus dem Fahrzeug entfernt werden. Damit bietet das manuelle Windschott dem Fahrer ein hohes Maß an Flexibilität und garantiert somit absoluten Roadster-Fahrspaß.

Noch mehr Komfort bekommt man mit dem optionalen, eigens für den Luxusroadster entwickelten elektrischen Windschott, Bild 6. Bei diesem innovativen System spannt auf Wunsch des Fahrers eine ausgeklügelte Scherenkinematik einen Stoffschild hinter den Kopfstützen auf, der den turbulenten Luftstrom ins Fahrzeuginnere verhindert. Wird das

Windschott nicht mehr gebraucht, verschwindet es per Knopfdruck unter der Fondraumverkleidung und integriert sich perfekt in das Gesamtbild des Fahrzeuginterieurs.

Für dieses Kunststück in dem ohnehin durch das abgelegte Verdeck knapp bemessenen Bauraum ist eine aufwendige und filigrane Kinematik notwendig, die gleichzeitig für die Fahrt mit bis zu 250 km/h ausreichend robust sein muss. Das aus über 100 Einzelteilen bestehende elektrische Windschott rollt den mit wabenförmigen Durchbrüchen versehenen Stoff von einer Rollowelle ab und spannt ihn mithilfe eines dreiteiligen Klapprahmens auf. Ein Elektromotor treibt dabei zwei Hebelarme an, die für die notwendigen Antriebskräfte beim Ausfahren und ausreichend Spannung im ausgefahrenen Zustand sorgen. Die unterschiedlichen Anforderungen von Zugfreihaltung und Aufrollen auf engstem Raum machten eine Neuentwicklung des Windschottstoffs notwendig.

Beide Windschottsysteme wurden speziell für den neuen SL entwickelt und aerodynamisch abgestimmt. Somit wird es auch mit diesem SL wieder ermöglicht, bei einer großen klimatischen Bandbreite sehr komfortabel offen zu fahren.

DANKE

Bei der Erstellung des Beitrags haben weiterhin mitgewirkt: Sebastian Thielen, zuständig für Windschott, und Martin Guckel, Teamleiter Entwicklung Komponenten offene Fahrzeuge.

Adaptives Wischersystem

Dr. Andreas Zygan | Uwe Renz | Michael Bohn | Heiko Schmid | Jan Urban

Für den neuen SL ist zum ersten Mal ein adaptives Wischersystem erhältlich. Durch das Aufspritzen des Waschwassers direkt aus dem Wischerblatt erhöht diese Innovation die Aktive Sicherheit. Teilautonome Waschprogramme und das mit dem optional beheizten Waschsystem verbundene beheizte Wischerblatt steigern darüber hinaus den Kundenkomfort.

Funktionsweise

Mit der Weltpremiere des adaptiven Wischersystems MAGIC VISION CONTROL halten drei Innovationen Einzug in den neuen SL:

- die Verschmelzung des Wisch- und Waschsystems
- teilautonome, den Reinigungsbedürfnissen angepasste Waschprogramme
- die Beheizung des Wischerblatts.

MAGIC VISION CONTROL ist ein in die Wischerblätter integriertes Waschsystem, welches das Waschwasser effizient und gezielt an die Stelle der Windschutzscheibe bringt, an welcher es benötigt wird, um ein optimales Reinigungsergebnis zu erzielen. Das System reinigt die Scheibe, ohne den von herkömmlichen Scheibenwaschanlagen gewohnten störenden Wasserschwall auf der Scheibe zu verursachen, der die Fahrersicht kurzzeitig einschränkt. Der Vorteil für den Kunden ist offensichtlich – oder auch nicht: Das Wischerblatt bewegt sich über die verschmutzte Windschutzscheibe, kein reinigender Wasserstrahl ist zu sehen, kein Geräusch zu hören und die Scheibe wird trotzdem sauber.

Bild 1
Funktionsprinzip MAGIC VISION CONTROL: Düsenöffnungen im Wischerblatt

Die technische Lösung ist gekennzeichnet durch Wischerblätter mit beidseitig in das Wischerblatt integrierten Wasserkanälen und per Laser gebohrten Austrittsöffnungen, Bild 1. Eine Doppelverschlauchung aus dem Waschwasserbehälter leitet das Waschwasser über die sogenannte Connectorbox zu jedem Wischerblatt, Bild 2. Der Einsatz einer Dualwaschpumpe mit wechselnder Drehrichtung ermöglicht es, die beiden Seiten des

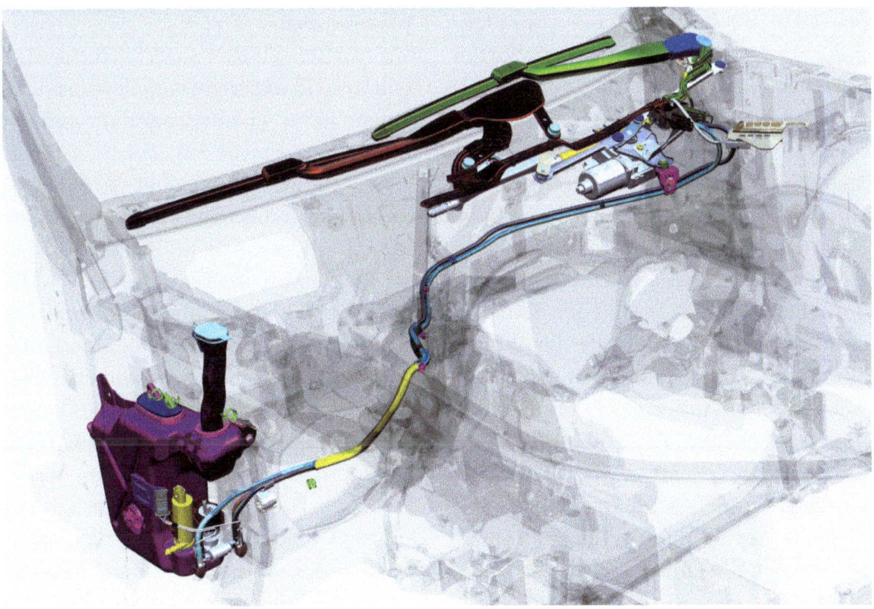

Bild 2
Aufbau des adaptiven Wischersystems

Wischerblatts abwechselnd anzusteuern und somit in der Aufbeziehungsweise Abwärtsbewegung des Wischers immer direkt vor das Wischerblatt zu sprühen.
Als Antrieb kommt ein elektronisch gesteuerter, die Drehrichtung reversierender Wischermotor zum Einsatz. Die Elektronik und Sensorik des Motors überwacht permanent seinen Drehwinkel und dadurch die Position der Wischer auf der Windschutzscheibe. Die Positionserkennung gewährleistet eine präzise, drehrichtungsabhängige Ansteuerung der Waschpumpe und damit das richtungsabhängige Sprühen.

Freie Sicht während des Reinigungsvorgangs

Herkömmliche Wisch-Wasch-Systeme benetzen die Windschutzscheibe großlächig mit einem Wasserschwall. Dementsprechend eingeschränkt ist die Durchsicht während des Reinigungsvorgangs. Vorteil des neuen Systems ist es, dem Fahrer jederzeit die bestmögliche Sicht auf die Straße zu ermöglichen. Besonders bei tief stehender Sonne oder bei Blendung in der Nacht wird dieser Vorteil offensichtlich.
Durch beidseitig in die Wischerblätter integrierte Öffnungen (Bild 1), verteilt über die gesamte Wischerblattlänge, wird eine gleichmäßige Benetzung der Scheibe mit Waschflüssigkeit gewährleistet. So kann das Waschwasser, nachdem es auf die Scheibe gelangt ist und den Schmutz entfernt hat, sofort mithilfe der Wischlippe aus dem Wischfeld transportiert werden. Das Bohren der Öffnungen erfolgt hochpräzise und vollautomatisch per Laser. Die Laseranlage ist in der Lage, fahrzeug- und wischfeldspezifisch die Löcher in exakt definierter Größe und definiertem Abstand einzubringen.

Homogene und geschwindigkeitsunabhängige Reinigung

Um eine optimale Reinigung der Windschutzscheibe zu ermöglichen, muss das Reinigungsfluid gleichmäßig und unabhängig von der Fahrgeschwindigkeit auf das Wischfeld aufgebracht werden. Heutige Düsensysteme zeigen dabei ein von der Fahrgeschwindigkeit abhängiges Reinigungsergebnis. Vor allem bei Fahrt auf Bundesstraßen und Autobahnen mit höheren Geschwindigkeiten lenkt die Aerodynamik den Sprühstrahl nach unten ab. Dadurch wird das Reinigungsergebnis zum Beispiel im oberen Bereich der Scheibe, wo sich vermehrt Sensoren und Kamerasysteme befinden, bei zunehmender Fahrgeschwindigkeit schlechter und die Funktion der Systeme unter Umständen beeinträchtigt. Dies kann beispielsweise zu einer durch Verschmutzung bedingten Auslösung des Regensensors führen. Der Fahrer korrigiert dies in der Regel durch längere Bedienung des Reinigungssystems und damit verbunden durch einen erhöhten Einsatz von Waschwasser.
Mit MAGIC VISION CONTROL werden sehr gute Reinigungsergebnisse erreicht, indem jedes Flächensegment auf der Windschutzscheibe mit derselben Menge Waschwasser beaufschlagt wird. Durch rechnerische Auslegung und Strömungssimulationen wurde die ideale Position der Wasseraustrittsöffnungen im jeweiligen Wischerblatt in Abhängigkeit von der zu überwischenden Fläche definiert. Mithilfe systematischer Versuche auf Prüfständen, in Wind- und Klimawindkanälen sowie in der Fahrerprobung wurden die Öffnungspositionen für den neuen SL bestätigt. Die Düsenöffnungen an den äußeren Blattspitzen liegen sehr nahe beieinander, während die inneren Düsenöffnungen größere Abstände haben.

Bild 3
Sicht durch die Windschutzscheibe des neuen SL im Ausgangszustand (oben links), Durchsicht konventionelles Waschsystem (oben rechts), Durchsicht konventionelles Waschsystem mit Wischer (unten links), Durchsicht MAGIC VISION CONTROL mit Wischer (unten rechts)

Um eine geschwindigkeitsunabhängige Reinigungswirkung erzielen zu können, muss der aerodynamische Einfluss auf das Waschfluid zwischen dem Austritt aus der Düse und dem Auftreffen auf der Windschutzscheibe minimiert werden. Daher wird das Wasser geschützt vor aerodynamischen Einflüssen bis ins Wischerblatt geführt. Durch Optimierung des Austrittswinkels der Wasserstrahlen auf die Scheibe wurde eine weitere Verbesserung der aerodynamischen Robustheit erreicht. Dadurch kann schlussendlich der Einfluss der Fahrzeugumströmung entscheidend reduziert werden. Ergebnis ist ein über einen großen Geschwindigkeitsbereich homogenes und deutlich verbessertes Reinigungsergebnis, Bild 3.

Effizientere Reinigung

Bei herkömmlichen Waschsystemen ist die Festlegung der Düseneinstellung ein Kompromiss zwischen Reinigungswirkung bei niedrigen und hohen Geschwindigkeiten sowie Parametern wie Dach- und Seitenscheibenverschmutzung. Es kann bei klassischen Waschsystemen nicht sichergestellt werden, dass ausschließlich das Wischfeld mit Reinigungsflüssigkeit beaufschlagt wird. Durch diese mangelnde Präzision bei der Aufbringung der Waschflüssigkeit steht ein Teil des Waschwassers nicht zur Reinigung des Wischfelds zur Verfügung. Mit MAGIC VISION CONTROL wird das Waschwasser präzise auf das Wischfeld aufgebracht und somit vollständig zur Reinigung genutzt. Um möglichst schnell und effektiv reinigen zu können, muss das Wasser schnell und präzise dort aufgebracht werden, wo es benötigt wird. Hierbei spielen die Leistungsfähigkeit der Pumpe, der Volumenstrom des Wassers, der Druckverlust im Gesamtsystem und die elektronische Steuerung die entscheidenden Rollen. Als Waschpumpe kommt eine leistungsgesteigerte Pumpe mit 4 bar Verschlussdruck zum Einsatz. Dies entspricht einer Leistungssteigerung von circa 50 % gegenüber Standardpumpen. Zusätzlich wurde der Druckverlust im Gesamtsystem, das heißt in Schläuchen, Connectorbox, Wischerblatt und Wischeradaption basierend auf rechnerischen Analysen und Versuchen minimiert, um die Verfügbarkeit des Waschwassers in ausreichender Menge sicherzustellen. Dadurch wird die Reinigungswirkung verbessert und der Kundenkomfort durch einen kurzen Reinigungszyklus gesteigert.

Ein weiterer Schritt zum optimalen Reinigen ist die Minimierung der Reaktionszeit des Waschsystems von der Schalterbetätigung bis zum Start der Funktion. Ermöglicht wird dies durch eine permanente und direkte Ansteuerung der Waschpumpe über die Wischerpositionen und Waschprogramme durch den Wischermotor. Sobald der Fahrer die Funktion Waschen am Lenkstockschalter anfordert, läuft die Pumpe sofort los. Eine Verzögerung bei der Signalverarbeitung durch ein zwischen Wischermotor und Pumpe geschaltetes Steuergerät entfällt. Die Summe aller Maßnahmen steigert die Reinigungseffizienz um bis zu 50 %, was bei unverändertem Waschwasservolumen einer Verdoppelung der Reichweite entspricht. Beim neuen SL konnte das Volumen des Waschwasserbehälters verringert und damit das Gewicht um 1,7 kg reduziert werden.

Teilautonome Waschprogramme

Im neuen SL profitiert der Kunde von drei teilautonomen Waschprogrammen (Sommer, Winter und Cabrio), die zur Reinigung der Windschutzscheibe gewählt werden können. Generell unterscheiden sich die Verschmutzungsarten im Verlauf des Jahres. Sie reichen von leichtem Staub über Insekten im Sommer bis hin zu starkem, mit Streusalz vermischtem Schmutz im Winter. Mit MAGIC VISION CONTROL gibt es weltweit zum ersten Mal ein Waschsystem, welches abhängig von den äußeren Bedingungen das ideale Waschprogramm selbstständig wählt und immer die optimale Menge Waschwasser nutzt. Temperaturabhängig wird im Sommer bei geringer Verschmutzung weniger Waschwasser eingesetzt. Wohingegen im Winter davon auszugehen ist, dass die Windschutzscheibe stärker und hartnäckiger verschmutzt ist, weshalb die eingesetzte Wassermenge erhöht wird. Bei geöffnetem Verdeck kommt ein spezielles Waschprogramm zum Einsatz, welches die Scheibenreinigung überwiegend in der Abwärtsbewegung der Wischer durchführt. Dadurch wird das Waschwasser gezielt in die Wasserkastenabdeckung abgeführt, um nicht über den Wasserabweiser an der A-Säule und den A-Säulenknoten in den Innenraum zu gelangen. Dem Kunden ist es damit zum ersten Mal möglich, die Windschutzscheibe bei geöffnetem Verdeck ohne Spritzer im Innenraum zu reinigen.

Bild 4
Fahrzeug mit MAGIC VISION CONTROL bei –20 °C: Wischerblatt beheizt ohne Eisbeschlag (links), Wischerblatt unbeheizt mit Eisbeschlag (rechts)

Komplett beheiztes Waschsystem

Ein bekanntes und kundenrelevantes Phänomen ist, dass sich bei Schneefall – trotz ausreichendem Frostschutz im Waschwasser – am Wischerblatt langsam Schnee und Eis ablagert, bis sich das Wischergebnis verschlechtert und letztendlich der Wischer anfängt, störende Rattergeräusche und Schlieren zu machen. Auch der mehrfache Einsatz der Waschanlage kann dann keine oder nur eine unzureichende Abhilfe schaffen. Bisher war es dann nur möglich, durch Anhalten, Aussteigen und Abklopfen des Wischerblatts zumindest vorübergehend eine Verbesserung zu schaffen. MAGIC VISION CONTROL löst dieses Problem dauerhaft, da das komplette Waschsystem vom Waschwasserbehälter über die Schläuche bis zum Wischerblatt auf Wunsch beheizt ist. Jede der beiden Federschienen des Wischerblatts ist mit einer Heizfolie bestückt. Durch die Heizleistung von 35 W pro Blatt werden der Wischerspoiler und die Wischlippe erwärmt, sodass Schnee und Eis nicht anfrieren können. Hierdurch wird das Blatt auch im Winter flexibel gehalten und so eine gleichbleibend gute Reinigungswirkung bei reduzierten Wischgeräuschen ermöglicht.

Die Lebensdaueranforderungen an die Wischeranlage wurden auf das in den Wischerarm integrierte Schlauchsystem übertragen und zusätzlich um Tests bei Wärme, Kälte und Schmutz erweitert, um sicherzustellen, dass dem Kunden ein robustes, langlebiges und qualitativ hochwertiges Reinigungssystem zur Verfügung steht. Die Beheizung wird intelligent in Abhängigkeit von der Einschaltdauer und der Außentemperatur bedarfsgerecht mit Energie versorgt, sodass erst ab einer Temperatur von weniger als –20 °C die Maximalleistung von 270 W abgegeben wird, Bild 4. Zwischen +5 °C und –20 °C wird das System energiesparend nur soweit beheizt, wie es zum Auftauen und Freihalten des Reinigungssystems notwendig ist. MAGIC VISION CONTROL im neuen SL ist damit der Einstieg in eine neue Generation intelligenter, hocheffizienter Wisch-Wasch-Systeme, die ihren Dienst Mercedes-Benz typisch unauffällig, aber vorbildlich mit höchster Perfektion und maximalem Kundennutzen erfüllen.

Lichtsysteme

Dr. Andreas Zygan | Markus Mai | Uwe Pfleiderer | Bernd Woltermann | Thomas Gross

Bei der Gestaltung der Scheinwerfer für den neuen SL wurden auffälliges Tag- und Nachtdesign mit der hohen Funktionalität des Intelligent Light Systems und des Adaptiven Fernlicht-Assistenten kombiniert. Realisiert wird dies neben aktueller Xenon- und LED-Technik durch eine hochmoderne Kamera zur adaptiven Lichtsteuerung.

Frontscheinwerfer

Die neu gestalteten Frontscheinwerfer, Bild 1, unterstreichen die Dynamik des neuen SL-Designs. Als zukünftige Designelemente und markentypische Erkennungsmerkmale bei Tag und Nacht sind die Funktionen Positionslicht und Fahrtrichtungsanzeiger dem Konturverlauf Kühlergrill und Motorhaube angepasst. Diese wurden auch schon bei der B- und M-Klasse mit sehr positiver Resonanz umgesetzt. Beim Abblendlicht kommt ein Projektionssystem zum Einsatz, bei dem eine Linsenoptik das von einer Lichtquelle erzeugte Licht gezielt auf die Fahrbahn verteilt.

Entscheidet sich der Kunde für den neuen SL, erhält er eine neue sportliche Optik der Scheinwerfer, die durch die dunkelgraue Einfärbung und die silbernen Akzente betont wird. Die Lebensdauer der Leuchtmittel ist dank LED-Komponenten und getakteter Spannungsversorgung besonders lang. Zudem wurde bei der Entwicklung der Scheinwerfer auch Wert auf Servicefreundlichkeit gelegt. So ist beispielsweise eine Reparaturlösung für den oberen Halter des Frontscheinwerfers erhältlich, falls dieser bei einem Unfall beschädigt werden sollte.

Der neue SL erhält serienmäßig strichförmige Tagfahrleuchten in LED-Technik mit vier LEDs und verchromten Blenden in der Stoßfängerverkleidung.

Intelligentes Lichtsystem

Serienausstattung für den neuen SL ist das Intelligent Light System ILS, das erstmals beim SL mit dem Adaptiven Fernlicht-Assistenten kombiniert wird und fünf dynamische Lichtfunktionen bietet. Bild 2 zeigt, wo die einzelnen Funktionen im Scheinwerfer untergebracht sind. Das Projektionssystem übernimmt neben der Abblendlichtfunktion auch die Fernlichtfunktion, wobei nur eine einzige Lichtquelle verwendet wird. Bei Fernlicht steht der gesamte Lichtstrom der Gasentladungslampe zur Verfügung. Beim Umschalten auf Abblendlicht wird

Bild 1
ILS-Scheinwerfer und Tagfahrlicht

Bild 2
Package des ILS-Scheinwerfers

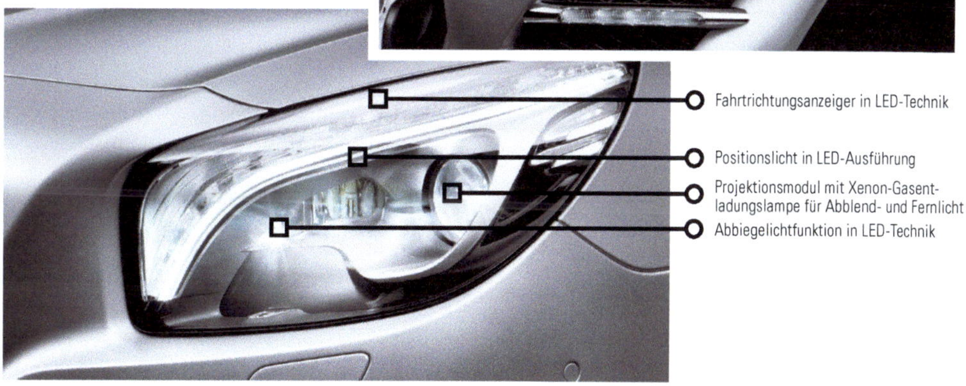

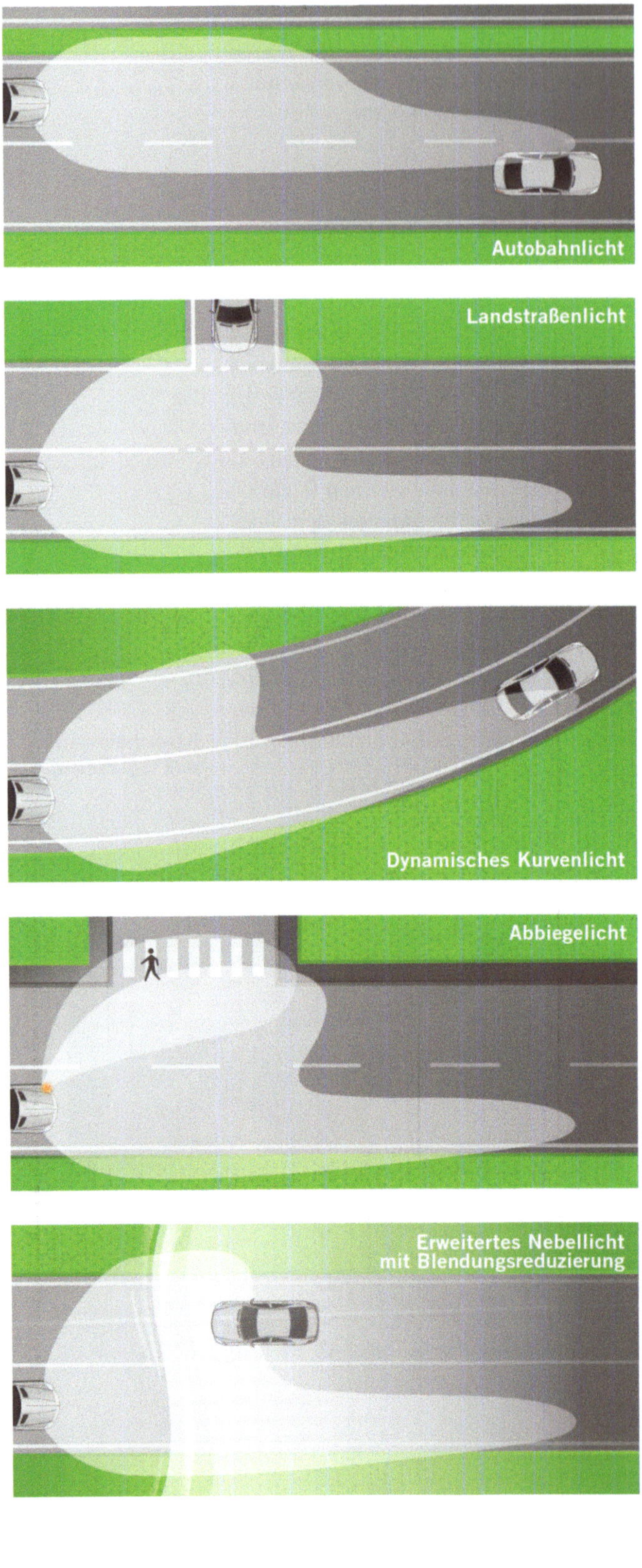

eine Blende zwischen Lampe und Linsenoptik gedreht, die den in die Ferne gerichteten Anteil des Lichtstroms abdeckt und Blendung vermeidet. Die Nebellichtfunktion ist in den Hauptscheinwerfer integriert. Ein separater Nebelscheinwerfer im Stoßfänger ist somit nicht notwendig.

Die Fahrzeuge mit ILS-Scheinwerfern besitzen eine dynamische Leuchtweitenregulierung. Damit werden Lageänderungen des Fahrzeugs ausgeglichen, die den Neigungswinkel des Lichtbündels verändern und zur Blendung des Gegenverkehrs führen könnten. Dazu gehören dynamische Nickbewegungen beim Bremsen und Beschleunigen sowie statische Lageänderungen infolge Zuladung.

Fünf Lichtfunktionen

Das ILS umfasst fünf Lichtfunktionen, die auf typische Fahr- oder Wetterbedingungen abgestimmt sind, Bild 3:

- Autobahnlicht
- Landstraßenlicht
- dynamisches Kurvenlicht
- Abbiegelicht
- erweitertes Nebellicht.

An die Stelle des Abblendlichts tritt das Landstraßenlicht, das den Straßenrand auf der Fahrerseite heller und weiträumiger ausleuchtet als bisher. Dadurch kann sich der Fahrer bei Dunkelheit noch besser orientieren und schneller reagieren, wenn andere Verkehrsteilnehmer die Fahrbahn kreuzen.

Ab einer Geschwindigkeit von 90 km/h schaltet sich das Autobahnlicht automatisch ein und vergrößert die Sichtweite des Autofahrers um bis zu 60 %. Die Aktivierung dieser Lichtfunktion erfolgt in zwei Stufen: Zunächst steigert das ILS die Leistung der Bi-Xenon-Lampen von 35 auf 38 W und erhöht dadurch die Intensi-

Bild 3
Lichtfunktionen des ILS-Scheinwerfers

tät des Lichts, was sich vor allem durch eine bessere Ausleuchtung der Fahrbahn und ihrer Seitenränder bemerkbar macht. Ab 110 km/h steht die zweite Stufe des Autobahnlichts mit einer speziellen Lichtverteilung zur Verfügung. Die Reichweite des Autobahnlichts beträgt rund 120 m. Im Zentrum des Lichtkegels kann der Autofahrer rund 50 m weiter sehen als mit dem bisherigen Abblendlicht.

Durch das erweiterte Nebellicht verbessert Mercedes-Benz die Orientierung des Autofahrers bei schlechter Sicht. Die neue Lichtfunktion ist unterhalb von 70 km/h aktiv, sobald die Nebelschlussleuchte eingeschaltet wird. Die variable Scheinwerfertechnik des ILS ermöglicht es, den Bi-Xenon-Scheinwerfer an der Fahrerseite um 8° nach außen zu schwenken und den Lichtkegel auf eine symmetrische Lichtverteilung zu ändern. Dadurch wird die innere Fahrbahnhälfte heller ausgeleuchtet und die Eigenblendung des Fahrers durch das vom Nebel reflektierte Licht vermindert.

Kurven- und Abbiegelicht sind weitere Funktionen des im Licht-Paket enthaltenen ILS; sie schalten sich automatisch ein: Je nach Lenkwinkel, Gierrate und Fahrgeschwindigkeit schwenken die Scheinwerfer beim aktiven Kurvenlicht sekundenschnell um bis zu 15° zur Seite und verbessern dadurch die Fahrbahnausleuchtung deutlich. In einer lang gezogenen Kurve mit 190 m Radius kann der Autofahrer dank aktivem Kurvenlicht 25 m weiter sehen als mit dem herkömmlichen Abblendlicht, das entspricht einer Verbesserung von 40 %. Diese Lichtfunktion arbeitet sowohl in der Abblend- als auch in der Fernlichtfunktion.

Das Abbiegelicht erhöht die Sicherheit an Kreuzungen und Einmündungen oder in engen Kurven. Es schaltet sich automatisch zu, wenn der Autofahrer unterhalb von 70 km/h das Lenkrad einschlägt oder bei einer Geschwindigkeit unterhalb von 40 km/h den Blinker betätigt. Die Scheinwerfer leuchten dann den Bereich seitlich vor dem Auto im Winkel von bis zu 65° etwa 30 m weit aus. Dies bringt auch bei dynamischer Serpentinenfahrt einen deutlichen Zugewinn an Sichtweite.

Adaptiver Fernlicht-Assistent

Die Einführung des Adaptiven Fernlicht-Assistenten in der aktuellen E-Klasse war ein weiterer Meilenstein von Mercedes-Benz zur optimalen Ausleuchtung der Straße bei Nacht. Eine noch einmal optimierte Version ist jetzt auch im neuen SL erhältlich. Der Adaptive Fernlicht-Assistent nutzt die Informationen einer Mehrzweckkamera, um die Scheinwerfer in Abhängigkeit von der aktuellen Verkehrssituation zu steuern. Hierfür können beleuchtete, vorausfahrende und entgegenkommende Fahrzeuge mittels Bildauswertung erkannt und ihre Entfernung ermittelt werden.

Mit diesen Informationen wird die Leuchtweite adaptiv so gesteuert, dass bei Nacht die bestmögliche Ausleuchtung der Straße erreicht werden kann, ohne andere Verkehrsteilnehmer zu blenden, Bild 4. Bei dieser stufenlosen Regelung des Abblendlichts werden Leuchtweiten bis 300 m erreicht. Sofern keine anderen Verkehrsteilnehmer erkannt werden, wird das Fernlicht automatisch aktiviert. Dies geschieht nicht schlagartig, sondern mit

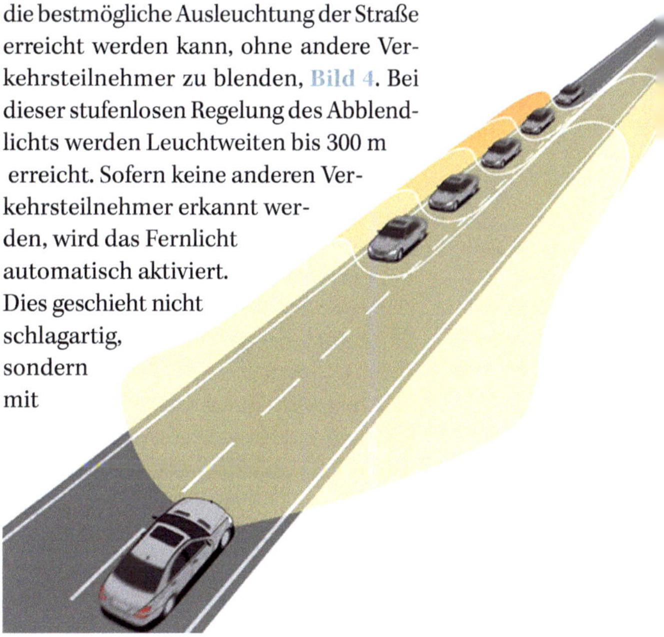

Bild 4
Adaptive Leuchtweite bei Annäherung eines Fahrzeugs (Beispielgrafik Mercedes-Benz S-Klasse)

weichen Übergängen zwischen den Lichtverteilungen, was vom Fahrer als deutlich angenehmer wahrgenommen wird. In Probandenversuchen wurde nachgewiesen, dass Autofahrer mit dem Adaptiven Fernlicht-Assistenten durch die stets angepasste Leuchtweite der Scheinwerfer mehr Weitblick haben und deshalb sicherer unterwegs sind: Fußgängerpuppen, am Straßenrand aufgestellt, werden mithilfe des Adaptiven Fernlicht-Assistenten aus einer Entfernung von rund 260 m erkannt – und damit rund 150 m früher als mit dem Landstraßenlicht.

Das Bedien- und Anzeigekonzept ist Mercedes typisch einfach und verständlich gehalten: Befindet sich der Lichtdrehschalter in der Automatikposition, so ist die Fernlichtposition des Lenkstockhebels mit dem Adaptiven Fernlicht-Assistenten belegt. Wenn das Fahrzeug schneller als 40 km/h fährt, wird die adaptive Leuchtweiteneinstellung aktiviert. Bei mehr als 55 km/h wird dann, sofern es die Verkehrssituation erlaubt, auch das automatische Fernlicht zugeschaltet, beim Unterschreiten von 45 km/h wird es wieder deaktiviert. Die Funktion schaltet sich bei Dunkelheit selbständig ein. Auf Straßen mit ausreichender Beleuchtung stellt der Adaptive Fernlicht-Assistent das herkömmliche Landstraßenlicht ein. Der Fahrer kann den Systemzustand über ein Statussymbol im Kombiinstrument erkennen. Bei aktiviertem Fernlicht wird zusätzlich das blaue Fernlichtsymbol im Kombiinstrument dargestellt.

Der Adaptive Fernlicht-Assistent macht das Autofahren bei Dunkelheit nicht nur sicherer, sondern auch stressfreier. Der Assistent wird einmal vom Fahrer aktiviert und sorgt anschließend immer für die größtmögliche Sichtweite. Er trägt zur Entlastung des Fahrers bei, da dieser das Fernlicht während der Fahrt nicht mehr ständig per Kombihebel aktivieren beziehungsweise deaktivieren muss. Somit kann er sich besser auf seine Fahraufgabe konzentrieren.

Scheinwerferreinigungsanlage

Die Scheinwerferreinigungsanlage ist serienmäßig als Strahlwasseranlage ausgeführt. Unter den Frontscheinwerfern befindet sich unter einer beweglichen Klappe im Stoßfänger ein Teleskop. Nach dem Einschalten bringt dieses, durch Wasserdruck angetrieben, zwei Düsen in die Reinigungsposition. Danach spritzt das Wasser unter hohem Druck auf die Abdeckscheibe der Scheinwerfer. Nach Gebrauch werden die Teleskope mithilfe von Federn in ihre Ausgangsstellung zurückgezogen und die Klappen werden geschlossen.

Heckleuchten

Die breiten, einteiligen Heckleuchten, Bild 5, unterstreichen das dynamische Design des neuen SL. Die Deckgläser sind in den Farben weiß und rot gehalten. Im oberen weißen Bereich befinden sich die Funktion Fahrtrichtungsanzeiger, im unteren roten Bereich sind Schlusslicht und Bremslicht untergebracht. Rückfahrlicht und Nebelschlusslicht sind in den Stoßfänger ausgelagert.

Alle Funktionen werden mittels LED-Technik realisiert. Insgesamt werden in jeder Heckleuchte 85 LEDs verwendet. Dadurch ist es möglich, die LEDs je nach Lichtfunktion in bestimmten Bereichen der Heckleuchte gezielt mit unterschiedlichen Lichtintensitäten erscheinen zu lassen. So konnten Designer und Lichtexperten von Mercedes-Benz ein unverwechselbares Nachtdesign in Form zweier sehr homogener Lichtbalken realisieren. Je nachdem, welche Lichtfunktionen im Einsatz sind, ergeben sich drei unterschiedliche Erscheinungsformen, Bild 6:

- Schlusslicht
- Schlusslicht und Bremslicht

- Schlusslicht und Bremslicht sowie Fahrtrichtungsanzeiger.

Speziell beim Bremsen kann die LED-Technik den neben ihrer höheren Lebensdauer wesentlichen Vorteil ausspielen: das um rund 150 ms schnellere Aufleuchten. Beim Bremsen leuchtet ein Block von 15 LEDs auf, hoch getaktet ist das Bremslicht entsprechend heller. Zusätzlich warnt das adaptive Bremslicht durch ein Pulsieren der Funktionen die Fahrer nachfolgender Fahrzeuge bei einer Notbremsung. Ein drittes Bremslicht in LED-Technik mit roter Lichtscheibe ist im Heckdeckel angeordnet. Beim Blinker kommen für Europa gelbe und für die USA rot leuchtende LEDs zum Einsatz. Für den US-Markt wurde die aktive Seitenmarkierungsfunktion in die Heckleuchten integriert, welche auch bei der europäischen Leuchtenversion serienmäßig ist.

Bild 5
Heckleuchte

Kennzeichen-beleuchtung

Zwei LEDs beleuchten das hintere Kennzeichen des neuen SL. Seit der Modellpflege der aktuellen S-Klasse im Sommer 2009 verwendet Mercedes-Benz diese Lichttechnik bei der Kennzeichenbeleuchtung. Technisches Erscheinungsbild, längere Lebensdauer und erhöhte Effizienz aufgrund deutlich reduzierter Leistungsaufnahme sind ebenso Vorteile wie die Vermeidung von Kontaktkorrosion bei herkömmlichen Soffitten mit Glühdraht. Vier verschiedene Kennzeichenformate werden entsprechend den unterschiedlichen gesetzlichen Anforderungen mit dieser LED-Konfiguration ausgeleuchtet. Spezielle Adapterplatten für die Kennzeichenmontage stellen sicher, dass die Nummernschilder optimal befestigt und ausgeleuchtet werden.

Bild 6
Verschiedene Beleuchtungssituationen der Heckleuchte

NVH und Aerodynamik

STEPHAN REINBERG | EBERHARD WAGNER | WOLFGANG SIEGL | BERND FELGNER | ROGER SCHWOLOW | BERND PFINGSTEN

Bei NVH und Fahrkomfort soll der neue SL führend im Vergleich mit dem Wettbewerb bleiben. Um die anspruchsvollen Ziele zu erreichen, wurden die bestimmenden Wirkketten vom ersten Konzept bis zur finalen Feinabstimmung des Fahrzeugs durchgängig analysiert und die entsprechenden Bauteile optimiert. Ziel der Aerodynamikentwicklung des neuen SL war es, den Luftwiderstandsbeiwert deutlich zu verbessern und damit den Gesamtwiderstand trotz einer im Vergleich zum Vorgänger größeren Stirnfläche weiter zu reduzieren.

NVH und Fahrkomfort

Kultivierte Sportlichkeit ist seit langem das Erkennungsmerkmal eines SL. Schon der Vorgänger konnte den Anspruch für sich erheben, der Sportwagen mit dem besten Alltagskomfort zu sein. Diesen Charakter für die Aspekte Schwingungen und Akustik nochmals auszubauen, war das hochgesteckte Ziel der NVH-Entwicklung beim neuen SL. Ein sportliches Geräusch, wenn die Motorleistung über das Gaspedal abgerufen wird, jedoch sonor und dezent beim entspannten Reisen: Dies ist ein Baustein von vielen, um den besten Langstreckenkomfort im Wettbewerbsumfeld zu gewährleisten. Schwingungs- und Abrollverhalten auf höchstem Niveau, dabei fahrdynamisch und kraftvoll, das sind scheinbar gegensätzliche Attribute der großen Palette von Sportlichkeit und Fahrkomfort.

Das im Lastenheft festgeschriebene Leistungsprofil des neuen SL zeigt die Zielsetzung für die grundlegenden Eigenschaften, um bei NVH und Fahrkomfort im Vergleich mit dem Wettbewerb führend zu bleiben, Bild 1. Um die anspruchsvollen Ziele zu erreichen, wurde vom ersten Konzept des steifigkeitsoptimierten und auf Leichtbau ausgelegten Aluminiumrohbaus bis zur finalen Feinabstimmung des Fahrwerks gemeinsam mit den Experten der Berechnung und des Gesamtfahrzeugversuchs auf eine durchgängige Analyse der bestimmenden Wirkketten Wert gelegt.

Strukturdynamik, Schwingungen

Um die hohen Anforderungen im NVH-Verhalten zu erfüllen, sind beim neuen SL mit seinem Vollaluminiumrohbau bereits in einer frühen Konzeptphase verschiedene Konstruktions- und Gestaltungsansätze bewertet worden. Rechnerische Optimierungen hinsichtlich der dynamischen Steifigkeiten, des lokalen und globalen Schwingungsverhaltens und der

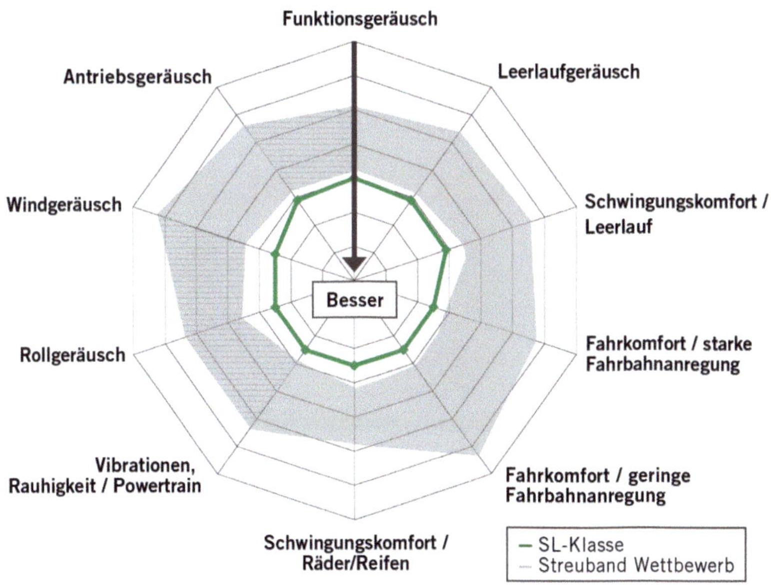

Bild 1 Leistungsprofil des neuen SL im Vergleich zum Wertebereich der Wettbewerber

allgemeinen NVH-Leistungsfähigkeit wurden durchgeführt. Die globalen dynamischen Steifigkeiten wurden durch eine geeignete Kombination großvolumiger Gussbauteile und geradlinig in sich steif gestalteter Strangpressprofile erreicht. Insbesondere konnte der bei Cabrios besonders wichtige Bereich bestehend aus A-Säulen, Schweller, Hauptboden und B-Säulen – das sogenannte Rückgrat eines Cabrios – nahezu ideal gestaltet werden, Bild 2.

Die Kombination von Gusssäulen mit Strangpressprofilen und die Integration eines doppelwandigen Plattenbodens über Gussverbindungsträger im Tunnelbereich führen zu einer sehr hohen Steifigkeit der Anbindung von Vorder- und Heckwagen. Zusätzlich liefert das mittragend gestaltete CFK-Frontmodul einen wesentlichen Steifigkeitsbeitrag.

Gussteile bieten sehr gute Voraussetzungen zur optimalen Gestaltung der Einleitungssteifigkeiten. Damit wird die Abstimmung beziehungsweise konstruktive Anpassung an die Eigenschaften der Fahrwerkskomponenten wie der Federbeinkopflager ermöglicht. Durch ein neuartiges Konzept der Getriebebrücke konnte diese auf die jeweilige Motor-Getriebe-Kombination abgestimmt werden, Bild 3.

Beim Aluminiumrohbaukonzept des neuen SL wurden NVH-relevante Gestaltungsprinzipien konsequent umgesetzt. Dies führt zu einem dynamisch steifen Rohbau bei geringem Materialeinsatz und niedrigem Gewicht und ist die Basis für einen hinsichtlich des NVH-Komforts einzigartigen Roadster.

Akustik

Die Leichtbauweise des neuen SL und damit die Umstellung des Rohbauwerkstoffs von Stahl auf Aluminium beding-

Bild 2
SL-Rohbau mit den für NVH besonders struktur- und steifigkeitsrelevanten Bauteilen

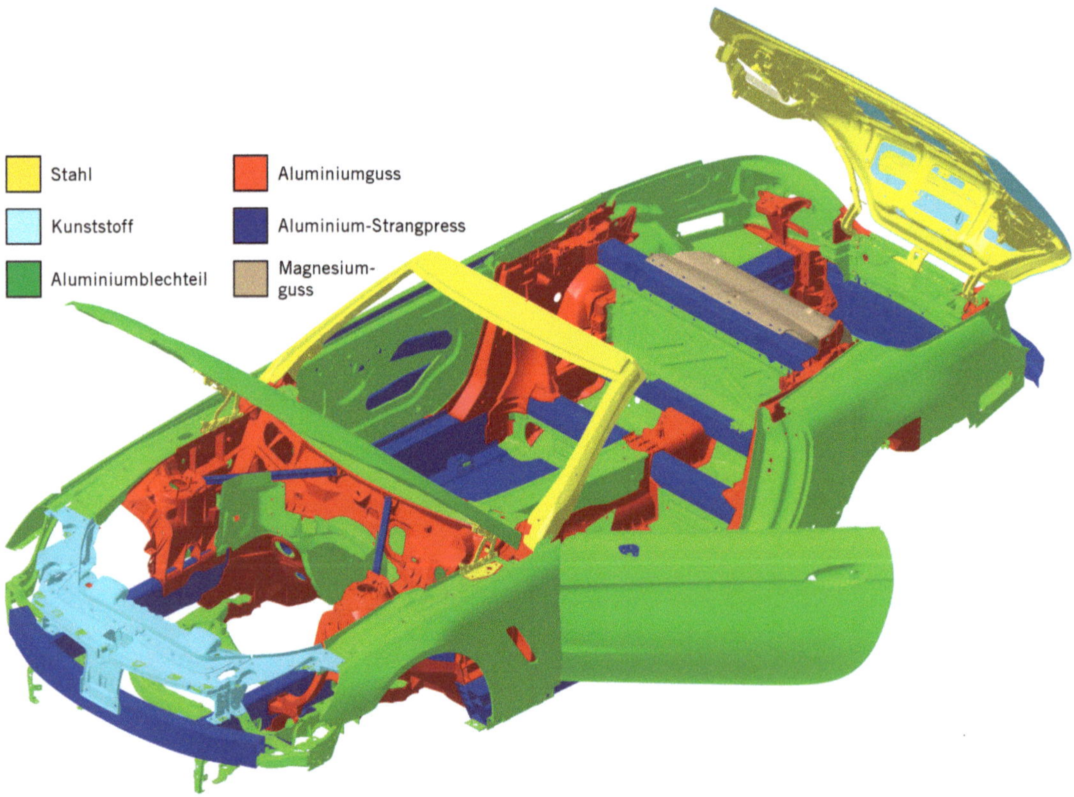

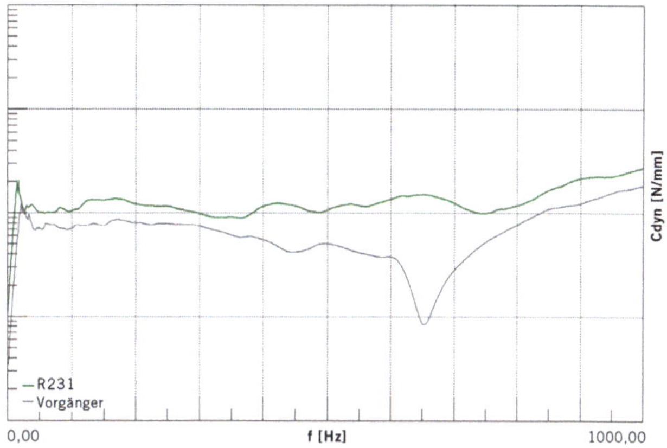

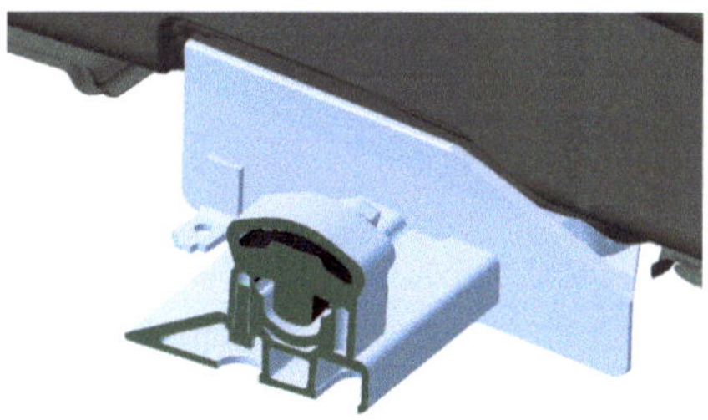

Bild 3
Durch ein optimales Zusammenspiel von Strang- und Gussbauteilen konnten die dynamischen Einleitungssteifigkeiten erhöht werden – hier am Beispiel der Getriebelageraufnahme dargestellt

ten eine konsequente Anpassung sämtlicher Schallisolationsbauteile auf die geringere Schalldämmung und die erhöhte Schallabstrahlung von Aluminium. Ziel war es dennoch, das leiseste Fahrzeug seiner Klasse mit möglichst geringer aber sehr gezielter Adaption des notwendigen Materialeinsatzes zu erreichen. Ein konsequentes Dämmkonzept und der Einsatz innovativer Werkstoffe bilden hierzu die Basis, Bild 4.

Reduzierte und wirksam abgedichtete Durchbrüche an der Stirnwand, gepaart mit einer Stirnwandabdämpfung mit variabler Schwerschichtverteilung, verringern die Motorgeräusche im Innen-

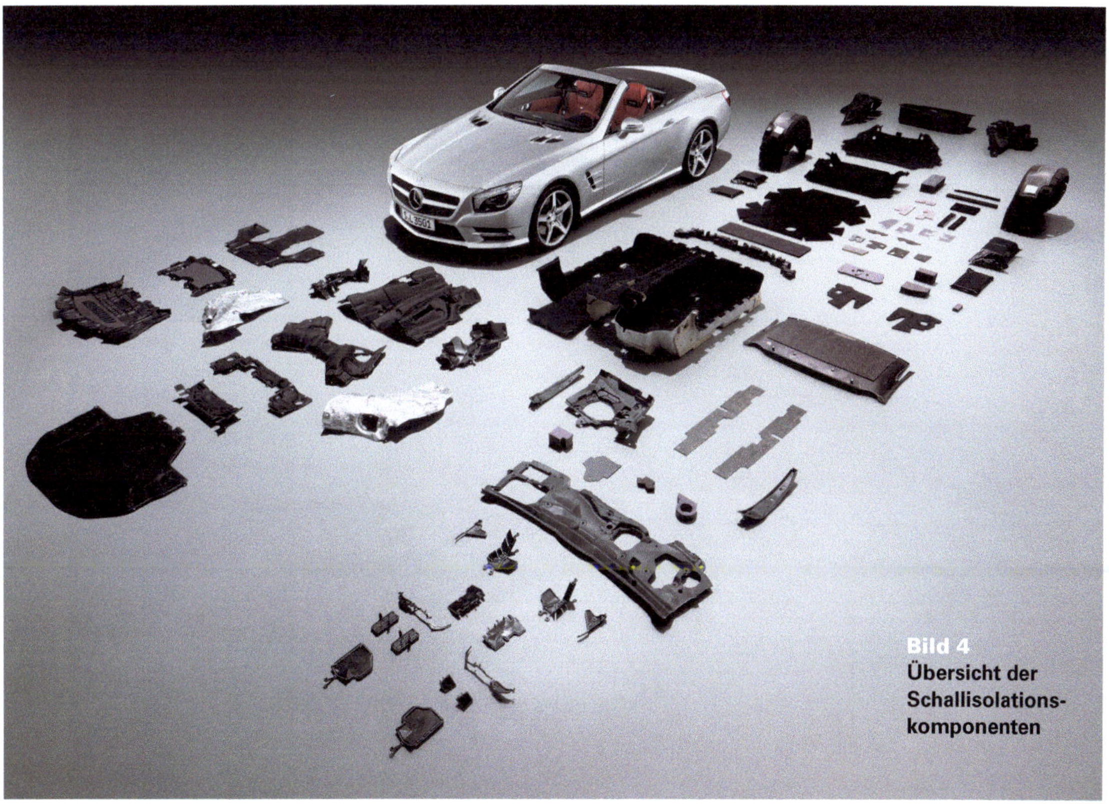

Bild 4
Übersicht der Schallisolationskomponenten

Bild 5
Die Bauteilübergänge des Unterbodens reduzieren die Umströmungsgeräusche

raum auf ein Minimum. Ebenso wurden die Unterbodenverkleidung und deren spezifische Gestaltung der Bauteilübergänge in das Dämmkonzept zwecks Reduzierung des Umströmungsgeräuschs integriert, Bild 5.

Spritzbare Dämpfungsbeläge im Innen- und Außenbereich mindern im Vergleich zu konventionellen Klebefolien die Körperschallabstrahlung bei reduziertem Gewicht, flexibleren Einsatz- und vereinfachten Änderungsmöglichkeiten. Durch textile Radlaufschalen, Rohbauschäume und hochwertige Absorptionsmaterialien vor allem im Heckwagen wird der Komfort bezüglich des Abrollgeräuschs in dieser Klasse auf ein neues Niveau gehoben. Die konsequente Optimierung des möglichen Schalldurchtritts durch die Dachkinematik und die Hutablage mit einem im Vergleich zum Vorgänger erheblich reduzierten Öffnungsanteil stellt einen wesentlichen Beitrag zur Verbesserung des Innengeräuschs dar, Bild 6.

Auf dieser Basis konnten Komfort und Fahrvergnügen durch gezielte Abstimmung der Abgasanlage auch akustisch in den Vordergrund gestellt werden. Der V8-Motor wurde mit zusätzlichen Mittelschalldämpfern ausgestattet, die Endrohrlänge wurde gekürzt und die Innenaufbauten der Schalldämpfer an den Biturbomotor angepasst. Damit brabbelt der SL im Leerlauf sonor, hält sich im Alltagsbetrieb aber dezent im Hintergrund und lässt bei sportlicher Fahrweise keine Wünsche offen.

Die neue Generation der Ottomotoren mit Direkteinspritzung und im Falle des Achtzylinders auch mit Aufladung war von vornherein Bestandteil der Fahrzeugauslegung. Die Geräuschentstehung durch die verbrauchsarme, härtere Verbrennung sowie die im Schichtbetrieb genutzte Mehrfacheinspritzung wird deshalb so nah wie möglich an der Quelle reduziert. Im Vergleich zum Vorgänger wurde der Absorberanteil im Motorraum deutlich vergrößert, zudem wurden die Wärmeabschirmbleche geräuschabsorbierend ausgeführt.

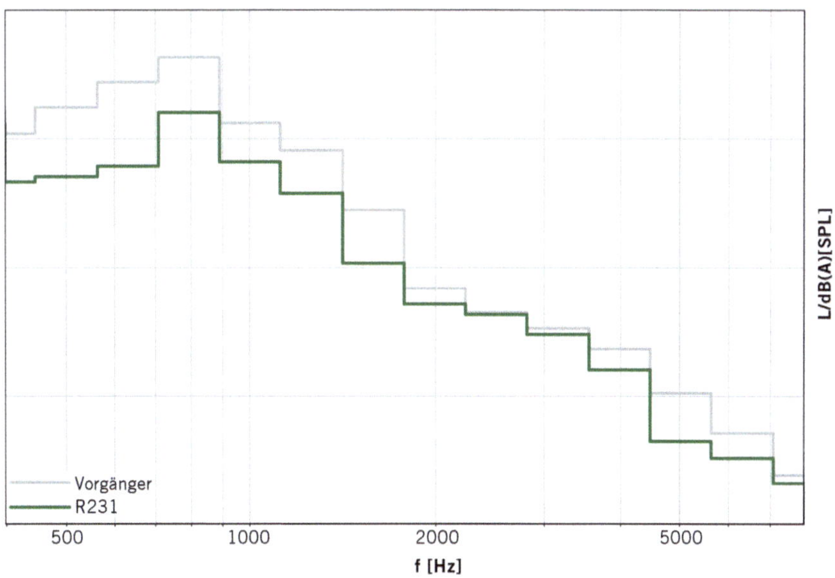

Bild 6
Im Vergleich zum Vorgänger wurde das Innengeräusch im Fahrbetrieb deutlich reduziert (Konstantfahrt bei 140 km/h auf glatter Fahrbahn, Fahrerohrposition)

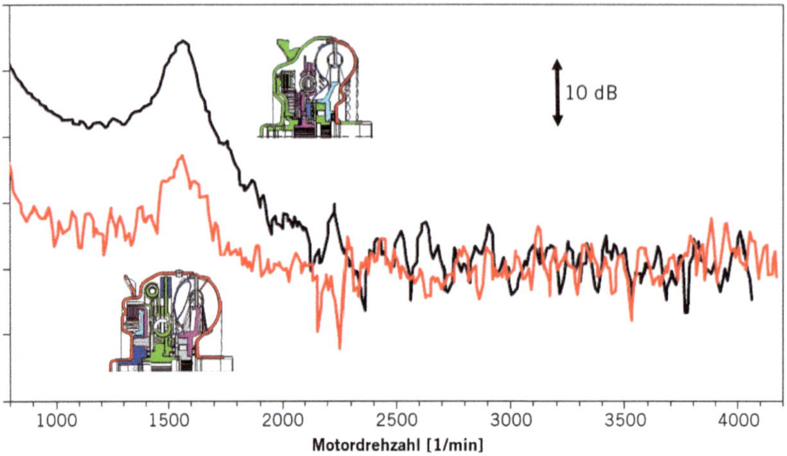

Bild 7
Die Drehungleichförmigkeit an der Gelenkwelle wird durch den Doppelturbinentorsionsdämpfer wirksam reduziert (3. Gang, 4. Motorordnung)

Antriebsstrang

Mit dem Achtzylinder-Biturbomotor steht schon bei Drehzahlen unter 1000/min ein Drehmoment von fast 400 Nm zur Verfügung, das maximale Moment reicht bis 700 Nm. Dies führt zu deutlich höheren Wechselmomenten, die über den Antriebsstrang in die Karosserie eingeleitet werden. Aus Verbrauchs- und CO_2-Gründen wird auch bei sehr geringen Drehzahlen mit geschlossener Überbrückungskupplung des Wandlers gefahren. Zur Reduzierung der Drehungleichförmigkeit im Triebstrang wird ein aufwendiges Torsionsabkoppelsystem eingesetzt, welches bisher nur bei Dieselmotoren verwendet wurde. Der Doppelturbinentorsionsdämpfer mit Fliehkraftpendel reduziert die Drehungleichförmigkeit in der Hauptmotorordnung (4. Motorordnung) und verhindert wirksam ein niedertouriges Brummen, Bild 7.

Der Abstimmung der drei Hinterachsgetriebelager und vor allem der vier Hinterachsfahrschemellager bezüglich ihrer Steifigkeit und Dämpfung wurde besondere Aufmerksamkeit gewidmet. In Fahrzeugquerrichtung werden die Steifigkeiten der Fahrschemellager zugunsten der Fahrdynamik in der Regel hoch angesetzt. Um dennoch eine gute akustische Abkopplung zu erhalten, war es das Ziel, eine größtmögliche Entkopplung und Spreizung in z-Richtung zu realisieren und so die Ansprüche der verschiedenen NVH-Kriterien zu erfüllen.

Betätigungs- und Funktionsgeräusche

Neben den Antriebs-, Roll- und Windgeräuschen werden auch sämtliche Komfort- und Verstellsysteme in der Akustikentwicklung mit dem Ziel gestaltet, eine höchstmögliche Wertanmutung des Fahrzeugs zu erzielen. Hierzu gehören beispielsweise die Betätigungs- und Funktionsgeräusche von Klimaanlage, Sitz- und Lenkradverstellung, Fensterhebern sowie der Türen, die allesamt einen großen Einfluss auf die wahrgenommene Fahrzeugqualität haben. Für ein optimales Ergebnis ist wie auch in anderen Disziplinen eine frühzeitige und intensive Zusammenarbeit mit den Systementwicklern und Lieferanten der entsprechenden Komponenten erforderlich.

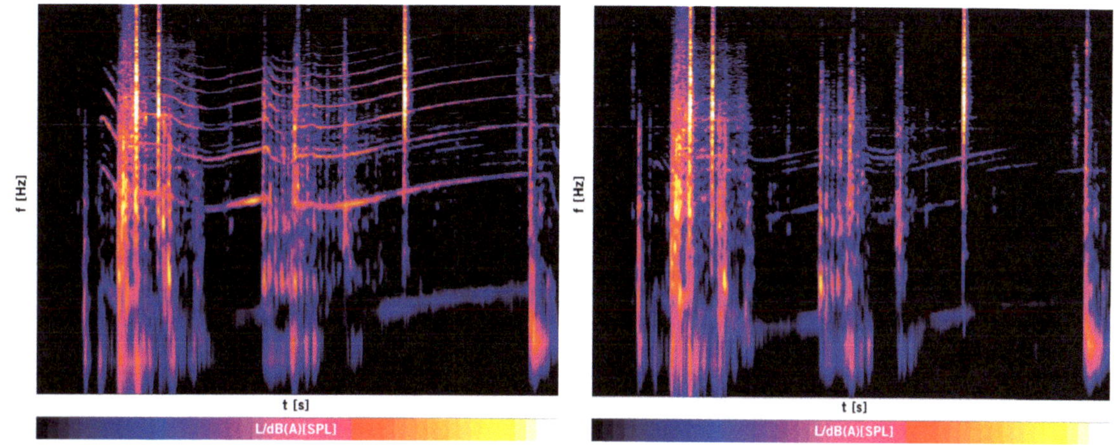

Bild 8
Die optimierte Geräuschcharakteristik des Dachöffnungsvorgangs zeigt auf der rechten Seite eine deutliche Reduktion der tonalen Anteile des Hydraulikaggregats

Dafür werden im Vorfeld mit den betroffenen Entwicklern und Bauteilverantwortlichen zu den Zielkonzepten passende Zielgeräusche definiert. Diese sind dann die verbindlichen Vorgaben für die Komponenten- und Fahrzeugentwicklung, an denen im Entwicklungsprozess der erreichte Fortschritt immer wieder objektiv bewertet wird.

Im Folgenden wird die Entwicklung am Beispiel des Variodaches und der Türschlösser erläutert. Beim elektrohydraulischen Variodach erfordert der schnelle und präzise Öffnungs- und Schließvorgang eine kraftvolle Hydraulikpumpe. Die Pumpengeräusche sollen aber für den Kunden nur dezent hörbar sein und angenehm sowie hochwertig klingen. Dazu war neben der notwendigen Kapselung und Entkopplung der Pumpe vom Rohbau eine Optimierung des Aggregats selbst erforderlich. Die für die Geräuschentstehung verantwortliche Druckpulsation der Pumpe wird nun durch eine Einsatzdüse bereits im Hydraulikaggregat auf ein Minimum reduziert und erreicht dadurch die geforderten Ziele, Bild 8.

Auch die Türschlösser haben eine große Bedeutung für die akustische Wertanmutung des Fahrzeugs. Zur Gestaltung des Betätigungsgeräuschs der Zentralverriegelung wurde ein neuartiges Schloss konstruiert, das mittels eines speziellen elektromechanischen Verriegelungskonzepts ein sehr leises, angenehmes und präzises Schließ- und Öffnungsgeräusch erzeugt. Außerdem beeinflussen die Schlösser maßgeblich sowohl die Geräusche der Servoschließung, die das automatische Zuziehen der Türen erlaubt, als auch das Türbetätigungsgeräusch selbst. Das Konzept der neuen Seitentürschlösser erlaubt ein sehr leises automatisches Schließen der Tür und sorgt bei manueller Betätigung für ein besonders sanftes Öffnungs- sowie sattes und hochwertiges Schließgeräusch.

Aerodynamik und Aeroakustik

Bereits die SL-Vorgängerbaureihe hatte im Vergleich zu ihren Wettbewerbern herausragende Luftwiderstandswerte und war Benchmark hinsichtlich des Windgeräusches. Diverse Anforderungen, beispielsweise Fußgängerschutzgesetze und vergrößerte Spurweiten an Vorder- und Hinterachse zur Fahrdynamiksteigerung, führten zu ungünstigeren Voraussetzungen bezüglich einer aerodynamisch optimierten Gestaltung der Front und zu einer größeren Stirnfläche. Eine konsequente aerodynamische Feinarbeit ermöglichte, dass der neue SL weiterhin der Maßstab in seinem Fahrzeugsegment bleibt, Bild 9.

Auch bei der Aeroakustik sollte der neue SL wieder der Beste seiner Klasse werden. Dies konnte beispielsweise durch die neuen, nun auf der Türbeplankung positionierten Außenspiegel erreicht werden, die durch ihre strömungsoptimierte Form sowohl bei Geradanströmung als auch bei Seitenwind ein nur geringes Windgeräusch abstrahlen.

Zum niedrigen Innengeräusch trägt auch die mit einer speziellen Multilayerfolie ausgestattete Windschutzscheibe bei. Durch ihren speziellen Aufbau ermöglicht sie, ein geringeres Bauteilgewicht mit besseren Akustikeigenschaften zu kombinieren. Die steife Aluminiumstruktur des Rohbaus hat massiven Einfluss auf das tieffrequente Windgeräusch im Innenraum. Auch hier konnten Potenziale erschlossen werden, die schließlich dazu geführt haben, dass der neue SL in Summe noch leiser geworden ist als sein Vorgänger.

Neben der Verringerung des Luftwiderstands – mit damit verbundenem minimierten Verbrauch und verbesserten Fahrleistungen – ist es bei einem Roadster zusätzlich unerlässlich, auch die Auftriebe und die Auftriebsverteilung spezifisch auf die für dieses Segment geltenden Anforderungen abzustimmen. Bestimmend für den Luftwiderstand des Fahrzeugs ist das Produkt aus der Stirnfläche A und dem Widerstandsbeiwert c_w. Aufgrund der vergrößerten Außenmaße (hier vor allem die breiteren Spuren) vergrößerte sich die Stirnfläche beim neuen SL um circa 4 % auf 2,12 m^2 gegenüber der des entsprechenden Vorgängermodells.

Bild 9
Neue SL-Klasse mit Rauchfäden im Windkanal

Ziel der Aerodynamikentwicklung des neuen SL war es nun, durch geeignete Maßnahmen den c_w-Wert deutlich zu verbessern und damit die Widerstandsfläche trotz der größeren Stirnfläche im Vergleich zum Vorgänger zu reduzieren. Dies wurde mit einem Luftwiderstandsbeiwert von 0,27 auch erreicht. Mit dem so verbesserten Beiwert wurde ein neuer Bestwert im Roadstersegment erzielt und damit der Luftwiderstand im Vergleich zum Vorgängermodell weiter abgesenkt.
Zum guten Luftwiderstandsbeiwert tragen bei:

- Abrisskante an der Oberseite des Heckdeckels
- Radspoiler vor den Vorder- und Hinterrädern
- durchgängiges Motorraum- und Unterbodenverkleidungskonzept
- neu gestaltete und positionierte Außenspiegel
- Neugestaltung der Räder und Optimierung der Bereifung
- verstellbare Kühlerjalousie (neu im R231)
- spezifisch ausgelegte Abrisskante an der Heckleuchte.

Bild 10 zeigt einen Vergleich der Luftwiderstandskennzahlen des neuen SL mit denen des Vorgängermodells R230, Modelljahr 2011.
Auch die neue SL-Klasse erhält, wie schon die SLK-Klasse, eine verstellbare Kühlerjalousie, mit der der Luftstrom durch das Kühlmodul des Motors beziehungsweise durch den Motorraum regelbar ist. Zwischen Kühler und Lüfter ist ringförmig eine Jalousie angeordnet, die aus einer Vielzahl von Lamellen besteht. Diese Lamellen lassen sich durch ein am Kühlmodul befestigtes Stellelement gemeinsam verdrehen und verschließen oder öffnen so den Strömungsweg der Kühlluft. Wichtigster Vorteil ist der positive Einfluss auf den Luftwiderstand mit den damit möglichen Reduzierungen des Kraftstoffverbrauchs und der Emissionen. Die verstellbare Kühlerjalousie ist in Fahrzeugen mit Sechszylindermotor vorgesehen.

SL-Klasse	R231	R230 (Modelljahr 2011)
c_w	0,27	0,30
A [m²]	2,12	2,03
c_w x A [m²]	0,58	0,60

Bild 10
Vergleich der Luftwiderstands-Kennzahlen

Neben der Kühlerjalousie reduziert auch das neuentwickelte Aerorad den Luftwiderstand deutlich. Durch eine weitgehend geschlossene Gestaltung des äußeren Speichenbereichs konnte erreicht werden, dass die durch das Rad nach außen tretende Luft die an der Radaußenseite vorbeiströmende Luft weniger stört als dies bei einem konventionellen Rad der Fall ist, Bild 11. Zusammen mit einer darauf abgestimmten Gestaltung der Bereifung ergeben sich mit dem Aerorad Verbesserungen der Widerstandsfläche in Höhe von 0,02 m^2, was zu einer Verbrauchsreduzierung von circa 1 g CO_2/km im NEFZ und über 2 g CO_2/km im gemittelten Kundenbetrieb führt. Das Aerorad gehört zur Serienausstattung der Fahrzeuge mit V6-Motor. Neben der Entwicklung eines aerodynamisch optimalen Raddesigns wurde auch Wert darauf gelegt, die Bereifung aerodynamisch zu optimieren. In Zusammenarbeit mit den Reifenentwicklern der Daimler AG wurden deshalb Richtlinien vereinbart, nach denen die Reifenlieferanten nun arbeiten. Wichtig waren hier insbesondere die Gestaltung des Übergangs von der Lauffläche zur Seitenwand des Reifens, aber auch Details wie eine versenkte anstatt einer erhabenen Reifenbeschriftung.
Mit der Übernahme des für das Roadstersegment entwickelten Außenspiegelgehäuses der SLS- beziehungsweise SLK-Klasse lag bereits eine gute Basis vor. Durch die Positionierung auf der Türbeplankung konnten im Vergleich zur Anbindung an den Spiegeldreiecken des

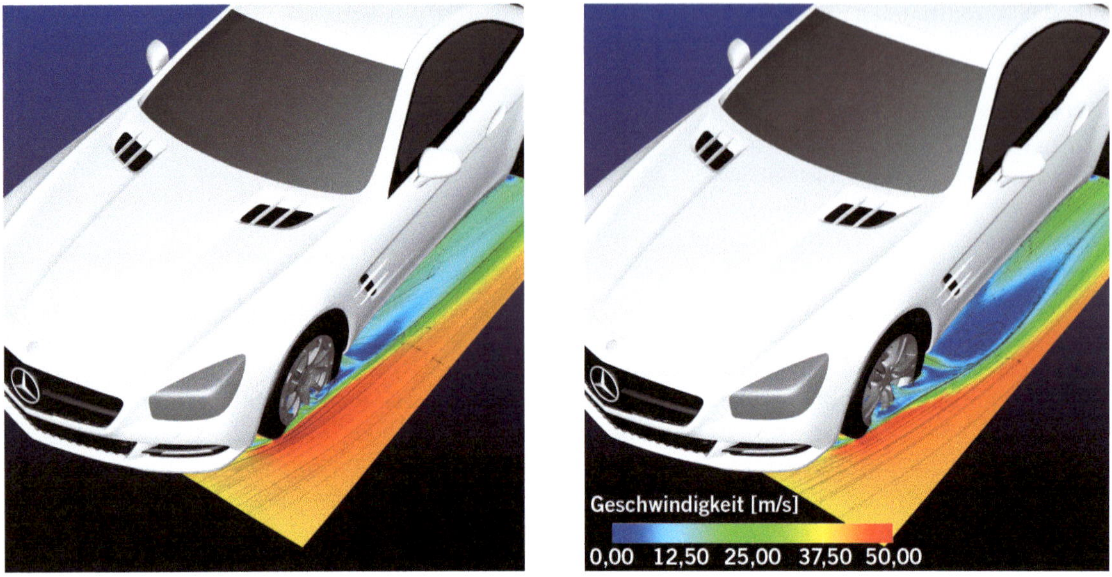

Bild 11
Im Vergleich zum Vorgänger (rechts) hat die neue SL-Klasse mit Aerorad (links) einen erkennbar reduzierten Nachlauf hinter dem Vorderrad

Vorgängers Verbesserungen im Windgeräusch und beim Verschmutzungsverhalten erzielt werden. Durch den aerodynamisch optimierten Spiegelfuß wurden Luftwiderstand und Windgeräusche zusätzlich reduziert.

Auftrieb

Die Größe des Auftriebs an den Achsen hat Einfluss auf die Fahrstabilität und somit auf die Aktive Sicherheit. Für die Bremsstabilität und eine geringe Seitenwindempfindlichkeit ist hierbei nicht nur die Größe der Auftriebe wichtig, sondern auch die Verteilung der Kräfte auf Vorder- und Hinterachse. Der für die Bremsstabilität entscheidende c_{AH}-Wert, das heißt die Auftriebskennzahl an der Hinterachse, konnte weiter reduziert werden. Wichtig für ein komfortables Fahrverhalten, vor allem für die Fahrstabilität bei hohen Geschwindigkeiten, ist der im Vergleich zum Hinterachsauftrieb größere Vorderachsauftrieb.

Belüftung der Bremsen

Um die geforderte Leistung der Bremsanlage gewährleisten zu können, muss sichergestellt werden, dass die an den Bremsen entstehende Wärme schnell abgeführt werden kann, Bild 12. Dazu wurde für die neue SL unter Nutzung verschiedener Windkanäle und aerodynamischer Simulationen sowie durch Fahrversuche ein System aus folgenden Komponenten entwickelt: Eine in die vordere Motorraumverkleidung integrierte Bremsluftrinne führt die Luft gezielt über den Vorderradspoiler und leitet sie auf eine Umlenkschaufel. Die Schaufel ist am Vorderachslenker befestigt und lenkt die Luft, die von der Bremsluftrinne kommt, nach außen auf die Bremsscheibe. Zusammen mit einem darauf abgestimmten Vorderradspoiler konnte so eine effektive Kühlung der Bremsen dargestellt werden.

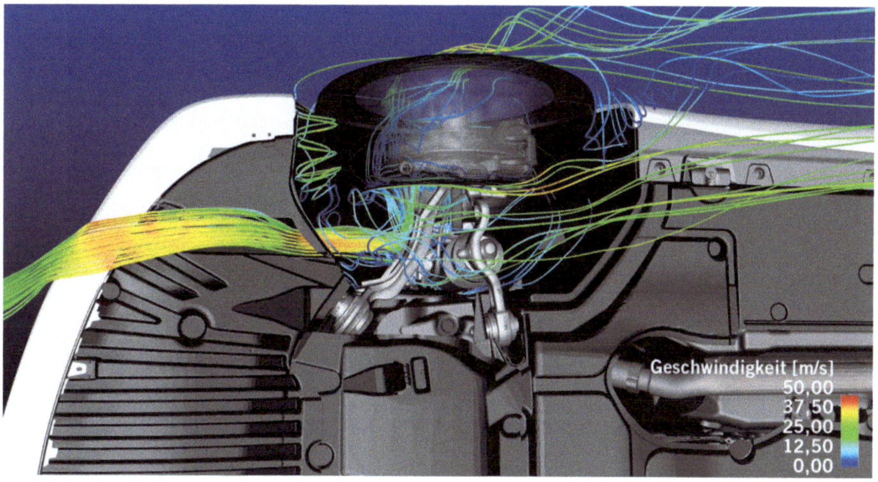

Bild 12
Simulation der Bremsenbelüftung bei der neuen SL-Klasse

Schmutzfreihaltung

Die Schmutzfreihaltung der Außenspiegel, der Seitenscheiben und der Heckscheibe bei Nässe ist ein wichtiges Merkmal der Aktiven Sicherheit und hat deshalb besondere Bedeutung. Die neu geformten A-Säulenblenden (aerodynamisch und aeroakustisch abgestimmte Vorderkante und eine Wasserführungsnut an der Oberseite) verhindern, dass Wasser von der Frontscheibe direkt auf die Seitenscheiben übertritt. Das neue Außenspiegelkonzept mit integrierten Wasserführungsrillen und Abtropfkanten führt zu einer deutlich reduzierten Verschmutzung des unteren Seitenscheibenbereichs und der Spiegelgläser.

Fahrkomfort bei geöffnetem Dach

Schon die Vorgängerbaureihe ermöglichte es den Kunden, in einer sehr großen Komfortbandbreite offen zu fahren. Beim neuen SL hat der Kunde die Möglichkeit, den Komfort im Innenraum von optimaler Zugfreihaltung bis zur puristischen Cabriofahrt zu variieren, je nach Wetterlage und persönlichem Geschmack. Folgende Komponenten helfen ihm, seine individuellen Einstellungen zu finden:

- Seitenscheiben vorn
- Seitenscheiben hinten
- AIRSCARF (Sonderausstattung)
- Klapprahmenwindschott (Serie) oder elektrisch ausfahrbares Windschott (Sonderausstattung).

Für weitgehende Zugfreiheit bei geöffnetem Variodach und hochgefahrenen Seitenscheiben sorgt ein konventionelles manuell betätigtes (Serie) oder ein elektrisch betätigtes Windschott (Sonderausstattung). Beide Windschottsysteme wurden speziell für den neuen SL entwickelt und abgestimmt. Dazu wurde vor allem die Komfortmesspuppe verwendet, um im Windkanal die Luftzuggeschwindigkeiten zu messen und damit reproduzierbar die Windschottgeometrie und die Stoffparameter zu optimieren, Bild 13. Das manuell betätigte Klapprahmenwindschott mit einem Netz aus feinmaschigem, synthetischem Textilgewebe wird hinter den Sitzen montiert und deckt die gesamte Fläche hinter den Sitzlehnen bis zur Oberkante der Kopfstützen ab. Das neu entwickelte elektrisch betätigte Windschott ist in das Fahrzeug integriert. Der Stoff wird beim Ausfahren

Bild 13
Komfortmesspuppe in der neuen SL-Klasse mit ausgefahrenem, elektrisch betätigtem Windschott

auf einen trapezförmigen Rahmen gespannt. Bei Nichtgebrauch verschwindet es vollständig im dafür vorgesehenen Bereich in der Fondraumverkleidung. Beide Windschotts reduzieren die von hinten einströmende Luftmenge und damit die Luftzuggeschwindigkeiten an Kopf und Oberkörper. Zusätzlich steht die aus dem Vorgänger und dem SLK bekannte Sonderausstattung AIRSCARF zur Verfügung, bei der über eine Austrittsöffnung in der Kopfstütze warme Luft – variabel in Temperatur und Luftmenge – den Nackenbereich der Passagiere erwärmt.

DANKE

Bei der Erstellung des Beitrags haben zudem mitgewirkt: Gregor Koners, zuständig für Akustik und Strukturdynamik, Oliver Schmid, Funktionsgruppensprecher NVH-Bauteile, und Dr. Erich Jehle-Graf, zuständig für die Strömungssimulationen (CFD) der SL-Klasse.

S L 2310

Interieur und Sitzanlage

Dr. Stefan Geyer | Matthias Zeller | Bernd Kuckuk | Ralf Peitzmeier | Karl-Heinz Fritz

Das sportlich-elegante Interieur des SL ist eine Neuinterpretation der aus SLS und SLK bekannten Stilrichtung für die Sportwagenfamilie von Mercedes-Benz. Edle Materialien und hochwertige Verarbeitung unterstreichen die Premiumpositionierung des Roadsters. Schwerpunkte der Sitzentwicklung waren verbesserte Ergonomie, eine neuartige Sitzbelüftung und neueste Sicherheitsaspekte bei gleichzeitiger Reduzierung des Gewichts.

Interieur

Das Cockpit und die Türverkleidungen des neuen SL sind eine konsequente Weiterentwicklung der Formensprache des Vorgängers – unter Einbindung der neuen Stilelemente aus SLK und SLS. Die schwungvollen Konturen unterstreichen den sportlichen Charakter. Fließende Übergänge, mit einer umlaufenden Dekorebene aus ausgewählten Aluminiumstrukturen oder erlesenen Edelhölzern kombiniert, bringen eine elegante Note in das Interieur. Die hochwertigen Oberflächenmaterialien, die im Interieur zum Einsatz kommen, spiegeln den Anspruch des Fahrzeugs wider, ein Spitzenprodukt zu sein. Die in das Gesamtbild harmonisch eingefügten Chromapplikationen auf den Bedienelementen runden das Bild im Innenraum ab, Bild 1.

Instrumententafel und Türverkleidung

Die Oberflächen von Instrumententafel und Handschuhkasten sind schubweich ausgeführt, wodurch die bekannt angenehme Haptik erzeugt wird. Die Technik mit Abstandsgewirke ist zwar aus bisherigen Baureihen bekannt, wird aber durch die konkaven Formen und kleinen Stege zur Herausforderung bei der Herstellung. In aufwendiger Handarbeit werden die Nähkleider auf den Trägern positioniert und über einen maschinell unterstützten Pressvorgang fixiert und verklebt. Die Bordkante der Türverkleidung ist vollflächig hinterschäumt und dadurch nachgiebig und komfortabel. Die behagliche Weichheit der Armauflagen in Tür und Mittelkonsole wird über kaschierte Schaumpads erzeugt.

Bild 1
Innenraum mit hochwertigen Materialien

Die Möglichkeiten der Farb- und Materialzusammenstellung lassen keine Wünsche offen. Der Kunde kann im Innenraum zwischen fünf Farb- und drei Materialkombinationen wählen. Zusätzliche Ausstattungsvarianten sind über Designo und AMG möglich. Neu bei Leder Nappa und Nappa Exklusive sind die in den Armauflagen von Tür und Mittelkonsole eingearbeiteten Paspeln. Für die feinen, kederähnlichen Lederapplikationen musste eine spezielle Nähtechnik entwickelt werden, um die vom Designbereich gestellten Anforderungen an minimale Höhe und Breite der Paspel zu erfüllen, Bild 2.

Für die Öffnung des Beifahrerairbags ist die erforderliche Schwächung der Instrumententafel nicht sichtbar ausgeführt. Hierfür kommt bei Echtleder ein neues Fertigungskonzept zum Einsatz. Das Leder wird auf eine definierte Dicke geschärft, damit die Airbagklappe bei einem Crash gezielt aufreißt und sich der Airbag wie gewünscht entfaltet. Schon in der frühen Entwicklungsphase wurden Versuche im Hause Mercedes-Benz durchgeführt und die Funktion abgesichert. In der Mitte der Instrumententafel nimmt eine hochwertige Streckmetallabdeckung die Analoguhr (Sonderausstattung) in einer belederten Hutze auf und deckt die für das Audiosystem notwendigen Hoch- und Mitteltonlautsprecher ab. Ausstattungsabhängig ausgeführte Abdeckungen in Tür- und Fondraumverkleidungen integrieren weitere Lautsprecher in das Gesamtbild.

Bild 2 **Armauflage mit Paspel**

Bei der Konzeption der mehrteilig aufgebauten Türverkleidung hatte die konsequente Umsetzung von Leichtbau oberste Priorität. So kommt für das Türmittelfeld ein Naturfaserträger mit stark reduziertem Flächengewicht zum Einsatz. Dies ermöglicht in Kombination mit weiteren Maßnahmen eine Gewichtsreduzierung um mehr als 20 % im Vergleich zum Vorgängermodell – bei gleichzeitig hoher Funktionsintegration. So sind in der Türverkleidung Schalter für Fensterheber, Zentralverriegelung, Sitzverstellung und den Heckdeckel angeordnet. Zusätzlich hat die Bordkante der Verkleidung eine Öffnungsfunktion bei der Entfaltung des Headbags.

Für die Kaschierung der Einzelteile werden zum Teil sehr komplexe Nähkleider eingesetzt, die aus einer Vielzahl von Zuschnitten und diversen Funktions- und Ziernähten aufgebaut sind. Bei der Kaschierung werden unterschiedliche Prozesse genutzt. So werden für großflächige und konkav gewölbte Bauteile primär harte Werkzeuge für die Presskaschierung verwendet, während stark gewölbte und konvexe Bauteile größtenteils mit einer Membran kaschiert werden.

Bei den großflächigen Verkleidungsbauteilen im Fondraum kommen ebenfalls Trägerteile zum Einsatz, welche aus Naturfasermatten mit reduziertem Flächengewicht gepresst werden. Auch in die Fondraumverkleidungsteile sind diverse Funktionen integriert. So verfügt das Verkleidungsbauteil vor der Hutablage über zwei Deckel mit Scharnier, die bei Auslösen des Überrollbügels aufgestoßen werden und die notwendige Öffnung freigeben. Außerdem integrieren die Fondraumverkleidungen die beiden Windschottkonzepte und den Gurtaustritts-

bereich. Des Weiteren werden in die Fondverkleidungsteile diverse Elektrik- und Akustikbauteile eingebaut. Die Ablage hinter dem rechten Sitz wurde demontierbar gestaltet, um den einfachen Zugang zur Bordelektronik zu gewährleisten.
Die Montage des Cockpits im Bandablauf machte es notwendig, Montagehilfen in die Bauteile zu integrieren. Komponente für Komponente wurde optimiert und vom Vorfixierhaken bis zur Anzahl der notwendigen Verschraubungen aufeinander abgestimmt. Die hohe Vielfalt der Ausstattungskombinationen wird über passend zugesteuerte Einzelteile am Montageband erzeugt. Dadurch konnte Fläche für Materialbereitstellung im Montageablauf eingespart werden. Die Tür- und Fondraumverkleidungen werden fahrzeugspezifisch beim Lieferanten aufgebaut und im Just-in-Sequence-Takt (JIS) an das Montageband angeliefert.

Oberflächen der Dekorteile

Das Herzstück des Interieurs sind zweifelsfrei die Zierteile. Wahlweise sind die Aluminiumzierteile mit Kreuzschliff oder dunkel eloxiertem Alu (Sportpaket), Holzzierteile in traditionellem Wurzelnuss, in Esche dunkel hochglänzend oder in Pappel seidenmatt erhältlich. Für die Launch Edition des SL steht ein spezielles Aluminiumdekor in sogenannter Wave-Optik zur Verfügung, Bild 3. Ein ausgefeiltes Toleranz- und Montagekonzept ermöglicht präzise Übergänge der Dekorebenen aus dem Cockpit in die Türen. Die dafür notwendige definierte Lage der Instrumententafel wird über Fixier- und Ausrichtbolzen bestimmt. Diese werden nach Tür- und Rohbauvermessung ausgerichtet und eingeschweißt. Den sportlichen Charakter unterstreichen gezielt einge-

Bild 3 **Innenraum der Launch Edition in Wave-Optik**

Bild 4
Luftdüsen erinnern optisch an Flugzeugtriebwerke

setzte Chromapplikationen in Silver Shadow an Bedien- und Anzeigeelementen, wie Schaltern, Kombiinstrumenttuben und Luftausströmern. Außerdem befindet sich an der Türhinterkante eine für Mercedes-Roadster typische Chromblende, ebenfalls in Silver Shadow galvanisiert. Im B-Säulenbereich der Fondraumverkleidung wird diese Optik mit einer weiteren, karosseriefesten Blende nochmals aufgenommen.

Belüftungsdüsen

Der neue SL folgt bei der Form der Belüftungsdüsen der aus SLS und SLK bekannten Stilrichtung für die Sportwagenfamilie von Mercedes-Benz. Die vier runden Kugeldüsen, welche optisch an Flugzeugtriebwerke erinnern, erlauben eine direkte, individuelle horizontale und vertikale Einstellung der Luftströme für Fahrer und Beifahrer, Bild 4. Unter der Streckmetallabdeckung im Cockpitoberteil befindet sich die diffuse Belüftung des Innenraums (ECE-Version). Die Funktionen Windschutzscheibendefrostung und Beschlagfreihaltung wurden wie die gesamte Klimatisierungsauslegung mithilfe digitaler Strömungsberechnungen simuliert und ausgelegt. Die anschließende Verifizierung durch Hardwareversuche lief dadurch zielgerichteter und weniger aufwendig.

Ablagefächer

Mercedes-Benz verwendet zur Auslegung seiner Fahrzeuge definierte Warenkörbe mit Utensilien, die typischerweise im Fahrzeug, möglichst im direkten Zugriff von Fahrer und Beifahrer, untergebracht werden sollen. Die Ablagevolumina beim neuen SL konnten durch konsequente Gestaltung vergrößert werden. Gegenüber dem Vorgänger wurden der Handschuhkasten von 4,9 l auf 7,1 l, die Mittelkonsole von 3,9 l auf 4,2 l und die Türablagefächer jeweils von 4,1 l auf 5,8 l erweitert. Auch die im Alltagsbetrieb notwendigen Kleinigkeiten können nun im direkten Umfeld des Fahrers günstiger untergebracht werden. Der Handschuhkasten ist serienmäßig mit einer Kühlung und Beleuchtung ausgestattet. Stift-, Münz- und Kartenhalter sind Mercedes-Benz typisch im Handschuhkastendeckel untergebracht.

Im beleuchteten Staufach unter der Armauflage zwischen den Sitzen befinden sich in der Basisversion eine 12-V-Steckdose und die AUX-Buchse für analoge Abspielgeräte. Auf Wunsch können die Anschlussmöglichkeiten um eine USB- und eine Media-Interface-Schnittstelle für digitale Medienplayer erweitert und das Telefon untergebracht werden. Außerdem finden auch CD-Hüllen Platz.

Bild 5
Lederkaschierte Lamellen der Rollobox

Hinter der Mittelkonsole befindet sich ein Ablagefach mit einer Rolloabdeckung (4,8 l), welches auf Wunsch um einen Getränkeflaschenhalter oder einen Feuerlöscher ergänzt werden kann. Die einzelnen Lamellen des Rollos sind lederkaschiert, Bild 5. Die präzise gefertigten Nähte werden in der Produktion durch einen Nähroboter erzeugt. Die Fondbox hinter dem linken Sitz bietet weitere 8,1 l Ablagevolumen. Zusätzlich wurden auf dem Deckel der Ablagebox links und der Ablage rechts die vordere Kante angeformt, um ein Herunterrutschen von abgelegten Gegenständen wie Jacken zu verhindern.

Die Türtasche der Türverkleidung fasst ein Volumen von 5,8 l je Seite, das sich aus 3,3 l geschlossenem Stauraum bis zur Ladekante und 2,5 l offenem Volumen über der Ladekante zusammensetzt. Für eine optimale Nutzbarkeit der Türtasche ist diese extrem tief ausgeschnitten. Im hinteren Bereich der Türtasche befindet sich eine spezielle Aufnahme für einen Taschenschirm, Bild 6, eine Warnweste oder weitere nützliche Gegenstände.

Zum Schutz vor Diebstahl werden der Handschuhkasten, das Ablagefach unter der Armauflage in der Mittelkonsole und die Fondbox durch die innere Zentralverriegelung gesichert. Sollten die Fächer aufgebrochen werden, kann zusätzlich der Alarm der elektronischen Diebstahlwarnanlage auslösen. Weitergehende Sicherheit bietet der vor dem Ablagefach integrierte, als Sonderausstattung angebotene Innenraumsensor. Damit wird bereits bei einem erkannten Eingriff von außen in den Innenraumbereich der Alarm ausgelöst. Mittels Schlüssel kann der Handschuhkasten mechanisch verriegelt werden, beispielsweise für Valet Parking.

Das Ablagefach mit Tippmatikdeckel vor dem Schalthebel kann wahlweise als Ablage, Becherhalter oder Aschenbecher genutzt werden. Getränkebecher in verschieden Größen finden standsicheren Halt. Mit wenigen Handgriffen kann der Aschertopf entleert werden. Die Becherhalterspange kann, wenn nicht benötigt, entfernt werden. Mit Liebe zum Detail wurden die feinen Chromapplikationen

Bild 6
Türablagevolumen einschließlich Schirmhalter in grün dargestellt

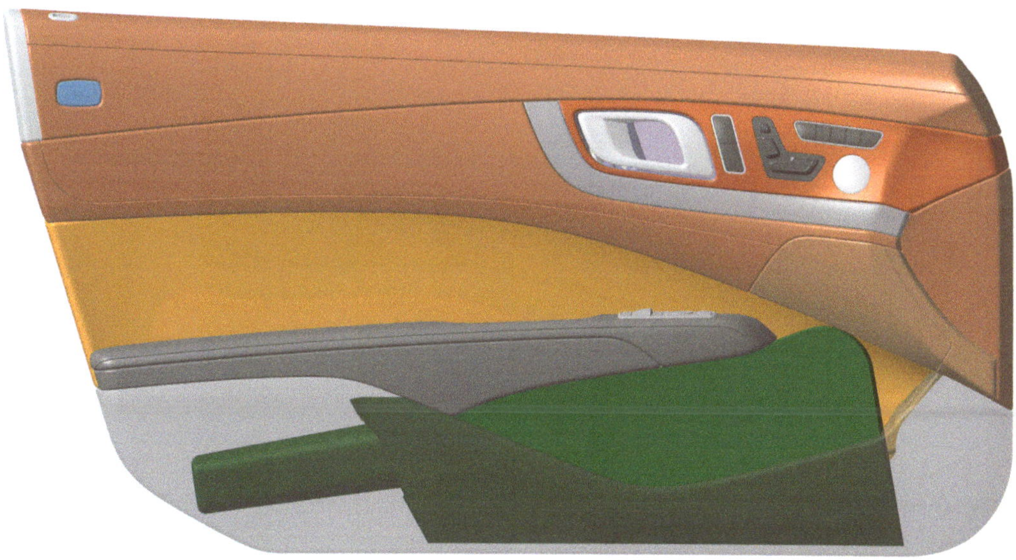

Bild 7
Ablagefach mit Aschenbecher und Becherhalter

am Becherhalter sowie Aschertopf gestaltet und ausgeführt, Bild 7.

Der Verdeckschalter zum Öffnen und Schließen des Variodaches sowie der Schalter für das Ein- und Ausfahren des optional erhältlichen elektrischen Windschotts befinden sich unter einer separat klappbaren Arm- und Handauflage. Die ergonomisch günstige Gestaltung des Deckels erlaubt eine komfortable Betätigung des davor angeordneten zentralen Bedienelements, Bild 8.

Fahrzeugklimatisierung

Der SL ist serienmäßig mit einer neuentwickelten Klimatisierungsautomatik ausgestattet, die hinsichtlich Leistungsfähigkeit, Regelgüte und Geräuschemission den hohen Komfortansprüchen eines S-Klasse-Roadsters gerecht wird. Das luftgeregelte Klimagerät ist aus dem Mercedes-Benz-Modulbaukasten abgeleitet und hat einen asymmetrischen Gebläse- und Filtertrakt. Es besitzt eine Feinstaubfilterung mit Aktivkohleanteil, die sowohl im Frischluft- als auch im Umluftbetrieb arbeitet. Die Ausblastemperatur kann fahrer- und beifahrerseitig getrennt eingestellt werden. Die hierzu im Klimagerät angeordneten Luftklappen werden über elf intelligente Schrittmotoren verstellt. Die Luftmenge wird über ein energieeffizientes, pulsweitenmoduliertes Gebläse stufenlos geregelt, Bild 9.

Neben dem Verdampfertemperaturfühler und den vier in den Luftführungskanälen verbauten Ausblastemperaturfühlern werden zwei Innenraumtemperaturfühler, ein auf dem Cockpitoberteil montierter Sonnensensor, ein Luftgütesensor, ein Außenfeuchtesensor und ein Scheibenbeschlagsensor am Innenspiegelfuß zur

Bild 8
Klappbare Arm- und Handauflage in der Mittelkonsole

Bild 9
Klimagerät

Regelung des Innenraumkomforts eingesetzt. Die Komponenten sind größtenteils über einen LIN-Datenbus mit dem Klimasteuergerät und über den CAN-Datenbus mit der gesamten Fahrzeugelektronik vernetzt.

Das Klimabediengerät besitzt zwei hochwertige Echtmetalldrehsteller zum Einstellen der gewünschten Fahrer- und Beifahrerinnenraumtemperatur. Um den Kunden von manuellen Bedieneingriffen zu entlasten, werden über die Taste AIR FLOW drei verschiedene Automatikmodi angeboten und im Display des Klimabediengeräts angezeigt. Im Modus DIFFUSE arbeitet die Klimaautomatik mit geringen Luftmengen und sorgt unter Verwendung eines Diffusausströmers auf dem Cockpitoberteil für eine zugfreie Luftverteilung. Die eingeregelte Innenraumtemperatur ist gegenüber dem Modus MEDIUM leicht erhöht. Im Automatikmodus FOCUS wird dem Kunden eine betont frische und luftige Innenraumklimatisierung angeboten. Somit trägt die einfach zu bedienende Einstellung AIR FLOW den individuellen Komfortbedürfnissen des Kunden Rechnung. Die Einstellungen können zudem auch bei geöffnetem Dach angewählt werden. Durch Betätigung der Taste ZONE kann der Fahrer seine gewünschte Innenraumtemperatur auf die Beifahrerseite übertragen und weitere Einstellungen synchron für beide Temperaturzonen vornehmen. Die Umluftfunktion wird automatisch aktiviert, sobald der Luftgütesensor eine zu hohe CO- und NO_x-Konzentration sensiert. Über die Umlufttaste ist eine manuelle Betätigung möglich. Über die Taste REST kann der Innenraum temporär beim Parken im Sommer belüftet und im Winter beheizt werden. Diese Funktion steht dem Kunden im ECO Start-Stopp-Betrieb, also zum Beispiel beim Warten vor der roten Ampel, automatisiert zur Verfügung, Bild 10.

Ein Scheibenbeschlagsensor am Spiegelfuß des Innenspiegels wird dazu genutzt, die Kälteleistung des extern geregelten Kältemittelverdichters inklusive Riementriebkupplung mithilfe der Klimaregelungssoftware energieeffizient zu regeln. Dies und der zusätzliche innere Wärmetauscher zwischen der Klimasaug- und Druckleitung steigern die Effizienz des Kältekreislaufs.

Die Luftführungen im Bereich der Instrumententafel bestehen aus einem mittig auf dem Oberteil angeordneten Dif-

Bild 10
Klimabedienelement

fusfeld, einem Defrostauströmerkanal an der Windschutzscheibe, jeweils einer Defrostrosette für die Seitenscheiben und vier schwenkbaren, in den Fahrgastraum gerichteten großen Runddüsen. Die Luftmenge an diesen Düsen kann durch Verdrehen des Innenkörpers stufenlos eingestellt beziehungsweise komplett verschlossen werden. Die Fußräume werden beidseitig über drei Ausströmer belüftet. Durch bereits in einem frühen Entwicklungsstadium eingesetzte Strömungsberechnungsprogramme wurden alle Luftführungsteile, das Klimagerät sowie die Luftansaugung auf einen geringen Strömungswiderstand, niedrige Strömungsgeschwindigkeiten und damit auf ein niedriges Geräuschniveau optimiert. Die Fahrzeugentlüftungsklappen seitlich im Heck sind mit einer zusätzlichen Umfeldabdichtung versehen, um die Übertragung von Abrollgeräuschen durch den roadsterspezifischen Aufbau in den Fahrzeuginnenraum zu minimieren.

Innenbeleuchtung

Als Sonderausstattung sind beleuchtete äußere Einstiegschienen erhältlich. Dabei ist der Mercedes-Benz-Schriftzug beleuchtet, die Oberfläche ist matt gestrahlt und mit hochglänzender Finnenoptik versehen. Die Türverkleidung verfügt serienmäßig über eine beleuchtete Innenbetätigungsmulde, um ein einfaches Auffinden des Entriegelungshebels bei Dunkelheit zu garantieren. Als weitere Sonderausstattung wird eine Ambientebeleuchtung in Mittelkonsole, Türverkleidung und Fondraum angeboten. Dazu wurden Lichtleiter in die oben genannten Bauteile integriert.

Die Ambientebeleuchtung kann wahlweise in den drei Farben solar, orange und rot geschaltet werden, Bild 11. Die Dachbedieneinheit oberhalb des Innenspiegels ist mit Brillenfach und Leselicht ausgestattet, zudem sind Schalter für Sonderausstattungen wie MAGIC SKY CONTROL untergebracht. Das Lichtpaket umfasst eine Ausstiegsbeleuchtung in den A-Säulen, eine Make-up-Beleuchtung sowie die

Bild 11 **Ambientebeleuchtung**

Beleuchtung von Fußraum, Handschuhkasten und des Staufachs in der Mittelkonsole.

Innenverkleidung

Die hochwertigen Innenverkleidungen passen sich stimmig in das Interieur des neuen SL ein und liegen bezüglich Wertanmutung, Materialien und Kundennutzen auf S-Klasse-Niveau. Entwicklungsschwerpunkte waren die Dachbedieneinheit mit Brillenfach, Ausstiegsleuchten in den A-Säulen, die Ambientebeleuchtung in Mittelkonsole und Türverkleidungen, die beleuchteten Einstiegsschienen sowie die Boden- und die Kofferraumverkleidung. Die Bodengruppe ist mit hochwertigem Tuftvelours belegt. Im Beifahrerfußraum ist ein Gepäcknetz untergebracht. Weitere integrierte Gepäcknetze finden sich an den Rückenlehnen des Fahrer- und des Beifahrersitzes.

Der Kofferraum ist mit hochwertigem Dilours ausgekleidet. Ebenso wurde die Trennung Restkofferraum mit Dilours kaschiert und das Öffnungsmaß gegenüber dem Vorgänger – zur besseren Beladung des Kofferraums – vergrößert. Die Trennung Restkofferraum kann zur Vergrößerung des Kofferraumvolumens entnommen werden. In der Heckdeckelverkleidung ist außerdem das Warndreieck untergebracht und so jederzeit schnell erreichbar.

Sitzanlage

Die Sitzanlage wurde im Hinblick auf optimalen Sportsitzkomfort entwickelt. Verbesserte Ergonomie, eine neuartige Sitzbelüftung und neueste Sicherheitsaspekte bei gleichzeitiger Reduzierung des Gewichts waren Schwerpunkte der konstruktiven Gestaltung. Die Erreichbarkeit der Bedienelemente auf der Mittelkonsole wurde durch gezielt gestaltete Einzüge der Lehnenseitenwangen im Ellbogenbereich verbessert. Die gute Seitenführung bei sportlicher Fahrweise wurde gleichzeitig beibehalten. Als neues Merkmal wird die Polsterung mit sonnenreflektierendem Leder angeboten. Dieses speziell beschichtete Leder reflektiert die Wärmestrahlung der Sonne und reduziert besonders bei dunklen Ausstattungsfarben die Aufheizung der Oberfläche spürbar. Die Kopfstützen wurden optisch in die Lehne integriert.

Zur Serienausstattung der Sitze gehören:

- vollelektrische Längs-, Höhen-, Kissenneigungs-, Kissentiefen-, Lehnenneigungs- und Kopfstützenhöheneinstellung mit Memoryfunktion
- Kopfstützen mit integriertem, crashaktivem Modul
- Kleiderhaken an den Lehnenrückseiten
- Sitzheizung im Kissen und in der Lehne bei Lederpolsterung
- optimierte elektropneumatische Vierwege-Lordoseneinstellung
- elektrisch betätigter Fondraumzugang für erleichterten Beladevorgang
- sitzintegrierter Thorax-Sidebag
- Sitzbelegungserkennung mit automatischer Kindersitzerkennung auf der Beifahrerseite für speziell für Mercedes-Benz-Fahrzeuge freigegebene Kindersitze mit Transponder
- Kollisionen der Sitzanlage mit dem Umfeld beim Verfahren werden über die elektronische Steuerung vermieden.

Mit den Memorytasten können jeweils drei Sitzpositionen für Fahrer und Beifahrer abgespeichert werden. Fahrerseitig werden zusätzlich die Positionen von Lenkrad und Außenspiegeln abgespeichert. Mit folgenden Sonderausstattungen kann die Sitzanlage weiter aufgewertet werden: ISOFIX-Kindersitzbefestigung auf dem Beifahrersitz, Kopfraumheizung, Multikontursitz, Fahrdynamikfunktion, Massagefunktion und aktive Sitzbelüftung.

Kopfraumheizung

Wie beim Vorgänger R230 wird AIRSCARF, Bild 12, auch im neuen SL als Sonderausstattung angeboten. AIRSCARF ist eine Kopfraumheizung, die durch eine vorne in den Kopfstützen angebrachte Austrittsdüse den Kopf- und Nackenbereich der Insassen mit warmer Luft umströmt. Zusammen mit der Sitzheizung bietet das System höchsten Roadsterkomfort, wobei die Wärmemenge in Abhängigkeit von der Fahrgeschwindigkeit zugeführt wird. Das Gebläse, das die kalte Luft ansaugt und die erwärmte Luft zur Austrittsdüse transportiert, ist in die Sitzlehne integriert. Ein PTC-Heizelement erwärmt die durchströmende Luft. Die Höheneinstellung der Ausströmöffnung erfolgt analog zur Kopfstützenhöhe. Der Schalter für AIRSCARF liegt im unteren Bedienfeld der Mittelkonsole neben dem Schalter für die Sitzheizung.

Multikontursitz

Die Seitenwangen von Kissen und Lehne können für größeren Seitenhalt verändert werden. Dies ermöglicht eine individuell einstellbare Sportsitzkonturierung.

Fahrdynamikfunktion

Die Fahrdynamikfunktion sorgt bei sportlicher Kurvenfahrt über eine Konturänderung der jeweils kurvenäußeren Lehnenseitenbacken aktiv für nochmals verbesserten Seitenhalt. Dafür werden die Luftkammern in den Seitenwangen der Lehne durch eine elektronische Einheit in Abhängigkeit von Lenkeinschlag und Geschwindigkeit dynamisch angesteuert und die Luftpolster aufgeblasen und wieder entlüftet.

Bild 12
Die Kopfraumheizung AIRSCARF umströmt die Insassen mit warmer Luft

Massagefunktion

Eines der neuen Komfortmerkmale im Sportwagensegment ist die erweiterte Massagefunktion. Wie aus der S-Klasse bekannt, können Intensität und Geschwindigkeit in zwei Stufen eingestellt werden. Die Massagefunktion stimuliert die Rückenmuskulatur und leistet dadurch einen Beitrag zur Fitness des Insassen. Auch diese Funktion wird pneumatisch über ein integriertes Luftkammerpaket ausgeführt. Basierend auf der individuell eingestellten Lehnenkontur werden die Luftkammern rollierend befüllt und entlüftet und so der Rücken massiert.

Die Bedienung von Lordose-, Multikontur-, Massage- und Fahrdynamikfunktion erfolgt über das COMAND-System. Über eine Taste in der Mittelkonsole wird das Bedienmenü für die Sitzfunktionen direkt aufgerufen. Alle Konturierungen werden pneumatisch realisiert, das heißt unter den Polsterauflagen sind Luftkammern angeordnet, die durch zentral angeordnete Piezoventile dynamisch befüllt und entleert werden. Die aktiven Multikontursitze (Multikontur-, Massagefunktion und fahrdynamische Anpassung) sind mit dem Gütesiegel der Aktion Gesunder Rücken e. V. ausgezeichnet.

Aktiv belüfteter Sitz

Optimalen Klimakomfort bieten die Komfortsitze mit aktiver Sitzbelüftung. Vier Lüfter im Sitzkissen und zwei Lüfter in der Lehne sorgen zusammen mit perforiertem Leder für eine gleichmäßige relative Luftfeuchte an der Kontaktfläche des Insassen zum Sitz. Die Intensität kann in drei Stufen an die individuellen Bedürfnisse angepasst werden. In Kombination mit der Sitzheizung kann jeder Passagier seinen optimalen Sitzklimakomfort finden. Erstmalig werden sogenannte reversierende Lüfter eingesetzt. Dabei ist die Drehrichtung der Lüfter und somit der Luftweg durch den Sitzaufbau umkehrbar. Diese Weltneuheit wechselt nach 10 min von einer saugenden in eine blasende Luftstromrichtung. Mit Lüftungsstart kann so die Oberflächentemperatur eines aufgeheizten Sitzes deutlich schneller als bei bisherigen aktiv kühlenden Systemen reduziert werden. Kühlere Umgebungsluft wird auf die Sitzoberfläche gesaugt und erzeugt rasch ein angenehmes Frischegefühl. Nach dieser Anfangsphase werden die Lüfter automatisch auf blasenden Betrieb umgestellt, um Zugerscheinungen zu reduzieren und somit den Dauerkomfort sicherzustellen.

Bild 13
Aufbau der Fahrersitzstruktur

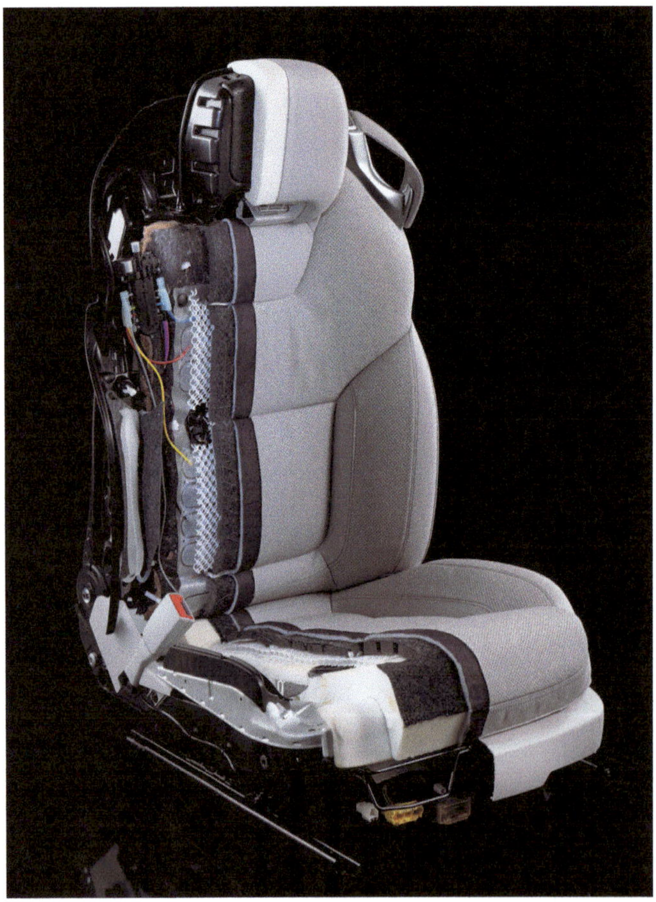

Modularer Aufbau

Die Fahrersitzstruktur des SL-Sitzes, Bild 13, ist Bestandteil eines modularen Baukastensystems. Der Vorteil besteht darin, dass kostenintensive Komponenten wie Lehnenrahmen, Kissenschale, Sitzschienen und Antriebe aus dem Baukasten übernommen werden können, aber trotzdem über die Skalierung standardisierter, erprobter Bauteile eine sportliche, SL-typische tiefe Sitzposition ermöglicht wird.

Durch die Ableitung der SL-Sitzstruktur aus dem Baukastensystem konnten vor allem die anspruchsvollen Gewichtsziele erreicht werden. Mit circa 19 kg pro Sitzstruktur und zwölf verschiedenen Verstellebenen ist die Struktur Benchmark und circa 20 % leichter als vergleichbare Strukturen. Neu ist die Sandwichbauweise der Sitzrahmenseitenteile, die aus einer zweiteiligen, hochfesten Stahlschale mit integrierten Kunststoffeinlegern bestehen. Mit dieser Lösung wird eine symmetrische Krafteinleitung der Lehnenbeschläge in den Sitzunterbau ermöglicht. Dadurch werden bei geringerem Materialeinsatz die hohen statischen und dynamischen Anforderungen erfüllt. Ein weiterer Vorteil ergibt sich für die Gurtschlossbefestigung. Gegenüber marktüblichen Sitzstrukturen bewegt sich das Gurtschloss nicht nur mit der Sitzlängsverstellung, sondern zusätzlich mit der Sitzhöhenverstellung. Unabhängig von der Größe des Insassen ist somit immer ein optimaler Anschnallkomfort gewährleistet.

Technik

Die Vielzahl der Einstellmöglichkeiten der Sitze ermöglicht eine optimale Anpassung an den Insassen, seine Anatomie und seine individuellen Wünsche an einen optimalen Sitzkomfort. Die Einstellung der Sitzposition erfolgt stufenlos, die Arretierung ist über Selbsthemmung in den Getrieben umgesetzt. Wie beim Vorgänger erfolgt die Betätigung sämtlicher Einstellfunktionen bequem und übersichtlich über einen selbsterklärenden Schalter an der Tür.

Die technischen Daten des Sitzsystems im Detail:

- stufenloser Längsverstellweg von 265 mm über Gewindespindel-Getriebeanordnung
- stufenlose Höheneinstellung von 65 mm über Gewindespindel-Getriebeanordnung und Viergelenkkinematik mit Selbsthemmung im Getriebe
- Kissenneigungverstellung +/−4° über Hebelgetriebeanordnung
- Sitzkissentiefenverstellung von 65 mm zur Anpassung der Auflagelänge für kleine und große Personen
- stufenlose Lehnenwinkelverstellung von 34° nach vorne, Kennfeldbegrenzung nach hinten zur Vermeidung von Kollisionen mit Verkleidungsteilen im Fondraum
- stufenlose elektrische Höhenverstellung der Kopfstütze von 85 mm.

Zusätzlich kann die Rückenlehne über einen elektrischen Schalter an der Lehnenaußenseite zur erleichterten Fondraumzugänglichkeit nach vorne geschwenkt werden. Bei erneuter Betätigung fährt der Sitz automatisch in seine Ausgangslage zurück.

Das Sitzkissen ist als Stahlblechhalbschale mit einer Stahlunterfederung sowie einer Schaumstoffauflage und einem Bezug aufgebaut. In die Halbschale sind die Ausformungen für die Befestigung am Sitzversteller integriert. Bei vergrößerter Sitztiefe wird die Unterfederung vorgespannt. Die Federkennlinie passt sich somit über die Einstellung größeren und schwereren Insassen an. Bei optionalen Sonderausstattungen der Sitzanlage ist der Polsteraufbau entsprechend modifiziert und mit Zusatzbauteilen versehen.

Die Lehne setzt sich aus einem Stahllehnenrahmen mit zwei Kopfstützenführungshülsen, einem angeschraubten Seitenairbag (Thoraxbag), einer Lehnenschale aus Kunststoff, einer Naturfaser-Gummihaarauflage mit Schnittschaumkaschierung, einer frontseitigen Kunststoffblende, einem Bezug und einer kaschierten Rückenschale aus glasfasermattenverstärktem Polyurethan zusammen.

V6- und V8-Ottomotoren

Gerhard Doll | Roland Kemmler | Anton Waltner | Tilman Linder

Mercedes-Benz setzt im neuen SL die schon aus der S-Klasse bekannte Blue DIRECT-Ottomotorenfamilie mit den Typbezeichnungen M 276 für das V6-Aggregat und M 278 für den V8 ein. Die Hochleistungsmotoren bieten bis zu 12 Prozent mehr Leistung, bis zu 32 Prozent mehr Drehmoment und verbrauchen erheblich weniger Kraftstoff im NEFZ als die Vorgänger.

Zielsetzung

Ab Herbst 2010 wurde, beginnend mit dem S-Klasse Coupé und der S-Klasse, eine neue V-Motorgeneration bei Mercedes-Benz eingeführt. Diese sogenannte BlueDIRECT-Motorfamilie mit den Typbezeichnungen M 276 für den V6 und M 278 für den V8 setzt konsequent auf technische Weiterentwicklungen und Modularisierung. Sie lösen die sehr erfolgreichen Aggregate der Typbezeichnungen M 272 und M 273 ab. Die Verwendung von flexibel einsetzbaren Technikbausteinen ermöglicht, sowohl die weltweit unterschiedlichen Markt- und Gesetzesanforderungen zu erfüllen, als auch die Zukunftsfähigkeit der Motorfamilie sicherzustellen. Auf dieser Basis entstanden Hochleistungsaggregate, die sich von den bewährten Vorgängeraggregaten unter anderem durch folgende, vom Kunden erlebbare Kenndaten unterscheiden:

- bis zu 12 % mehr Leistung
- bis zu 32 % mehr Drehmoment
- bis über 25 % weniger Verbrauch im NEFZ.

Die neue Motorgeneration weist einerseits einen aufgrund der verfolgten Modulstrategie angestrebten hohen Anteil an bewährten Gleichteilen auf, bietet andererseits aber auch zukunftsfähige Weiterentwicklungsmöglichkeiten.

Zylinderkopf und Kühlung

Das bewährte Zylinderkopfgrundkonzept mit Rollenschlepphebel-Ventilsteuerung wurde im Wesentlichen von der Vorgängerbaureihe übernommen. Wegen der höheren Brennraumbelastung und um bei guter Verbrennungsschwerpunktlage die gewünschte hohe Verdichtung realisieren zu können, wurde am Brennraumdach der Wärmeübergang deutlich verbessert. Die erforderliche Strömungsoptimierung wurde durch einen zweiteiligen Wassermantel realisiert. Die funktionale und fertigungsgerechte Gestaltung der Kerne und des Zylinderkopfs mit bisher nicht realisierbaren, kleinen Kernquerschnitten stellte für Entwicklung und Produktion eine besondere Herausforderung dar. Im Folgenden wird auf die Spezifika der Brennraumgeometrie und auf Injektor- und Zündkerzenlage eingegangen.

Für eine optimale Zerstäubung des Kraftstoffstrahls und um die Wandbenetzung gering zu halten, wurde eine zentrale Kerzenlage gewählt. Bei der neuen V6- und V8-Motorgeneration ist die Zündkerze im Hinblick auf eine optimale Benetzung im Kleinstmengenbereich als Basis für ein robustes Schichtbrennverfahren unter einem Winkel von 22° zum Injektor angeordnet. Darüber hinaus bietet diese Winkelanordnung die Möglichkeit einer optimalen Kühlung zwischen Injektor und Zündkerze, was insbesondere bei der Verbindung von Mehrfachfunkenzündung (MSI: Multi-Spark Ignition) und Aufladung von Bedeutung ist.

Hydraulischer Nockenwellenversteller

Ein wichtiger Aspekt für reduzierten Bauraumbedarf und Gewichtsoptimierung war die Weiterentwicklung des hydraulischen Flügelzellen-Nockenwellenverstellers. Der Einbauraum in der Längs- und Hochachse des Motors konnte, bei verbesserter Funktionalität, 35 % höherer Stellgeschwindigkeit und um 0,4 bar reduziertem Öldruckbedarf für Verstellbereitschaft, um jeweils circa 15 mm reduziert werden.

Bestandteil des Optimierungskonzepts ist das integrierte Steuerventil, welches für eine schnelle und stufenlose Einstellung der optimalen Steuerzeiten sorgt.

Um Verschleiß und Leckagen auf niedrigem Niveau zu realisieren, wurde die Ausführung in Stahl beibehalten, dennoch konnte nahezu eine Halbierung des Gewichts gegenüber dem Vorgängerstand erreicht werden.

Ölkreislauf

Die neuen V-Motoren erhalten eine neu entwickelte Flügelzellenölpumpe mit automatischer Mengenregelung auf Basis zweier kennfeldgesteuerter, elektrisch geschalteter Hauptkanaldruckstufen. Zwei Merkmale sollen hier hervorgehoben werden:

- Ölpumpengehäuse und Zwischenflansch aus Aluminium sind eloxiert und sorgen so für dauerhafte Verschleißfestigkeit bei geringen Leckagespielen.
- Beim V8-Motor sorgt eine zusätzliche Außenzahnradpumpe als Saugstufe für die ATL-Ölrückläufe für die sichere Drainage der Turbolader.

Die regelbare Ölpumpe als Kernbestandteil des Ölversorgungskonzepts wurde als modulares, universell einbaubares Komplettsystem bei Mercedes-Benz entwickelt. Beim Druckstufen-Regelungskonzept lassen sich die Schmier- und Kühlstellen des Motors abhängig von Motorlast und Motordrehzahl insbesondere im verbrauchsrelevanten Bereich mit deutlich niedrigerer Antriebsleistung versorgen als dies mit einer ungeregelten Pumpe möglich wäre. Während in der hohen Druckstufe mit 4 bar alle Schmier- und Kühlstellen des Motors maximal mit Öl versorgt werden, wird der Volumenstrom in der niedrigen Druckstufe mit 2 bar auf das unbedingt erforderliche Maß reduziert. Gleichzeitig sind die Ölspritzen zur Kühlung des Kolbenunterbodens abgeschaltet, da der Mindestöffnungsdruck unterschritten wird. Die Öldruckschaltung ist unter 3000/min außerdem noch vom Lastzustand des Motors abhängig, Bild 1.

Hochdruckhydraulik und Injektor

Weitere wichtige Bausteine eines modernen Ottomotors sind Gemischbildung und Kraftstoffversorgung. Basierend auf den Erfahrungen mit dem Vorgängermotor M 272 DE wurde die Direkteinspritzung zur dritten Generation weiterentwickelt. Erneut wird auf eine rücklauffreie Hochdruckversorgung mit zwei verbundenen Rails gesetzt. Der betriebsartenabhängige, regelbare Leitungsdruck liegt zwischen 120 und 200 bar. Der neu entwickelte Hochdruckinjektor mit Direktbetätigung durch einen Piezoaktor ist in der Lage, aktuell bis zu fünf sehr präzise Einspritzungen je Zyklus abzusetzen und ist natürlich ein Grundstein des entwickelten Brennverfahrens.

Die Mehrfacheinspritzung für eine optimale Steuerung des Brennverfahrens ist neben dem Verbrauch auch für die Emissionen von maßgeblicher Bedeutung. Gegenüber einer Einfacheinspritzung können bei vergleichbarem Lambdawert durch eine Mehrfacheinspritzung die Risiken einer Wand- und Kolbenbenetzung weitestgehend vermieden werden. Voraussetzung hierfür ist die hohe Präzision des Einspritzzeitpunkts sowie eine reproduzierbare und geringe Kleinstmengenvarianz. Die Potenziale einer Mehrfacheinspritzung können mit dem Piezoinjektor in idealer Weise umgesetzt werden. Bild 2 zeigt die Potenziale der Gemischaufbereitung in der Katalysatorheizphase. Die relative Partikelanzahl kann mittels Piezoinjektor bei einer Dreifacheinspritzung um 60 % gegenüber einer Mehrlochdüse der ersten Generation reduziert werden. Die Serienapplikation mit Fünffacheinspritzung beim neuen V6 liegt um 80 % unter dem Niveau der Mehrlochventilbasis.

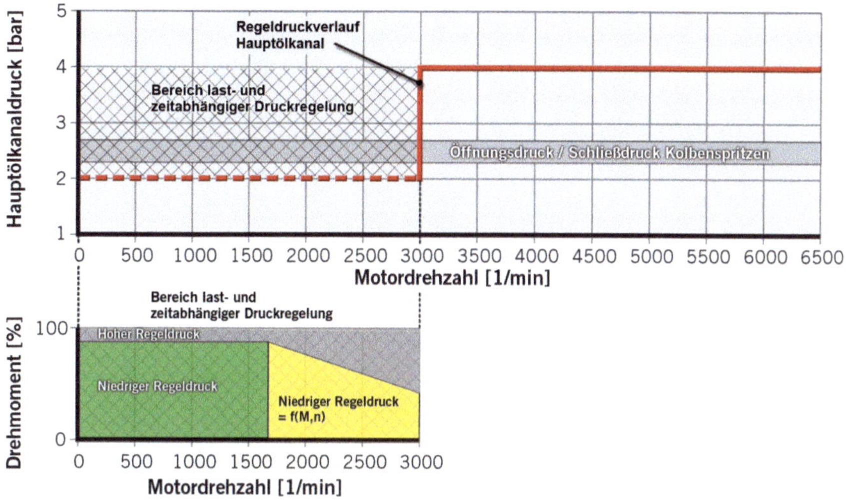

Bild 1
Öldruckvorgabe als Funktion von Drehzahl und Drehmoment

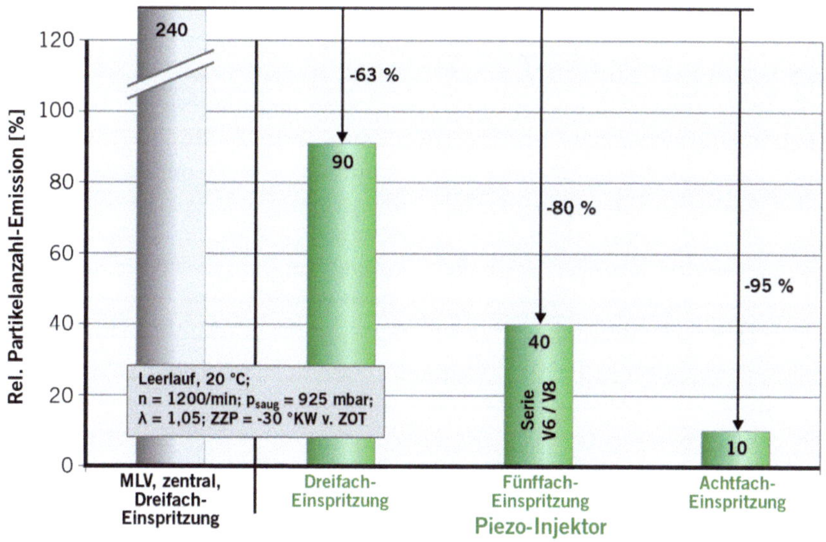

Bild 2
Partikelemissionen bei Mehrfacheinspritzung

Mehrfachfunkenzündung

Mit den neuen V6- und V8-Motoren wird die strahlgeführte Direkteinspritzung erstmals mit einer Mehrfachfunkenzündung kombiniert. Hierdurch ist es möglich, eine robuste Entflammung auch unter kritischen Randbedingungen zum vorgesehenen Zündzeitpunkt sicherzustellen. Das Applikationsfenster wird dadurch so erweitert, dass Betriebspunkte des Motors genutzt werden können, die eine weitere Reduzierung des Kraftstoffverbrauchs und der Emissionen zulassen. Das Konzept der eingesetzten Mehrfachfunkenzündung basiert auf einer Flexibilisierung der Energiezufuhr. Die gespeicherte Energie des Zündtransformators wird auf das für den ersten Funkendurchbruch nötige Maß beschränkt. Nach dem Fun-

kendurchbruch unterstützt die Spule die Brennphase des Funkens mit nachgelieferter Energie. Mit einer steigenden Anzahl von Folgefunken, das heißt mit wachsender Gesamtenergie, bildet sich ein Plasmakanal mit großer räumlicher Ausdehnung und Dichte aus. Über die Ansteuerung der MSI kann sowohl die Zeit bis zu einem Folgefunken als auch die Brenndauer für den jeweiligen Betriebspunkt optimal angepasst werden. Durch den Einsatz der MSI wird das bereits sehr große Robustheitsfenster des Mercedes-Benz-Brennverfahrens nochmals deutlich erweitert. Beispielhaft ist in Bild 3 das Verbesserungspotenzial im Lastpunkt 1800/min und pmi = 5,5 bar dargestellt.
Durch die Verlagerung der Verbrennung in thermodynamisch günstigere Betriebspunkte werden im stationären Motorbetrieb Verbrauchsreduzierungen von circa 4 % und eine HC-Absenkung um 50 % bei gleichzeitiger Verbesserung der Stickoxidemissionen um circa 5 % erreicht. Die teilweise deutlichen Verbesserungen lassen sich reproduzierbar darstellen, wenn die Zündung während der Einspritzung abgesetzt und das Risiko des Erlöschens des Funkens durch die Ausbildung von Folgefunken minimiert wird. Mithilfe der schnellen Mehrfachfunkenzündung wurde so eine weitere Reduzierung des Kraftstoffverbrauchs im NEFZ von circa 2 % durch Optimierung der Verbrennungsschwerpunktlage gegenüber der bisherigen Direkteinspritzung der zweiten Generation möglich.

ECO Start-Stopp-Funktion

Die neuen V-Motoren sind weltweit mit der innermotorischen ECO Start-Stopp-Funktion ausgestattet. Dabei handelt es sich um eine starterunterstützte Direktstartfunktion in Kombination mit einer Motorstoppfunktion. Abhängig von Betriebsparametern, die die Funktion aktivieren, schaltet sie den Motor im Fahrzeugstillstand und bei betätigter Fußbremse ab und leitet einen schnellen Motordirektstart beim Lösen der Fußbremse ein. Die ECO Start-Stopp-Funktion nutzt die Tatsache, dass mit präzisem Timing von Einspritzung und Zündung der unmittelbar erste Verdichtungshub eines Zylinders schon für eine kontrollierte Verbrennung genutzt werden kann.

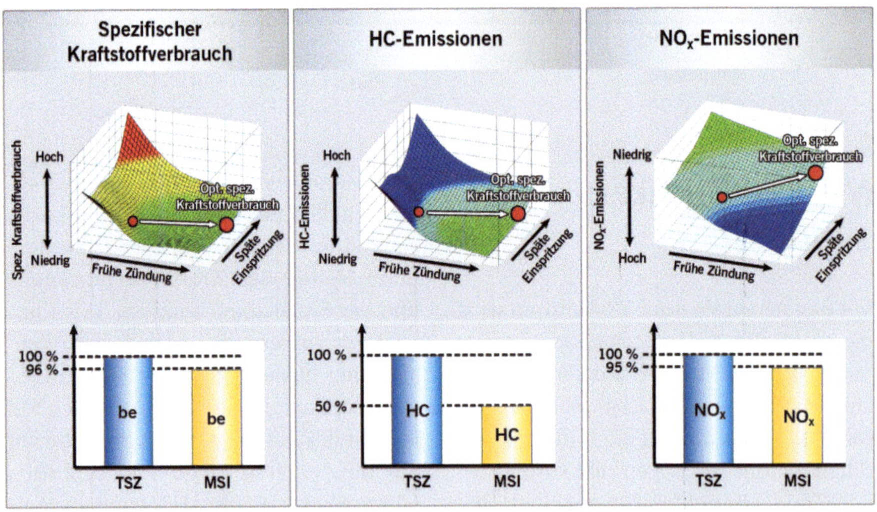

Bild 3
Verbesserungspotenzial bei Verbrauch und Emissionen durch Mehrfachzündung

Beim Abstellen des Motors wird im Motorauslauf die Winkelstellung der Kurbelwelle durch einen Kurbelwellensensor mit Drehrichtungserkennung erfasst, sodass die Synchronisation mit dem Motorsteuergerät auch bei stehendem Motor erhalten bleibt. Damit ist beim Start nach kurzem Andrehen des Motors durch den Anlasser (ab circa 60 °KW) sofort eine zuverlässige Einspritzung und Zündung des ersten Zylinders möglich. Bei diesem Verfahren braucht der Starter nur noch einen ersten Anschub zu leisten, und der Motor startet sehr schnell und komfortabel.

Bild 4 macht deutlich, wie durch die Möglichkeiten der Brennverfahren auf Basis einer Direkteinspritzung ein optimaler Start gestaltet werden kann. Die Startbedingungen sind über Drehzahl und Lambdawert zwischen einem klassischen Schlüsselstart und dem Start aus dem Stoppmodus für den sogenannten Kriechstart dargestellt, wie er beispielsweise beim Stop-and-go-Verkehr erfolgt. Durch die sehr präzise und schichtfähige Piezoeinspritzung wird problemlos ein Magerstart initialisiert und damit das Drehmoment trotz Saugrohrdruck auf Umgebungsniveau bereits ab der ersten Zündung dem gewünschten Betriebspunkt angepasst. Mit diesem, durch die Schichteinspritzung bedingten, extrem mageren Gemisch wird der Motor wirkungsgradoptimal gestartet. Mithilfe der Zündzeitpunktverstellung werden lediglich Feinkorrekturen des Drehzahlverlaufs vorgenommen. Damit sind in der Verbrauchsbilanz bereits Abstellzeiten ab 1,5 s ökologisch sinnvoll. Zudem ermöglicht diese Betriebsstrategie einen sehr schnellen Motorstart in weniger als 350 ms, der als sehr komfortabel wahrgenommen wird. Dafür ist getriebeseitig eine elektrische Zusatzölpumpe zur Aufrechterhaltung des Wandlerdrucks eingebaut. Starter und Anlasserzahnkranz sind den höheren Startzyklen angepasst. Die Verbrauchseinsparung durch die ECO Start-Stopp-Funktion im NEFZ beträgt circa 5 %.

Technikbausteine des V8-Motors

Bild 5 zeigt den V8-Motor und Bild 6 die technischen Daten des M 278 mit Direkteinspritzung im Vergleich zum Vorgängermotor M 273 mit Kanaleinspritzung.

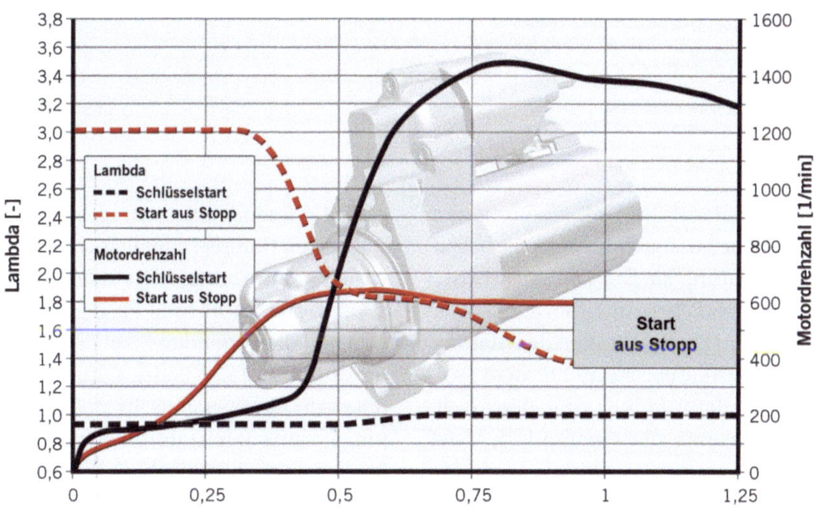

Bild 4
Startvergleich am Beispiel des Motors M 276

Bild 5
Ansicht des Motors M 278

Bild 6
Technische Daten des neuen V8-Motors M 278 mit Direkteinspritzung im Vergleich zum Vorgängermotor M 273 mit Kanaleinspritzung

		M 278 DELA 46	M 273 KE 55
Getriebe	–	7G-TRONIC PLUS	7G-TRONIC
Zylinderzahl	–	V8	
Bankwinkel	Grad	90	
Ventile / Zylinder	–	4	
Hubraum	cm^3	4663	5461
Bohrung	mm	92,9	98
Hub	mm	86	90,5
Zylinderabstand	mm	106	
Verdichtungsverhältnis	–	10,5	
Max. Ladedruck	mbar	900	-
Nennleistung bei Drehzahl	kW 1/min	320 5250	285 6000
Max. Drehmoment bei Drehzahl	Nm 1/min	700 1800 – 3500	530 2800 – 4800
Motorgewicht DIN 70020 GZ	kg	220	195

Beim aufgeladenen Motor kommt den Ladungswechseleinrichtungen eine besondere Bedeutung zu. Der Ladungswechsel hat einen deutlichen Anteil am guten dynamischen Ansprechverhalten des Motors. Das Ladeluftkühlermodul mit dem Luft-Wasser-Ladeluftkühler und dem Luftverteiler konnte platzsparend im V des Motors angeordnet werden, da die Turbolader mit ihrer heißen Gasführung außen an den Zylinderköpfen untergebracht sind. Die beiden Dämpferfilter liegen in symmetrischer Anordnung über den Zylinderköpfen. Die Zuführung zu den Verdichtern und die Verbindung von den Verdichtern zum zentralen Ladeluftkühler erfolgt über sehr dünnwandige, Innenhochdruck umgeformte Edelstahlrohre, die die Anforderungen hinsichtlich Bauraumbedarf, Gewicht und Druckstabilität opti-

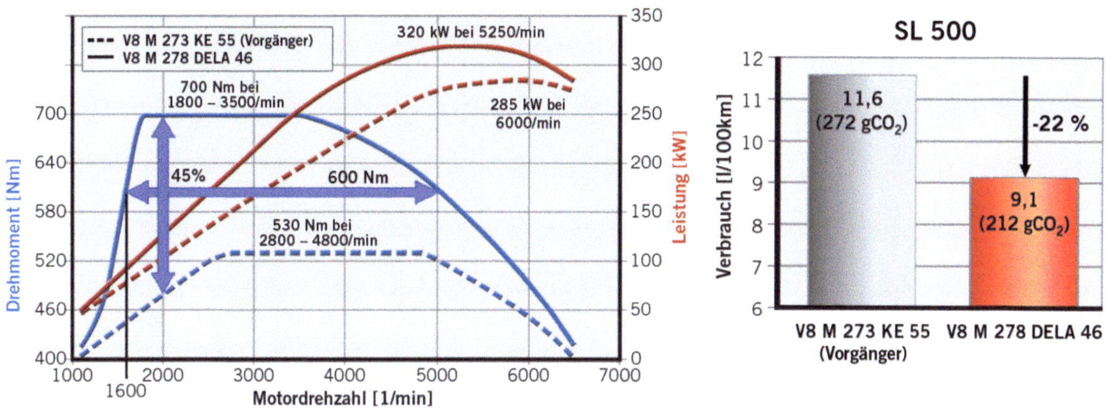

Bild 7
Leistung, Drehmoment und Kraftstoffverbrauch des neuen V8-Motors im Vergleich zum Vorgänger

mal erfüllen. Die Füllungsregelung erfolgt über einen einzelnen Klappenstutzen zwischen Austritt des Ladeluftkühlers und Eintritt in den Ladedruckverteiler auf der Rückseite des Motors.

Die beiden Wastegate-Turbolader sind je Zylinderkopfseite aus einem Stahlgussteil und einem angeschweißten, doppelwandigen Stahlblechkrümmer zusammengebaut. Das Stahlgussteil beinhaltet Turbine, Wastegate und die Gasführung des ersten Zylinders. Der Stahlblechkrümmer verbindet die Gasführung der Zylinder 2 bis 4. Aus Bauraumgründen und für die einfachere Montage der fahrzeugseitigen Abgasanlage wird am Turbinenaustritt des ATL ein Abgasrohr als Verbindungsstück vormontiert. Turbine und Verdichter sind auf gutes Ansprechverhalten und niedrigen Gegendruck respektive verbrauchsgünstiges Volllastverhalten optimiert.

Motorisches Ergebnis und Verbrauch V8-Motor

Die Auslegung des V8-Motors M 278 orientierte sich insbesondere daran, einerseits hohes Drehmoment schon bei niedrigen Drehzahlen bereitzustellen und andererseits bei Volllast und moderater Leistungssteigerung keine Nachteile beim Verbrauch hinnehmen zu müssen. So beträgt der Drehmomentzugewinn gegenüber dem Vorgängermotor bei 2000/min immerhin 45 % und im Bereich zwischen 1600 und 5000/min stehen 600 Nm zur Verfügung, Bild 7. Durch die optimale Gesamtauslegung konnten für den neuen Ladermotor in großen kundenrelevanten Kennfeldbereichen Vorteile beim spezifischen Verbrauch realisiert werden. Die verbesserten Fahrleistungskenndaten sind für den Kunden im Vergleich zur Vorgängermotorisierung signifikant spürbar. Zudem wird im realen Fahrbetrieb trotz Downsizing ein angenehmes Downspeeding (gleiches Drehmoment bei geringerer Drehzahl) für den Fahrer zum Tragen kommen. Die Eckdaten des Motors stehen für entspanntes Fahren mit auf Wunsch sportivem Charakter bei weiter reduziertem Verbrauch.

Technikbausteine des V6-Motors

In Bild 8 ist der neue V6-Motor M 276 mit Direkteinspritzung dargestellt und in Bild 9 sind die technischen Daten im Vergleich zum Vorgängermotor M 272 mit Kanaleinspritzung zusammenge-

Bild 8
Ansicht des Motors M 276

Bild 9
Technische Daten des neuen V6-Motors M 276 mit Direkteinspritzung im Vergleich zum Vorgängermotor M 272 mit Kanaleinspritzung

		M 276 DE 35	M 272 KE 30
Getriebe	–	7G-TRONIC PLUS	7G-TRONIC
Zylinderzahl	–	6	
Bankwinkel	Grad	60	90
Ventile / Zylinder	–	4	
Hubraum	cm³	3499	2996
Bohrung	mm	92,9	88,0
Hub	mm	86	82,1
s/d	–	0,93	
Zylinderabstand	mm	106	
Verdichtungsverhältnis	–	12,2	11,1
Nennleistung bei Drehzahl	kW 1/min	225 6500	170 6000
Max. Drehmoment bei Drehzahl	Nm 1/min	370 3500 – 5250	300 2500 – 5000
Motorgewicht DIN 70020 GZ	kg	170,6	165,2

fasst. Eine Besonderheit des Motors ist das Resonanzsaugrohr. Die Stellorgane – Schaltwalze in der Mitte beziehungsweise die Resonanzklappen hinten – verbinden oder trennen die entsprechenden Resonanzkammern. Folgende vier Stellungen sind dabei möglich:

- 1) Die Schaltwalze ist aktiv und der Übersprechkanal passiv geschlossen.
- 2) Die Resonanzklappen werden ab einer Drehzahl von 3200/min im oberen Lastbereich angesteuert und sind dann geöffnet.
- 3) In der Leistungseinstellung ab 4000/min ist die Schaltwalze zusätzlich geöffnet.
- 4) In den restlichen Kennfeldbereichen werden die Klappen nicht aktiv ange-

steuert, die Schaltwalze ist dann geöffnet, der Übersprechkanal geschlossen. Die Ansteuerung der beiden Stellelemente erfolgt über unterdruckbetätigte Membransteller.

Direkteinspritzung der dritten Generation

Die Mercedes-Benz-Direkteinspritzung der dritten Generation wird unter dem Begriff BlueDIRECT zusammengefasst. Die bei Mercedes-Benz bereits im Jahr 2006 im CLS 350 CGI eingeführte Ottodirekteinspritzung der zweiten Generation ist gekennzeichnet durch:

- Einspritzung mittels Piezo-A-Düse und Kegelstrahl
- 200 bar Kraftstoffdruck
- magere Schichtladeverbrennung
- externe Abgasrückführung.

Sie hat sich im Serieneinsatz bewährt, die Verbrauchswerte sind überzeugend. In der dritten Generation BlueDIRECT wurde das Verfahren um die Multifunkenzündung MSI und die neue Magerbetriebsart HOS (homogener Schichtbetrieb) erweitert. Dabei ging es um folgende Aspekte:

- Ausweitung des Applikationsspielraums in Richtung optimaler Verbrennungsschwerpunktlagen und Erhöhung der AGR-Verträglichkeit durch Mehrfachfunkenzündung.
- Ausweitung des nutzbaren mageren Kennfeldbereichs durch Entwicklung weiterer Betriebsarten unter Nutzung der Freiheitsgrade der Piezoeinspritztechnik, vor allem Mehrfacheinspritzung und Kleinstmengenfähigkeit.

Bisher gab es einerseits den klassischen Schichtbetrieb mit Zwei- oder Dreifacheinspritzung in den Kompressionshub und andererseits die Homogeneinspritzung mit der bekannten Einspritzung in den Ansaughub. Die Trennung zwischen Schicht- und Homogenbetrieb lag bisher bei circa 5 bis 6 bar Mitteldruck. HOS stellt eine Betriebsart im Übergangsbereich dar. Sie ersetzt den oberen Bereich des Schichtbetriebs und einen Teil des darüber liegenden Homogenbetriebs. Die Zusammenhänge zeigt Bild 10. Im Lastschnitt bei 2000/min zeigt sich, dass HOS im Bereich oberhalb 4 bar Mitteldruck günstigere Verbrauchswerte liefert als

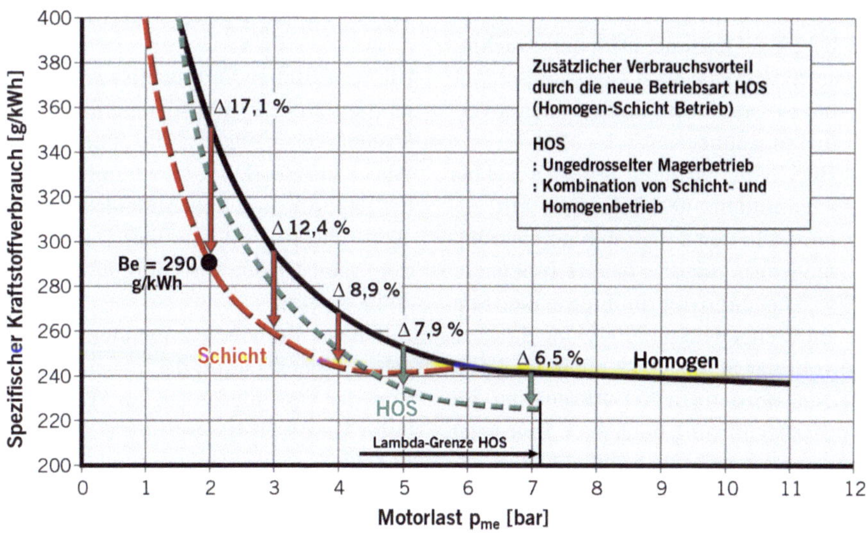

Bild 10
Lastschnitt bei 2000/min: Verbrauchspotenziale

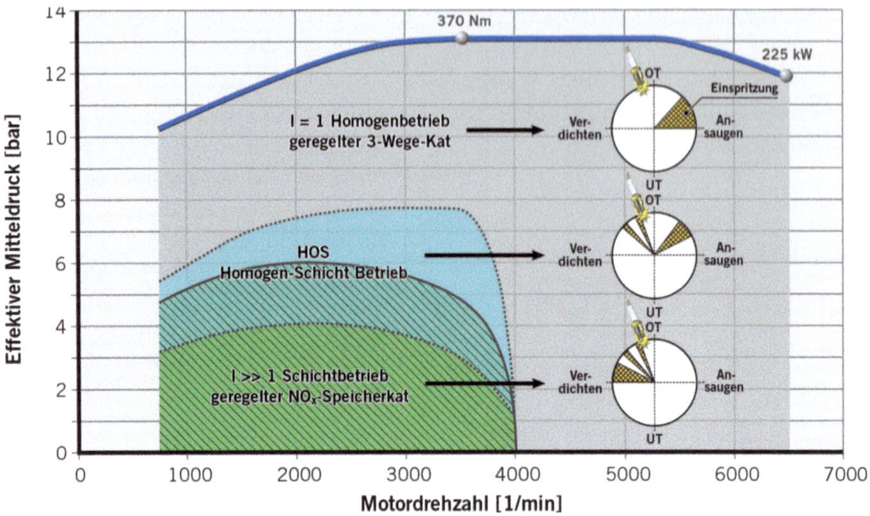

Bild 11
Die Betriebsarten im Motorkennfeld

der reine Schichtbetrieb, bis knapp über 7 bar werden günstigere Werte als im Homogenbetrieb erzielt. Bild 11 zeigt die Kennfeldaufteilung der verschiedenen Brennverfahren und deren Spezifika. Das Kennfeld unterteilt sich im Wesentlichen in drei Bereiche:

- Homogene Einspritzung bei hoher Last im gesamten Drehzahlbereich: Die Einspritzstrategie ist dabei klassisch mit Einspritzung in den Saughub; gegebenenfalls zündungsnah unterstützt durch eine kleine Resteinspritzung.
- Schichtbetrieb bei niedriger Teillast bis über 4 bar und 4000/min: Die Einspritzstrategie auch hier klassisch mit bis zu drei Einspritzungen in den Verdichtungshub.
- HOS in der mittleren Teillast von 4 bis 8 bar und bis 4000/min: Hier wird zunächst in den Saughub hinein ein homogenes, mageres Gemisch erzeugt, welches dann mit zündungsnahen Einspritzungen brennfähig gemacht wird.

Sowohl der Schicht- als auch der HOS-Betrieb werden zur NO_x-Absenkung mit Abgasrückführung betrieben. Hier zeigt sich, dass durch die Möglichkeiten der Piezoeinspritztechnik und der Mehrfachfunkenzündung das Verbrauchspotenzial weiter ausgeschöpft wird. Dadurch sind je nach Fahrzyklus bis zu 4 % Verbrauchseinsparung möglich. Für Märkte ohne schwefelfreien Kraftstoff ist eine Motorvariante ohne Magerbetriebsarten abgeleitet. Hier wird die Homogenapplikation des Schichtmotors übernommen, das Abgasrückführsystem und die NO_x-Speicherkatalysatoren entfallen.

Motorisches Ergebnis und Verbrauch V6-Motor

Die spezifischen Verbrauchswerte, aktuell dargestellt in den sogenannten FEV-Streubändern, zeigen als Bestpunkt einen Wert von 220 g/kWh, Bild 12 (oben), und bei 2000/min und 2 bar Mitteldruck einen Wert von 290 g/kWh (unten). Damit werden beim Ottomotor völlig neue Maßstäbe gesetzt.

Auf Basis der hervorragenden spezifischen Eigenschaften des neuen Motors und der Optimierungen im Warmlauf, beim Katalysatorheizen sowie durch die ECO Start-Stopp-Funktion und Getriebeschaltpunktverschiebungen werden deutliche Verbrauchseinsparungen erzielt. Im

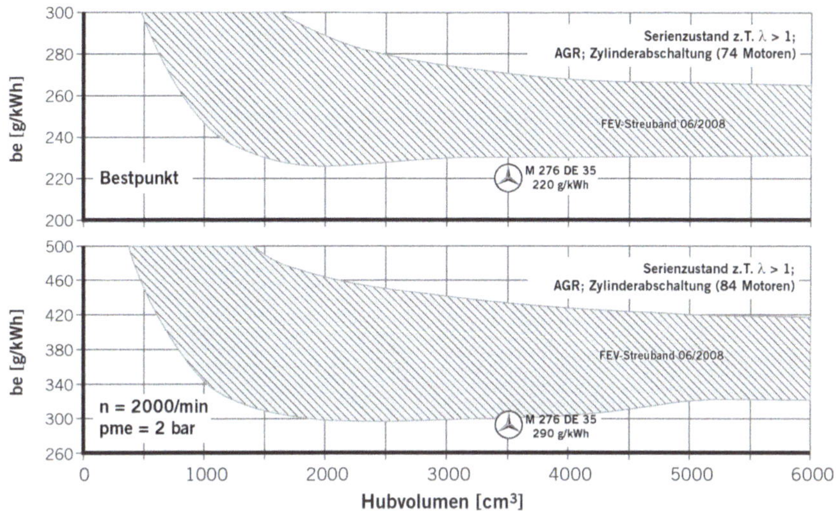

Bild 12
Spezifischer Kraftstoffverbrauch des Motors M 276 im FEV-Streuband

NEFZ konnte die CO_2-Emission im Vergleich zum Vorgänger um 30 % verringert werden, womit die erreichten Verbrauchswerte den Benchmark bei den Sportwagen darstellen, Bild 13.

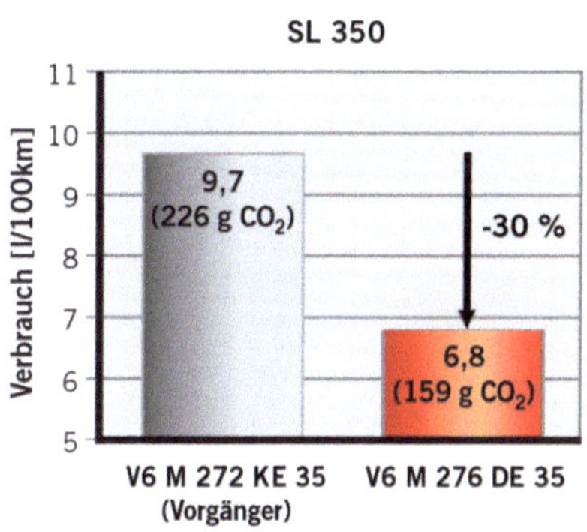

Bild 13
Kraftstoffverbrauch des neuen SL 350 im Vergleich zum Vorgänger

Zusammenfassung

Mit den neuen Sechs- und Achtzylinder-BlueDIRECT-Motoren von Mercedes-Benz ist es gelungen, ein Konzept zu realisieren, bei dem sowohl hervorragende Leistungswerte bei gleichzeitigem hohen Komfortniveau als auch Umweltgesichtspunkte und Wirtschaftlichkeit angemessen adressiert wurden. Wesentlicher Aspekt dabei war das spezifische Know-how von Mercedes-Benz auf dem Gebiet der strahlgeführten Direkteinspritzung und der Aufladetechnik bei Ottomotoren. Insgesamt stellen diese neuen Aggregate hervorragende Motorisierungen für sämtliche Fahrzeugzielbaureihen von Mercedes-Benz dar. Die vorteilhafte Einspritztechnik sowie die Modularität stellen die Zukunftsfähigkeit der BlueDIRECT-Motorenfamilie sicher.

Mittelschaltung und Getriebe

Boris Engel | Daniel Heimgärtner | Frank Tomaschewski | Jens Dorfschmid | Heinz Alber

Die neu entwickelte DIRECT SELECT-Schaltung unterstreicht das sportliche Fahrgefühl im neuen SL. Die Fahrstufen können dabei durch Tippbetätigung des Wählhebels in der Mittelkonsole gewechselt werden. Das Siebengang-Automatikgetriebe bietet verbesserten Schaltkomfort und reduziert den Verbrauch im Vergleich zum Vorgängergetriebe um durchschnittlich 7 Prozent.

Schaltung in der Mittelkonsole

Mit dem neuen SL wird erstmals die neuentwickelte DIRECT SELECT-Schaltung für alle Fahrzeuge einer Mercedes-Benz-Baureihe mit Automatikgetriebe eingeführt, Bild 1. Ihre Weltpremiere feierte sie im aktuellen E 63 AMG, kurze Zeit später fand sie ihren Einsatz im SLS AMG und im CLS 63 AMG. Damit wird bei Mercedes-Benz eine völlig neue Generation von Mittelschaltungen für Fahrzeuge mit Shift-by-Wire-Getriebetechnik (ShW) etabliert, die durch ihre hervorgehobene und fahrerorientierte Position in der Mittelkonsole sowie durch das markante Design den sportlichen Charakter der Fahrzeuge in besonderer Weise betont. Zu Beginn der Entwicklung wurden hohe Ziele hinsichtlich Haptik, Akustik und Optik an die neue ShW-Mittelschaltung formuliert. Mit dem Fokus auf Ergonomie, Funktion, Bauraum, Kosten und Gewicht wurde in der aktuellen Ausgestaltung der ShW-Mittelschaltung das Optimum gefunden und umgesetzt.

Bild 1
DIRECT SELECT-Schaltung

Bedienung und Schaltschema

Die Erwartungen der Kunden an einen Roadster unterscheiden sich von denen an eine Limousine. Wird bei einer Limousine Wert auf einen komfortablen Charakter gelegt, liegt der Fokus bei einem Sportwagen wie dem neuen SL klar auf dem Fahrerlebnis. Der sportliche Fahrzeugcharakter soll sich auch in der Bedienung wiederfinden. Dies gilt insbesondere für den Wählhebel, denn er ist das direkte Bindeglied zwischen Fahrer und Fahrzeug. Der Fahrer eines SL will das Gefühl haben, dass er schaltet. Dabei wird ein Wählhebel in der Mittelkonsole deutlich sportlicher wahrgenommen als andere Bedienkonzepte.

Um eine weitgehend intuitive Bedienung zu ermöglichen, wurde ein sogenanntes monostabiles Konzept gewählt. Zum Einlegen einer Fahrstufe wird der Wählhebel nach vorn oder hinten getippt, danach fällt er in seine ursprüngliche Position zurück, Bild 2. Beim Tippen nach vorne

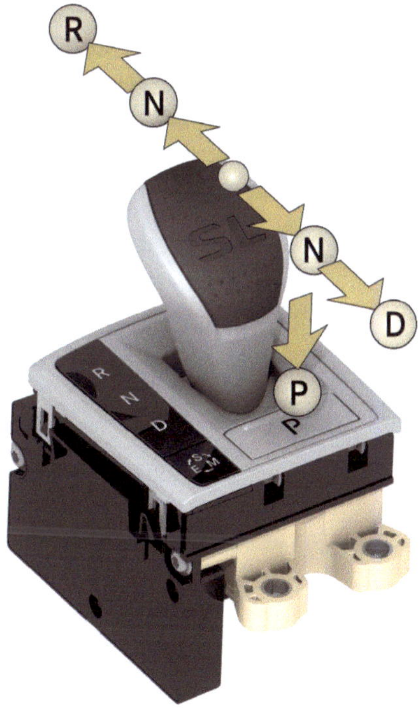

Bild 2
Schaltschema

bis zur ersten Stufe schaltet das Getriebe in den Leerlauf (N), durch Weiterdrücken nach vorne bis zur zweiten Stufe schaltet es in den Rückwärtsgang (R). Analog bewirkt Tippen nach hinten in die erste Stufe, den Leerlauf einzulegen, Tippen in die zweite Stufe führt zum Einlegen der Fahrstellung D. Fehlbedienungen werden vermieden, indem für die Parkstellung P eine separate Taste vorgesehen ist. Links neben der P-Taste angeordnet ist die Anzeige der Fahrstellungen R-N-D. Darin integriert ist die E/S/M-Taste für die Wahl der Fahrprogramme Economy (E), Sport (S) und Manual (M). Das mechanische Sperren einzelner Tippstufen ist weder gewünscht noch notwendig, da die Überwachungslogik tolerant gegenüber Fehlbedienungen ausgelegt ist. Somit kommt die Schaltung vollkommen ohne Sperrmagnete aus.

Als weiterer Vorteil der monostabilen Konstruktion kann auf Stellmotoren gänzlich verzichtet werden, da der Wählhebel nach jedem Betätigen ohnehin in seine Ausgangslage zurückkehrt. Damit können Funktionen wie das automatische Einlegen der Parkstellung P beim Verlassen des Fahrzeugs autark durch die Getriebeelektronik ausgeführt werden. Ein Zurückstellen des Wählhebels ist nicht notwendig. Der Verzicht auf Sperrmagnete und Stellmotoren ermöglicht die kompakte Bauform und ist damit Hauptgrund für die massive Gewichts- und Kostenreduzierung.

Funktionssicherheit

Bauteile in der Mittelkonsole sind aufgrund ihrer Anordnungen besonderen Belastungen ausgesetzt – heruntergefallene Kleinteile, verschüttete Getränke oder ein Regenschauer bei offenem Dach sind dafür nur einige Beispiele. Daher muss eine ShW-Mittelschaltung, insbesondere in einem Cabrio, im erhöhten Maße gegen das Eindringen von Fremdkörpern und Flüssigkeiten nach Schutzklasse IP5K3 abgesichert werden. Die Erfüllung dieser Anforderung wurde bei der Konstruktion der einzelnen Baugruppen konsequent verfolgt und überwacht. Die in Simulationen und umfangreichen Testreihen gewonnenen Ergebnisse flossen in Optimierungsschleifen ein. Als Ergebnis dieser Entwicklung stellt die DIRECT SELECT-Schaltung den Benchmark in den Punkten Abmessungen, Gewicht und Kosten dar, gleichzeitig erfüllt sie die geforderte Schutzklasse IP5K3.

Modularer Aufbau

Ein besonderes Merkmal der neuen DIRECT SELECT-Schaltung ist der modulare Aufbau, der eine maximale Verblockung der wichtigsten Komponenten über verschiedene Baureihen ermöglicht und trotzdem eine jeweils eigenständige Designausprägung zulässt, Bild 3. Die Differenzierung für die unterschiedlichen Baureihen erfolgt dabei durch die freie Gestaltung der beiden Komponenten Griff und Beleuchtungsmodul, während die mechanische Schalteinheit und das elektrische Steuergerät komplett identisch sind.

Eine neuentwickelte Schnittstelle zwischen mechanischer Schalteinheit und Griff ermöglicht eine einfache und trotzdem sichere Montage und Demontage sowie einen möglichen Einsatz des gleichen Griffs über verschiedene Baureihen hinweg. Möglich wird dies durch eine hochpräzise Zentrierung und Verrastung mit der Schaltstange, die nur minimale Toleranzen aufweist. Bei der Gestaltung der mechanischen Schalteinheit stand besonders die hohe Flexibilität für einen universellen Einsatz der Schaltung im Vordergrund. So lassen sich über die Geometrie der Rastenplatte, die sich unten an der Schaltung befindet, die Bedien-

kräfte und der Kraftverlauf am Griff anpassen. Im Laufe der Entwicklung wurde durch Probandenuntersuchungen an diversen Musterständen ein idealer Kraftverlauf ermittelt, bestätigt und im neuen SL umgesetzt. Die vier äußeren Anschraubpunkte bieten trotz ihres minimalen Bauraumbedarfs die Möglichkeit der Verschraubung sowohl von oben als auch von unten. Damit ist eine möglichst hohe Variabilität bei der Wahl des Einsatzorts und der produktionsgerechten Befestigung im Fahrzeug gegeben.
Durch den modularen Aufbau der Schaltung, verbunden mit der Mercedes-Benz typischen Bedien- und Sicherheitsphilosophie, ist es gelungen, die im Vergleich zum Wettbewerb kompakteste ShW-Mittelschaltung zu realisieren. Die geringen Außenmaße ermöglichen einerseits eine zentrale Position in der Mittelkonsole des neuen SL und schaffen dadurch andererseits genügend Bauraum für weitere wichtige Komponenten wie das zentrale Bedienelement oder die Cupholder. Auch bei dem aktuell – mehr denn je – wichtigen Thema Gewichtsreduzierung konnte ein Erfolg verbucht werden: Im Vergleich zu seinem Vorgänger mit herkömmlicher Mittelschaltung und mechanischer Verbindung zum Getriebe wurde das Gewicht der Mittelschaltungskomponenten im neuen SL um mehr als 75 % reduziert, Bild 4.

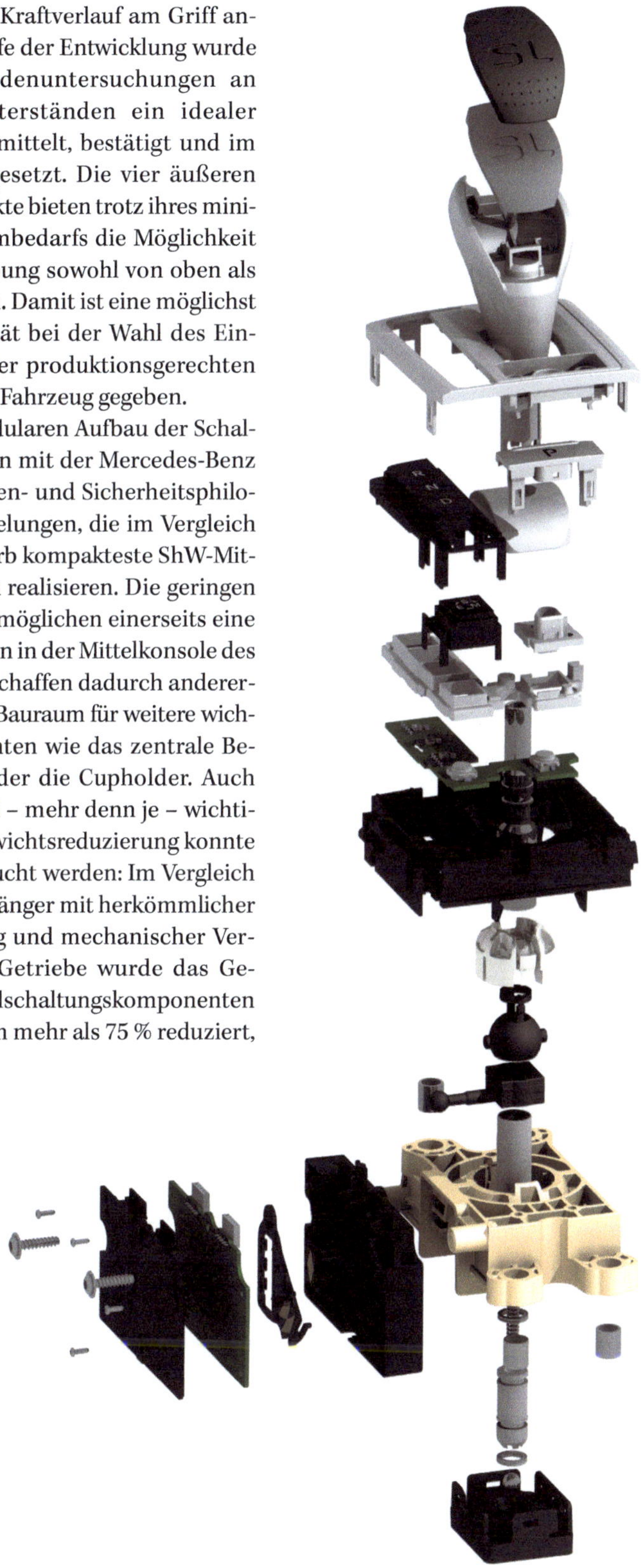

Bild 3
Bauteile der DIRECT SELECT-Schaltung

Bild 4
Größenvergleich Mittelschaltung neuer SL mit Vorgänger

Griff und Beleuchtungsmodul

Die beiden baureihenspezifischen Komponenten der Schaltung, der Griff und das Beleuchtungsmodul, wurden in ihrer Designausprägung harmonisch in das Gesamtbild des neuen SL integriert. Wie bei weiteren dekorativen Komponenten im Fahrzeug kommen auch hier metallische Oberflächen in der Farbe Silver Shadow zum Einsatz. Der in Zinkdruckguss gefertigte Griffkörper wird galvanisch mit Chrom beschichtet, was ihm zum einen die gewünschte Optik verleiht, zum anderen aber auch gewährleistet, dass sich die metallisch anmutende Oberfläche tatsächlich auch nach Metall anfühlt. Die an der Vorderseite eingelegte, mit Leder bezogene Spange trägt ein tiefgeprägtes SL-Logo und ist farblich auf die gewählte Innenausstattung abgestimmt.

Auf dem Beleuchtungsmodul selber finden sich metallisch verchromte Elemente, die aus Kunststoffspritzguss in Mehrkomponententechnik gefertigt sind. Bei der P-Taste werden drei unterschiedliche Komponenten und Materialien im Spritzgusswerkzeug verarbeitet: für die dekorative Oberfläche ein Material, auf dem der Chromaufbau in der Galvanotechnik perfekt haftet, für die Tastenführung ein Material, das kein Chrom annimmt und für das P-Symbol in der Tastenmitte ein auf Aus- und Durchleuchtung optimiertes Material.

Als Kontrast zu den Elementen in der Farbe Silver Shadow werden die Ganganzeige und die E/S/M-Taste in einem hochglänzenden Schwarz lackiert. Mithilfe eines Laserstrahls wird anschließend der Lack im Bereich der Symbole entfernt, damit diese von den unter der Ganganzeige platzierten Leuchtdioden durchleuchtet werden können. Die Symbole auf der Ganganzeige und den Tasten werden bei Nacht per Suchbeleuchtung in der einheitlichen Farbe Gelb durchleuchtet. Eine Besonderheit stellt jedoch die Funktionsbeleuchtung der Ganganzeige sowie der P-Taste dar, die im neuen SL erstmals über einen Farbumschlag realisiert wird. Entsprechend der im Getriebe eingelegten Fahrstellung wird das dazugehörige Symbol in der Farbe Rot durchleuchtet. Dabei wird die Leuchtstärke den Umgebungsverhältnissen angepasst, bei Tag leuchtet die Funktionsbeleuchtung wesentlich heller als bei Nacht. So kann die aktuell eingelegte Fahrstufe vom Fahrer immer gut abgelesen werden. Beim Einlegen einer anderen Fahrstellung wechselt die Farbe des dazugehörigen Symbols von gelb in rot, beim Verlassen der Fahrstellung entsprechend von rot in gelb. Um ein gleichmäßig ausgeleuchtetes und homogenes Erscheinungsbild zu erhalten, gelten für das Beleuchtungsmodul – wie auch für alle anderen beleuchteten Komponenten im Fahrzeug – einheitliche von Mercedes-Benz definierte Vorgaben und Anforderungen an die Ausleuchtung der Symbole.

Ein weiterer Bestandteil der Schaltung sind die beiden im Beleuchtungsmodul integrierten Tasten. Mittels der P-Taste kann der Fahrer auf Wunsch die Parkstellung im Getriebe einlegen und damit die Parksperre aktivieren. Über die E/S/M-Taste kann zwischen den drei Getriebeprogrammen Economy, Sport und Manual umgeschaltet werden, wobei das aktuell gewählte Programm im Kombiinstrument angezeigt wird. Um eine einheitliche Haptik über alle im neuen SL verbauten Tasten zu erzielen, werden auch bei der P- und der E/S/M-Taste Schaltelemente verbaut, die einen von Mercedes-Benz klar definierten Kraft-Weg-Verlauf aufweisen.

Steuergerät

Bei der Entwicklung des Steuergeräts für die Schaltung wurde besonderes Augenmerk auf minimalen Bauraum und maximale Sicherheit gelegt. Ein Minimum an Bauraum wurde hierbei durch die redundanten, induktiven Sensoren erreicht. Diese Sensorik ermöglicht zum einen ein sehr präzises Erkennen der einzelnen Wählhebelstellungen, zum anderen können einzelne Schaltpunkte während des Produktionsprozesses eingelernt werden, wodurch ein reproduzierbares Schaltgefühl für den Nutzer erreicht wird. Das Steuergerät ist in den Powertrain-CAN eingebunden, liest intern die Informationen der Wählhebelstellungen R, N und D sowie die Informationen der P- und E/S/M-Taste ein, verarbeitet diese und stellt sie weiteren CAN-Bus-Teilnehmern mit einer Übertragungsrate von 500 kBd zur Verfügung. Neben Informationen von weiteren Steuergeräten liest das Steuergerät auch die Signale der Getriebesteuerung zur aktuell eingelegten Fahrstellung ein und verarbeitet diese zur Ansteuerung der Hardwaretreiber für die verbauten Fahrstellungs-LEDs.
Um den zusätzlichen Anforderungen an ein Shift-by-Wire-System gerecht zu werden, beinhaltet das Steuergerät zudem den 32-Bit-Funktionsrechner V850 und den 8-Bit-Überwachungsrechner R8C der Firma Renesas. Über diese wird das im Folgenden beschriebene Dreiebenen-Sicherheitskonzept realisiert. Die intern verbaute Elektronik wurde nach den neuesten Standards unter anderem für Elektromagnetische Verträglichkeit (EMV) und Electrostatic Discharge (ESD) entwickelt. Neben diesen Standards wurde das Steuergerät auf mechanische, klimatische sowie chemische Einflüsse hin überprüft, um eine hohe Funktionsqualität und Lebensdauer zu gewährleisten.

Sicherheitskonzept

An ein Shift-by-Wire-System werden im Kundenbetrieb hohe Anforderungen gestellt, welche die Implementierung von präzise entwickelten und sorgfältig qualifizierten Überwachungsmaßnahmen notwendig machen. Hierauf wurde bei der Entwicklung des Steuergeräts besonderes Augenmerk gerichtet. Realisiert werden die Überwachungsmaßnahmen mittels eines Dreiebenen-Sicherheitskonzepts. Die Ebenen überwachen hierbei die einzelnen Funktionen und plausibilisieren die Sensoren und die analogen Eingänge. Die zeitgleiche Absicherung aller Ebenen wird durch die Kommunikation zwischen Überwachungs- und Funktionsrechner innerhalb des Steuergeräts sichergestellt. Über den Überwachungsrechner wird eine speziell entwickelte Frage-Antwort-Kommunikation mit dem Funktionsrechner aufgebaut, welcher damit die richtige Reihenfolge und die vollständige Abarbeitung der Funktionen überprüft.
Bei der Entwicklung des Sicherheitskonzepts standen die Auslegung der Sensorik und das Einlesen der P-Taste im Fokus. Beispielweise wurde die Sensorik der Schaltstufen R, N und D redundant ausgelegt, um die Informationen separat einlesen und auswerten zu können. Das gleiche Verfahren wurde bei der P-Taste angewendet: Beim Betätigen werden zwei Schaltkontakte geschlossen, die analog zur Sensorik ausgewertet werden und so für Sicherheit sorgen.

Automatikgetriebe

Die Motoren von Mercedes-Benz liefern die Kraft, das in der SL-Klasse serienmäßige, neue Automatikgetriebe 7G-TRONIC PLUS bringt sie hervorragend auf die Straße. Die sechste Generation der seit 1960 von Mercedes-Benz entwickelten und produzierten Stufenautomaten mit der internen Bezeichnung W7C700 wurde gegenüber der Vorgängergeneration W7B700 noch einmal gründlich überarbeitet. Die neue Generation bietet mehr Fahrspaß sowie verbesserten Schaltkomfort und leistet mit durchschnittlich 7 % Verbrauchsverbesserung (im NEFZ) einen wichtigen Beitrag zur CO_2-Reduktion der Mercedes-Benz-Fahrzeugflotte.

Abgeleitet aus den unterschiedlichen Motoreigenschaften wurde dafür ein Baukasten neuer Drehmomentwandler mit neuem Dämpfer entwickelt. Die neuen Wandler bieten durch die direktere, nahezu schlupffreie Anbindung der Wandlerüberbrückungskupplung (geregelter Null-Schlupf) ein verbessertes dynamisches Ansprechverhalten und reduzieren das Geräuschniveau durch den weiterentwickelten Dämpfer. Dies führt bereits bei geringsten Lasten und Motordrehzahlen und auch während der Schaltvorgänge zu einer deutlichen Reduzierung des Kraftstoffverbrauchs. Zusätzlich wird das Schaltprogramm im ECO-Modus bei komfortorientierter Fahrweise verbrauchsoptimal in Richtung noch niedrigerer Motordrehzahlen geändert (Downspeeding). Durch die Vermeidung von Schlupf wird weniger Energie an das Öl abgegeben, wodurch dessen Lebensdauer bei gleicher Kühlungsleistung deutlich erhöht werden konnte. Das Grundgetriebe wurde hinsichtlich Reduktion der Schleppleistung ebenfalls konsequent weiterentwickelt. Die Verbesserungen umfassen zudem verbrauchsreduzierende Maßnahmen wie das neue Automatikgetriebeöl FE-ATF (Fuel Economy – Automatic Transmission Fluid) mit verringerter Viskosität und modifiziertem Additivpaket bei gleichen Hydraulik-, Schmier- und Kühleigenschaften. Dazu wurden im Getriebe Materialien und Lamellenbeläge angepasst sowie umfangreiche Geometrieänderungen für einen optimierten Ölhaushalt vorgenommen. Die im Detail

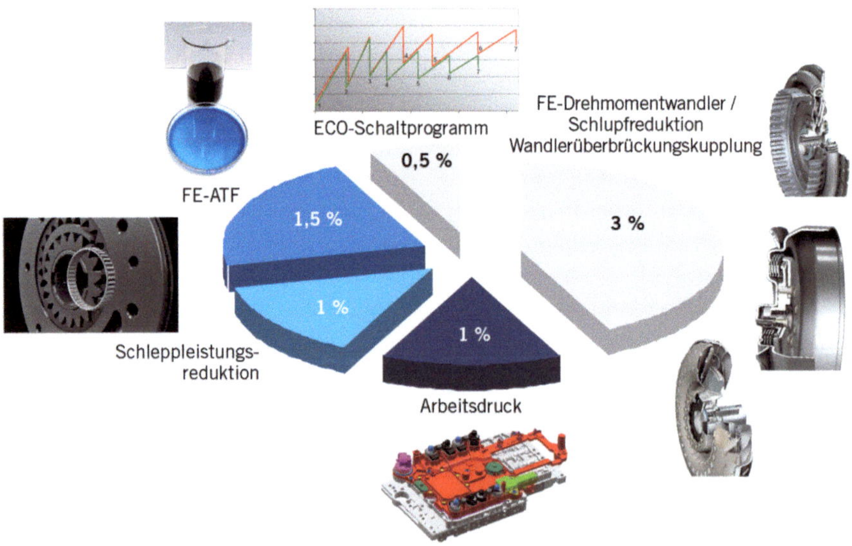

Bild 5
Durchschnittliche Reduzierung des Kraftstoffverbrauchs im NEFZ durch das Automatikgetriebe 7G-TRONIC PLUS

Hydraulische Leistung	Maximal 2,5 bar bei 6 l/min
Öltemperatur (ATF bei Betrieb)	10 °C – 125 °C
Batteriespannung	9 V – 16 V
Integrierte Leistungselektronik mit Ansteuerung über CAN-Bus	Motorstromgeregelt
Stromaufnahme	Maximal 8,5 A
Qualifizierte Schwingbelastung	Bis 50 g

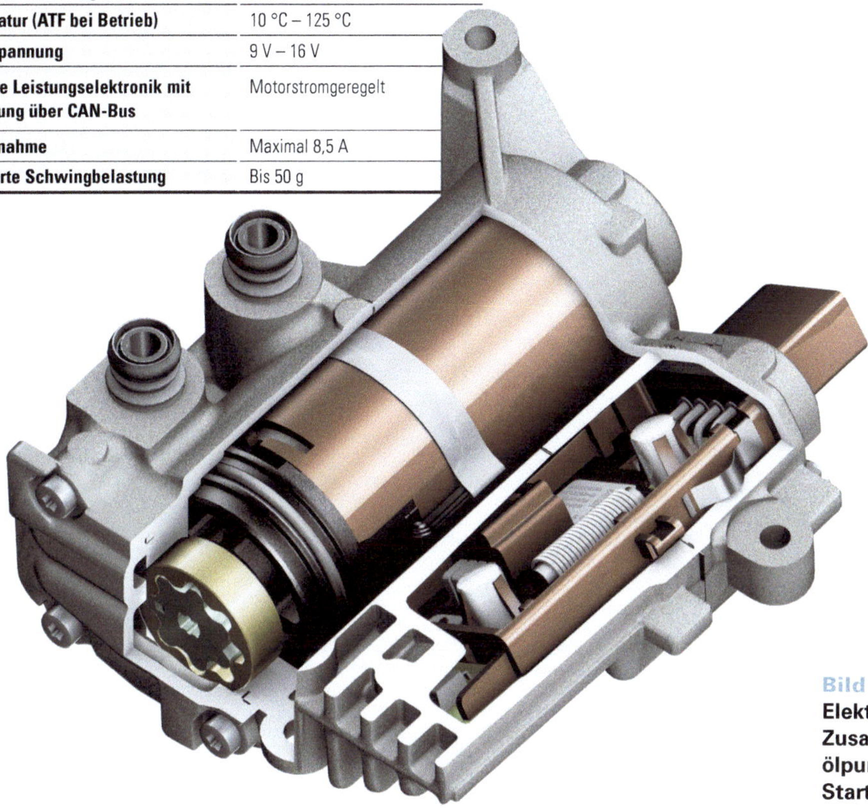

Bild 6
Elektromotorische Zusatzgetriebeölpumpe für das Start-Stopp-System

verbesserte, integrierte elektrohydraulische Steuereinheit des Getriebes und die Reibungsreduktion in Verbindung mit optimierter Motor- und Getriebesoftware führen ebenfalls zu einer besseren Schaltdynamik und -qualität. Die durchschnittliche prozentuale Kraftstoffersparnis durch das verbesserte Getriebe beträgt in Summe 7 % (circa 0,5 l Kraftstoff/100 km oder 12 g CO_2/km), Bild 5.

Das neue Siebengang-Automatikgetriebe ist erstmals vorbereitet für die ECO Start-Stopp-Funktion. Dies wird durch den Einsatz einer elektromotorisch angetriebenen Zusatzölpumpe erreicht, Bild 6. Damit werden weitere 4 % Verbrauchsvorteil durch die Abschaltung des Verbrennungsmotors im Stand realisiert. Die Zusatzölpumpe erfüllt folgende Funktionen:

- Schaltelemente des Getriebes bleiben befüllt, wenn die Getriebekonstantpumpe infolge abgestellten Motors im Start-Stopp-Betrieb steht
- Zuschaltung kann unmittelbar nach Motorstart erfolgen
- elektrische, komfortorientierte und wiederholbare Druckversorgung.

Fazit

Beim neuen SL konnten alle Entwicklungsziele bei Schaltung und Getriebe erfolgreich umgesetzt werden: Das neue 7G-TRONIC PLUS bringt mehr Komfort, weniger Verbrauch und in Verbindung mit der neuen DIRECT SELECT-Schaltung noch mehr Fahrspaß.

Motorbetriebssysteme

Dr. Andreas Zygan | Ulrich Moll | Andreas Böhringer | Rainer Bandlow

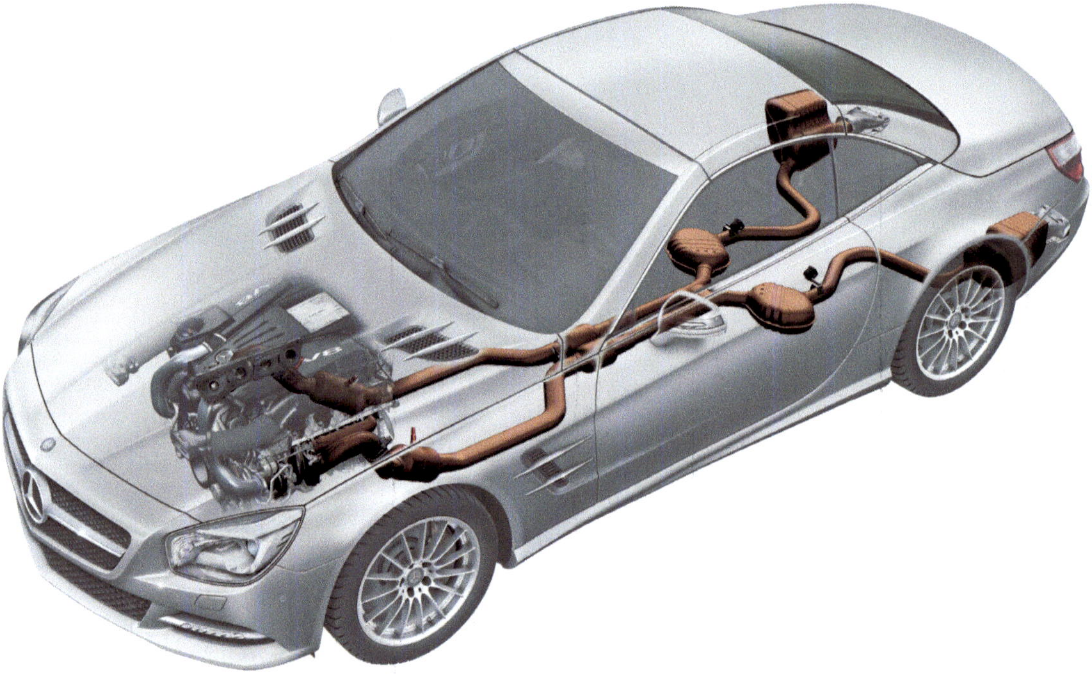

Für den neuen SL wurden die Abgasanlage und das Kühlsystem komplett neu entwickelt. Das Klangbild der für jede Motorvariante spezifisch ausgelegten Abgasanlage unterstreicht den Charakter des Fahrzeugs, sowohl bei sportlich betonter als auch bei komfortorientierter Fahrweise. Und das Kühlsystem des neuen SL trägt den hohen Anforderungen Rechnung, die die effizienten V6- und V8-Motoren an das Thermomanagement stellen.

Abgasanlage

Der Mercedes-Benz SL ist seit Generationen das Sinnbild für kultivierte Sportlichkeit. Die Abgasanlage des R231 zielt darauf ab, die höchsten Ansprüche an ein sportliches Klangbild mit großem Komfort zu verbinden. Dies wurde bereits beim Vorgänger erreicht und für den neuen SL zu einem neuen Maßstab in dieser Fahrzeugklasse weiterentwickelt. Die Einführung der neuen, effizienten V6- und V8-Motorgeneration wird durch eine Optimierung des Gegendrucks der Abgasanlage unterstützt. Sie hat so einen bedeutenden Anteil an der Effizienzsteigerung des Fahrzeugs.

Bei der Ausarbeitung der Konzepte für die Abgasanlagen waren alle an das Bauteil gestellten Anforderungen zu berücksichtigen. Dazu gehören die einzuhaltenden gesetzlichen Vorgaben der Zielmärkte, aber auch die hohen Erwartungen, die an ein Fahrzeug in dieser Klasse gestellt werden. Dies sind hoher Komfort, große Emotionalität, dynamisch sportlicher Klang und Langlebigkeit. Zur Erreichung der genannten Ziele wurden folgende Maßnahmen umgesetzt:

- Einsatz von Abgasnachbehandlungskomponenten, die sich in anderen Baureihen bereits bewährt haben, zur Erfüllung der Euro-5-Abgasgrenzwerte sowie der ULEV-Emissionsstufe in den USA
- konsequente Gewichtsoptimierung aller Bauteile
- durchgängige Optimierung des Abgasgegendrucks durch verbesserte Strömungsführung, um Effizienz und Leistung der Motoren zu erhöhen
- sportliches und in allen Fahrsituationen angemessenes Klangbild, das gleichzeitig den höchsten Komfortansprüchen genügt
- Einhalten der erlaubten Außengeräuschpegel inklusive Freiraum für zukünftige gesetzliche Anforderungen
- Vermeiden störender Geräusche im Fahrzeug durch Schwingungen oder Körperschall.

Auslegung und Konzept

Für jede der drei im neuen SL verfügbaren Motorvarianten wurde eine eigene, optimal abgestimmte Abgasanlage entwickelt. Die Abgasanlagen sind einteilig aus Edelstahl ausgeführt und werden mit jeweils zwei Haltern am Getriebe sowie vier Gummiaufhängungen am Rohbau

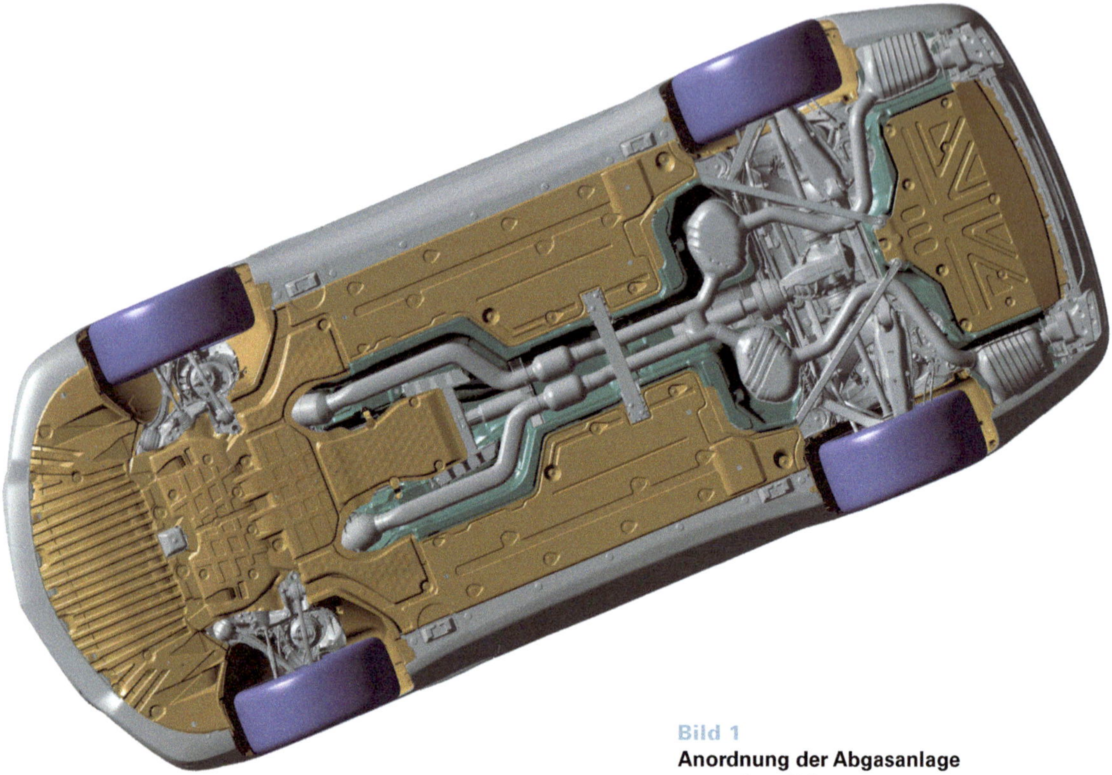

Bild 1
Anordnung der Abgasanlage unter dem Fahrzeug

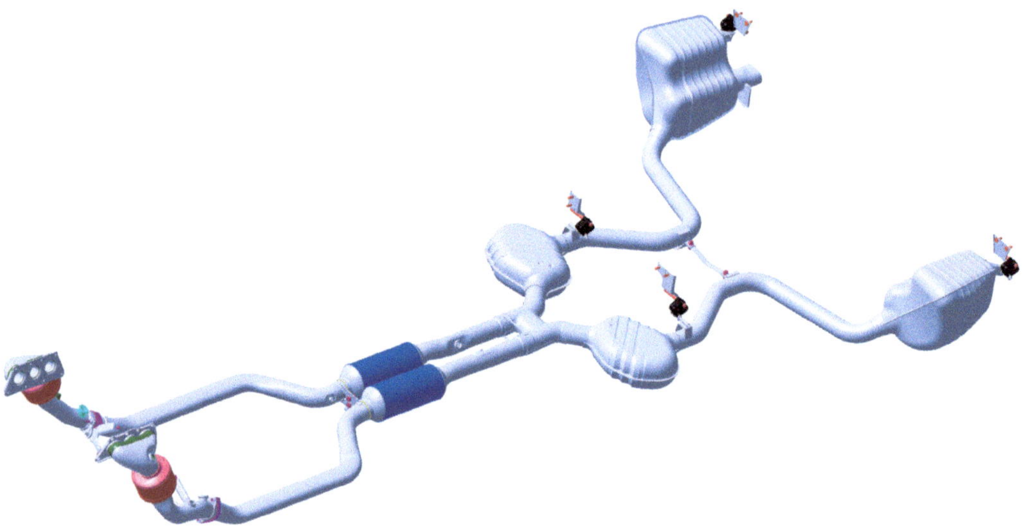

Bild 2
Abgasanlage SL 350 BlueEFFICIENCY

Bild 3
Stoßfänger-integrierte Abgasendrohre

des Fahrzeugs befestigt. Sie bestehen aus jeweils zwei motornahen Katalysatoren, zwei Vorschalldämpfern sowie zwei Mittel- und zwei Nachschalldämpfern, Bild 1. Beim SL 350 BlueEFFICIENCY sind anstelle der Vorschalldämpfer zwei Unterbodenkatalysatoren zur NO_X-Nachbehandlung verbaut, Bild 2. Die Ableitung der Abgase am Fahrzeugheck erfolgt über zwei im Stoßfänger integrierte Endrohrblenden, Bild 3. Die Konstruktion der Systeme wurde von Beginn an durch FEM-Berechnungen unterstützt. Die so erreichte homogene Verteilung der Bauteilspannungen, Bild 4, war die Voraussetzung für einen minimierten Materialeinsatz und für die damit einhergehende Kosten- und Gewichtsreduzierung. Um Störgeräusche im Innenraum wie Brummigkeit zu vermeiden, wurde das Schwingverhalten der Abgasanlage durch ausführliche Betriebsschwingungsanalysen in allen Betriebspunkten vermessen und optimiert.

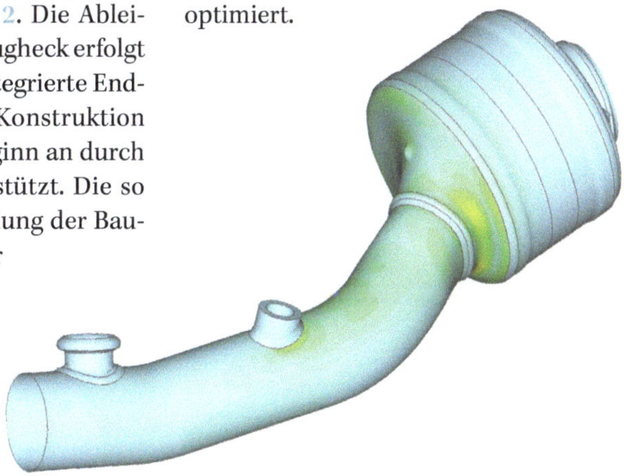

Bild 4
Spannungsverteilung

Abgasnachbehandlung

Um ein schnelles Anspringen (light off) der Dreiwegekatalysatoren sicherzustellen, wurden bei allen Abgasanlagen die Katalysatoren motornah in den Stirnwandbereich des Fahrzeugs integriert. Die Abgasanlage des SL 350 BlueEFFICIENCY benötigt aufgrund des Brennverfahrens mit Schichtladung die beiden NO_X-Speicherkatalysatoren im Unterboden zur Reduzierung der Stickoxidemissionen. Die Regeneration der Speicherkatalysatoren findet in kurzen Phasen mit Homogenbetrieb bei Lambdawerten kleiner 1 statt. Hierbei werden die Stickoxide in Stickstoff reduziert und der Speicherkatalysator für den nächsten Schichtzyklus vorbereitet. Die Betriebsstrategie ist dabei auf minimalen Kraftstoffverbrauch ausgelegt. Die Anströmung der Katalysatoren wurde bereits frühzeitig im Entwicklungsablauf durch CFD-Simulationen berechnet und optimiert. Die ausgewählte Konfiguration stellt sicher, dass das Fahrzeug die Anforderungen der Euro-5- beziehungsweise ULEV-Gesetzgebungen erfüllt und gleichzeitig Potenzial für zukünftige Abgasstufen bietet.

Entwicklung des Geräuschs

Die Auslegung der Schalldämpferinnenaufbauten zur Gestaltung des Geräuschs erfolgte in fünf Stufen:

- Ladungswechselrechnung mittels GT-Power zur Basisauslegung
- Akustikmessung am Akustikmotorprüfstand
- Abgleich zwischen Messung und Rechnung sowie weitere rechnerische Optimierungen
- Messung der optimierten Varianten am Fahrzeugprüfstand
- weitere Detailoptimierung am Fahrzeugprüfstand.

Bei der Auslegung der Abgasanlagen wurde konsequent auf große Rohrquerschnitte geachtet, um die Druckverluste zu minimieren. Das dadurch gewonnene Potenzial kam einem optimalen Schalldämpferinnenaufbau zugute. Damit konnten optimale akustische Eigenschaften umgesetzt werden, ohne die im Lastenheft verankerten Gesamtdruckverluste zu überschreiten. So wurde erreicht, dass die Motorhauptordnungen

Bild 5
Campbell-Diagramm beim Motorhochlauf SL 500

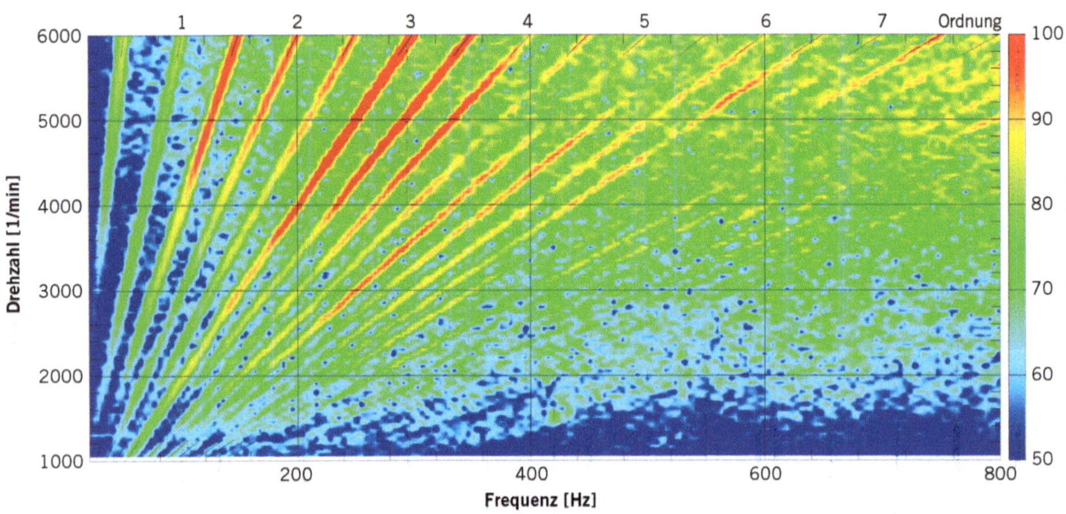

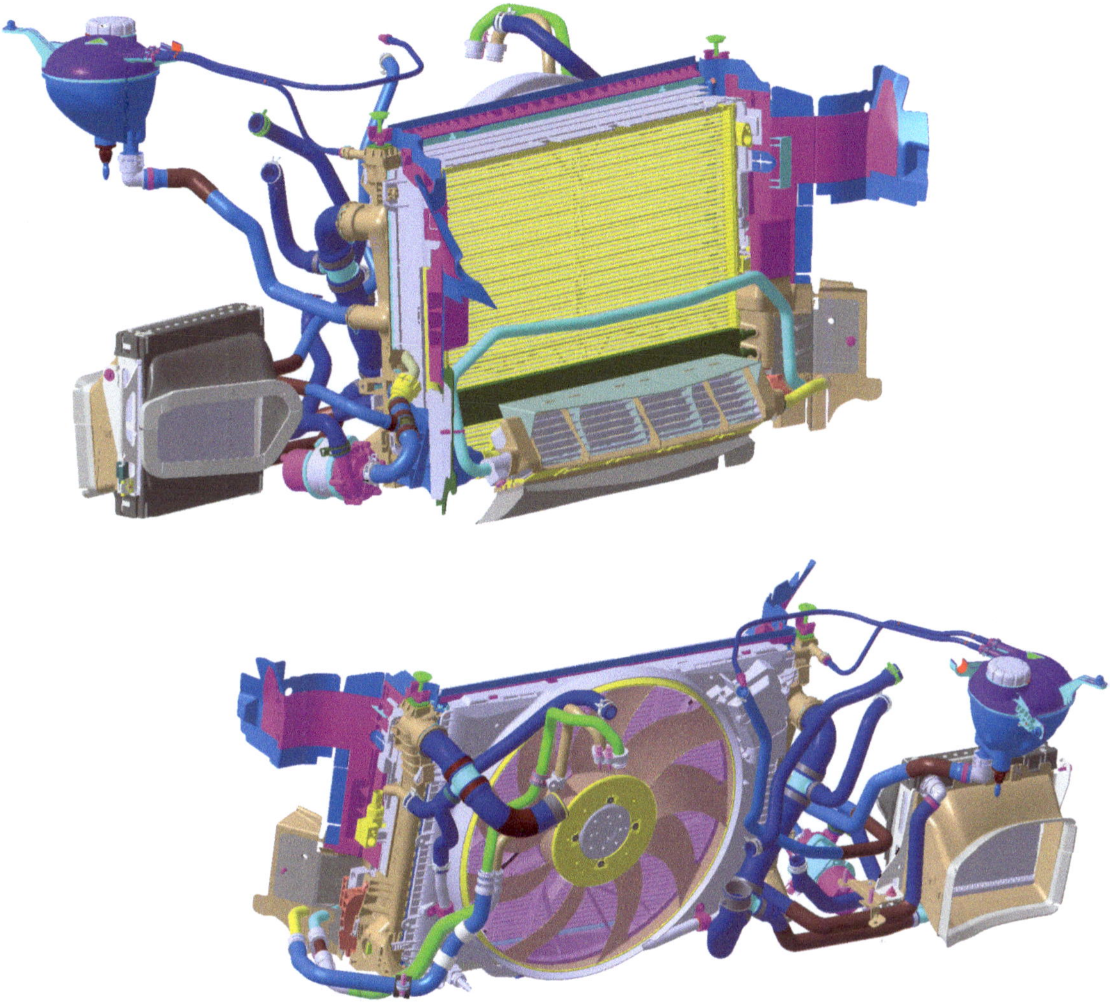

Bild 6
Kühlungsumfang von vorne rechts und von hinten links

kontinuierlich mit der Drehzahl ansteigen und keine störenden Überhöhungen auftreten, Bild 5. Zur Unterstützung eines sportlich betonten Sounds wurden Nebenordnungen motorspezifisch angehoben.

Das Klangbild gibt dem Fahrer jederzeit eine klare Rückmeldung über den Fahrzustand, sowohl bei sportlich betonter als auch bei komfortorientierter Fahrweise. Das eindrucksvolle Ergebnis des Sound-Engineering unterstreicht den hohen Anspruch des Fahrzeugs, gleichzeitig sportlich und kultiviert wahrgenommen zu werden.

Motorkühlung

Die hohen Leistungen moderner Verbrennungsmotoren stellen hohe Anforderungen an das Kühlsystem. So erzeugt ein SL, ausgestattet mit einem V8-Ottomotor mit 320 kW Motorleistung, bei dynamischer Fahrweise eine Abwärme von circa 150 kW, die über die Kühler abgeführt werden muss. Mit der aktuellen Kühlerauslegung des neuen SL funktioniert das hervorragend und für den Kunden unmerklich, Bild 6.

Zu Beginn der Entwicklung des Thermomanagements steht bei Mercedes-Benz

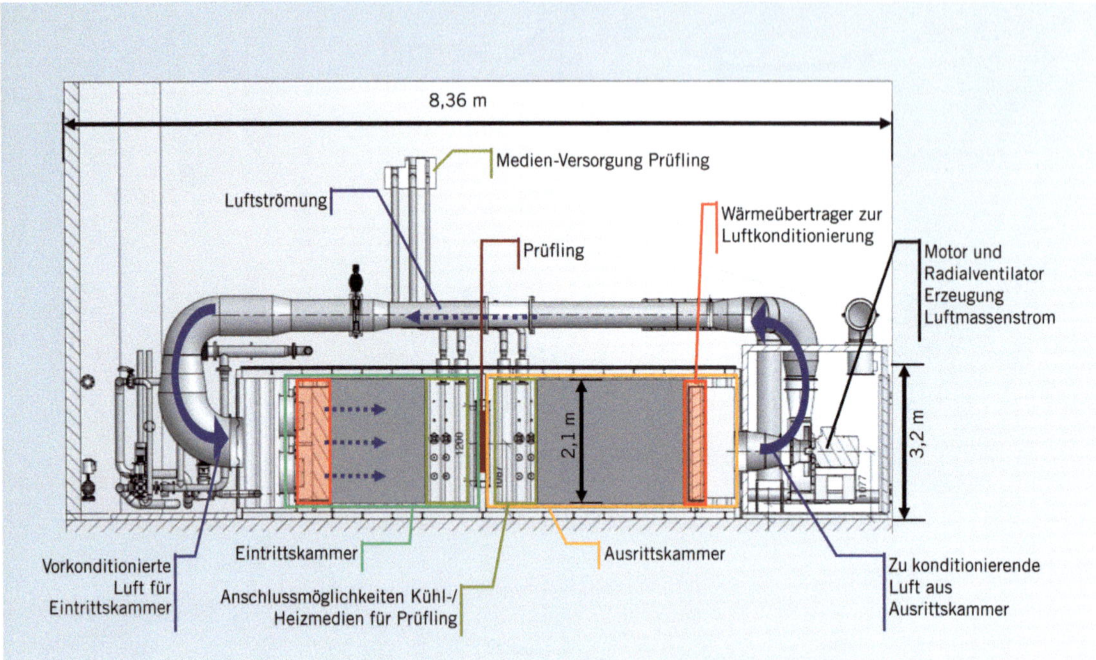

Bild 7
Prüfstand Kühlungskomponenten

generell – und damit auch für den neuen SL – ein Konzept der Kühlungsausrüstung, welches mit sinnvollen Annahmen auf Basis des Vorgängers und mit wechselnden Parametern von der Kühlleistungssimulation auf ausreichende Funktion überprüft wird. Bereits in der frühen Entwicklungsphase wird im Rahmen des digitalen Prototyps das Kühlsystem rechnerisch ausgelegt. Zum Einsatz kommt dabei das Simulationstool Flowmaster und in Folge das Werkzeug GT-Suite. Dieses ermöglicht die Ermittlung der Medientemperaturen für Kühlmittel, Motoröl und Getriebeöl unter Berücksichtigung der jeweiligen Fahrbedingungen und Motorwärmebilanzen für ein gegebenes Kühlsystem. Neben stationären Betriebspunkten werden dabei auch instationäre Fahrzyklen betrachtet. Zum Abgleich der Kühlluftseite wird auf 3D-Berechnungen der Motorraumdurchströmung zurückgegriffen.

Schon mit Beginn der ersten Designmodelle müssen auf Basis der Berechnungen die Forderungen an die Kühlluftöffnungsflächen formuliert werden, damit die notwendige Kühlluft auch in den Motorraum einströmen kann. Nach den ersten Abtastungen der Designmodelle folgt die Validierung der Motorraumdurchströmung. Der hier ermittelte Kühlluftmassenstrom und seine Verteilung sind mit den gerechneten Wärmebilanzen der Motoren und der berechneten Fahrleistung die ergänzenden Ausgangsgrößen für die weiteren Kühlleistungsauslegungen. Damit auch eine serienmäßig umsetzbare Entscheidung getroffen wird, ist noch vor dem endgültigen Formentscheid des Fahrzeugs die Bewertung aller Designmodelle notwendig.

Anschließend werden die bisherigen digitalen Ergebnisse auf Messfahrten oder im Windkanal überprüft, Bild 7. Denn nur die Erprobung am Fahrzeug kann die zur Serienreife notwendige Qualität sicherstellen. Bauteilprüfungen, Kühlleistungsmessfahrten und die jeweils begleitenden, digitalen Absicherungen tragen zu einer kontinuierlichen Steigerung des Reifegrads bei, sodass die hoch gesteckten Erwartungen der Kunden erfüllt werden.

Systemaufbau

Beim neuen SL besteht die Kühlungsausrüstung aus elektrischem Gebläse, Wasserkühler, Getriebeölkühler, Kondensator und Ausgleichbehälter. Zur Optimierung der Innenraumklimatisierung wurde der Kondensator in erster Reihe angeordnet. Für die Sonderausstattung Active Body Control ABC kommt ein weiterer Ölkühler hinzu. Für die V8-Motorisierung wird die Ausrüstung um einen Niedertemperatur-Wasserkühler mit elektrischer Wasserpumpe, einen Ölkühler im Bug und einen zusätzlichen Wasserkühler im Radlauf ergänzt.

Zur Optimierung des c_w-Werts wurde bei der Entwicklung der Luftführungen besonderen Wert auf Dichtheit gelegt. So wird sichergestellt, dass die in den Stoßfänger einströmende Kühlluft auch vollständig als Kühlluftmassenstrom genutzt wird und Rückströmungen vermieden werden. Als zusätzliche Verbrauchs- und Aerodynamikmaßnahme ist bei der V6-Motorisierung die im Gebläse integrierte verstellbare Jalousie mit einer Vielzahl von segmentförmig angeordneten Lamellen zu nennen. Bei geschlossener Jalousie wird der c_w-Wert des Fahrzeugs deutlich verbessert, da keine Luft durch das Fahrzeug strömt, sondern aerodynamisch um das Fahrzeug geleitet wird. Je nach Fahrzyklus und angeforderter Kühl- beziehungsweise Kälteleistung durch die Klimaanlage wird die Jalousie geöffnet. Nach dem Abstellen des Motors wird die Jalousie geschlossen und verhindert so das schnelle Auskühlen des Motors. Dadurch bleibt der Motor länger warm, womit beim Neustart höhere Temperaturen im Motorraum herrschen. Die Aufheizphase des Motors ist kürzer, wodurch ein Verbrauchs- und Abgasvorteil erzielt wird.

Durch die anfallenden hohen Temperaturen und großen Wärmemengen im Kühlkreislauf wird auch das Kühlmittel stärker belastet. Um dies nach Abstellen des Motors nach einer dynamischen Fahrt zu vermeiden, wurde beim V8-Motor eine Nachlaufkühlung realisiert. Dies konnte durch eine Verbindung zwischen Rücklauf der wassergekühlten Turbolader und dem Vorlauf der elektrischen Heizwasserpumpe erreicht werden.

Fahrwerksystem

Dr. Andreas Faulhaber | Karl-Heinz Schoger | Stefan Stelzer |
Bernhard Schweizer | Fränky Schumacher

Sicherheit, Komfort, Dynamik und Leichtbau standen beim neuen SL ganz oben im Lastenheft der Chassisentwickler. Diese anspruchsvollen, teilweise gegenläufigen Ziele erforderten umfangreiche Neuentwicklungen und Optimierungen in den Bereichen Fahrwerk, Bremsen und Reifen/Räder.

Vorderachse

Bild 1
Vierlenker-Vorderachse im neuen SL

Das bewährte Prinzip der Vierlenker-Vorderachse wurde aus der Vorgängerbaureihe übernommen, in Details weiterentwickelt und optimiert, Bild 1. Die vier Lenker werden durch einen oberen Querlenker, die untere aufgelöste Lenkerebene mit Zugstrebe und Federlenker sowie die zur Zusammenbaueinheit Lenkgetriebe gehörige Spurstange gebildet. Die Anordnung des Lenkgetriebes vor der Radmitte bewirkt eine untersteuernde Elastokinematik und leistet somit einen Beitrag zu sicheren Fahreigenschaften. Durch die aufgelöste untere Lenkerebene liegt die Spreiz-Nachlaufachse nahe an der Radmitte, was zu einer geringen Schwingungsempfindlichkeit der Achse durch Störgrößen wie Reifenunwuchten oder Bremskraftschwankungen führt. Zudem bietet diese Bauweise durch ein sehr gutes Verformungsverhalten der Vorderachse Vorteile bei einem Fahrzeugcrash. Um weitere Leichtbaupotenziale zu erschließen, wurden der Achsschenkel, der Federlenker und die Zugstrebe als Aluminiumschmiedebauteile ausgeführt. Der obere Querlenker wird gewichtsoptimiert aus verschweißten Aluminiumblechschalen und einem angeschraubten Flanschgelenk hergestellt.

Der Zielkonflikt zwischen Fahrdynamik, Abrollkomfort und Schwingungsverhalten wurde durch frühzeitige rechnerische Vorauslegung und eine versuchsseitig validierte Absicherung gelöst. Einen großen Beitrag hierzu leisten die neuentwickelten reibungsarmen und verschleißfesten Kugelgelenke in den Lenkern. Die Befestigung der Zugstrebe und des Federlenkers erfolgt radseitig am Achsschenkel über Kugelkalotten aus Stahl und fahrzeugseitig am Integralträger über Gummilager. Das Federbein wird über ein reibungsoptimiertes Hülsengelenk am Federlenker angebunden.

Die Radlagerung wird als vollintegrierte Hub-Unit der dritten Generation mit vier Schrauben am Achsschenkel befestigt. Im Achsenwerk werden die Achsbauteile mit den Bremsen zu Vorderachshälften komplettiert und dann in das Fahrzeugmontagewerk geliefert. Dort werden diese mit dem Lenkgetriebe, der Motor-Getriebe-Einheit und dem Drehstab auf dem Integralträger vormontiert und in das Fahrzeug eingebaut.

Hinterachse

Die Hinterachse wurde aufgrund ihrer optimalen Radführungseigenschaften aus der bewährten Raumlenkerachse der aktuellen E-Klasse abgeleitet, Bild 2. Kinematik und Elastokinematik wurden, wie schon bei der Vorderachse, durch Komponenten- und Gesamtfahrzeugberechnungen vorausgelegt. Die Erkenntnisse aus diesen Berechnungen führten zu umfangreichen Neuentwicklungen von zum Beispiel radführenden Bautei-

len, Gummilagern, Lenkern und Radträgern, um den fahrdynamischen Anforderungen an einen Sportwagen gerecht werden zu können. Umfangreiche Fahrversuche bestätigten auch hier die Berechnung. Zusätzlich wurde der Radträger an die neue elektrische Parkbremse (EPB) angepasst.
Der zur E-Klasse abweichende Einsatz eines Federbeins machte einen neuen Federlenker notwendig. Dieser ist als einteiliges Aluminiumpressteil ausgeführt und konstruktiv so ausgelegt, dass mit ihm die beiden im neuen SL eingesetzten Federungssysteme – Verstelldämpfung und ABC-Federung – mit ihren unterschiedlichen Übersetzungsverhältnissen verbaut werden können.
Die komplette Hinterachse mit Fahrschemel, Radführungselementen, Hinterachsgetriebe, Seitenwellen, Drehstab und Bremsanlage wird ebenso wie die Vorderachse einbaufertig an das Montageband geliefert. Sie wird mit vier Schrauben über die Fahrschemellager mit der Karosserie verschraubt. Diese elastische Anbindung ermöglicht nicht nur die elastokinematische Abstimmung des gewünschten sportlichen Fahrverhaltens, sondern auch eine akustische Abkoppelung des Triebstrangs vom Fahrzeug, und steigert somit den Komfort.

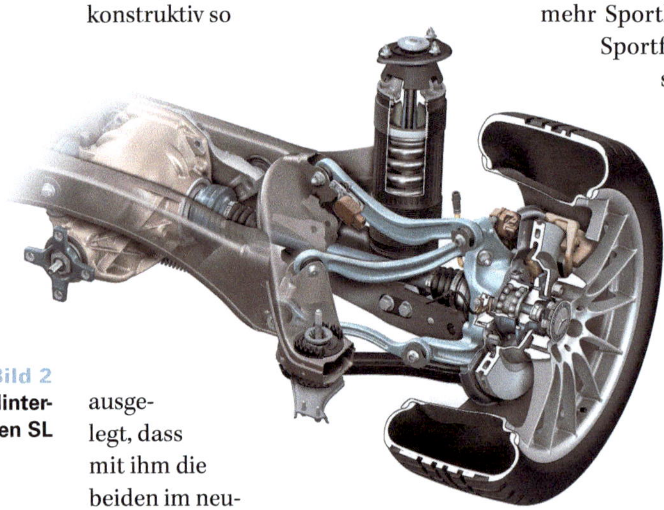

Bild 2
Raumlenker-Hinterachse im neuen SL

Federung und Dämpfung

Bereits der Vorgänger SL setzte mit seinem Fahrwerk den Maßstab bezüglich kultivierter Sportlichkeit. Für den neuen SL war damit das Ziel, sowohl den Komfort als auch die fahrdynamischen Eigenschaften weiter zu verbessern, eindeutig beschrieben. Serienmäßig kommt ein semiaktives System (kontinuierlich verstellbare Dämpfer) zum Einsatz. Für mehr Sportlichkeit sorgt das optionale Sportfahrwerk, ebenfalls mit Verstelldämpfung (VSD). Abgerundet wird das Angebot durch das aus dem Vorgänger bekannte ABC-Fahrwerksystem, welches weiter optimiert wurde.

Serienfahrwerk

Serienmäßig wird ein System angeboten, dessen vier Federbeine jeweils aus einer Stahlfeder und einem kontinuierlich verstellbaren Dämpfer bestehen. Drehstäbe an Vorder- und Hinterachse verringern Wankwinkel bei Kurvenfahrt und beeinflussen das Eigenlenkverhalten in gewünschter Weise.

Sportfahrwerk

Das Sportfahrwerk bietet durch 10 % steifere Federn und Drehstäbe in Verbindung mit einem um 10 mm abgesenkten Fahrzeugniveau sowie einer angepassten Parametrierung der Verstelldämpfung eine nochmals dynamischere Fahrwerksabstimmung und unterstreicht den sportlichen Charakter des neuen SL.

Verstelldämpfung

Der Stoßdämpfer hat die Aufgabe, die Schwingungen des Aufbaus und der Räder so zu beeinflussen, dass einerseits ein guter Fahrkomfort für die Insassen erreicht wird und anderseits die dynamischen Radlasten zwischen Rad und Straße zur Steigerung der Fahrsicherheit minimiert werden. Zur Verbesserung des Komforts wird die Dämpfung üblicherweise beim Einfedern (Druckbereich) weicher gewählt als beim Ausfedern (Zugbereich). Daraus resultieren je nach Bewegungsrichtung zwei unterschiedliche Dämpfungskonstanten, die so gewählt wurden, dass sie den teilweise gegensätzlichen Ansprüchen von Komfort und Fahrsicherheit bestmöglich gerecht werden, Bild 3.

Die im neuen SL angebotene kontinuierliche Verstelldämpfung, Bild 4, fächert diese Kennlinie auf und bietet die Möglichkeit, die Dämpfkräfte aus einem Bereich auszuwählen. Insbesondere wenn die Dämpfung, wie hier realisiert, stetig an die wechselnden Anforderungen angepasst werden kann, erlebt der Kunde optimalen Komfort bei gleichzeitiger Minimierung der dynamischen Radlasten. Zusätzlich kann der Fahrer durch Betätigen eines Schalters zwischen einer eher komfortablen oder eher sportlichen Abstimmung des Fahrwerks wählen.

Das elektronisch geregelte kontinuierliche Dämpfungssystem arbeitet vollautomatisch. Dazu werden in einem Steuergerät Signale, beispielsweise Niveau, Querbeschleunigung, Lenkwinkel, Lenkgeschwindigkeit, verarbeitet. Die momentane Fahrsituation und die aktuellen Aufbaubewegungen werden genau analysiert und die für optimale Komfort- und Fahreigenschaften notwendige Dämpfereinstellung wird ermittelt. Die Elektronik steuert die Dämpferventile innerhalb eines weit gespreizten Dämpfungskennfelds stufenlos an.

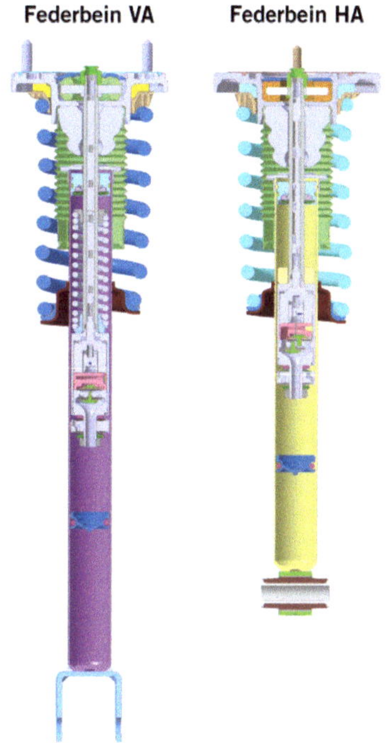

Bild 3
VSD-Federbein

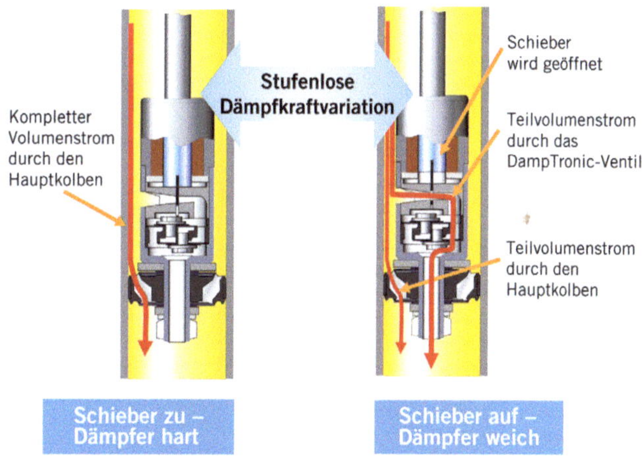

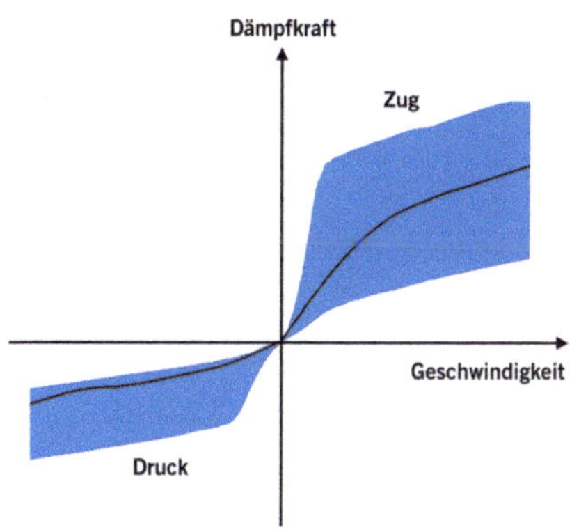

Bild 4
Verstelldämpfung: Dämpfkraft in Abhängigkeit von der Geschwindigkeit

Die Dämpfkraft an jedem Rad wird so eingestellt, dass die Aufbauschwingungen auf unebener Straße durch einen Regelalgorithmus (Skyhook-Algorithmus) bezüglich der drei Aufbaufreiheitsgrade Huben, Wanken und Nicken minimiert werden. Dadurch rollt das Fahrzeug auch auf schlechter Straße, ohne Beeinträchtigung der Fahrstabilität, komfortabel ab. Auch bei fahrerinduzierten Anregungen um die Fahrzeugquerachse, beispielsweise Nicken durch Bremsen und Beschleunigen, sowie um die Fahrzeuglängsachse, wie Wanken, angeregt vor allem durch Kurvenfahrt beziehungsweise schnelle Lenkbewegungen bei dynamischen Ausweichmanövern, wird diesen Bewegungen durch eine Anpassung der Dämpfercharakteristik („dynamische Wank- und Nickabstützung") schnell entgegengewirkt.

Aktives Federungssystem

Das weltweit einmalige aktive Federungssystem Active Body Control (ABC), Bild 5, erlaubt eine Erhöhung des Komforts bei gleichzeitiger Verbesserung der Fahrdynamik. Das bereits beim Vorgänger angebotene Federungssystem zeichnet sich durch Federbeine mit hydraulisch verstellbarem Federfußpunkt aus, der eine aktive Änderung der Federkräfte ermöglicht und damit sowohl eine Ausregelung der niederfrequenten Aufbaubewegungen (Huben, Nicken, Wanken) als auch eine Änderung der Wankmomentenverteilung zwischen Vorder- und Hinterachse erlaubt. Damit kann auf die Drehstäbe an Vorder- und Hinterachse verzichtet werden.

Bild 5
Gesamtübersicht ABC-Fahrwerk

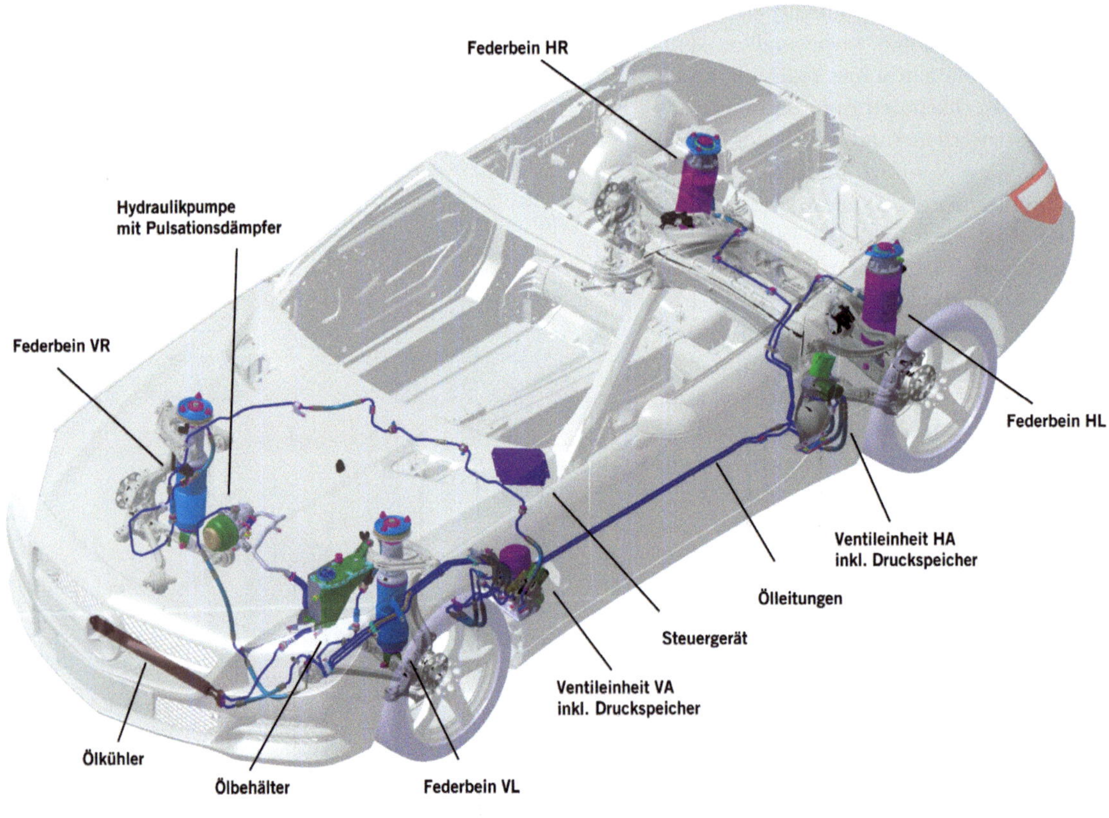

Für den Einsatz im neuen SL wurde das System in folgenden Punkten weiterentwickelt:

- stärkere Differenzierung zwischen den Einstellungen Komfort und Sport
- Optimierung der Kopflager für die Anbindung der ABC-Federbeine an den Rohbau
- Optimierung des Fußgelenks an der Vorderachse.

Prinzipdarstellung und Schnittbilder der ABC-Federbeine sind in Bild 6 dargestellt. Kernstück des Systems ist der Funktionsalgorithmus, der aus den berechneten Wank- und Nickmomenten beziehungsweise Aufbaukräften, die Stellkräfte für die einzelnen Federbeine ableitet. Der Ölstromregler setzt die Soll-Federkräfte in entsprechende Sollvorgaben für die Ventilströme um und regelt damit die Plungerwege (Federfußpunkt).

Der Algorithmus verarbeitet hierzu verschiedene Eingangssignale, teils analoge Sensor-, teils digitale CAN-Signale. Der Frequenzbereich des aktiven Eingriffs wird nach oben limitiert, um die notwendige Stellenergie zu begrenzen. Ziel ist es, die niederfrequenten Bewegungen des Fahrzeugaufbaus weitgehend auszuregeln:

- Die durch Straßenunebenheiten angeregten Schwingungen werden durch einen aufbaufreiheitsgradbezogenen Skyhook-Algorithmus reduziert. Die Insassen erleben ein Fahrzeug mit perfektem Schluckvermögen bezüglich der Anregungen einer schlechten Straße. Auffällig klein sind vor allem Aufbaubewegungen bei wechselseitiger Anregung (Querwerfen). Der beim passiven Fahrzeug für diesen Fall erforderliche, aber komfortmindernde Drehstab kann bei ABC prinzipbedingt entfallen.
- Die durch Fahrereinfluss entstehenden Aufbaubewegungen werden fast völlig kompensiert, sowohl das Wanken des Aufbaus beim Lenken als auch das Nicken beim Bremsen oder Beschleunigen. Die Insassen erleben ein Fahrzeug, das wie das sprichwörtliche Brett auf der Straße liegt – wie es von einem sportlich ausgelegten Fahrzeug erwartet wird, allerdings ohne dies mit einem schlechteren Fahrkomfort erkaufen zu müssen.
- Die fahrdynamischen Eigenschaften werden situationsgerecht angepasst. Abhängig von der Fahrgeschwindigkeit wird die Wankmomentenverteilung verändert in Richtung geringeres

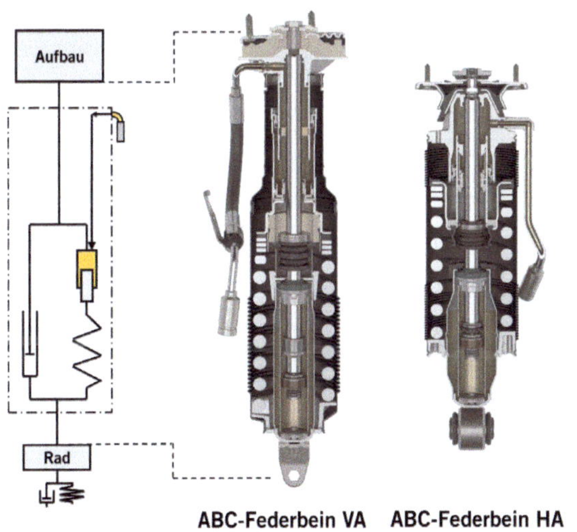

Bild 6
ABC-Federbein

Untersteuern im mittleren Geschwindigkeitsbereich (Agilität) und stärkeres Untersteuern bei Hochgeschwindigkeit (Fahrsicherheit). Der Fahrer erlebt damit ein der Fahrgeschwindigkeit angepasstes Fahrverhalten, das von Fahrspaß, auf kurvigen Landstraßen bis zu hoher Spurstabilität bei schneller Autobahnfahrt, variiert.

- Durch die systemimmanente hydraulische Niveauregulierung vorne und hinten besitzt das Fahrzeug ein konstantes, von der Zuladung unabhängiges Fahrzeugniveau, mit unabhängig von der Beladung des Fahrzeugs gleichbleibend optisch schönen Radausschnitten an den Kotflügeln. Das Niveau kann bei laufendem Motor auf Tastendruck angehoben werden, sowohl bei stehendem Fahrzeug als auch während der Fahrt (Schlechtweganhebung 50 mm). Bei hohen Geschwindigkeiten wird es automatisch um bis zu 13 mm unter das Normalniveau abgesenkt (Reduzierung des Luftwiderstands, Absenkung des Schwerpunkts).

Abhängig von der manuell gewählten Stellung des Sport-/Komfortschalters und einer durch den Regelalgorithmus abgeschätzten Fahrzeugbeladung werden die verschiedenen Reglerparameter angepasst. Dadurch sind die oben beschriebenen Effekte unterschiedlich stark ausgeprägt.

Die höherfrequenten Schwingungen der Räder werden bei ABC nicht aktiv ausgeregelt, sondern passiv über die parallel zur Feder geschalteten Dämpfer abgebaut. Im Gegensatz zum Dämpfer eines passiven Federungssystems muss der ABC-Dämpfer nur die Radschwingungen bedämpfen, da die Aufbauschwingungen aktiv abgebaut werden.

Bremsen

Das Bremssystem des neuen SL ist als hydraulische Zweikreisbremse mit Vorderachs/Hinterachs-Bremskreisaufteilung ausgeführt und durch das elektronische Bremsregelsystem ADAPTIVE BRAKE geregelt. Die Aufteilung erfolgt im Tandemhauptbremszylinder mit Unterstützung durch einen Unterdruckbremskraftverstärker. Das Unterdruckniveau wird durch eine motorseitig angetriebene Unterdruckpumpe permanent auf einem zuverlässig hohen Niveau von mindestens – 900 mbar gehalten. Wie bereits im neuen SLK kommt auch im SL eine elektrisch betätigte Parkbremse zum Einsatz. Diese wurde als faustsattelintegriertes Konzept an der Hinterachse umgesetzt, wodurch das bisherige Fußfeststellbremsaggregat im Fahrerfußraum genauso entfallen konnte wie Bremsseilwaage und Bremsseile am Fahrzeugunterboden. Da-

Bild 7 **Abmessungen der Bremsen**

Modelle / Standardradgröße ab Werk	SL 350 / R17	SL 500 / R18	Sportpaket Optional / R18
Bremsen vorne	–	–	Lackiert + MB-Schriftzug
Bremsscheiben / Durchmesser/Dicke (mm)	Innenbelüftet, gelocht / 342/32	Innenbelüftet, gelocht / 360/36	Innenbelüftet, gelocht / 360/36
Sattel / Kolbendurchmesser Bremssattel (mm)	Vierkolben-Monoblockfestsattel / 46/46	Vierkolben-Monoblockfestsattel / 46/46	Vierkolben-Monoblockfestsattel / 46/46
Bremsen hinten	–	–	MB-Schriftzug
Bremsscheiben / Durchmesser/Dicke (mm)	Innenbelüftet / 320/24	Innenbelüftet / 320/24	Innenbelüftet, gelocht / 320/24
Sattel / Kolbendurchmesser Bremssattel (mm)	Einkolben-Composit-Faustsattel / 45	Einkolben-Composit-Faustsattel / 45	Einkolben-Composit-Faustsattel / 45

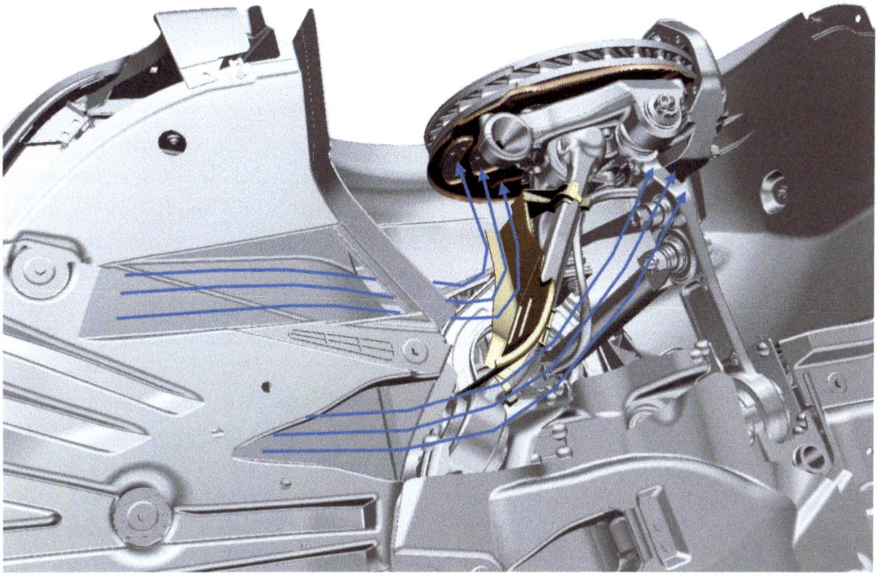

Bild 8
Luftführung der Bremsenkühlung

durch konnte das Systemgewicht um 2,5 kg reduziert werden.

Bei der Entwicklung der Radbremse lag der Fokus auf Leichtbau, weshalb alle Varianten des Bremsenbaukastens gewichtsoptimiert konzipiert und umgesetzt wurden. An der Vorderachse kommen ausschließlich Vierkolben-Monoblockbremssättel aus Aluminium zum Einsatz, Bild 7. Es handelt sich hierbei um Festsättel mit bekannt geringem Restmoment und hoher Steifigkeit bei sehr geringem Gewicht. An der Hinterachse bestehen beim Einkolben-Composit-Faustsattel das Bremssattelgehäuse aus Aluminium und der Träger aus Sphäroguss.

Im neuen SL wird mittels einer in die Unterbodenverkleidung integrierten Luftführungsrinne in Kombination mit einer Luftleitschaufel an der Zugstrebe sowie einem partiell geöffneten Bremsabdeckblech eine gezielte aerodynamische Bremsenkühlung der Vorderachsbremsscheiben erreicht, Bild 8. Die Reibringhöhe der Bremsscheiben wurde vergrößert, um eine größtmögliche Wärmeaustauschfläche zu erhalten. Die gezielte Bremsenkühlung ermöglichte eine signifikante Gewichtsreduzierung der Bremsscheiben. Zusätzlich unterstützen der Einsatz von Aluminium-Bremssattelgehäusen an Vorder- und Hinterachse und die Aluminium-Bremsabdeckbleche an der Hinterachse den Leichtbaugedanken des Fahrzeugs und reduzieren die ungefederten Massen am Fahrwerk wesentlich.

Im SL kommt ein passiver 8"-/9"-Tandem-Bremskraftverstärker zum Einsatz, bei dem die Boosterschalen zur Gewichtsoptimierung in Aluminium ausgeführt sind. Beim Hauptbremszylinder handelt es sich um einen ungestuften Aluminium-Tandemhauptbremszylinder mit einem Kolbendurchmesser von 26,99 mm. Die Kombination aus einer im Vergleich zum SL-Vorgänger reduzierten Pedalübersetzung von i = 3,7 auf i = 3,4 in Verbindung mit den in puncto Steifigkeit und Volumenaufnahme optimierten Bremssattelgehäusen führt zu einem sportlich prägnanten Pedalgefühl mit ausgeprägtem Druckpunkt. Durch eine Optimierung der Volumenaufnahme der Bremssattelgehäuse konnten die Kolbendurchmesser circa 10 % vergrößert werden. So wurde ein niedrigerer Blockierdruck erreicht, der den sportlichen Charakter des Fahrzeugs unterstützt.

Der SL erhält ein Fahrpedalmodul aus hochwertigem Polyamid-Kunststoff, bei dem die Fahrpedalstellung über einen Hallsensor ermittelt wird. Der Pedallagerbock in Kunststoff-Stahl-Hybridbauweise sowie das zugehörige Bremspedal aus Stahlblechhalbschalen setzen den Leichtbaugedanken auch bei der Betätigung konsequent fort.

Räder/Reifen

Die verschiedenen Modellvarianten der Baureihe 231 erhalten unterschiedliche Reifen- und Radabmessungen sowie Leichtmetallradausführungen in 17", 18" und 19" in verschiedenen anspruchsvollen Designs und Farben. In Bild 9 und Bild 10 sind die einzelnen Rad-/Reifenvarianten, die serienmäßig oder als Sonderausstattung zur Verfügung stehen, aufgeführt. Serienmäßig gehört das Pannenset TIREFIT inklusive elektrischem Kompressor zur Europa-Ausführung. In Europa optional und in den USA serienmäßig wird das Fahrzeug mit MOE-Reifen (Mercedes Original Extended) mit Notlaufeigenschaften ausgestattet.

Erstmalig für eine SL-Baureihe erhalten alle Kunden die Möglichkeit, ihr Fahrzeug mit MOE-Notlaufreifen in allen Sonderausstattungsgrößen ab Werk auszurüsten. Durch spezielle verstärkte Einlagen in der Reifenseitenwand können Kunden mit MOE-Reifen im Falle eines Druckverlusts des Reifens beziehungsweise bei einer Reifenpanne mindestens 80 km bei einer maximalen Geschwindigkeit von 80 km/h mit luftleeren Reifen weiterfahren. Das gibt ihnen die Möglichkeit, den Gefahrenbereich zu verlassen beziehungsweise die nächste Werkstatt aufzusuchen. Dank neuester Materialien und weiterentwickelter Reifentechnik bieten MOE-Reifen im Hinblick auf Eigenschaften wie Komfort, Fahrdynamik und Sicherheit denselben überzeugenden Standard wie MO-Reifen.

Für die winterliche Jahreszeit sind M+S-Reifen in 17" und 18" als Zubehör ab Werk erhältlich, welche speziell auf den sportlichen Charakter des neuen SL abgestimmt wurden. Auch hier hat der Kunde die Möglichkeit, 18"-M+S-Reifen als MOE-Reifen zu erhalten. Winterreifen sind als Rundumbereifung verwendbar, um die Verwendung von Schneeketten an der Hinterachse als Antriebsachse zu gewährleisten.

Die neue Generation der Reifen und Räder für den SL wurden aerodynamisch optimiert. Alle Mercedes-Original-Reifen

Bild 9
Rad-/Reifengrößen

<table>
<tr><th></th><th colspan="4">Standard-MO-Reifen</th><th colspan="3">MOE-Notlaufreifen</th><th colspan="3">M+S-Reifen</th></tr>
<tr><th></th><th>17"</th><th colspan="2">18"</th><th>19"</th><th colspan="2">18" MOE</th><th>19" MOE</th><th>17" M+S</th><th>18" M+S</th><th>18" M+S MOE</th></tr>
<tr><td>Rad VA</td><td rowspan="2">8J x 17 ET 30</td><td rowspan="2">8,5J x 18 ET 35,5</td><td>8,5J x 18 ET 35,5</td><td>8,5J x 19 ET 35,5</td><td rowspan="2">8,5J x 18 ET 35,5</td><td>8,5J x 18 ET 35,5</td><td>8,5J x 19 ET 35,5</td><td rowspan="2">8J x 17 ET 30</td><td rowspan="2">8,5J x 18 ET 35,5</td><td rowspan="2">8,5J x 18 ET 35,5</td></tr>
<tr><td>RAD HA</td><td>9,5J x 18 ET 47,5</td><td>9,5J x 19 ET 47,5</td><td>9,5J x 18 ET 47,5</td><td>9,5J x 19 ET 47,5</td></tr>
<tr><td>Reifen VA</td><td rowspan="2">255/45 R17 98Y</td><td rowspan="2">255/40 R18 95Y</td><td>255/40 R18 95Y</td><td>255/35 R19 96XL Y</td><td rowspan="2">255/40 R18 95Y</td><td>255/40 R18 95Y</td><td>255/35 R19 96XL Y</td><td rowspan="2">255/45 R17 98 V</td><td rowspan="2">255/40 R18 99XL V</td><td rowspan="2">255/40 R18 99 XL V</td></tr>
<tr><td>Reifen HA</td><td>285/35 R18 97Y</td><td>285/30 R19 98XL Y</td><td>285/35 R18 97Y</td><td>285/30 R19 98XL Y</td></tr>
<tr><td>SL 350</td><td>Serie</td><td>SA</td><td>SA</td><td>SA</td><td>SA</td><td>SA</td><td>SA</td><td>SA</td><td>SA</td><td>SA</td></tr>
<tr><td>SL 500</td><td>–</td><td>–</td><td>Serie</td><td>SA</td><td>–</td><td>SA</td><td>SA</td><td>–</td><td>SA</td><td>SA</td></tr>
</table>

Beschreibung

SL Radübersicht R231	SL 350	SL 500	Sonderausstattung		

	Standard: SL 350	Standard: SL 500	Optional: SL 350 SL 500	Optional: SL 350 SL 500	Optional: SL 350 SL 500
Größe	17"	18"	18"	19"	19"
Reifen Vorderachse	255/45 R17	255/40 R18	255/40 R18	255/35 R19	255/35 R19
Hinterachse	255/45 R17	285/35 R18	285/35 R18	285/30 R19	285/30 R19
Rad Vorderachse	8x17 ET30	8,5x18 ET35,5	8,5x18 ET 35,5	8,5x19 ET35,5	8,5x19 ET35,5
Hinterachse	8x17 ET30	9,5x18 ET47,5	9,5x18 ET 47,5	9,5x19 ET47,5	9,5x19 ET47,5
Oberfläche	Vanadiumsilber				

Bild 10 **Übersicht Räderprogramm**

(MO und MOE) und -Räder entstanden nach neuesten aerodynamischen Kriterien. Die exklusiven Räderdesigns für den neuen SL wurden anhand eines umfangreichen Prüf- und Erprobungsprogramms gemäß höchster Qualitätsanforderungen entwickelt. Mittels Prüfstandsversuchen hinsichtlich Rundlaufeigenschaften sowie Aufstands- und Seitenkräften wurden alle Räder im Entwicklungsprozess abgesichert. Dazu setzte man sie auf Prüfständen Betriebsbedingungen aus, die einem Mehrfachen der Lebensdauer eines Fahrzeugs entsprechen.

Reifendruckverlust-Warnung

Im SL ist die Funktion der Reifendruckverlust-Warnung in allen Länderausführungen außer USA im Serienumfang enthalten. Sie ist als Softwaremodul im ESP-Steuergerät integriert. Dabei werden vorhandene Informationen von ADAPTIVE BRAKE und ESP genutzt, zusätzliche Sensoren sind nicht erforderlich. Das System kann einen deutlichen Druckverlust in einem einzelnen Reifen erkennen und zeigt daraufhin eine Warnmeldung im Kombiinstrument an. Der Fahrer kann dadurch frühzeitig reagieren und seine Mobilität durch eine Druckkorrektur oder die Montage eines Ersatzrads beziehungsweise durch die Nutzung von TIREFIT erhalten.
Mit steigender Fahrgeschwindigkeit und zunehmendem Reifendruck vergrößert sich der Abrollumfang des Reifens geringfügig. Durch den relativen Vergleich aller gemessenen Raddrehzahlen wird das Abweichen der Drehzahl eines einzelnen Rads infolge eines Druckabfalls im Reifen erkannt. Da auch weitere fahrdynamische Größen wie Schlupf, Schräglaufwinkel oder Kurvenfahrt die Raddrehzahl beeinflussen, werden die vorhandenen Sensorsignale von ADAPTIVE BRAKE und ESP wie Querbeschleunigung, Gierrate und Radmomente zur Bewertung des Fahrzustands herangezogen. Die beste Warnschärfe hat das System bei gleichförmiger Fahrt auf ebe-

ner Straße mit wenig Kurven und moderater Fahrweise.

Nach jeder Änderung an Rädern und Reifen, wie Druckkorrektur oder Reifenwechsel, muss das System auf den neuen Reifenzustand kalibriert werden. Dazu sind zuerst die Reifendrücke auf die empfohlenen Werte gemäß Luftdruckschild einzustellen. Danach wird über das Bedienmenü im Kombiinstrument der Menüpunkt Service/Reifendruck ausgewählt. Durch Drücken der OK-Taste kann der „Neustart“ der Reifendruckverlust-Warnung ausgewählt werden. Mit diesem Neustart löscht das System alle vorher gespeicherten Daten und speichert die relativen Abrollumfänge der Räder während der Fahrt in mehreren Geschwindigkeitsintervallen neu ab. Während dieser Lernphase findet noch keine Überwachung der Reifendrücke statt.

Bei einem Druckverlust von etwa 30 bis 50 % in einem einzelnen Reifen erscheint nach wenigen Minuten Fahrt im Display die Warnmeldung „Reifendruck, Reifen überprüfen“. Bei winterlichen Straßenverhältnissen, hochalpinen Streckenprofilen oder sportlichem Fahrstil kann es etwas länger dauern bis die Warnmeldung erscheint. Solange die Reifendruckverlust-Warnung nach einer Warnmeldung nicht neu gestartet worden ist, erscheint nach jedem Motorstart die Erinnerungsmeldung „Reifendrucküberwachung nach Druckprüfung neu starten“. Die regelmäßige Prüfung des Reifendrucks und des Reifenzustands nach Betriebsanleitung muss der Kunde weiterhin selbst durchführen, weil die Reifendruckverlust-Warnung einen gleichmäßigen Druckverlust an allen Reifen durch Diffusion nicht erkennen kann.

Reifendruckkontrolle

In der USA-Version serienmäßig, ab 2014 auch in Europa, wird der neue SL mit einem Reifendruckkontrollsystem (RDK) zur permanenten Drucküberwachung aller vier Räder mit radindividueller Luftdruckanzeige im Multifunktionsdisplay ausgerüstet. Die Radsensoren sind mit einem Metallventil an der Felgeninnenseite befestigt. Während der Fahrt senden sie Funksignale (433 MHz) mit Informationen über Druck, Temperatur und Drehrichtung sowie eine individuelle Kennnummer zur Unterscheidung der Räder. Das RDK-Steuergerät sitzt am Fahrzeugunterboden über der Hinterachse und empfängt die Signale der Radsensoren über eine integrierte Antenne. Die unterschiedlichen Signalstärken, die sich aus den verschiedenen Signalwegen der näher gelegenen Hinterräder und der weiter entfernten Vorderräder ergeben, werden für die automatische Positionserkennung ausgenutzt.

Die Reifendruckkontrolle zeigt im Bedienteil unter dem Menüpunkt Service/Reifendruck die gemessenen Reifendrücke im Multifunktions-Display an. Wenn die Reifen nach einiger Zeit etwas Luft verloren haben, wird der Fahrer nach Fahrtende beim Ausschalten der Zündung mit einer Warnmeldung zur Korrektur der Reifendrücke aufgefordert. Sollte während der Fahrt ein signifikanter Druckverlust erkannt werden, so erscheint die Warnmeldung „Reifen überprüfen!“, Bild 11. Bei einem sehr schnellen Druckverlust lautet die Warnmeldung „Achtung Reifendefekt“. Zusätzlich leuchtet in beiden Fällen eine gelbe Warnlampe mit dem ISO-Reifensymbol im Kombiinstrument und im Display wird der betroffene Reifen farblich hervorgehoben. Nach der Korrektur der Reifendrücke erlischt die Warnmeldung nach einigen Minuten Fahrt automatisch. Auch neu montierte Räder werden vom

Bild 11
Warnmeldung bei Druckverlust

RDK-System automatisch erkannt und eingelernt. Falls das System wegen eines fehlenden Radsensors nicht warnfähig ist, wird nach 10 min Fahrt eine Fehlermeldung angezeigt, die RDK-Warnlampe blinkt für 1 min und leuchtet danach kontinuierlich. Damit entspricht das System den gesetzlichen Anforderungen in den USA und in Europa.

Automatische und manuelle Befüllerkennung

Wenn der Fahrer neue Reifendrücke einstellt, erkennt die Reifendruckkontrolle dies in den meisten Fällen automatisch. Bei unplausibler Befüllung wird der Fahrer zur Korrektur der Reifendrücke aufgefordert. Bei plausibler Befüllung werden die eingestellten Reifendrücke nach wenigen Minuten Fahrt achsweise als neue Sollwerte übernommen. Zur manuellen Kalibrierung der Reifendruckkontrolle kann der Fahrer im Bedienmenü unter „Service/Reifendruck" die aktuellen Drücke als neue Sollwerte vorgeben. Daraufhin werden die Drücke nach wenigen Minuten Fahrt vom RDK-Steuergerät auf Plausibilität geprüft und dann als neue Sollwerte für die Überwachungsfunktion übernommen.

Lenksystem

Michael Rapp | Jürgen Class

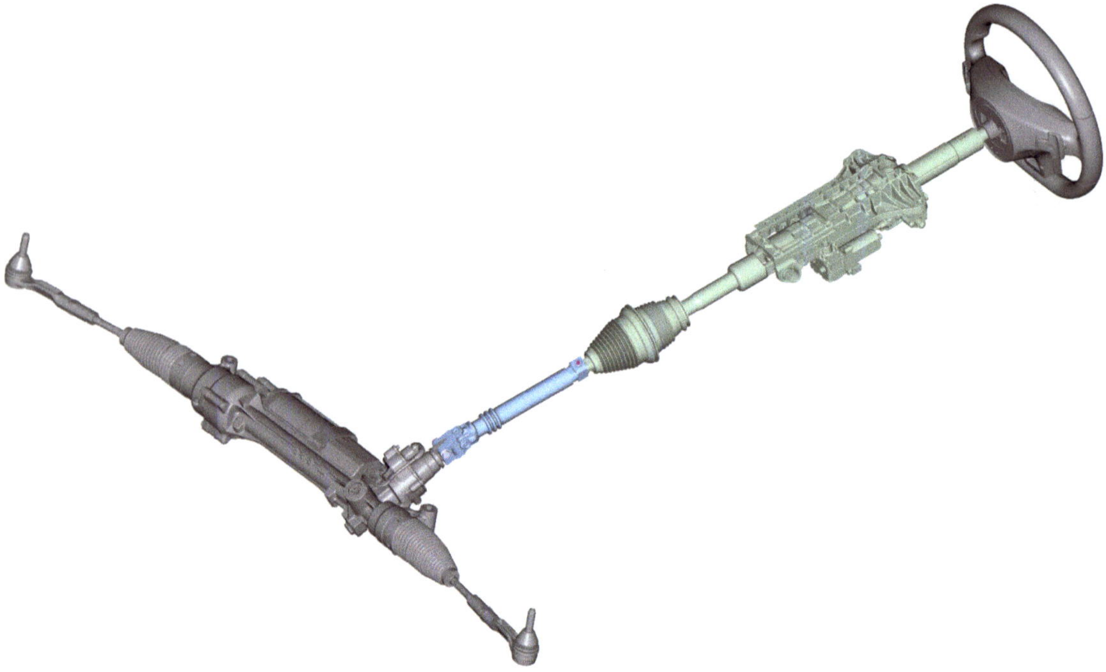

Serienmäßig ist der neue SL – wie der Vorgänger – mit einer Direktlenkung ausgestattet. Das neu entwickelte, nun elektromechanische System spart bis zu 0,3 l Kraftstoff/100 km ein. Die Lenksäule weist vergrößerte Crashwege auf, sodass der Fahrer noch besser geschützt ist. Das belederte Dreispeichen-Sportlenkrad unterstreicht das sportliche Fahrerlebnis im neuen SL.

Lenkgetriebe

Der neue SL besitzt eine elektromechanische Direktlenkung. Dieses System senkt im Vergleich zur hydraulischen Direktlenkung des Vorgängermodells den Verbrauch um bis zu 0,3 l/100 km, da sich die Leistungsaufnahme auf die Zeiten mit Lenkbewegungen reduziert. Eine Direktlenkung stellt in jeder Fahrsituation die optimale Lenkübersetzung für den Fahrer ein. In der Mittellage ist die Übersetzung indirekt, was auch bei hohen Geschwindigkeiten ein gewohnt präzises Lenken garantiert. Bei Lenkwinkeln größer 5°, wie sie bei Kurvenfahrt auf Landstraßen oder in der Stadt vorkommen, wird die Lenkung deutlich direkter, wodurch das Handling des neuen SL noch spontaner und agiler wird, Bild 1. Im Vergleich zum Vorgänger SL wurde der Übersetzungsverlauf weiter optimiert. Die Agilität des neuen SL konnte dadurch nochmals gesteigert werden, das Kurvenfahren bereitet noch mehr Spaß. Gleichzeitig reduziert sich der maximale Lenkaufwand beim Parkieren oder Wenden durch den neuen Übersetzungsverlauf um 15 %. Es sind nun nur noch 2,2 Lenkradumdrehungen von Anschlag zu Anschlag notwendig. Die Direktlenkung vermeidet durch ihre variable Verzahnung den Einsatz aufwendiger Zusatzaggregate zur Realisierung der Übersetzungsänderungen.

Bei der im neuen SL eingesetzten Elektrolenkung ist der Elektromotor achsparallel zur Zahnstange angeordnet und überträgt die Drehbewegung über einen Zahnriemen auf den Kugelgewindetrieb. Elektromotor, Antriebseinheit, Steuergerät und Sensorik sind zu einer kompakten Einheit zusammengefasst. Der Drehmomentsensor an der Eingangswelle des Lenkgetriebes erfasst den Lenkwunsch des Fahrers. Regelalgorithmen mit einer Vielzahl von Eingangsgrößen lassen eine optimale Lenkmomentgestaltung in Abhängigkeit von der Fahrsituation zu. Für unterschiedliche Fahrzeugachslasten kommen angepasste Verstärkungskennfelder zum Einsatz.

Die Elektronik unterstützt die Lenkungsrückstellung und kompensiert eigenständig einseitige Lenkmomente bei geneigten Fahrbahnen. Bei einem ESP-Eingriff wird das vom Fahrer spürbare Handmoment situationsabhängig erhöht oder reduziert, was in Verbindung mit dem gezielten Bremseingriff zur Stabilisierung des Fahrzeugs beiträgt. Mit der elektromechanischen Direktlenkung kann erstmals im SL das automatische Einparksystem Automatic Parking Control (APC) angeboten werden. Damit wurde auch die Voraussetzung für weitere zukunftsweisende Assistenzsysteme geschaffen.

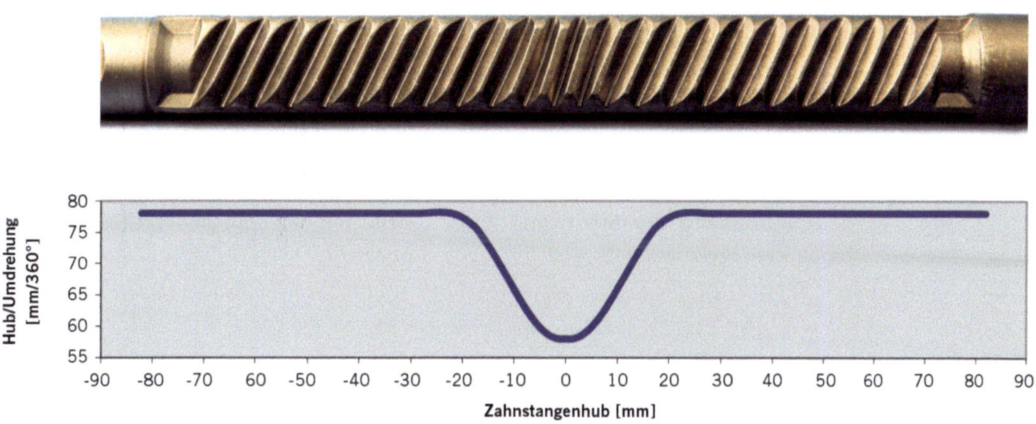

Bild 1
Variable Verzahnung und Übersetzungsverlauf

Lenksäule

Der neue SL verfügt serienmäßig über eine elektrisch längs- und höhenverstellbare Lenksäule der neuesten Generation. Die Einstellwege betragen +/– 25 mm in der Höhe und 60 mm in der Länge. Die Verstellung erfolgt über einen am Mantelrohrschaltermodul angeordneten Betätigungshebel.

Zur Reduktion der Belastungen im Falle eines Unfalls kann sich die Lenksäule beim Aufprall des Fahrers auf das Lenkrad unter einem definierten Kraftniveau um bis zu 90 mm nach vorne verschieben

Bild 2
Dreispeichen-Sportlenkrad

und so die Belastung entscheidend reduzieren. Aufgrund der geteilten Lenkspindel und des geteilten Mantelrohrs bleibt im Crashfall das obere Kreuzgelenk ortsfest stehen, wodurch der größtmögliche Deformationsweg der Stirnwand zum oberen Kreuzgelenk möglich ist.

Lenkrad

Das Interieurdesign sieht ein beledertes Dreispeichen-Sportlenkrad vor, welches über zwölf Bedientasten folgende Funktionen ermöglicht: Menüführung im Kombiinstrument sowie Bedienung von Audiosystem, Telefon und Spracheingaben, Bild 2. Es wird in drei Ausstattungsfarben angeboten sowie in einer luxuriösen Holz-Leder-Variante mit drei wählbaren Holzarten. Das Lenkrad besitzt serienmäßig zwei Schaltwippen zur Wahl der Gänge im manuellen Schaltmodus des Automatikgetriebes.

Als Alleinstellungsmerkmal besitzt der neue SL ein Airbagmodul mit Lederoberfläche und integrierter Ziernaht sowie eine im Lenkrad eingelassene, galvanisierte Plakette mit dem Schriftzug „Mercedes-Benz". Beim optionalen Spurhalte-Assistenten ist ein Aktuator in das Lenkrad integriert, welcher den Fahrer durch Vibrationsimpulse am Lenkrad warnen kann, sobald das System erkennt, dass der Fahrer die Fahrspur unbeabsichtigt zu verlassen droht.

Die Hupfunktion wird durch Drücken auf das beweglich gelagerte Airbagmodul ausgelöst. Der zweistufige Gasgenerator ist über ein Entkopplungselement mit dem Generatorträger des Airbags verbunden und beeinflusst – als Tilger eingesetzt – das Schwingungsverhalten des Lenkrads positiv. Das Lenkradhybridskelett aus Magnesium und Stahl hat zwei tragende Speichen, welche die erforderliche Festigkeit des Verbunds aus Lenkrad und Fahrerairbag übertragen. Die dritte als Zierelement ausgeführte Speiche und das abgeflachte Kranzsegment unterstreichen den sportlichen Charakter des neuen SL.

S L 2310

Soundsysteme

Norbert Niemczyk | Jochen Linkohr | Leif Kreibich | Olaf Herholz

Der Wunsch nach hochwertigem Klang bei begrenztem Bauraum führte beim neuen SL zu einem völlig neuen Lautsprecherkonzept. Die Montage der Basslautsprecher erfolgt dabei jeweils links und rechts im Fußraum direkt an die Stirnwand. Alle für den SL lieferbaren Soundsysteme folgen diesem Bauprinzip: das Basissystem, das Surround-Soundsystem von Harman Kardon und das High-End-Surround-Soundsystem von Bang & Olufsen.

Integration ins Fahrzeug

Mehrkanalige Soundsysteme in sportlichen Fahrzeugen unterzubringen, stellt jeden Entwickler vor besondere Herausforderungen hinsichtlich Lage und Anzahl der Lautsprecher und der dazugehörigen Verstärker. Denn auch in einem zweisitzigen, offenen Sportwagen müssen die für guten und sauberen Klang erforderlichen Lautsprecher trotz des begrenzten Bauraums an den akustisch optimalen Stellen untergebracht werden.
Moderne Soundsysteme bestehen aus Lautsprechereinheiten zur Wiedergabe von Tiefton-, Mittel- und Hochtonsignalen sowie aus zusätzlichen Verstärkern. Bei Soundsystemen ergeben sich durch die Verlustleistung des Verstärkers zusätzliche Herausforderungen, da aus Temperaturgründen einige Bauräume im Fahrzeug ausgeschlossen werden müssen. Alternativ besteht die Möglichkeit, die Unterbringungssituation durch dezentrale Verstärkerkonzepte zu entspannen, was aber wiederum mit Mehrgewicht und zusätzlichem Verkabelungsaufwand verbunden und daher nicht zielführend ist. Die Integration der Mittel- und Hochtonlautsprecher in der Peripherie der Fahrzeugkabine ist verhältnismäßig einfach möglich. Physikalisch bedingt werden für die Erzeugung von niederfrequenten Audiosignalen große Lautsprecherdurchmesser mit einem angekoppelten Resonanzvolumen von mehreren Litern benötigt. Zur Generierung eines guten, sonoren Klangs wird der überwiegende Teil der Gesamtleistung im tieffrequenten Bereich eingesetzt. Dies stellt weitere Anforderungen an das mechanische Umfeld eines Tieftonlautsprechers. Unzureichende mechanische Stabilität führt zu einem unpräzisen akustischen Impulsverhalten mit langen Nachschwingzeiten. Oft werden Basslautsprecher in den Türen befestigt und das Innere der Türen als Resonanzvolumen herangezogen, wodurch zusätzliche Versteifungs- und Dämmmaßnahmen in den Türen erforderlich werden. Für Tiefbasswiedergabe werden häufig zusätzliche Subwooferboxen eingesetzt, die zusätzlichen Bauraum benötigen und Mehrgewicht bedeuten.

Von der Idee zum fertigen Produkt

Der Wunsch nach Sound der Luxusklasse im neuen SL und die Herausforderungen des nur begrenzt zur Verfügung stehenden Bauraums führten zu einem völlig neuen Konzept für die Unterbringung von großen Lautsprechern mit großem Bedarf an Resonanzvolumen. Es baut auf der Nutzung bereits vorhandener Rohbauvolumina als Resonanzraum auf und

Bild 1
Frontbass-Wirkprinzip

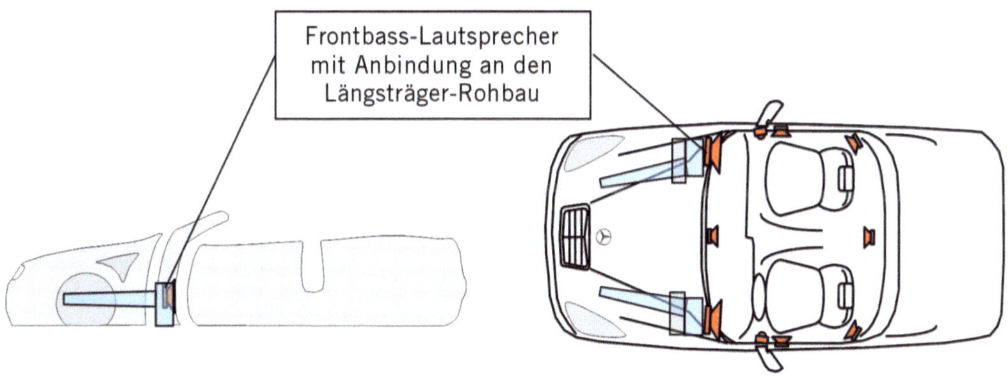

kombiniert diese mit dem akustisch optimalen Einbauort. Die Montage der Basslautsprecher im neuen SL erfolgt jeweils links und rechts im Fußraum direkt an die Stirnwand. Durch Öffnen der Stirnwand und gezieltes Abdichten der sich anschließenden Tragstruktur wird insbesondere das Längsträgervolumen erschlossen. Dadurch entstehen zwei unabhängige geschlossene Bassboxen mit großem Resonanzvolumen und optimaler Gehäusesteifigkeit für die Tieftonwiedergabe. Durch die optimale Platzierung der Bassquelle im Frontbereich des Fahrzeugs erhält dieses Konzept seinen außergewöhnlichen Namen – Frontbass-Konzept, Bild 1.

Systemvorteile

Der akustische Einkoppelpunkt der Frontbass-Lautsprecher in die Fahrgastkabine ist geometrisch optimal. Die Stirnwand, der Fahrzeugboden, der Tunnel, die Seitenwand und die Unterseite der Instrumententafel bilden eine trichterförmige Grundform, die zu einer Schallbündelung und damit zu einem deutlichen Leistungsgewinn durch den verbesserten akustischen Wirkungsgrad sowie zu einer verbesserten Energiebilanz führt. Der akustische Gesamteindruck wird zusätzlich durch eine deutlich spürbare Druckwelle aus dem Fußraum unterstützt, unabhängig davon, ob das Fahrzeugdach offen oder geschlossen ist, Bild 2.

Die Tieftonwiedergabe durch die Frontbass-Lautsprecher erfolgt bis hin zu sehr hohen Signalpegeln stets präzise und verzerrungsarm. Dadurch wird der Entfall der großen Türlautsprecher möglich. Die verbleibenden Mittel- und Hochtonlautsprecher können aufgrund der deutlich geringeren Abmessungen in einer akustisch optimalen Lage in Richtung Türoberkante und Fahrerohr platziert werden. Im unteren Teil der Tür steht somit dem Kunden zusätzlicher Raum für Ablagefächer zur Verfügung.

Durch die Platzierung der Mittel- und Hochtonlautsprecher auf quasi einer Ebene, sowohl in den Türen, in der Instrumententafel als auch im Fond, wird eine sehr präzise Bühnendarstellung und hohes Auflösungsvermögen von akustischen Feinstrukturen erreicht. Das Abspielen von Musik in der Fahrzeugkabine vermittelt einen ausgeprägten, einhüllenden Klangeindruck – und das bereits beim Basissystem. Eine akustische Steigerung wird mit den optional erhältlichen Soundsystemen erzielt, die einen nochmaligen Zugewinn an Klangerlebnis bieten. Dies gilt sowohl für Stereoklang als auch für das Abspielen diskreter Audiodaten zur Wiedergabe in echtem Surround-Sound aus dem COMAND-basierten Telematiksystem.

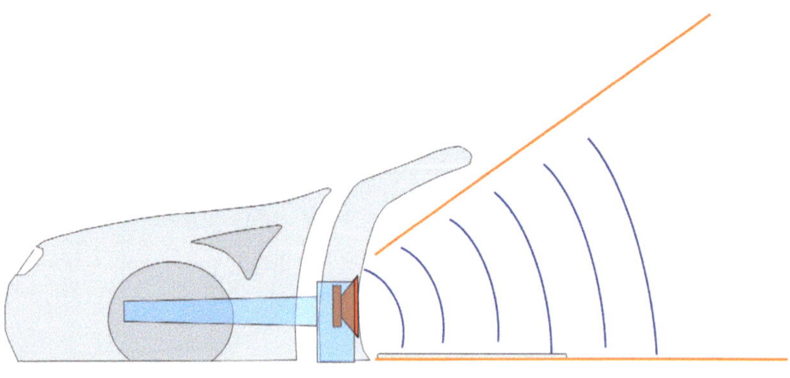

Bild 2
Leistungsgewinn durch optimalen Einkoppelpunkt

Soundsysteme für den neuen SL

Im neuen SL stellt das Frontbass-Konzept die Grundlage für drei in ihrer Leistungsfähigkeit aufeinander aufbauende Soundsysteme dar:

- das Basissystem
- das Surround-Soundsystem von Harman Kardon
- das High-End-Surround-Soundsystem von Bang & Olufsen.

Basissystem

Den Einstieg bildet das serienmäßige Basissystem, bestehend aus dem in die COMAND-Headunit integrierten Verstärker mit 4 x 25 W, zwei Frontbass-Lautsprechern, dem Zweiwegesystem, bestehend aus Hochtönern und Mitteltönern in den Türen, sowie zwei weiteren Mitteltönern im Fondraum, Bild 3.

Surround-Soundsystem von Harman Kardon

Das optional erhältliche Surround-Soundsystem Harman Kardon Logic 7 mit Frontbass-Technik ergänzt das Angebot für den audiophilen Kunden. Kern dieses Systems ist ein kraftvoller, von einem leistungsfähigen digitalen Signalprozessor (DSP) angesteuerter Class-D-Verstärker mit zehn Audiokanälen und insgesamt 600 W Leistung. Jeweils zwei Audiokanäle werden zum Antrieb der beiden Frontbass-Lautsprecher verwendet, sechs Kanäle dienen zur Ansteuerung der Mittel-/Hochtonlautsprecherkombinationen, Bild 4.

Verstärker

Die technischen Merkmale des Verstärkers für das Harman-Kardon-System sind:

- zehn digitale Hochleistungsendstufen in Class-D-Technik
- digitaler Signalprozessor (DSP)
- diskrete Logic 7-Audioprocessing-Technik
- geschwindigkeitsabhängige Anpassung von Lautstärke und Equalizing
- quellen- und fahrgastzellenabgestimmte Klangoptimierung.

Durch Einsatz energieeffizienter Class-D-Endstufen, einem ausgefeilten Kühlkörperdesign und einem aktiven Thermomanagement konnte der Verstärker trotz deutlicher Leistungssteigerung äußerst kompakt gehalten werden, Bild 5. Durch diesen Ansatz konnte auf den Einsatz eines dezentralen Zusatzverstärkers mit zusätzlichem Verkabelungsaufwand und Mehrgewicht verzichtet werden. Die Audiodaten werden via MOST-Bus verlust- und störungsfrei von der Headunit zum externen Verstärker übertragen. Dabei werden alle gängigen Audioformate unterstützt: DVD-Audio (MLP, MLP 5.1, Dolby Digital 5.1), DVD-Video (DTS 5.1, Dolby Digital 5.1, Linear PCM), Audio-CD (DTS 5.1, Linear PCM) und MP3.

Die diskrete Logic 7-Technik ermöglicht für Stereo- und 5.1-Mehrkanal-Aufnahmen eine optimale Wiedergabe und ein einzigartiges 360°-Klangerlebnis auf beiden Sitzplätzen. Die Soundverarbeitung im Verstärker übernimmt ein leistungsstarker DSP. Dieser ermöglicht ein intelligentes Audioequalizing in Abhängigkeit vom Quellmaterial und dem Fahrzeugzustand (zum Beispiel offenes oder geschlossenes Dach). Frequenzgänge jedes einzelnen Lautsprechers sowie Laufzeitunterschiede, die sich aus den verschiedenen Abständen des Hörers zu den Lautsprechern ergeben, werden korrigiert. Eine permanente Anpassung der Laut-

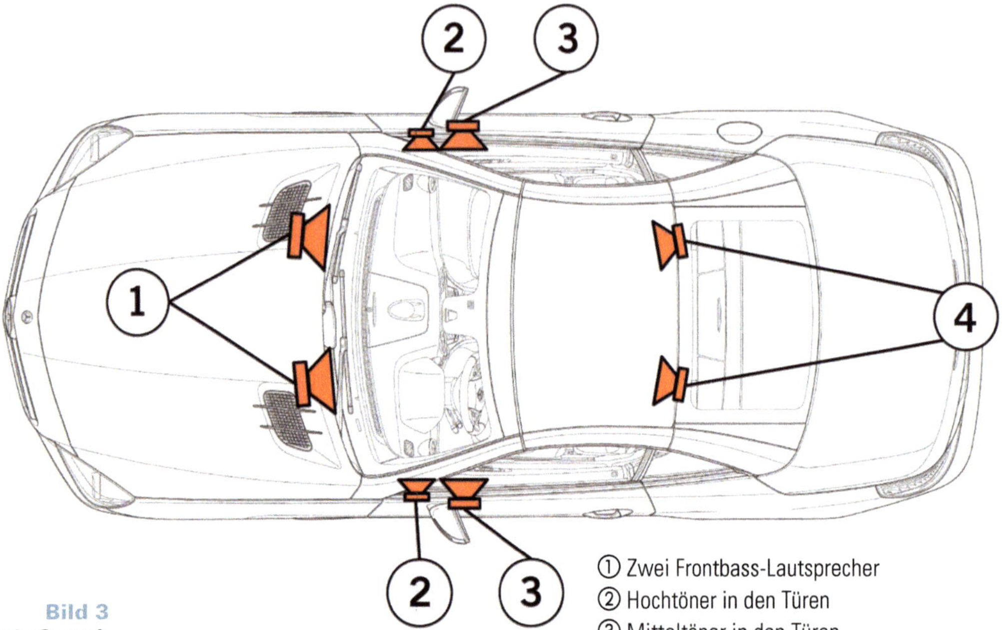

① Zwei Frontbass-Lautsprecher
② Hochtöner in den Türen
③ Mitteltöner in den Türen
④ Zwei Mitteltöner im Fondraum

Bild 3 **Basis-Soundsystem**

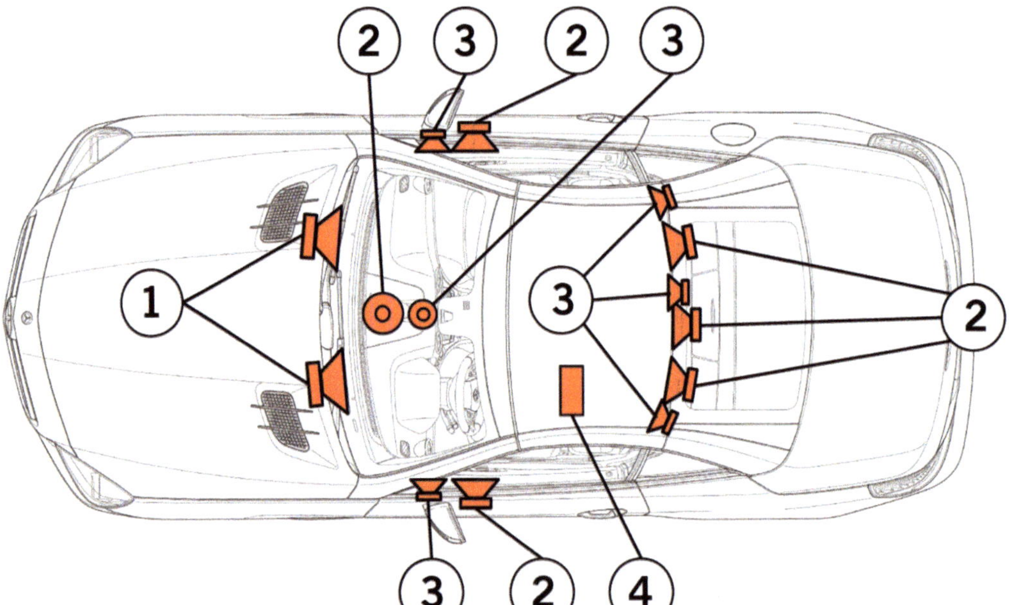

① Zwei Frontbass-Lautsprecher
②, ③ Mittel-/Hochtonlautsprecherkombination
④ Class-D-Verstärker

Bild 4 **Surround-Soundsystem**

stärke und des Frequenzgangs an die Fahrgeschwindigkeit sorgt darüber hinaus für einen besonders gleichbleibenden Klangeindruck.

Lautsprecher

Das Lautsprechersystem besteht aus zwei 220-mm-Frontbass-Lautsprechern mit je 150 W und sechs Zweiwegesystemen mit je 50 W, jeweils mit einem 100-mm-Mitteltonlautsprecher und einem 43-mm-Hochtonlautsprecher. Durch den durchgängigen Einsatz von Zweiwege-Mittel-/Hochtonsystemen in der Instrumententafel, in den Türen und an der rückseitigen Fondraumverkleidung wird im Gegensatz zu vielen herkömmlichen Soundsystemen ein deutlich präziseres und brillanteres Klangbild mit einer sauberen Bühnendarstellung wiedergegeben, Bild 6. Die Soundabstimmung des Fahrzeugs mit offenem Dach ist als eigenständiges Parameterset im Verstärker hinterlegt und stellt somit eine optimale Ergänzung zum Klangeindruck bei geschlossener Fahrzeugkabine dar.

Durch die enge Zusammenarbeit mit den relevanten Fachabteilungen konnten schon in einer sehr frühen Phase des Fahrzeugentstehungsprozesses die wesentlichen Grundlagen für die Integration der Lautsprecher in das Fahrzeug gelegt werden. In zahlreichen Optimierungsschritten wurde anschließend eine Lösung gefunden, die alle fahrzeugseitigen und funktionalen Anforderungen erfüllt, Bild 7.

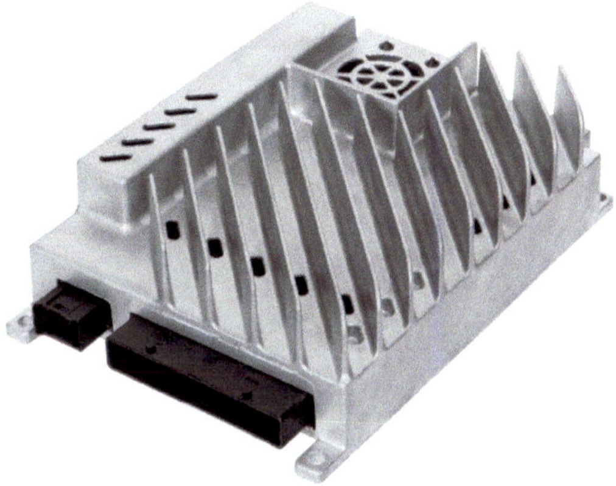

Bild 5
Externer Soundverstärker von Harman Kardon

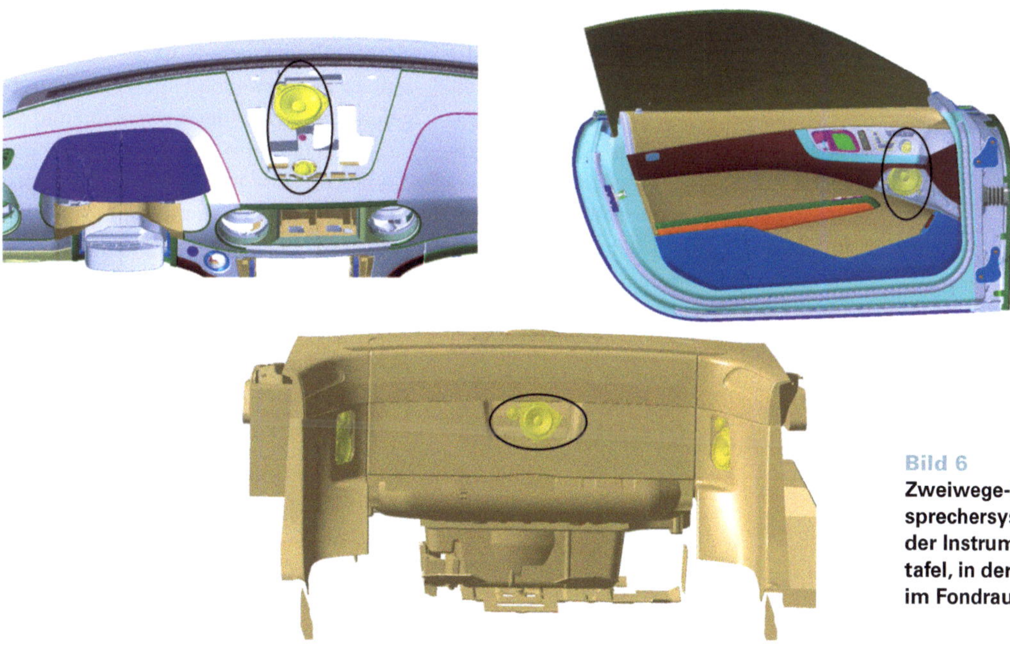

Bild 6
Zweiwege-Lautsprechersysteme in der Instrumententafel, in der Tür und im Fondraum

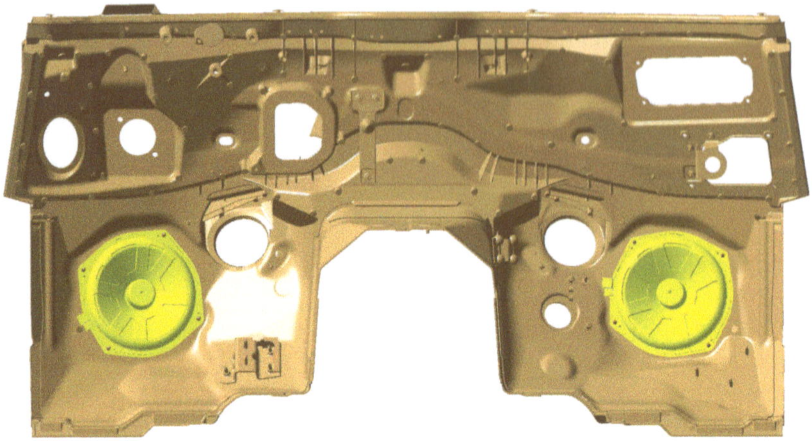

Bild 7
Stirnwand mit Frontbass-Lautsprechern

Temperaturabsicherung

Im Rahmen der Temperaturabsicherung wurden zwei Komponenten des Soundsystems besonders untersucht, der Frontbass-Lautsprecher und der Soundverstärker. Beim Frontbass-Lautsprecher kann es durch den besonderen Einbauort in der Stirnwand zu lokalen Temperaturspitzen kommen, da in unmittelbarer Nähe der Stirnwand die Abgasanlage des Fahrzeugs verläuft. So wurden an einem Versuchsträger unter Extrembedingungen Temperaturen von bis zu 95 °C ermittelt, denen der Lautsprecher im Rahmen der umfangreichen Qualifikationstests widerstehen musste. Der Soundverstärker musste in mehreren Testreihen zeigen, dass er dank der neuen hocheffizienten Class-D-Technik seinen Dienst bei maximaler Leistung, extremer Temperaturbelastung und begrenztem Bauraum hervorragend verrichtet. Unterstützt wird er durch entsprechende Sensorik und ausgeklügelte Regelsysteme, die eine Beschädigung durch Überhitzung verhindern.

Elektromagnetische Verträglichkeit

In unmittelbarer Umgebung eines der beiden Frontbass-Lautsprecher befindet sich an der Stirnwand das elektronische Fahrpedalmodul (FPM), das über induktive Sensoren verfügt. Um eine Beeinflussung der Sensorik und das damit verbundene Fehlverhalten des FPM durch das statische und dynamische Streufeld des Lautsprechermagneten auszuschließen, wurden im Vorfeld umfangreiche Feldsimulationen sowie Tests an einem Teilaufbau und in realen Fahrzeugen durchgeführt. Aufgrund der kompakten und gekapselten Bauform sind das statische und das dynamische Magnetfeld des Lautsprechermagneten im relevanten Abstand auf dem Niveau des Erdmagnetfelds.

Akustisch dichte Rohbaustrukturen

Bei der Wiedergabe von niederfrequenten Schallsignalen auf Basis des Frontbass-Konzepts fiel die Entscheidung früh auf die Ausführung als sogenannte geschlossene Lautsprecherbox, da hierdurch eine

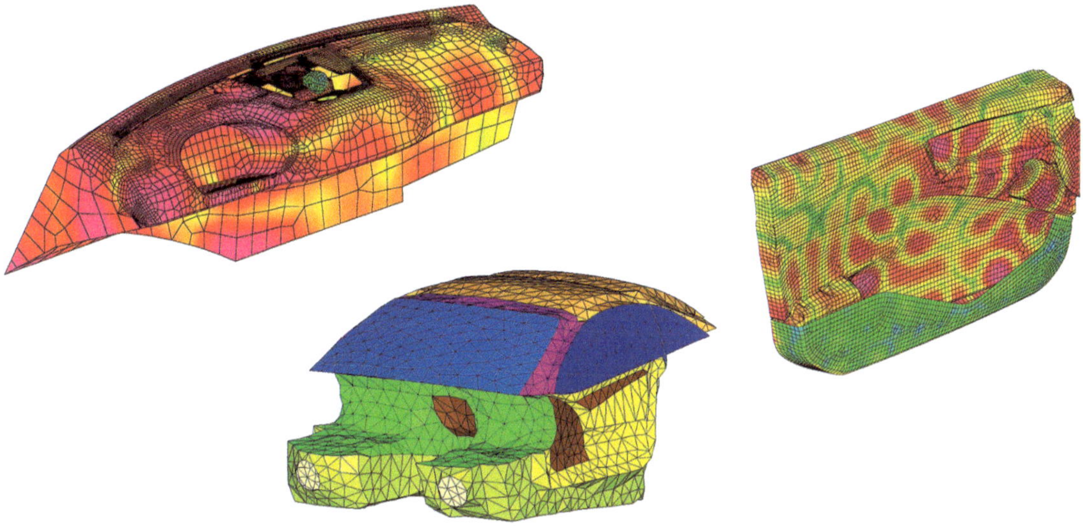

Bild 8
Fahrzeugsimulation (Quelle: Harman International)

leistungsstarke und vor allem kontrollierte Wiedergabe auch von schwierigen Signalformen unter allen Rahmenbedingungen ermöglicht wird. Dies setzt ein quasi luftdicht abgeschlossenes Resonanzvolumen voraus. Um dies zu realisieren, werden im Fertigungsprozess des Rohbaus spezielle Abdichtungselemente in die Längsträger und in deren Anflanschbereich an der vorderen Crashbox eingesetzt. Im Zusammenspiel mit der versiegelnden Nahtabdichtung der Tragstrukturen ergibt sich ein hermetisch geschlossener Resonanzraum.

Akustische Wirksamkeit/ Simulation

Von Beginn an überzeugte das Frontbass-Konzept durch seine akustische Gesamtleistung. Mehrere Technologieträger, umfangreiche akustische Untersuchungen und subjektive Beurteilungen bestätigen den Eindruck der hervorragenden, präzisen und verzerrungsarmen Wiedergabe auch von anspruchsvollen Signaltransienten. Die Absicherung innerhalb des Fahrzeugentstehungsprozesses wurde durch akustische Simulation der Fahrzeugkabine direkt beim Systemlieferanten durchgeführt. In enger Zusammenarbeit wurden die für die akustische Simulation relevanten Daten ausgetauscht. Anhand der Simulationsergebnisse konnte noch vor Aufbau der ersten Fahrzeuge das Potenzial des Konzepts durch die Simulationsergebnisse bestätigt werden. Auf dieser Basis konnten Optimierungen eingeleitet werden.

Die akustische Nutzbarkeit des rohbauseitig zur Verfügung stehenden Resonanzvolumens wurde mithilfe umfangreicher CFD-Simulationen (Computed Fluid Dynamics) untersucht und im Rohbau umgesetzt. Das Verhalten der Fahrzeugkabine wurde über den gesamten Frequenzbereich simuliert, wobei großes Augenmerk auf mögliche Anregungen von Anbauteilen im Nahfeld der Lautsprecher gelegt wurde, Bild 8. Erfreulicherweise zeigten die Simulationsergebnisse keine negativen Auswirkungen. Die digitale Simulation der Fahrzeugkabine ermöglichte somit zum ersten Mal, ein Fahrzeug und seine Akustik zu hören und zu bewerten, lange bevor die erste Hardware zur Verfügung stand.

Bild 9
Akustiklinse Instrumententafel

High-End-Soundsystem von Bang & Olufsen

Das BeoSound-Soundsystem von Bang & Olufsen bietet Klang, Qualität und Design in Perfektion:

- 900 W Gesamtleistung, zwölf aktiv gesteuerte Lautsprecher
- digitaler Soundprozessor für individuelle Klangeinstellungen
- Verstärker mit effizienter ICEpower Technology (ICE: intelligent, compact, efficient)
- beleuchtete Hochtöner mit Acoustic Lens Technology
- Design und Materialqualität in höchster Vollendung
- einfache und intuitive Bedienbarkeit.

Mercedes-Benz und Bang & Olufsen – der weltweit renommierte HiFi-Spezialist aus Dänemark – haben ein einzigartiges Soundsystem entwickelt. Das auf Wunsch erhältliche High-End-Soundsystem Bang & Olufsen BeoSound ermöglicht den Insassen des neuen SL HiFi-Erlebnisse der besonderen Art. Dafür sorgen der perfekte Klang, die hochwertige technische Ausstattung, das exklusive Design sowie die einfache und intuitive Bedienung. Für begeisternde Klangwiedergabe sorgt die Kombination aus zwölf Lautsprechern sowie zwei Verstärkern mit 900 W Gesamtleistung. Der Algorithmus des digitalen Soundprozessors „True Image" erlaubt die Auswahl zwischen High-End-Studioklang „Referenz" und weitläufigem Surround-„Raumklang". Zusätzlich lassen sich die Klangfelder im „Sound Mode" exakt auf die Sitzpositionen einstellen. Die Bedienung aller Funktionen erfolgt über das COMAND APS in dem speziellen Bang & Olufsen-Menü. Einen ersten optischen Hinweis auf die außergewöhnliche Leistungsfähigkeit geben die markanten und beleuchteten Linsenhochtöner (Acoustic Lense Technology) auf der Instrumententafel sowie die ausdrucksvollen Aluminiumabdeckungen in „Silver Shadow", Bild 9.

Klangerlebnis durch Natürlichkeit und Dynamik

Ob im Stand oder während der Fahrt, das Bang & Olufsen-Soundsystem bietet Musikgenuss in Vollendung. Die Präzision in der Wiedergabe garantiert, dass die Originalaufnahme so klar zu hören ist, wie sie aufgenommen wurde: Es wird akustisch nichts hinzugefügt, verstärkt oder weggenommen. Die wahrgenommene virtuelle Klangbühne im neuen SL befindet sich stets vor den Passagieren und entspricht damit den natürlichen, menschlichen Hörgewohnheiten beim Musikgenuss. Alle Instrumente, egal ob Gitarren, Streicher, Bläser, Piano oder Synthesizer, überzeugen durch Natürlichkeit, Frische und Dynamik. Das Gleiche gilt für unterschiedliche Stimmen: Der Gesang von Männern und Frauen klingt ebenso authentisch wie die reine Sprachwiedergabe, etwa bei Nachrichtensendungen.

Dabei wird das System jedem persönlichen Musikgeschmack und jeder Datenquelle gerecht: Das Soundsystem gibt sämtliche Musikrichtungen von Klassik über Blues, Jazz, Pop, Rock, Elektro bis zu Hip-Hop perfekt wieder, egal ob von CD, DVD, TV/Video, MP3 oder Radio – und übertrifft damit die Erwartungen selbst von verwöhnten Personen. Audiophile schätzen die Detailgenauigkeit der Klangwiedergabe mit einem druckvollen, zum High-End-Gedanken passenden Bassfundament, sowie einem offenen Mittel- und Hochtonbereich selbst bei komplexen Arrangements – wie sie etwa bei Live-Konzerten mit vielen Instrumenten üblich sind.

Im Raumklangmenü „True Image" beeindruckt die Konzertraumatmosphäre ohne die sonst bei Surroundprogrammen üblichen Veränderungen von Stimmen und Klangkörpern. Eine weitere Möglichkeit zur individuellen Klangeinstellung bietet der „Sound Modus": Hiermit lässt sich das als „sweet spot" bezeichnete, optimale Klangfeld verschieben – von „links", wenn der Fahrer des SL alleine im Fahrzeug sitzt, über „zentral", wenn man zu zweit reist, bis nach „rechts", einer beifahrerorientierten Klangeinstellung beziehungsweise für Länder mit Rechtslenkung. Die dadurch optimierte Bühnendarstellung über der Instrumententafel führt zu einem Klangerlebnis, wie es sonst nur High-End-Heimanlagen mit perfekt abgestimmter Sitzposition erreichen.

Hochwertige Komponenten und optimale Abstimmung

Das Musikerlebnis im neuen SL ist das Ergebnis einer aufwendigen Komposition aus hochwertigen Lautsprechersystemen, leistungsfähiger Verstärkertechnik und einer optimalen Abstimmung, Bild 10. Bei Konzeption und Entwicklung des Soundsystems hatten die Experten die spezifischen Gegebenheiten des Roadsters im Fokus. Anders als in einer Limousine oder einem SUV, die über großzügige Innen- und Gepäckräume verfügen, bestand die Herausforderung da-

Bild 10
High-End-Soundsystem BeoSound von Bang & Olufsen

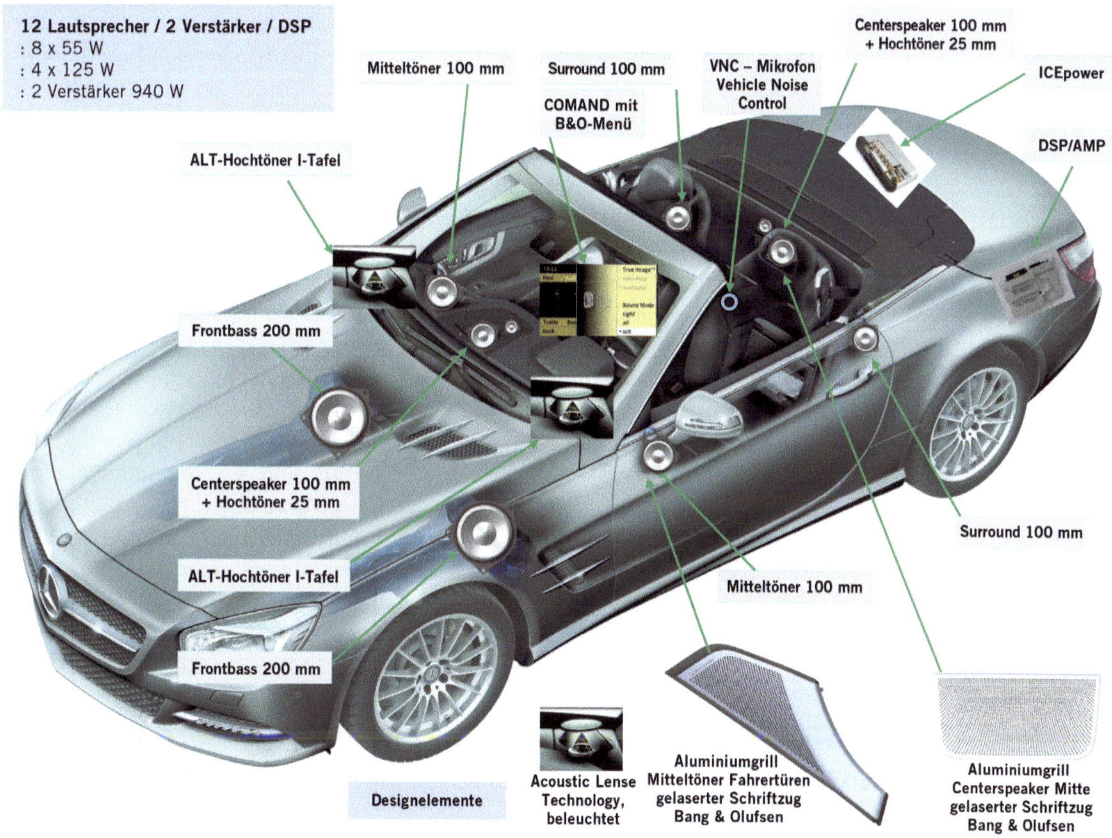

rin, alle Komponenten so zu entwickeln und aufeinander abzustimmen, dass die Passagiere trotz vergleichsweise begrenztem Klangraum ein hervorragendes Klangerlebnis genießen können, bei geschlossenem wie geöffnetem Dach.

Beleuchtete Linsenhochtöner

Als Blickfang dienen die beiden Linsenhochtöner auf der Instrumententafel mit ihrem aufregenden Design. Sobald das Soundsystem eingeschaltet ist, leuchtet ein weißer Lichtstreifen – ein von den Bang & Olufsen-Heimlautsprechern bekanntes Detail. Der dezente Lichtstreifen ist an die Instrumentenbeleuchtung gekoppelt und wird automatisch in seiner Intensität geregelt, beispielsweise bei eintretender Dunkelheit oder bei der Einfahrt in einen Tunnel. Diesen unaufdringlichen Showeffekt begleitet die außergewöhnliche Form der nach der von Bang & Olufsen patentierten Acoustic Lens Technology arbeitenden Hochtöner. Ihre Gestaltung mit der unterhalb einer speziellen Scheibe integrierten Linse und mit 19-mm-Soft-Dome-Hochtöner ermöglicht eine weite horizontale und geringe vertikale Klangverteilung – dies sorgt für die typische virtuelle Klangbühne vor den Passagieren.
Die Acoustic Lens Technology wurde ebenso wie das futuristische Design von den Heimlautsprechern Bang & Olufsen BeoLab 5 übernommen, welche Referenzstatus genießen.

Position von Mitteltonlautsprechern und Hochtönern

Grundsätzlich kommen im neuen SL ausschließlich Lautsprecher mit Neodymmagnet und Aluminiumgusskorb zum Einsatz, die sich allesamt durch ein besonders geringes Gewicht bei hoher Leistung auszeichnen. Jeweils in zentraler Position auf der Instrumententafel und unter der hinteren Fondverkleidung befinden sich ein 100-mm-Mitteltonlautsprecher mit Kevlarmembran und ein 25-mm-Soft-Dome-Hochtöner als Centerlautsprecher. Zwei weitere dieser 100 mm-Kevlarmitteltöner mit hochwertigen Aluminiumabdeckungen in „Silver Shadow" sind in den Türen und als Surroundlautsprecher in den hinteren Seitenverkleidungen positioniert und schließen den Schallraum zu den Passagieren. Die zwei Frontbass-Lautsprecher mit einem Durchmesser von 200 mm und luftgetrockneter Papiermembran im Fußraum unterstützen das Soundsystem mit ihrer unverfälschten und druckvollen Basstonwiedergabe.

Verstärker mit 900 Watt

Als perfekte Ergänzung zu den zwölf gewichtsgünstigen Neodymlautsprechern dient der ultrakompakte Bang & Olufsen ICEpower-Verstärker. Der Verstärker setzt rund 93 % der eingespeisten Energie in Leistung um. Daraus resultieren nicht nur bedeutende Vorteile in punkto Wirkungsgrad und Energiemanagement, auch die Wärmeabstrahlung fällt somit deutlich geringer aus. Der ICEpower-Verstärker ist eng mit einem weiteren DSP-Verstärker vernetzt. Der DSP-Verstärker ist das eigentliche Gehirn des Soundsystems. Im DSP-Verstärker befinden sich ein Mikrofoneingang für die dynamische Kompensation der Fahrgeräusche, maximal fünf Ausgänge für den ICEpower-Verstärker und Ausgänge für die Lautsprecher. Außerdem verfügt er über eine MOST-Schnittstelle, die zur Kommunikation mit dem COMAND-System benötigt wird.

Soundabstimmung

Der gewählte Einbauort und die Charakteristik aller zwölf Lautsprecher richten sich ebenso nach den spezifischen Innenraumverhältnissen des neuen SL wie die akribische Konfiguration des digitalen Soundprozessors, also der eigentlichen Soundabstimmung. Da sich Fahrer und Beifahrer in einem Automobil praktisch nie in der hundertprozentig idealen Position zwischen den Lautsprechern befinden, hat auch jeder Lautsprecher zwangsläufig eine andere sogenannte Laufzeit bis zum Ohr des Passagiers.

So sind beispielsweise die Schallwellen vom rechten Hochtöner zum rechten Ohr des Fahrers länger unterwegs als vom linken Hochtöner zum linken Ohr. Diese physikalisch bedingte Verzögerung kompensiert der DSP – und zwar für jeden einzelnen der zwölf Lautsprecher.

Eine weitere für Automobile typische Einschränkung ist der kleine zur Verfügung stehende Klangraum. Hinzu kommen die üblichen Fahrgeräusche, bestehend aus Abroll-, Wind-, Motor-, Getriebe- und eventuelle Regengeräuschen, welche die Wahrnehmung der Musikqualität beeinträchtigen können. All dies wurde bei der Konzeption des Soundsystems sowie in aufwendigen Versuchsreihen berücksichtigt – und mithilfe des digitalen Soundprozessors perfekt gelöst.

Der Hörgenuss im neuen Mercedes-Benz SL ist auch bei langen Fahrten möglich ohne ermüdend zu wirken. Einen wesentlichen Anteil daran hat die dynamische Kompensation der Fahrgeräusche: Ein im Fahrzeug integriertes Mikrofon liefert permanent Daten über den aktuellen Innengeräuschpegel. Der digitale Soundprozessor analysiert die Frequenzbänder der Lautsprecher und hebt je nach Fahrzeuggeschwindigkeit die Lautstärke an – und zwar nicht generell, sondern bei jedem Lautsprecher und für die unterschiedlichen Frequenzen individuell.

Integration in das Interieur

Ebenso wichtig wie der Klang und die Technik ist das Design – und zwar in doppelter Hinsicht. Zum einen muss das Soundsystem optisch perfekt zur Designphilosophie des Interieurs passen, zum anderen sollte speziell für alle HiFi-Kenner zu erkennen sein, dass der neue SL mit hochwertigen Bang & Olufsen-Komponenten ausgerüstet ist.

Dies erfüllt das Soundsystem mit den in „Silver Shadow“ ausgeführten Aluminium-Lautsprecherabdeckungen; sie harmonieren perfekt mit den Belüftungsdüsen, den Rundinstrumenten und den Bedienelementen im neuen Mercedes-Benz SL.

Wesentlicher Bestandteil der Designphilosophie des dänischen Unternehmens ist die klare Formensprache – sie steht für Natürlichkeit, die auch den Klang der Bang & Olufsen-Produkte auszeichnet. Die Designsprache findet sich in mechanischen Bestandteilen wie den Materialien, der Oberflächenbeschaffenheit, dem Aussehen und der Form wieder.

Die hohen Erwartungen an Perfektion und Langlebigkeit decken sich somit in idealer Weise mit jenen, die an die Produkte von Mercedes-Benz gestellt werden.

DANKE

Bei der Erstellung des Beitrags hat zudem mitgewirkt: Rainer Albus, Verantwortlicher für Audiosysteme.

Telematikfunktionen

Carsten-Uwe Möller | Tobias Kiefer | Dr. Martin Seidel | Sven Leischner

Mercedes-Benz bietet im neuen SL eine Vielzahl neuer Telematikfunktionen an. So werden für das Telematiksystem COMAND Online zusätzliche Apps eingeführt, beispielsweise ein Parkplatz-Finder. Mit der Sonderausstattung Media Interface lassen sich portable Medienplayer problemlos an die Fahrzeugelektronik anbinden. Und die Digitale Betriebsanleitung gibt dem Kunden die Möglichkeit, Informationen zur Bedienung seines Fahrzeugs über das COMAND Online-System abzurufen. Zudem wurden die Sprachbedienung und das Kombiinstrument mit hochauflösendem TFT-Farbdisplay für den neuen SL signifikant weiterentwickelt.

Bild 1
Wetteranzeige im Display des COMAND-Systems

Online-Dienste

Seit der Einführung von COMAND Online im neuen SLK und in der modellgepflegten C-Klasse stehen dem Kunden drei Mercedes-Benz-Apps zur Verfügung: eine Wetter-App, Bild 1, zum Abruf von Wettervorhersagen und Karten, die lokale Suche von Google mit Anzeige von Google StreetView-Bildern sowie Google Panoramio-Fotos mit der Möglichkeit, im umfangreichen Fundus von Google nach Zielen zu suchen. Weiterhin haben alle COMAND Online-Nutzer Zugriff auf eine Facebook-App sowie den Ziel- und Routendownload. Mit dem neuen SL werden zusätzliche neue Apps eingeführt: neben einer kostenlosen Nachrichten-App und einer Yelp-App Mercedes-Benz-Apps für Aktienkurse und einen Parkplatz-Finder.

Flexible Architektur

COMAND Online-Mercedes-Benz-Apps basieren auf einer standardisierten, flexiblen Laufzeitumgebung. Durch diese werden die standardmäßig angebotenen Apps bei jedem Abruf frisch aus der Cloud geladen. Dabei werden zur Minimierung der Datenmenge nur geänderte Inhalte übertragen. Als Datenkanal wird auch im SL eine sichere, verschlüsselte VPN-Verbindung zu den Mercedes-Benz-Cloud-Servern aufgebaut. Zur Datenübertragung wird dabei das Mobiltelefon des Kunden genutzt. Neu in den USA ist der Zugang über mBrace. Dieser Ansatz erlaubt es, dem Kunden immer die neueste Version der Apps ohne Werkstattbesuch anzubieten. Zudem können dadurch auch Bestandskunden von Neuerungen profitieren und in Zukunft kurzfristig weitere Mercedes-Benz-Apps angeboten werden.

Nachrichten

Mit der Nachrichten-App bleibt der Nutzer immer auf dem Laufenden. Sortiert – in verschiedene Kategorien wie Finanz- oder Sportnachrichten – findet er immer die neuesten Meldungen aus aller Welt. Die Nachrichten-App steht in allen wählbaren Sprachen zur Verfügung; während der Fahrt sind Schlagzeilen abrufbar, im Stand volle Nachrichtenmeldungen. Dem Fahrer ist es weiterhin möglich, einzelne Artikel per E-Mail zu versenden oder diese über die Facebook-App zu "teilen".

Yelp

Die Yelp-App ermöglicht es Nutzern, aus dem Fahrzeug heraus nach Restaurants zu suchen. Dabei wird eine soziale, von der Yelp-Community befüllte Datenbasis genutzt. Die Yelp-App bietet eine Auswahl nach verschiedenen Restaurantkategorien, innerhalb der man das beste Ziel im Umkreis der aktuellen Position, am Navigationsziel oder an einer beliebigen Position suchen kann. Die von Yelp gelieferten Restaurantbeschreibungen enthalten neben der Nutzerbewertung nach Sternen auch Erfahrungsberichte und Bilder. Bei Bedarf kann der Fahrer die Suchergebnisse als Navigationsziel setzen, in sein persönliches Adressbuch importieren oder auch Anrufe zu den Restaurants tätigen, um beispielsweise einen Tisch zu reservieren.

Aktien

Aktuelle Aktienkurse und Marktdaten lassen sich künftig auch über COMAND Online komfortabel aus dem Fahrzeug abrufen. Neben Übersichten internationaler Märkte kann sich der Nutzer ein persönliches Portfolio aus ihn interessierenden Aktienkursen zusammenstellen. Zudem ist es möglich, Währungskurse und Rohstoffpreise abzufragen.

Parkplatzsuche

Mit dieser neuen App wird dem Problem der Parkplatzsuche begegnet. In Deutschland, in Österreich und in der Schweiz kann man jetzt live die aktuelle Belegung von Parkhäusern sowie weitere Informationen über Parkhäuser und -plätze abfragen, als Beispiel seien Öffnungszeiten und Höhe der Parkgebühren genannt. Dafür wird eine Schnittstelle zu den Parkleitsystemen der Städte genutzt. Nachdem der Fahrer eine bevorzugte Parkgelegenheit gefunden hat, kann er die Zielführung dorthin starten oder die hinterlegte Telefonnummer anrufen.

Media Interface

Die Sonderausstattung Media Interface ist die Lösung zur Anbindung von portablen Medienplayern, die sich nicht über den USB-Massenspeicherstandard ansprechen lassen. Hierzu zählen iPod und iPhone von Apple sowie Medienplayer mit Media Transfer Protocol (MTP), beispielsweise von Creative, Philips, Sandisk, Samsung oder Sony. Die unterstützten Medienplayer sind unter www.mercedes-benz.com/connect zu finden. Die neue Generation des Media Interface bietet USB-2.0-Unterstützung, verbesserte Zugriffsgeschwindigkeit, digitale Audioübertragung vom iPod und erweiterte Funktionalität. Audioinhalte dieser Geräte können damit über das Audiosystem des Fahrzeugs wiedergegeben werden. Die Bedienung erfolgt über das zentrale Bedienelement oder die Lenkradfunktionstasten, die Anzeige im Zentraldisplay oder im Kombiinstrument, Bild 2. Darüber hinaus können Videoinhalte von entsprechenden Geräten auf dem COMAND

Bild 2
Darstellung der Musikwiedergabe im Display des COMAND-Systems

Online-Display dargestellt werden. Die Anschlüsse wurden im neuen SL vom Handschuhfach in die Mittelkonsole verlegt, sodass der Fahrer seine portablen Endgeräte bequem mit dem Entertainmentsystem verbinden und im Ablagefach der Mittelkonsole verstauen kann, Bild 3. Nach dem Verbinden der portablen Medienplayer mit dem mitgelieferten Kabel stehen folgende Funktionen zur Verfügung:

- Auswahl aus Kategorienlisten
- Auswahl Zufallswiedergabe (Titelmix/Mediummix)

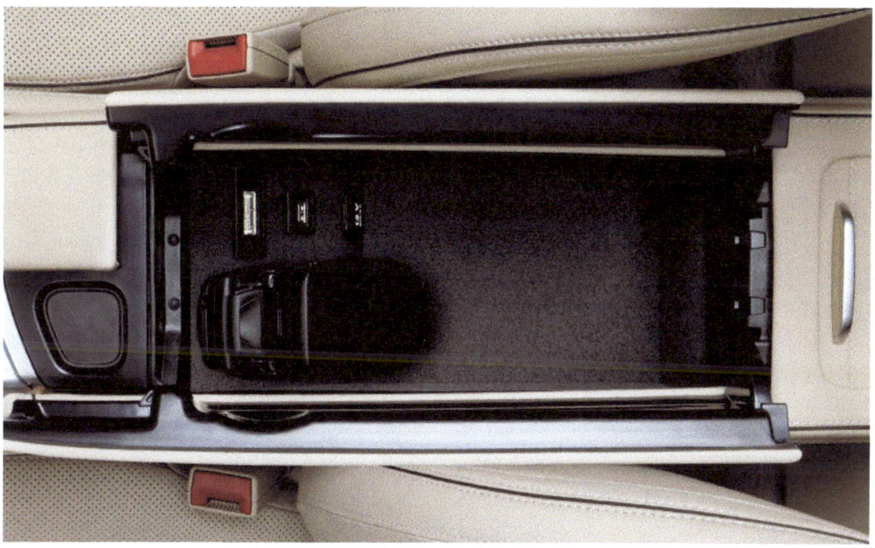

Bild 3
Anschlüsse für Media Interface und USB in der Mittelkonsole

- Titelsprung vor-/rückwärts (Skip) und schneller Vor-/Rücklauf
- Anzeige von Interpret, Titel und Album für den aktuellen Titel
- Anzeige des zugehörigen Covers zum aktuell gespielten Titel, falls verfügbar (COMAND Online)
- Last-Mode-Funktion: aktueller Titel wird nach Fahrzeugstart an derselben Stelle wie vor dem Abstellen des Fahrzeugs weiter gespielt.

Neue Funktionen:

- Abspielen von Videos von iPod und iPhone
- Stichwortsuche in den Metadaten des angeschlossenen Geräts
- Stichwortsuche per Sprachsteuerung.

Die Auswahl kann gerätespezifisch über folgende Kategorien erfolgen:

- aktuelle Titelliste
- Wiedergabelisten (Play Lists)
- Interpreten
- Alben
- Titel
- Podcasts
- Musikrichtungen (Genre)
- Komponisten
- Hörbücher
- Videos.

Eine alphabetische Suchfunktion erlaubt es, beim Durchsuchen langer alphabetischer Listen schnell zum gesuchten Anfangsbuchstaben zu springen.

Digitale Betriebsanleitung

Mercedes-Benz führt beim neuen SL erstmals die Digitale Betriebsanleitung ein. Sie bietet dem Kunden die Möglichkeit, Informationen zur Bedienung seines Fahrzeugs über das COMAND Online-System abzurufen. Enthalten sind sowohl die Beschreibungen zur Fahrzeugbedienung als auch die zum COMAND Online-System, Bild 4.

Kundennutzen

Die Digitale Betriebsanleitung bietet dem Kunden eine Reihe von Vorteilen gegenüber einem gedruckten Produkt. Neben dem Aspekt der Verfügbarkeit der Informationen in Fahrernähe besteht der Hauptvorteil in den durch das elektronische Medium erweiterten Möglichkeiten der Informationssuche, beispielsweise die visuelle Suche und die Stichwortsuche, auf die im Folgenden noch näher eingegangen wird. Je nach Marktvariante der Headunit kann der Kunde die gewünschten Informationen in bis zu 17 Sprachen abrufen. Vorteile sind:

- Verfügbarkeit der Inhalte/Informationen in Fahrernähe
- schnelle, komfortable Suchmöglichkeiten direkt im Fahrzeug
- mehrere Möglichkeiten der Inhaltssuche
- 100 %ige Digitalisierung der bisherigen Fahrzeug- und COMAND Online-Betriebsanleitung.

Die Digitale Betriebsanleitung wird mit einer gedruckten Ausgabe ergänzt, welche die grundlegenden Bedienschritte für die betriebssichere Handhabung des Fahrzeugs beinhaltet.

Bedienung

Die Digitale Betriebsanleitung ist im Radio-Navigations-System COMAND Online unter dem Weltkugelsymbol zu finden. Die Bedienung erfolgt durch den in der Mittelkonsole platzierten COMAND Controller (Drehdrücksteller), Bild 5. Nach der Auswahl der Funktion Digitale Betriebsanleitung erscheint eine Einstiegsseite mit Hinweisen zu den verwendeten Darstellungsmitteln. Eine Besonderheit ist die Beeinflussbarkeit der Darstellung der Warn- und Sicherheitshinweise. Diese werden nach Anwahl der Checkbox „immer direkt anzeigen“ stets vollumfänglich angezeigt. Nach Auswahl der Checkbox „auf Wunsch selbst aufrufen“ erscheint im Text lediglich die Über-

Bild 4
Digitale Betriebsanleitung im COMAND Online-System

schrift des Warn- oder Sicherheitshinweises. Die Überschrift wird zur Aufmerksamkeitssteuerung als Link farbig hinterlegt. Durch Anklicken öffnet sich der Warn- oder Sicherheitshinweis. Die Abfrage zu den Warn- und Sicherheitshinweisen wird nach jedem Zündungslauf neu gestartet. Die Digitale Betriebsanleitung bietet mehrere attraktive Möglichkeiten zur Inhaltssuche. Folgende Optionen werden angeboten:

- die Stichwortsuche
- die visuelle Suche
- das Inhaltsverzeichnis.

Stichwortsuche

Die Stichwortsuche ist dem Nutzer aus dem Bereich der Navigation bekannt. Er hat die Möglichkeit, die Buchstaben des gesuchten Begriffs mittels der zentralen Bedieneinheit auf der Mittelkonsole einzugeben. Ist das gesuchte Stichwort ge-

Bild 5
Der Drehdrücksteller auf der Mittelkonsole

- Bestätigung/Auswahl von Links
- Bewegung des Kursors nach rechts oder nach unten, Scrollen auf einer Seite nach unten + Drehen des Coverflow cw
- Bewegung des Kursors nach links oder nach oben, Scrollen auf einer Seite nach oben + Drehen des Coverflow ccw
- Schieben nach oben: Verschiebung des Fokus bzw. des Kursors nach oben, z.B. auf BC-Leiste, Ergebnisliste in Textsuche oder höherer Listeneintrag Schieben nach unten: Verschiebung des Fokus bzw. des Kursors nach unten
- Schieben nach links: Aufruf vorherige Seite mit vorheriger Ansicht, evtl. Ausnahmen sind in den jeweiligen Kapiteln beschrieben
- Schieben nach rechts: Verschiebung des Kursors nach rechts in horizontalen Listen Drehung im Uhrzeigersinn (cw) im Coverflow

funden, erscheint eine Auswahlliste mit zugeordneten Themen. Durch deren Auswahl navigiert die Digitale Betriebsanleitung zur gesuchten Beschreibung, Bild 6.

Visuelle Suche

Die attraktivste Methode, Informationen zu suchen, ist die visuelle Suche. Zu sehen ist eine 360°-Ansicht des Fahrzeugs. Diese wird durch 30 Einzelbilder in 12°-Winkelschritten realisiert. Die orangefarbenen Hervorhebungen kennzeichnen die Bereiche am Fahrzeug, zu denen Beschreibungen hinterlegt sind. Pro Bild kann jeweils eine Beschreibung aufgerufen werden, zu erkennen an einem hellen weißen Rand der Markierung und an der Hervorhebung der Bauteile durch die Farbe Gelb. Die virtuelle Abbildung des Fahrzeugs ermöglicht eine schnelle Orientierung und erhöht somit die Bereitschaft, in der Betriebsanleitung nachzusehen, statt nach der Methode „try and error" Fahrzeugfunktionen auszuprobieren, Bild 7.

Inhaltsverzeichnis

Das Inhaltsverzeichnis bildet die Gliederung der Betriebsanleitung in den Überschriftenebenen eins bis vier ab. Es bietet dem Nutzer Orientierung durch den Gesamtüberblick über alle beschriebenen Inhalte. Mittels einer Kapitelstruktur können die gesuchten Themen systematisch eingegrenzt und aufgerufen werden, Bild 8.

Darstellung

Die Digitale Betriebsanleitung wird in optimierter Darstellung von Texten und Bildern auf dem COMAND Online-Display gezeigt. Zur Herstellung des Text-Bild-Bezugs werden die Bilder bei längeren Texten am oberen Bildschirmrand fixiert, während der Text rechts an ihnen vorbei läuft. Diese Maßnahme gewährleistet jederzeit einen optimalen Text-Bild-Bezug. Bei Überschreiten einer bestimmten Textlänge werden die Bilder wiederholt.

Bedienhinweise

Die Bedienhinweise sind eine Art Bedienungsanleitung zur Betriebsanleitung. Der Nutzer wird durch sie kurz und verständlich in die Bedienung der Digitalen Betriebsanleitung eingeführt. Selbstverständlich findet er diese auch in seiner gedruckten Ausgabe.

Einstellungen

Im Bereich Einstellungen kann der Nutzer die Sprache der Digitalen Betriebsanleitung einstellen und die Darstellung der Warn- und Sicherheitshinweise während des Zündungslaufs ändern. Die Digitale

Bild 6
Stichwortsuche

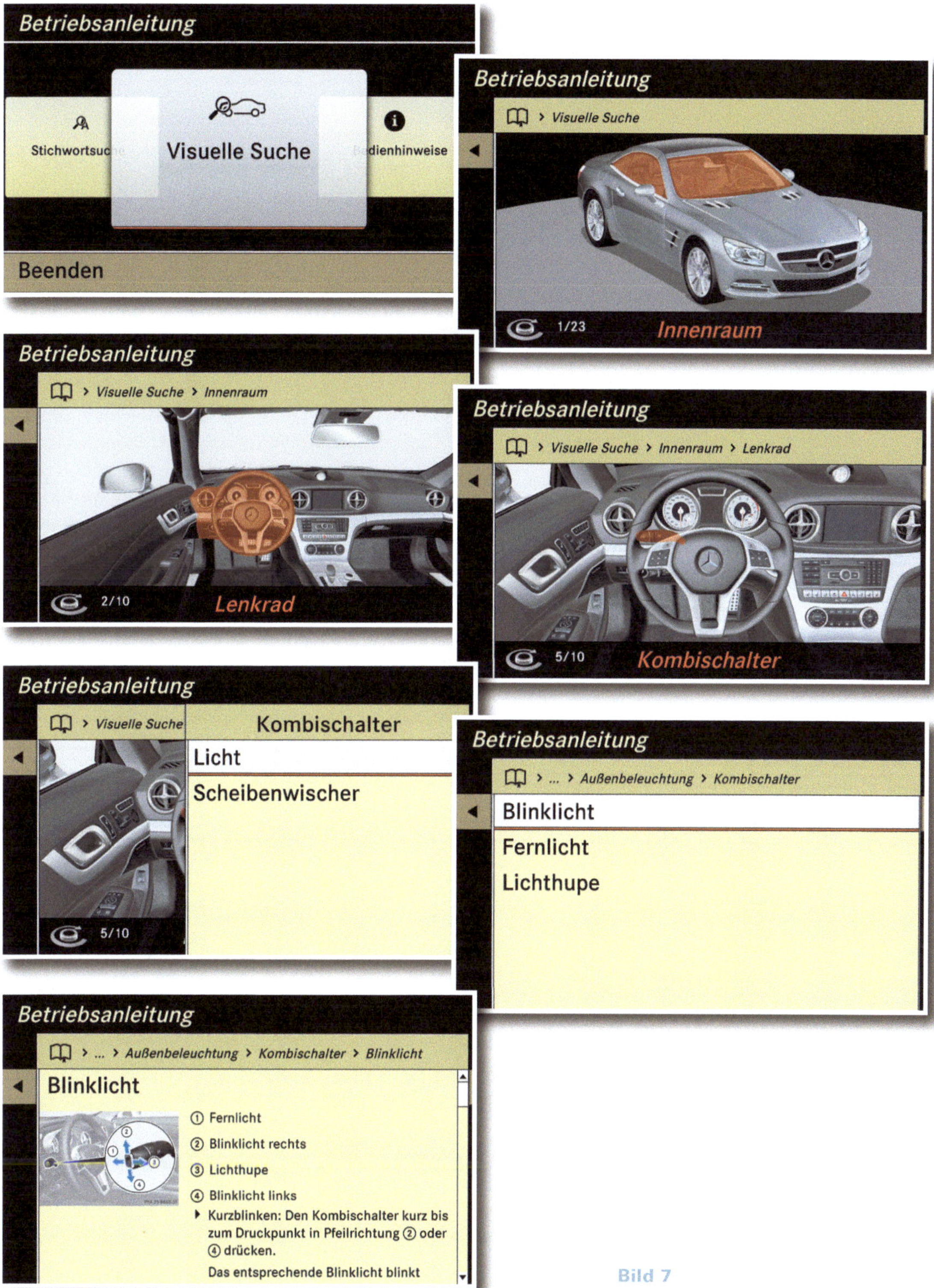

Bild 7
Visuelle Suche

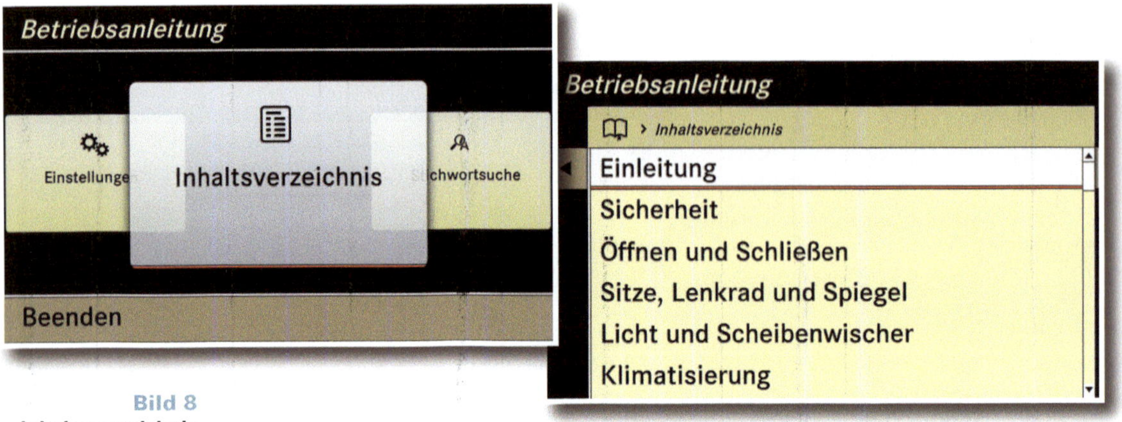

Bild 8
Inhaltsverzeichnis

Betriebsanleitung wird zur Markteinführung im Markt Europa die folgenden Sprachen enthalten:

- Deutsch
- Dänisch
- Tschechisch
- Griechisch
- Englisch
- Französisch
- Spanisch
- Italienisch
- Niederländisch
- Polnisch
- Portugiesisch
- Russisch
- Finnisch
- Schwedisch
- Türkisch.

Bluetooth Verbindungs-Assistent

Ein Ziel der Entwicklung von COMAND Online für den neuen Mercedes-Benz SL war es, dem Kunden die Kommunikation aus dem Fahrzeug heraus noch weiter zu erleichtern. Für die Kommunikation aus dem Fahrzeug, sei es via Telefon, SMS oder über das Internet, ist es notwendig, dass das Mobiltelefon des Kunden in das Fahrzeug integriert wird. Serienmäßig wird dies in der Basis-Telefonie (in allen Headunit-Varianten verfügbar), über eine Bluetooth-Verbindung erreicht. Bluetooth dient dazu, eine Funkverbindung zwischen Fahrzeug und Mobiltelefon herzustellen. Diese Verbindung ermöglicht es, über COMAND Online viele Funktionen des Mobiltelefons zu nutzen und zu bedienen. Zum Beispiel kann, sofern vom Gerät unterstützt, auf das Telefonbuch oder den SMS-Eingang des Mobiltelefons zugegriffen werden. Auch lässt sich über eine Bluetooth-Verbindung das angeschlossene Mobiltelefon als Modem nutzen, um beispielsweise die serienmäßig verfügbaren, vielfältigen Internetfunktionen von COMAND Online zu nutzen.

Da sich die notwendigen Bedienschritte der verschiedenen Mobiltelefone auf dem Markt stark unterscheiden, ist der schnelle und einfache Verbindungsaufbau zwischen COMAND Online und Telefon eine besondere Herausforderung. In der neuesten Entwicklungsstufe von COMAND Online wurden viele Verbesserungen vorgenommen, um den Kunden optimal zu unterstützen. So steht dem Kunden die Funktion, ein Telefon zu verbinden, auf oberster Menüebene in der Telefonapplikation zur Verfügung, Bild 9. Wird diese Option ausgewählt, präsentiert das System dem Nutzer einen Übersichtsbildschirm. Hier können alle für die Ver-

bindung von Mobiltelefonen relevanten Einstellungen vorgenommen werden. Neben der serienmäßig verfügbaren Bluetooth-Verbindung (Basis-Telefonie) kann auch die optionale Komfort-Telefonie verwaltet werden. Der Nutzer hat hier die Möglichkeit, neue Geräte mit dem System zu verbinden, Bild 10. Der Verbindungsaufbau kann entweder von COMAND Online oder vom Mobiltelefon des Kunden gestartet werden. Wählt der Nutzer die Option „Telefone suchen", wird die Verbindung automatisch von COMAND Online initiiert. Der Kunde wird Schritt für Schritt durch den Verbindungsprozess geleitet. Zu Beginn erhält der Kunde Hinweise, welche Voraussetzungen für eine erfolgreiche Bluetooth-Kopplung notwendig sind, Bild 11. Da die Bluetooth-Einstellungen von Telefon zu Telefon unterschiedlich zu aktivieren sind, stellt Mercedes-Benz dem Kunden eine Internetseite zur Verfügung, auf der detaillierte Anleitungen verfügbar sind.
Nachdem der Kunde die Suche gestartet hat, sucht COMAND Online selbstständig nach Telefonen in Funkreichweite. Ist die Suche abgeschlossen, wird dem Kunden das Suchergebnis als Liste präsentiert, Bild 12. Durch Auswahl des Telefons wird die Verbindung aufgebaut. Je nach Telefon muss der Kunde anschließend entweder einen frei wählbaren Authorisierungscode vergeben oder einen automatisch erzeugten Code verifizieren (Secure Simple Pairing). Dem Kunden werden, sofern Aktionen seinerseits notwendig sind, unterstützende Hinweistexte angezeigt. Auch wenn einmal nicht alles glatt läuft, bietet COMAND Online dem Kunden Unterstützung an. Hat der Kunde sein Gerät erfolgreich mit COMAND Online verbunden, erfolgt der Verbindungsaufbau in Zukunft automatisch, sobald sich ein bekanntes Gerät in Reichweite befindet.

Bild 9
COMAND Online-Telefonapplikation

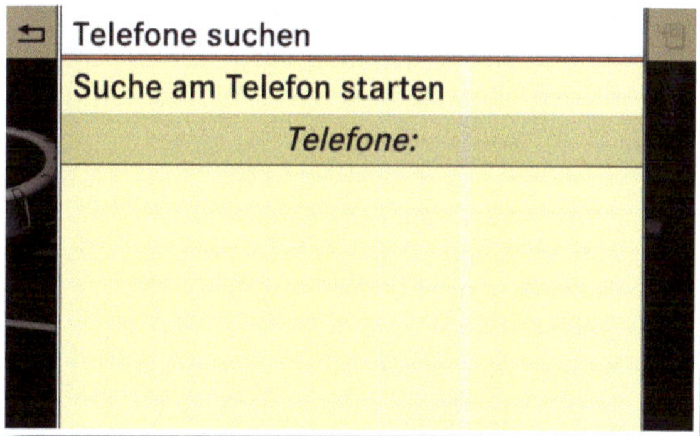

Bild 10
Übersicht zur Verwaltung von Telefonen

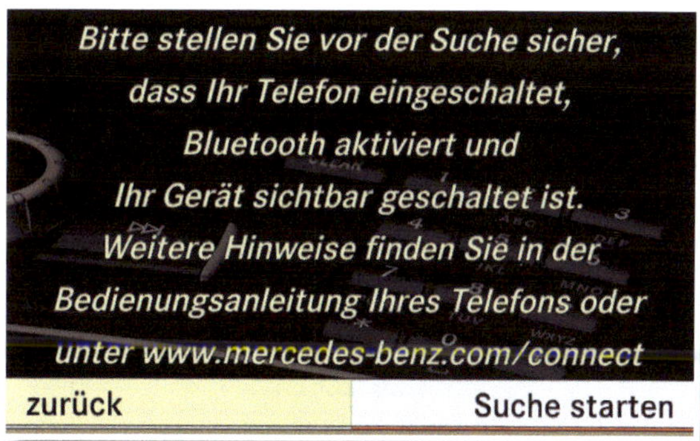

Bild 11
Hilfetext des Verbindungsassistenten

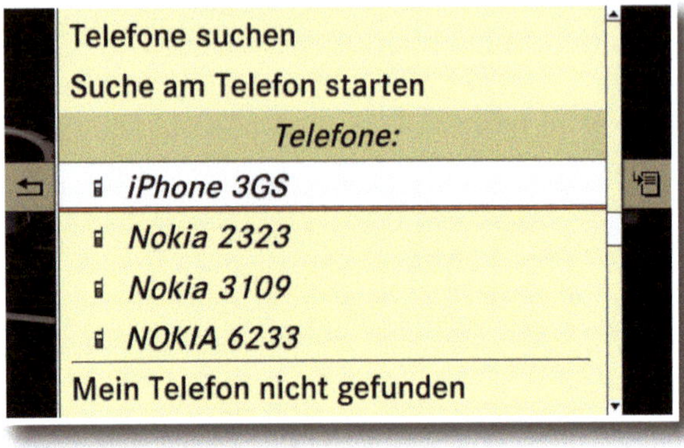

Bild 12
Auswahl vefügbarer Telefone in Funkreichweite

Musiksuche mittels Sprachbedienung

Mit dem neuen SL wurde die Sprachbedienung LINGUATRONIC signifikant weiterentwickelt. Sie bietet neben der kontinuierlichen Verfeinerung bewährter Konzepte in Verbindung mit erweiterten Funktionen des COMAND-Systems neue Merkmale, die eine Spitzenstellung in diesem Marktsegment sicherstellen. Auffälligste Neuerung in der Sprachbedienung des neuen SL ist die Möglichkeit, mittels gesprochener Anfragen nach Musiktiteln im COMAND-System zu suchen. Hierzu wurde eine Reihe neuer Techniken implementiert, die im Zusammenspiel verschiedener Komponenten die bestmögliche Erkennung bieten. Erstmals bietet das System die Möglichkeit, eine Musiksuche umfassend auf allen sogenannten internen Speichermedien – sowie eingeschränkt über Media Interface – durchzuführen. Die internen Speichermedien im COMAND-System umfassen:

- Audio-CDs
- CDs und DVDs mit MP3-Dateien
- Music Register
- SD-Speicherkarten
- USB-Speichermedien.

Die Musiksuche ist in allen Sprachen der Steuerung des europäischen und nordamerikanischen Markts verfügbar.

Datenaufbereitung für die Musiksuche

Die Musiksuche per Sprache basiert auf den Metainformationen von MP3-Titeln und Audio-CDs. Sobald neue MP3-Titel in das Music Register kopiert werden oder neue Titel auf einem Speichermedium verfügbar sind, können die Metainformation eingelesen werden. Anschließend werden die Daten für die Sprachsteuerung aufbereitet. In speziellen Verfahren werden zum Beispiel Sonderzeichen, Satzzeichen oder Abkürzungen von Namen entweder eliminiert oder in alternativ sprechbare Begriffe umgewandelt. Es folgt eine Schätzung der Ursprungssprache der einzelnen Namensbestandteile, wodurch mitunter verschiedene Alternativen für die Eingabe zur Verfügung gestellt werden. Die Eingabe eines Titels oder eines Künstlers ist daher in Originalsprache möglich, aber nicht zwingend. Beispielsweise wird neben der korrekten englischen Aussprache von „Michael Jackson" auch die deutsche Aussprache zugelassen, wenn als Systemsprache Deutsch eingestellt ist.
Durch Editieren der Metadaten auf einem PC mit gängigen Musikverwaltungsprogrammen kann der Nutzer selbst Einfluss auf das Suchvokabular und die Erkennungsleistung nehmen. Sobald die Datenaufbereitung abgeschlossen ist, was bei der Initialanalyse einer umfangreichen Musiksammlung einige Minuten in Anspruch nehmen kann, steht die Musiksuche mittels Sprachbedienung zur Verfügung.

Bedienumfang zur Musiksuche

Die Musiksuche mittels Sprachsteuerung kann durch das generelle Kommando „Musik suchen" gestartet werden, wodurch eine Liste der möglichen Suchkategorien zur Auswahl angezeigt wird:

- Interpret
- Album
- Titel
- Komponist
- Musikrichtung
- Jahr/Dekade
- Wiedergabeliste.

Alternativ kann direkt in den verfügbaren Kategorien gesucht werden, zum Beispiel durch das Kommando „Interpret suchen". Die optimale Erkennungsleistung wird durch die Eingabe von komplett gesprochenen Suchbegriffen erzielt, die Sprachsteuerung versteht allerdings auch partielle Eingaben. Das Kommando „Freie Musiksuche" ermöglicht sogar die Eingabe und Suche in mehreren Kategorien gleichzeitig. Es sind dabei Sucheingaben erlaubt, die kombiniert aus Titel, Interpret, Album und Komponist sind, zum Beispiel „Die Fünfte von Beethoven". Das System liefert eine Trefferliste zurück, die gegebenenfalls auch aus mehreren Kategorien bestehen kann.

Kombiinstrument

Das im SLK eingeführte Kombiinstrument wird im neuen SL durch ein neues, hochauflösendes TFT-Farbdisplay aufgewertet. Es begrüßt den Fahrer mit einer Frontansicht des neuen SL auf dem Startbildschirm, Bild 13. Anschließend erlebt der Fahrer auf dem Display eine übersichtliche, bühnenhafte Darstellung aller Fahrerinformationen. Die Bühne teilt den Anzeigebereich des Displays strukturell in einen oberen, dynamischen Bereich sowie den unterhalb der Bühne liegenden Statusbereich und schafft damit eine sehr klare, übersichtliche Aufteilung der Anzeigeinhalte. Unterhalb der Bühne werden Statusinformationen zur Bereitschaft und Aktivierung von Fahrzeugsystemen, zum Beispiel der Fahrerassistenzsysteme, angezeigt. Auf der Bühne werden Warn- und Informationshinweise, fahrzeug- und telematikbezogene Fahrerinformationen sowie Einstellmenüs dargestellt. Hierzu zählen Tages- und Gesamtkilometerstand, Reiserechner mit Durchschnitts- und Momentanverbrauch, digitale Geschwindigkeitsanzeige, Wartungsrechner sowie -intervallanzeige. Aber auch ausstattungsabhängige Informationen wie die Reifendruckanzeige, der Abstand zum Vordermann, Informationen zu erkann-

Bild 13
Kombiinstrument mit Startbildschirm

Bild 14
Kombiinstrument mit Fahrzeugsilhouette im Einstellmenü

ten Verkehrsschildern, Navigationsinformationen sowie Telefon- und Audiolisten werden angezeigt.

Die übersichtliche Darstellung auf der Bühne setzt sich in den aufgewerteten Einstellungsmenüs fort, in denen bei Bedarf die Fahrzeugsilhouette hochauflösend dargestellt wird, Bild 14, womit eine sehr intuitive und attraktive Bedienung ermöglicht wird. Die Silhouetten kommen beispielsweise in den Einstellungsmenüs des Adaptiven Fernlichts (IHC), der Ambientebeleuchtung, der Einstiegshilfe und der automatischen Türverriegelung zum Einsatz.

Um den sportlichen und exklusiven Charakter des neuen SL zu unterstreichen, wird das Display im oberen Bereich von einer galvanisierten Spange mit schwarzem Einlegeteil umrahmt. Das Display zeigt die Getriebefahrstufen, das Fahrprogramm oder auch die Uhrzeit sowie die Außentemperatur an. Die galvanisierte Spange verbindet die ebenfalls galvanisierten Tuben. Die galvanisierten Ziffernblattelemente umrahmen den Bereich des in Black-Panel-Technik ausgeführten Kontrollleuchtenzentrums und setzen dieses strukturell vom silbernen Ziffernblatt ab.

Zur Betonung der Sportlichkeit sind neben den Zeigern jetzt auch die bekannten Anzeigelemente der DISTRONIC PLUS-Funktion innerhalb der Tachometerskala in Rot ausgeführt. Lebt das Kombiinstrument tagsüber von hochwertigen Materialien, kommt nachts die kontrastreiche Darstellung der weißen Skalenbeleuchtung und der roten Zeiger zum Tragen. Der dynamische Auftritt wird durch die nichtlineare Skala des Tachometers betont. Sie erlaubt im Geschwindigkeitsbereich bis 60 km/h eine genaue Ablesbarkeit und ermöglicht durch die Einteilung der Skala in 10-km/h-Schritten eine hohe Anzeigedynamik bei einer Fahrzeugbeschleunigung aus dem Stand.

Damit präsentiert sich das Kombiinstrument des neuen SL wie gewohnt als übersichtliche und sportliche Kombination aus klassischen Rundinstrumenten und moderner Displaytechnik. Die vier Zeigerinstrumente liegen zentral im Blickfeld des Fahrers und zeigen ihm – dank übersichtlicher Gestaltung – präzise die relevanten Fahrerinformationen. Angeordnet sind die vier Zeigerinstrumente in zwei Tuben. Die Anzeige der Geschwindigkeit erfolgt in der linken Tube, in der ebenfalls die Informationen über den Tankinhalt dargestellt sind. In der rechten Tube befindet sich der Drehzahlmesser sowie die Anzeige der Motorkühlmitteltemperatur.

Für eine optimale Ablesbarkeit besteht das Abdeckglas der Tuben aus einem interferenzoptisch entspiegelten Mineralglas. Zudem ist das 12,2 cm (4,8 Zoll)

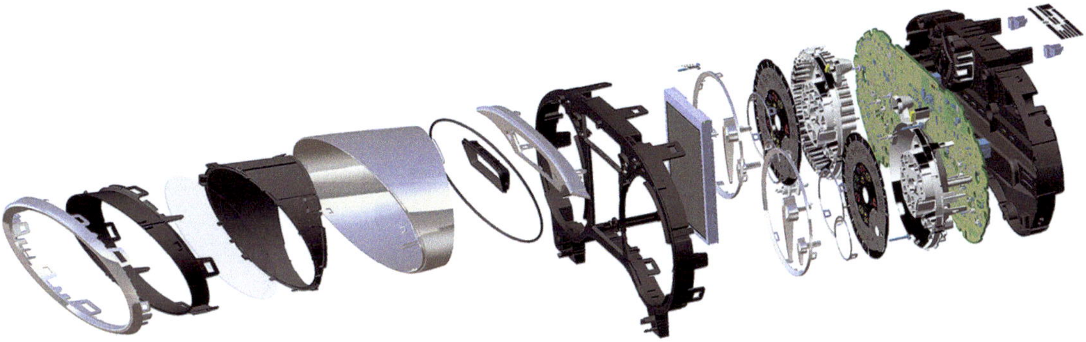

Bild 15 **Explosionsdarstellung Kombiinstrument des neuen SL**

große Farbdisplay in hochwertiger IPS-Technik mit einer Auflösung von 394 x 509 Pixeln ausgeführt. Für einen hohen Kontrast sorgen dabei optimal ausleuchtende LED. Um die präzise Anzeige im Display zu ermöglichen, wurde eine Zwei-Rechner-Architektur entwickelt. Die klassischen Aufgaben eines Kombiinstruments erledigt der Hauptrechner, ein Fujitsu FR60. Für die graphische Darstellung kommt als GPU ein Toshiba Capricorn zum Einsatz. Für den Austausch und die Synchronisation der Daten in Echtzeit zwischen den zwei Prozessoren wurde ein spezieller IPC-Datenbus (Interprozesskommunikation) implementiert. Die Bilder für die Darstellung befinden sich auf einem 64 MB großen, externen Flashbaustein. Um den Speicherbedarf zu optimieren, wurden die Bilder mit einer verlustfreien RLE-Kodierung komprimiert. Bedient wird das Kombiinstrument wie gewohnt über die Tasten des Multifunktionslenkrads.

Um den verschiedenen Märkten gerecht zu werden, unterstützt das Kombiinstrument des neuen SL in der Standardversion fünfzehn Sprachen (Deutsch, Englisch, Französisch, Italienisch, Spanisch, Niederländisch, Dänisch, Schwedisch, Türkisch, Portugiesisch, Russisch und koreanische, japanische sowie vereinfachte und traditionelle chinesische Zeichen).

Das Kombiinstrument ist Teil eines Plattformkonzepts, welches auch in weiteren Mercedes-Benz-Baureihen Verwendung finden wird. Dabei ist die Möglichkeit zur optischen und technischen Anpassung an die jeweilige Fahrzeugbaureihe gegeben. Der Aufbau des Kombiinstruments ist klassisch gegliedert in Bodenplatte, Leiterplatte samt Displaymodul, Lichtführungen mit Zifferblatt, Zeiger und Zierringe, Bild 15. Darauf aufbauend folgt die Frontrahmenbaugruppe. Diese besteht aus dem Frontrahmen, der Brücke und den Tuben. Das Kombiinstrument als Ganzes ist blei- sowie quecksilberfrei hergestellt und entspricht damit den neuesten gesetzlichen Umweltvorgaben. Gleichteile in der Konstruktion, bei der Software sowie bei der Hardware führen zu reduzierten Entwicklungsaufwendungen und ermöglichen gleichzeitig eine deutliche Steigerung der Produktqualität.

DANKE

Bei der Erstellung des Beitrags haben zudem mitgewirkt: Roger Spaney, Funktionsverantwortlicher für das Media Interface, sowie Stefan Müller, Funktionsverantwortlicher für die COMAND Online Dienste.

Vernetzung und Komfortelektronik

Andreas Drossos | Roland Lindbüchl | Dr. Dieter Grohmann | Stefan Wörner

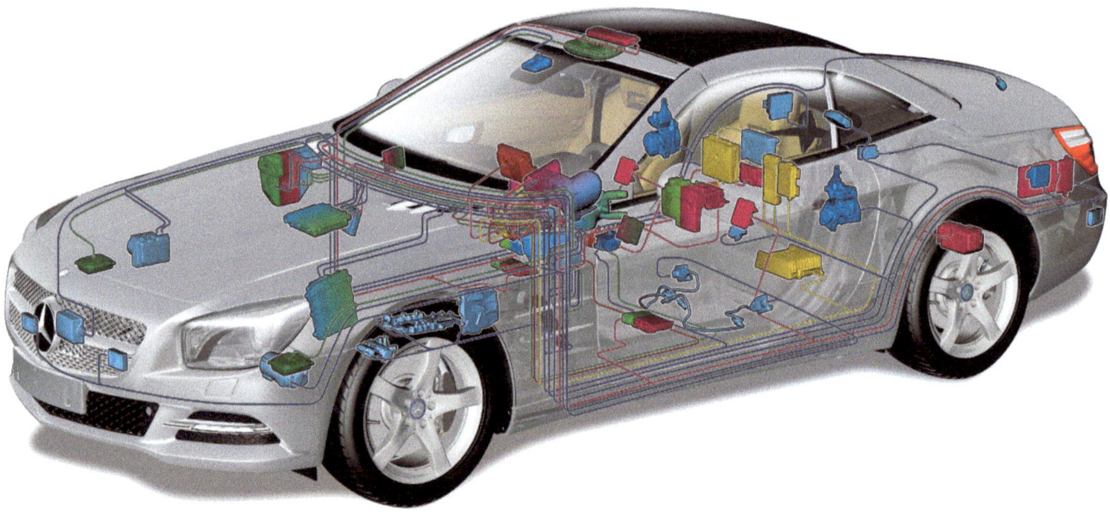

Die optionale Heckdeckelbetätigung ermöglicht es beim neuen SL, den Heckdeckel alleine durch eine Kickbewegung im Bereich des hinteren Stoßfängers zu öffnen und zu schließen. Immer mehr Komfort- und Sicherheitssysteme wie dieses stellen aber auch immer höhere Anforderungen an die elektronische Systemvernetzung. Beim neuen SL wurde der Zuwachs durch eine modifizierte Vernetzungstopologie mit zwei Netzwerken bewältigt. Und mit der Einführung eines softwarebasierten Transportmodus wurde die Auslieferqualität für den SL als Neufahrzeug gesteigert.

Vernetzung

Das Vernetzungskonzept des neuen SL basiert auf der erprobten Elektrik/Elektronik-Architektur (E/E) der neuen E-Klasse, Bild 1. Zusätzlich wurden viele neue, umfangreiche Funktionen aus den Bereichen Fahrerassistenz und Fahrdynamik realisiert. Neue Funktionalitäten bedeuten natürlich eine Zunahme des Kommunikationsbedarfs, welcher hauptsächlich den Chassis-CAN-Bus betraf. Bewältigt wurde der Zuwachs durch eine modifizierte Vernetzungstopologie, der sogenannten Chassis-CAN-Teilung. Komponenten, die zuvor an einen einzelnen gemeinsamen Bus angeschlossen waren, wurden dabei auf zwei Netzwerke verteilt. Die Verteilung der Steuergeräte wurde dabei unter Berücksichtigung von Funktionalität und Kommunikationsaufkommen optimiert.

Aus Sicht der Steuergerätefunktion ist diese Neuverteilung transparent: Alle bestehenden Sende- und Empfangsbeziehungen wurden übernommen und um die neuen Anforderungen erweitert. Sollte es architektonisch notwendig sein, können Komponenten sehr einfach zwischen diesen beiden CAN-Netzen umgezogen werden. Dadurch lassen sich viele Steuergeräte baureihenübergreifend einsetzen und Modulstrategien werden optimal unterstützt. Ein zentrales Gateway verbindet die beiden Chassis-CAN-Netzwerke und leitet benötigte Bus-Informationen weiter. Diese EE-Architektur wird sukzessive in weitere Baureihen von Mercedes-Benz integriert und ermöglicht somit die Anwendung einer Modulstrategie.

Hands-Free Access

Die vollautomatische Heckdeckelbetätigung HANDS-FREE ACCESS ist eine Sonderausstattung, die in Verbindung mit KEYLESS-GO und Heckdeckelfernschließung bestellt werden kann. Diese Komfortfunktion ermöglicht es, den Heckdeckel vollautomatisch durch eine Kickbewegung im Bereich des hinteren Stoßfängers zu öffnen und zu schließen, Bild 2. Gerade beim Einkaufen oder generell in allen Situationen, in denen die Hände voll beladen sind, ist diese innovative Komfortfunktion sehr hilfreich. Damit entfällt das umständliche Abstellen der Gegenstände auf den Boden, um nach der Griffklappe zum Öffnen des Kofferraumdeckels zu fassen. Eine Weltneuheit und damit einzigartig ist das vollautomatische Schließen. Bei anderen Fahrzeugherstellern existieren bereits ähnliche Systeme zum Öffnen des Heckdeckels über eine berührungslose Betätigung mit dem Fuß. Mercedes-Benz hat es als erster Fahrzeughersteller ermöglicht, auch das Schließen über eine solche Betätigung anzusteuern. Weiterhin besteht die Möglichkeit, ebenfalls über eine Kickbewegung mit dem Fuß, die aktuell aktivierte Heckdeckelansteuerung abzubrechen. Bei einem erneuten Kick wird der Kofferraumdeckel entgegen der ursprünglichen Laufrichtung angesteuert. Erfolgt der Abbruch beispielsweise beim Öffnen, so schließt der Heckdeckel bei einem erneuten Kick.

Damit der Benutzer eine Rückmeldung für seine Betätigung erhält, gibt das System vor dem Start eines Öffnungs- oder Schließvorgangs ein akustisches Signal in Form eines Warntons. Zusätzlich sorgt eine automatische Reversierfunktion dafür, dass die Heckdeckelbewegung gestoppt wird, sobald ein Hindernis im Umfeld oder ein Blockieren des Deckels erkannt wird.

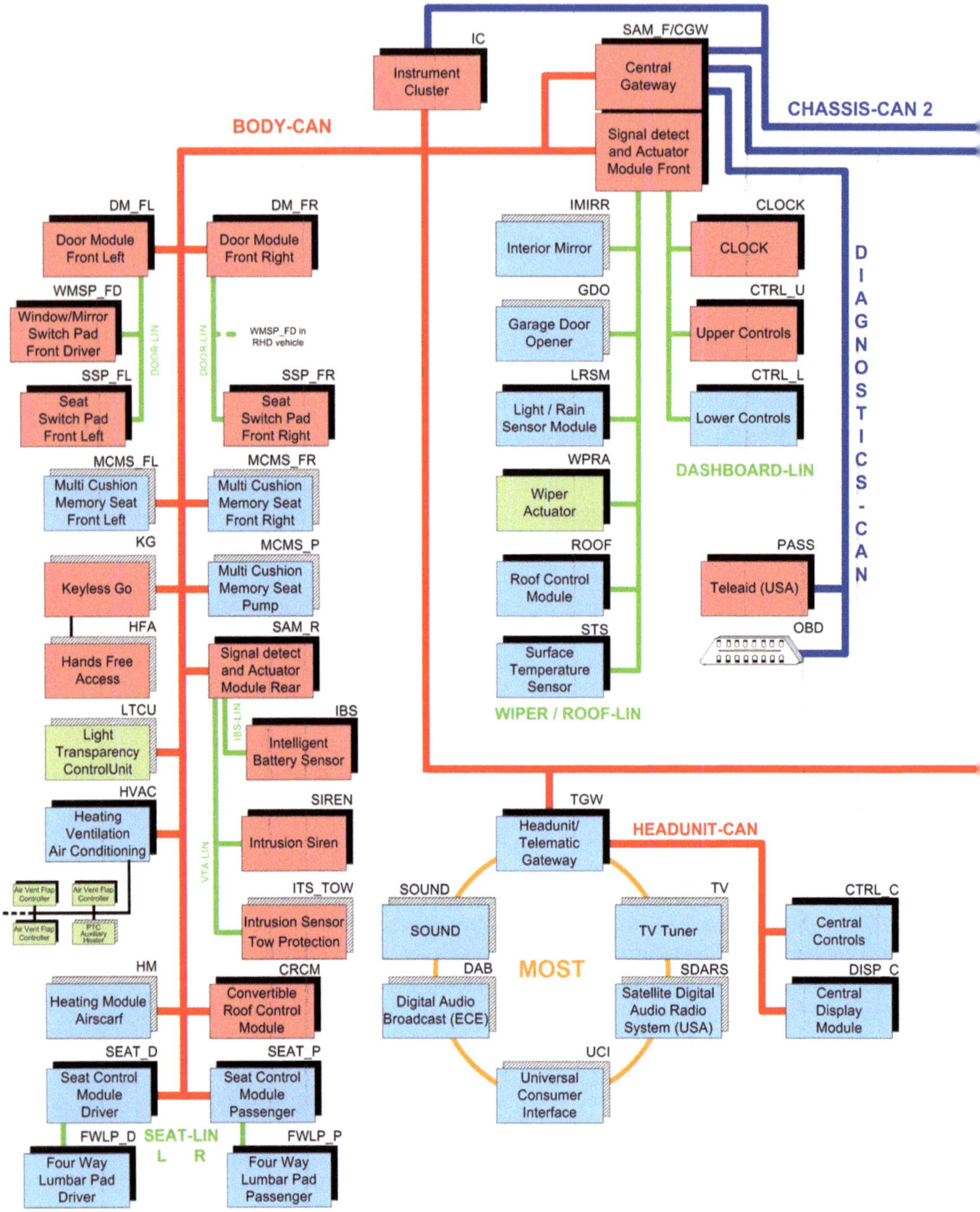

IC
Instrument Cluster
SAM_F/CGW
Central Gateway
Signal detect and Actuator Module Front
CHASSIS-CAN 2
BODY-CAN
DIAGNOSTICS-CAN
DM_FL
Door Module Front Left
DM_FR
Door Module Front Right
WMSP_FD
Window/Mirror Switch Pad Front Driver
DOOR-LIN
WMSP_FD in RHD vehicle
SSP_FL
Seat Switch Pad Front Left
SSP_FR
Seat Switch Pad Front Right
MCMS_FL
Multi Cushion Memory Seat Front Left
MCMS_FR
Multi Cushion Memory Seat Front Right
KG
Keyless Go
MCMS_P
Multi Cushion Memory Seat Pump
HFA
Hands Free Access
SAM_R
Signal detect and Actuator Module Rear
IBS-LIN
IBS
Intelligent Battery Sensor
LTCU
Light Transparency ControlUnit
HVAC
Heating Ventilation Air Conditioning
SIREN
Intrusion Siren
VTA-LIN
Air Vent Flap Controller
PTC Auxiliary Heater
ITS_TOW
Intrusion Sensor Tow Protection
HM
Heating Module Airscarf
CRCM
Convertible Roof Control Module
SEAT_D
Seat Control Module Driver
SEAT_P
Seat Control Module Passenger
FWLP_D
SEAT-LIN
L R
FWLP_P
Four Way Lumbar Pad Driver
Four Way Lumbar Pad Passenger
IMIRR
Interior Mirror
GDO
Garage Door Opener
LRSM
Light / Rain Sensor Module
WPRA
Wiper Actuator
ROOF
Roof Control Module
STS
Surface Temperature Sensor
WIPER / ROOF-LIN
CLOCK
CLOCK
CTRL_U
Upper Controls
CTRL_L
Lower Controls
DASHBOARD-LIN
PASS
Teleaid (USA)
OBD
TGW
Headunit/ Telematic Gateway
HEADUNIT-CAN
SOUND
SOUND
TV
TV Tuner
MOST
DAB
Digital Audio Broadcast (ECE)
SDARS
Satellite Digital Audio Radio System (USA)
UCI
Universal Consumer Interface
CTRL_C
Central Controls
DISP_C
Central Display Module

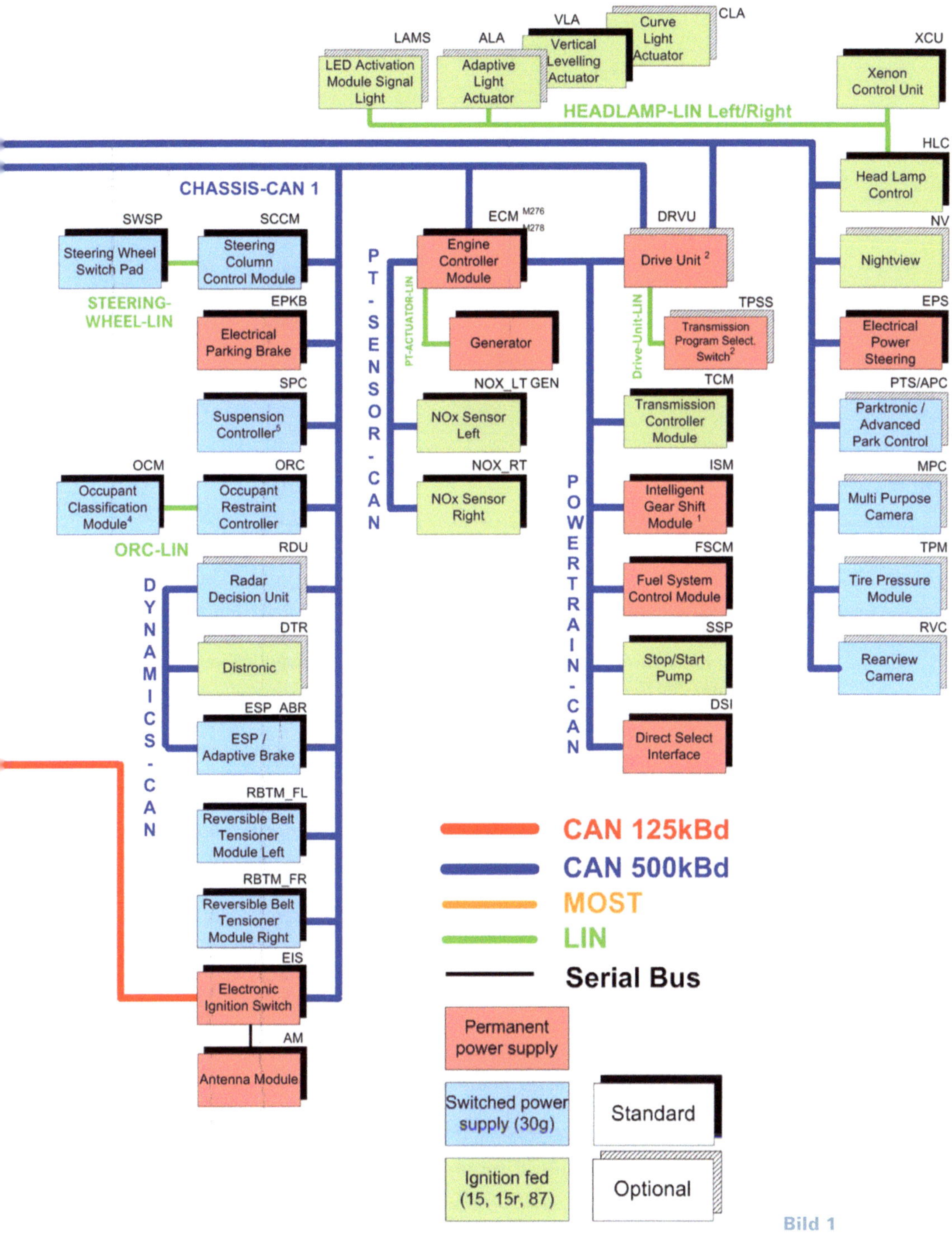

Bild 1
Netzwerktopologie

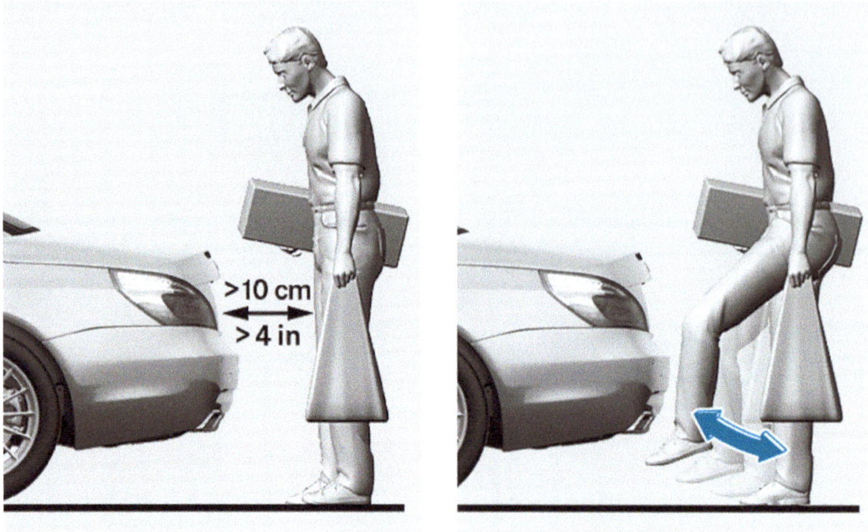

Bild 2
Betätigung des Heckdeckels über HANDS-FREE ACCESS

Funktionsvoraussetzungen

Damit HANDS-FREE ACCESS zuverlässig seine Funktion erfüllt, gibt es gewisse Randbedingungen, die zu beachten sind. Ein Benutzer, der das System und damit die Bewegung des Heckdeckels auslösen will, muss bei Annäherung an den Heckbereich des Fahrzeugs im Besitz eines zum Fahrzeug passenden KEYLESS-GO-Schlüssels sein. Damit wird überprüft, dass die Funktion vom Nutzer, der sich bereits in unmittelbarer Nähe des Heckbereichs befindet, zum einen gewollt und nicht etwa von einem spielenden Kind ausgelöst wird, zum anderen werden Fehlauslösungen durch leitfähige Gegenstände, die eine kickähnliche Bewegung im Heckbereich ausführen, vermieden. Der gültige Bereich, in dem sich der KEYLESS-GO-Fahrzeugschlüssel befinden muss, damit das System aktiviert werden kann, ist auf den Heckbereich begrenzt. Der Fahrzeugschlüssel sollte sich nicht weiter als circa 1,5 m vom Heckdeckel entfernt befinden.

Kapazitives Messprinzip

Die Erfassung der Kickbewegung erfolgt über zwei im Stoßfänger positionierte, kapazitive Sensorleisten. Es werden zwei Sensoren verwendet, um eine gewollte (gültige) Kickbewegung zu erkennen und diese von einer ungültigen Bewegung und somit von einer ungewollten Auslösung zu unterscheiden. Der obere Sensor erfasst den Bereich des Schienbeins bis zum Knöchel, der untere den kompletten Fuß. Durch das Ein- und wieder Austauchen des Fußes in beziehungsweise aus dem elektrischen Feld des jeweiligen Sensors wird eine Bewegung erkannt, die einem Kick ähnelt. Dabei fungieren die beiden Sensoren jeweils als eine Hälfte eines Plattenkondensators. Die zweite Platte wird durch das Bein des Menschen gebildet.

Bild 3
Beispiel für eine Kickbewegung

Kondensatorprinzip

Ein Kondensator ist ein elektrisches Bauelement, das Ladungen und somit Energie speichern kann. Die Fähigkeit, Ladungen zu speichern, wird als Kapazität bezeichnet. Der Aufbau eines Plattenkondensators besteht aus zwei leitfähigen Flächen, die sich in einem geringen Abstand gegenüber stehen. Je geringer der Abstand, desto größer ist die Kapazität. Eine Vergrößerung der Plattenflächen bewirkt ebenfalls eine Vergrößerung der Kapazität. Zwischen den beiden Platten befindet sich eine elektrisch isolierende Schicht, das Dielektrikum. Dieses ist eine elektrisch schwach beziehungsweise nicht leitende Substanz mit nicht frei beweglichen Elektronen. Das Dielektrikum mit seiner Permittivitätszahl ist die dritte Größe, die maßgeblich zur Kapazität eines Kondensators beiträgt. Je höher diese Zahl ist, desto besser das Dielektrikum und umso größer die Kapazität. Bei HANDS-FREE ACCESS ist die Luft das Dielektrikum. Dies ist das schlechteste Dielektrikum mit der Permittivitätszahl $\varepsilon_0=1$. Beim hier beschriebenen System wird durch kurze Spannungsimpulse auf die Sensorleisten jeweils für eine kurze Zeit ein elektrisches Feld aufgebaut. Nähert sich ein leitfähiges Objekt an den Sensor an, stellt dieses die zweite Kondensatorplatte dar und schließt den Stromkreis über den Boden. Diese Kapazitätsbeziehungsweise Feldänderung wird vom Steuergerät gemessen und ausgewertet.

Gültige und ungültige Funktionsauslöser

Eine gültige Anfrage für die Aktivierung des Systems liegt vor, wenn eine kickähnliche Fußbewegung im Bereich der kapazitiven Sensoren am Heck stattfindet. Dabei ist wichtig, dass der Fuß, nachdem er in den Sensorbereich eingetaucht ist, innerhalb von etwa 2 s wieder austaucht. Das ist die festgelegte charakteristische Beschreibung eines Kicks. Dabei sollte der Fuß nicht weiter als 15 cm vom unteren Bereich des Stoßfängers entfernt sein und zum Teil unter den Stoßfänger eintauchen, Bild 3. Die Kickbewegung muss nicht notwendigerweise im 90°-Winkel zum Stoßfänger ausgeführt werden. Eine Auslösung des Systems ist bereits bei kleineren Winkeln – wie etwa 45° – möglich. Damit ein gewollter Kick zum Be- oder Entladen des Kofferraums erkannt und von einem bloßen Annähern eines Beins an den Stoßfänger unterschieden werden kann, müssen die kapazitiven Sensoren räumlich voneinander getrennt angeordnet werden. Die zwei Sensorleisten sind in einem definierten Abstand zueinander angeordnet, abhängig von der Geometrie des Stoßfängers, des Biegequerträgers

Bild 4
Positionierung der Sensoren im Stoßfänger; ① Sensorbereich

und der sonstigen im Stoßfänger integrierten Sensoren, Bild 4. Dadurch entstehen zwei jeweils einzeln auswertbare elektrische Felder. Über die zeitliche Auswertung der Feldveränderung lässt sich die Charakteristik eines Kicks erfassen und dieser detektieren. Bei einer normalen Kickbewegung würde das Bein des Benutzers erst in das elektrische Feld des oberen Sensors und danach in das des unteren Sensors eintauchen. Beim Austauchen aus den einzelnen elektrischen Feldern läuft der Vorgang in der genau umgekehrten Reihenfolge ab. Zuerst verlässt der Fuß den Sensorisierungsbereich des unteren kapazitiven Sensors, danach das Bein den Bereich des oberen Sensors.

Eine Auslösung des Systems darf nicht erfolgen, wenn Umwelteinflüsse auf den Stoßfängerbereich mit den integrierten Sensoren wirken. Das könnte etwa Schneematsch, Regen oder eine Eisschicht sein. Diese Faktoren lösen keine Aktivierung des Systems aus. Das elektrische Feld der kapazitiven Sensoren wird zwar beeinflusst, jedoch fehlt die kickähnliche Bewegung. Zudem ist es eine konstante beziehungsweise schleichende Feldbeeinflussung, die erfasst und ausgewertet werden kann. Es erfolgt eine adaptive Nachregelung der Auslöseschwelle, sodass die Störfaktoren egalisiert werden. Eine Auslösung des Systems darf ebenfalls nicht erfolgen, wenn sich ein anderes Fahrzeug beim Parkvorgang nähert und eventuell wieder wegfährt, ein Fußgänger vorbeiläuft oder ein Fahrradfahrer vorbeifährt. In diesen Fällen wird der untere Sensor nicht beeinflusst, somit ist die Bedingung für eine gültige Kickbewegung nicht gegeben.

Betriebsmodi und Diagnose

HANDS-FREE ACCESS kann sich in drei verschiedenen Betriebsmodi befinden:

- Wird keine Veränderung des elektrischen Felds detektiert, befindet sich das System im Stromsparmodus. In diesem Modus wird das Steuergerät nicht komplett schlafen gelegt, sondern die Abtastrate herunter gefahren. Das System würde eine Betätigung trotzdem sofort erkennen.
- Sobald eine ausreichend große Veränderung des elektrischen Felds stattfindet, wechselt das System in den zweiten Betriebsmodus, den Detektionsmodus. In diesem Modus wird die Abtastrate erhöht, um eine genauere Analyse der Feldänderung durchführen zu können.

- Wird eine gültige Kickbewegung erkannt, erfolgt über das stromcodierte Protokoll eine Signalisierung Richtung KEYLESS-GO-Steuergerät. Dies ist der dritte und letzte Modus, der Kommunikationsmodus.

HANDS-FREE ACCESS besitzt eine Eigendiagnose und kann somit Fehler im System erkennen und in Richtung KEYLESS-GO-System kommunizieren. Der Diagnoseumfang umfasst das Erkennen eines Fehlers am oberen und unteren Sensor sowie eines internen Hardwarefehlers. Wird einer oder werden mehrere Fehler erkannt, so teilt das Steuergerät dies sofort über das stromcodierte Protokoll mit.

Zusammenspiel einzelner Teilsysteme

Damit HANDS-FREE ACCESS zuverlässig ausgeführt werden kann, müssen einige Teilsysteme im Gesamtverbund zusammenarbeiten. Dabei erfüllt jedes System seine spezifische Teilaufgabe. Die Kommunikation der einzelnen Teilnehmer erfolgt über das jeweilige Bus-System gemäß den spezifizierten Schnittstellen. Eine Teilaufgabe besteht darin, eine gültige Kickbewegung zu erkennen und zu bewerten. Diese Aufgabe wird vom Steuergerät und den kapazitiven Sensorleisten bewältigt. Eine andere Teilaufgabe ist das Detektieren des KEYLESS-GO-Fahrzeugschlüssels im Heckbereich des Fahrzeugs. Diese Teilaufgabe wird vom System KEYLESS-GO mit seiner Infrastruktur erfüllt. Letztendlich muss auch der Heckdeckel angesteuert werden, damit er sich bei einem Kick öffnet. Das wiederum erledigt das System Heckdeckelfernschließen.

Das Verhalten der hier beschriebenen Komfortfunktion HANDS-FREE ACCESS ist gleichwertig zu jeder anderen Bedienstelle für den Kofferraumdeckel, wie etwa dem Kofferrauminnentaster oder der Griffklappe. Das heißt, dass die anderen Bedienstellen eine über HANDS-FREE ACCESS ausgelöste Aktion jederzeit unterbrechen können. Im Umkehrschluss heißt das aber auch, dass eine Kickbewegung am hinteren Stoßfänger ebenfalls eine Ansteuerung unterbrechen kann, die vorher über eine andere Bedienmöglichkeit ausgelöst wurde.

Transportmodus

Der neue SL wird als erstes Mercedes-Benz-Fahrzeug ab Werk mit einem softwarebasierten Transportmodus, Bild 5, ausgeliefert. Im aktivierten Zustand werden zahlreiche Fahrzeugfunktionen eingeschränkt oder verändert, um die bestmögliche Auslieferqualität bei der Fahrzeugübergabe an den Kunden zu erreichen.

Bild 5
Der softwarebasierte Transportmodus des neuen SL macht Siegel künftig überflüssig

Entwicklungsziel war es, durch gezielte Eingriffe in die einzelnen Elektroniksysteme auf der einen Seite Transportschäden und Unfälle zu vermeiden und auf der anderen Seite durch ein optimiertes Energiemanagement den bestmöglichen Batterieladezustand während des Transports zu erhalten. Eine weitere Anforderung bestand darin, die bisher verwendeten Transportschutzsiegel zum Schutz vor Verschmutzung des Innenraums und gegen Diebstahl von Losteilen durch eine elektronische Verriegelung der Türen und Klappen zu ersetzen.

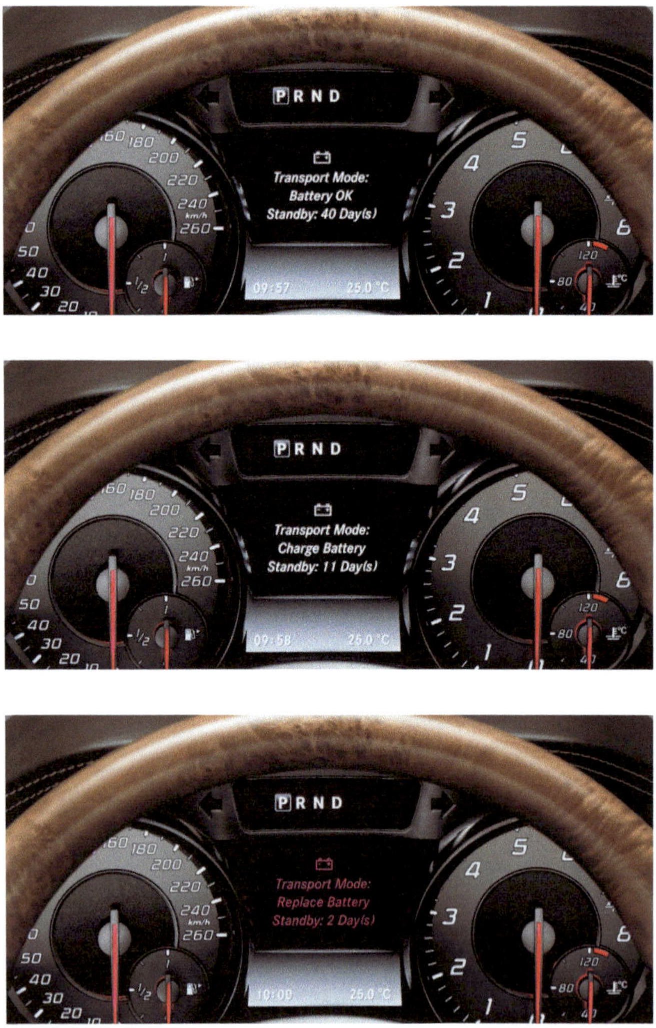

Bild 6 **Displayanzeigen für Batteriezustand und Batteriepflegeanweisungen**

Der Transportmodus wird im Produktionswerk am Bandende aktiviert und versetzt damit das gesamte Fahrzeug in einen definierten Sonderzustand. Auf dem Weg vom Herstellerwerk zu den Händlern und Niederlassungen weltweit bleibt der Transportmodus bis zur sogenannten Auslieferkontrolle und der anschließenden Übergabe an den Endkunden aktiv. Zur Unterstützung der Prozesse in Vertrieb und Logistik werden bei aktivem Transportmodus im Kombiinstrument die aktuell mögliche Reststandzeit des Fahrzeugs sowie bei Bedarf entsprechende Batteriepflegeanweisungen angezeigt, Bild 6. Damit kann der vom Bordnetzmanagement kontinuierlich überwachte Batterieladezustand ohne den Einsatz zusätzlicher Messmittel zu jeder Zeit transparent dargestellt werden. Dem Bedienpersonal werden durch die Displayanzeige konkrete Handlungsanweisung vorgegeben, um eine hohe Auslieferqualität in Bezug auf die Fahrzeugbatterie garantieren zu können.

Funktionen und Umsetzung

Im neuen SL sind die Funktionen des Transportmodus auf zahlreiche Einzelsysteme aufgeteilt, Bild 7. Herzstück ist dabei die zentrale Steuerung des Fahrzeugzustands im Bordnetzmanagement. Von dort aus wird der aktuelle Zustand des Transportmodus fahrzeugweit kommuniziert. Entsprechend der Vorgaben des Bordnetzmanagements erfolgen dann gezielte Funktionseinschränkungen beziehungsweise -änderungen in den betroffenen Teilsystemen. So wird bei aktivem Transportmodus die maximale Fahrzeuggeschwindigkeit auf 40 km/h begrenzt. Dies wird erreicht, indem die bewährte Funktion Speedlimiter auf

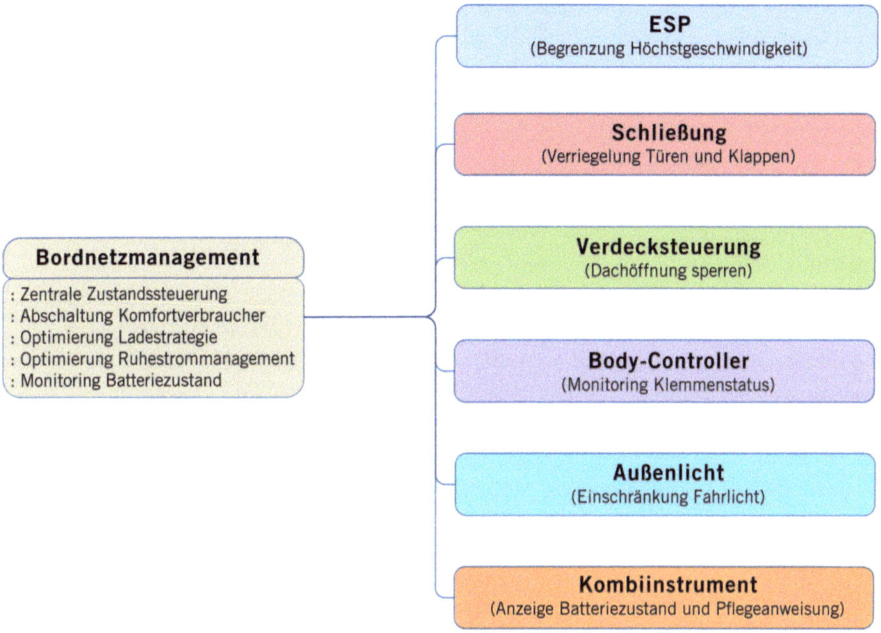

Bild 7
Funktionsverteilung Transportmodus

Anforderung des Transportmodus ihre Regelvorgaben im Längsreglersystem des ESP anpasst. Durch die begrenzte Höchstgeschwindigkeit werden Unfälle mit Sach- und Personenschäden auf den Verladeplätzen deutlich reduziert sowie Beschädigungen am Fahrzeug durch Missbrauch vermieden.

Um eine elektronische Verriegelung der Fahrzeugtüren zu erreichen, wurde das Verhalten der Zentralverriegelung bei aktivem Transportmodus angepasst. Solange der Transportmodus aktiv ist, sind alle Türen und Klappen des Fahrzeugs, mit Ausnahme der Fahrertür und der Tankklappe, elektronisch verriegelt. Diese softwareseitige Verriegelung ersetzt die bisher in der Logistikkette eingesetzten Aufkleber mit dem Schriftzug „don't open", welche als Siegel an den Fahrzeugtüren angebracht waren. Die Verschmutzung des Innenraums wird so reduziert und der Diebstahl von Losteilen im Innenraum erschwert. Eine weitere Maßnahme zur Reduzierung der Innenraumverschmutzung wurde im System Dachöffnung für den neuen SL umgesetzt. Dazu wird die Öffnung des Cabriodaches bei aktivem Transportmodus ebenfalls softwareseitig verhindert.

Besonderes Augenmerk wurde bei der Entwicklung des Transportmodus darauf gelegt, die Belastung der Fahrzeugbatterie während der Auslieferung auf ein Minimum zu reduzieren und bei Motorlauf für bestmögliche Ladung zu sorgen. Um dies zu erreichen, werden im Transportmodus batteriebelastende Funktionen wie die Bewegungsenergierückgewinnung oder die ECO Start-Stopp-Funktion deaktiviert und die Ladestrategie stattdessen auf maximale Batterieladung und -schonung eingestellt. Komfortverbraucher wie das Radio oder die Sitzheizung, die zur Verladung nicht notwendig sind, werden im Transportmodus deaktiviert und belasten damit im Stillstand die Batterie nicht. Bei laufendem Motor sind durch die Deaktivierung dieser Verbraucher erhöhte Leistungsreserven des Generators verfügbar, um die Fahrzeugbatterie zu laden.

Um eine unnötige Ladungsentnahme aus der Fahrzeugbatterie im Stillstand zu verhindern, erfolgt eine akustische Rückmeldung an das Bedienpersonal, falls das Fahrzeug über einen längeren Zeitraum mit aktiver Zündung, jedoch ohne Motorlauf, abgestellt ist. Ebenso ist das Fahrlicht bis auf sicherheitsrelevante Ausnahmen nur verfügbar, wenn das Bordnetz bei Motorlauf durch den Generator versorgt wird. Wird das Fahrzeug in der Logistikkette für längere Zeit abgestellt, beispielsweise beim Schiffstransport, sorgt ein optimiertes Ruhestrommanagement dafür, dass der Strombedarf des Fahrzeugs nach Abstellen des Motors zügig reduziert und während dieser Parkphase die Entladung der Fahrzeugbatterie auf ein Minimum begrenzt wird.

Damit im gesamten Auslieferungsprozess der Sonderzustand Transportmodus für das Bedienpersonal ersichtlich ist, wird dies permanent im Kombiinstrument angezeigt. Gleichzeitig erhält das Bedienpersonal durch diese Displayanzeige stets aktuelle Informationen zum Batteriezustand sowie bei Bedarf auch konkrete Pflegeanweisungen, um eine hohe Auslieferqualität sicherstellen zu können. Zur Analyse und zu Dokumentationszwecken werden im Fahrzeug während der Auslieferung mehrere Datensätze mit fahrzeugspezifischen Transportmodusinformationen abgelegt und können weltweit über eine Datenbank abgerufen werden.

Steigerung der Auslieferqualität

Mit der Einführung des Transportmodus im neuen SL wurde eine Steigerung der Auslieferqualität für Neufahrzeuge erreicht. Durch die Umsetzung als reine Softwaremaßnahme kann der Transportmodus mit geringem Aufwand auf weitere Baureihen ausgeweitet werden. Um dem Premiumanspruch der Marke gerecht zu werden, wird der Transportmodus sukzessive in alle Neufahrzeuge von Mercedes-Benz implementiert.

DANKE

Bei der Erstellung des Beitrags haben zudem mitgewirkt: Thomas Fischer, Funktionsverantwortlicher für HANDS-FREE ACCESS, und Bernd Grundner, Funktionsgruppensprecher Innenraumsysteme und Komponenten.

Integrale Sicherheit

Unfallvermeidung und Insassenschutz

Prof. Dr. Rodolfo Schöneburg | Prof. Dr. Thomas Breitling

Unfallvermeidung und Insassenschutz sind Eckpunkte der Integralen Sicherheit von Mercedes-Benz, die die Aktive und die Passive Sicherheit zusammenfasst. Neben den Insassenschutzsystemen werden dabei unfallvermeidende Fahrerassistenzsysteme immer wichtiger. Deren Entwicklung orientiert sich an Erkenntnissen aus der Unfallforschung und Analysen der Unfallstatistik. Das ist der Kern des umfassenden „Real-Life-Safety"-Konzepts von Mercedes-Benz für mehr Verkehrssicherheit.

Sicherheitsentwicklung mit langer Tradition

Automobilsicherheit hat bei Mercedes-Benz eine lange Tradition. 1959 stellte das Unternehmen sein erstes, unter Aspekten der Passiven Sicherheit konstruiertes Automobil mit Innovationen vor, die unter dem Blechkleid steckten: die Sicherheitsfahrgastzelle mit integrierten, energieabsorbierenden Knautschzonen. Neben Flankenschutz, Sicherheitslenksäule und Gurtsystem bilden sie die bis heute gültigen Grundprinzipien der Passiven Sicherheit. Ihr Vordenker war der geniale Ingenieur Bélà Barényi, der seit 1940 diese Entwicklungen vorantrieb.
Damals konnte man nur ahnen, wie viel Schutzpotenzial tatsächlich in den neuen Ideen und Erfindungen steckte. Daher begann Mercedes-Benz 1959 mit der systematischen, kontinuierlichen Pkw-Sicherheitserprobung: auf Testschlitten, mit Pendelversuchen und ersten Crashtests. 1969 entstand die firmeneigene Unfallforschung. Seitdem wurden rund 4000 schwere Verkehrsunfälle ausgewertet. Heute führt das Sindelfinger Entwicklungszentrum jährlich nahezu 700 Crashtests und mehr als 50.000 Crashberechnungen durch. Auf dieser Grundlage kann die Wirksamkeit der Sicherheitstechnik in Mercedes-Benz-Modellen geprüft und ständig verbessert werden.

Sicherheit muss sich auf der Straße bewähren

Die aus der Praxis gewonnenen Erkenntnisse bleiben in Sindelfingen nicht lange Theorie. Das war schon zu Zeiten Bélà Barényis so. Auch seine wegweisenden Erfindungen basierten oft auf der Untersuchung realer Verkehrsunfälle und der Analyse verunglückter Fahrzeuge. Die Unfallforschung konnte so immer wieder entscheidende Impulse für die Entwicklung bahnbrechender Sicherheitssysteme geben. Die Erfolgsbilanz der Innovationen von Mercedes-Benz kann sich sehen lassen: ob Antiblockiersystem ABS, Elektronisches Stabilitäts-Programm ESP, Gurtstraffer, adaptiver Airbag, Side- und Windowbag, PRE-SAFE mit seinen vorbeugenden Schutzmaßnahmen oder der Aktive Spurhalte- und Totwinkel-Assistent. Allen Systemen moderner Pkw-Sicherheit bei Mercedes-Benz gehen sorgfältige Unfallanalysen voraus, die zeigen, wie Unfälle vermieden und der Insassen- sowie der Fußgängerschutz verbessert werden können. Ebenso werden alle neuen Assistenzsysteme intensiv in der Praxis erprobt und müssen sich unter realen Bedingungen bewähren. Mercedes-Benz hat zwar immer auch standardisierte Rating-Tests berücksichtigt, entscheidend war und ist aber die jahrelange, akribische Detailarbeit vor Ort auf der Straße. Sie vor allem ist die Basis für höchste Automobilsicherheit, wie sie in jedem neuen Pkw-Modell von Mercedes-Benz realisiert wird und durch zahlreiche Unfallstatistiken belegt ist.

Sicherheit ganzheitlich betrachten

Die SL-Klasse verkörpert wie keine andere Baureihe kultivierte Sportlichkeit auf höchstem Sicherheitsniveau. Optimales Handling, leistungssteigernder Komfort sowie wirksame Assistenz- und Insassenschutzsysteme sind dafür die Basis. Mit dem ganzheitlichen sogenannten Real-Life-Safety-Konzept der Integralen Sicherheit setzt der neue SL in seinem Segment erneut Maßstäbe – es basiert auf vier Säulen:

- sicher Fahren: Gefahren vermeiden, rechtzeitig warnen und den Autofahrer unterstützen

- bei Gefahr: präventiv Agieren und vorbeugende Schutzmaßnahmen einleiten
- bei einem Unfall: bedarfsgerecht Schützen
- nach einem Unfall: schnelle Hilfe ermöglichen und Schlimmeres vermeiden.

In dem Konzept ist das effektive Zusammenwirken von Aktiver und Passiver Sicherheit, also von Systemen für höchste Fahrsicherheit und umfassenden Insassenschutz, optimal umgesetzt. Die vielen Sicherheitseinrichtungen zur Unterstützung des Fahrers sind auf das reale Unfallgeschehen abgestimmt. Auf Erkenntnissen der Unfallforschung basieren beispielsweise das Insassenschutzsystem PRE-SAFE und die Assistenzsysteme PRE-SAFE-Bremse und ATTENTION ASSIST. Als Anerkennung für ihr hohes Sicherheitspotenzial wurden diese drei Systeme bereits mit dem Sicherheitspreis Euro NCAP Advanced Reward ausgezeichnet.

Mitdenkende Assistenten im neuen SL

Intelligente, stets hellwache Assistenten an Bord, die auch in brenzligen Situationen den Autofahrer unterstützen können, erleichtern ihm die Arbeit am Lenkrad und tragen nachweislich zur Verringerung der Unfallzahlen bei. Sensoren überwachen nicht nur die einzelnen Räder, den Fahrer und jede Fahrzeugbewegung, sondern zunehmend auch das Umfeld. Elektronische Steuergeräte verarbeiten diese Daten und können so erkennen, wenn das Auto in kritische Fahrsituationen gerät. Die bedarfsgerecht aktivierten Systeme im Fahrzeug reagieren dann mit Warnungen und unterstützenden Eingriffen. So können viele Unfälle ganz vermieden oder in ihrer Schwere gemildert werden.

Fahrerassistenzsysteme

Michael Schopper | Taner Kandemir | Dr. Robert Fröming |
Heiner Messner | Markus Raab | Dr. Michael Grimm

Für den neuen SL werden optional die Fahrerassistenzfunktionen Aktiver Spurhalte-Assistent und Aktiver Totwinkel-Assistent angeboten. Diese Systeme warnen nicht nur vor dem Abkommen von der Straße oder vor Hindernissen im toten Winkel, sondern steuern durch gezielte Bremseingriffe gegen. 2010 hat der Aktive Totwinkel-Assistent zusammen mit dem Aktiven Spurhalte-Assistenten vom ADAC den Gelben Engel in der Kategorie Innovation und Umwelt erhalten.

Spurwarnsystem kann Unfälle vermeiden

In Deutschland gab es 2010 fast 50.000 Verkehrsunfälle, bei denen ein Fahrzeug ohne Zusammenstoß mit anderen Verkehrsteilnehmern von der Fahrbahn abkam. Diese Unfallart hat einem Anteil von 15 % an allen Unfällen mit Personenschaden, ist jedoch besonders folgenschwer, wie ihr wesentlich höherer Anteil an den Getöteten (34 %) und Schwerverletzten (25 %) verdeutlicht, Bild 1. Neben unangepasster Geschwindigkeit oder Kontrollverlust über das Fahrzeug verbergen sich hinter diesen Abkommensunfällen auch solche Fälle, in denen das Fahrzeug unbeabsichtigt und – zum Beispiel in Folge von Ablenkung oder Ermüdung – vom Fahrer unbemerkt die Straße verlässt. Eine detaillierte Analyse von 900 Einzelfällen der für Deutschland repräsentativen Unfalldatenbank GIDAS (German In Depth Accident Study) durch die Mercedes-Benz-Unfallforschung ergab, dass in über 20 % der Abkommensunfälle ein Spurwarnsystem potenziell eine unfallvermeidende Wirkung auf das Unfallgeschehen gehabt hätte. Bedingungen dieser Potenzialabschätzung waren, dass das Fahrzeug bei guten äußeren Bedingungen ohne ersichtliche Ursache in einem spitzen Winkel die Fahrbahn verließ, die Ausgangsgeschwindigkeit über 60 km/h lag und ein klares Linienbild vorlag. Ein Blick auf die Unfallstatistik der USA zeigt, dass dort durch den Fahrer verursachte Spurüberschreitungen sogar ursächlich für 29 % aller Verkehrstoten sind (Auswertung von FARS-Daten, 2006).

Aktiver Spurhalte-Assistent

Die Funktion Aktiver Spurhalte-Assistent wurde auf Basis des bereits 2009 eingeführten Spurhalte-Assistenten entwickelt, um die Zahl der Unfälle durch ungewolltes Abkommen von der Fahrbahn aufgrund von Fahrerunachtsamkeit weiter zu reduzieren. In diesen Fahrsituationen kann der Aktive Spurhalte-Assistent die Fahrzeugsicherheit als Weiterentwicklung durch einen radselektiven Bremseingriff weiter erhöhen.

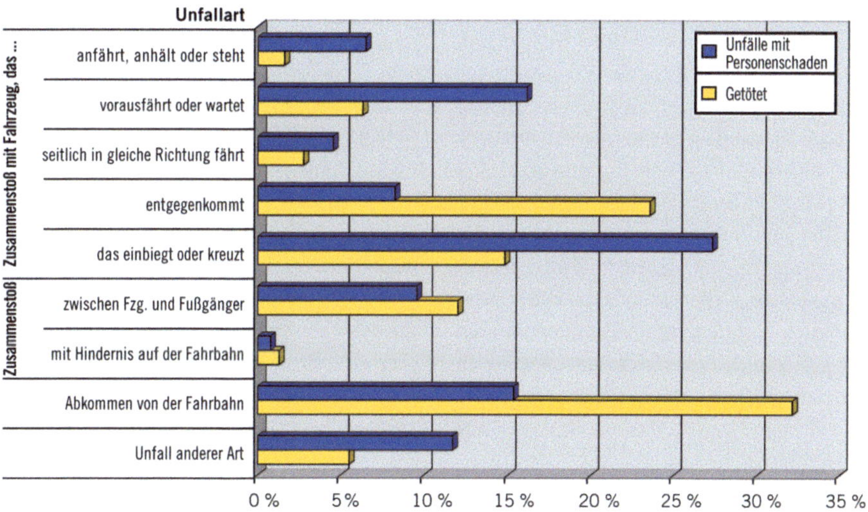

Bild 1 Unfallart bei Unfällen mit Getöteten (Quelle: Destatis 2010)

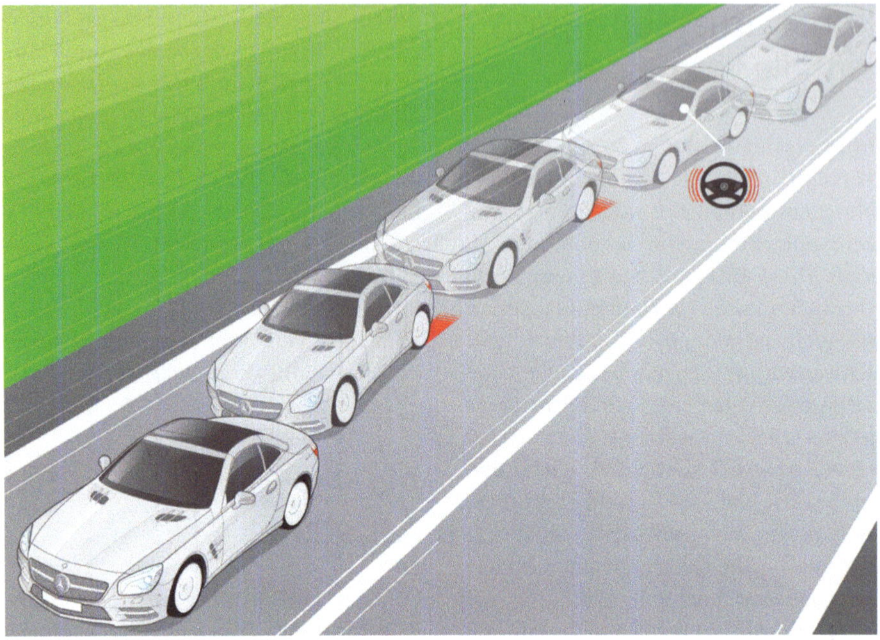

Bild 2
Eingriff des Aktiven Spurhalte-Assistenten auf einer Landstraße

Das System überwacht den Bereich vor dem Fahrzeug mit einer oben mittig an der Frontscheibe angebrachten Mehrzweckkamera. Es kann in Aktion treten, wenn das Fahrzeug ungewollt eine durchgezogene Fahrspurbegrenzungsmarkierung rechts oder links der Fahrspur überfährt, Bild 2. Dabei warnt der Aktive Spurhalte-Assistent den Fahrer vor dem Verlassen der erkannten Fahrspur. Die Warnung erfolgt über eine für andere Insassen nicht störende Vibration im Lenkrad. Damit der Fahrer rechtzeitig und nicht unnötig gewarnt wird, wenn er die Fahrspurbegrenzungsmarkierung überfährt, kann das System verschiedene Bedingungen unterscheiden und so die Warnung situationsgerecht früher beziehungsweise später auslösen. Die Vibrationswarnung erfolgt früher, wenn sich der Fahrer in Kurven der kurvenäußeren Fahrspurbegrenzungsmarkierung nähert, er auf sehr breiten Fahrspuren wie auf Autobahnen fährt oder das System durchgezogene Fahrspurbegrenzungsmarkierungen erkennt. Die Vibrationswarnung erfolgt hingegen später, wenn der Fahrer auf engen Fahrspuren fährt oder eine Kurve schneidet.

Reagiert der Fahrer im Falle einer durchgezogenen Fahrspurbegrenzungsmarkierung nicht auf die haptische Warnung, kann der Aktive Spurhalte-Assistent das Fahrzeug durch einen spurkorrigierenden Bremseingriff zurück in die Fahrspur führen, Bild 3. Die Auslösung des radselektiven Bremseingriffs erfolgt auf Basis von Signalen aus zwei diversitär redundanten Spuralgorithmen. Erst wenn beide Spuralgorithmen die gleichen Spurinformationen liefern, darf ein Bremseingriff kommandiert werden. Somit können Falscheingriffe aufgrund fehlerhafter oder nicht relevanter Markierungen minimiert werden, beispielsweise in Baustellen oder durch Teerfugen. Der spurkorrigierende Bremseingriff wird dem Fahrer zusätzlich im Kombiinstrument angezeigt.

Zur Erzeugung eines spurkorrigierenden Giermoments bremst das ESP die der Fahrspurbegrenzungsmarkierung gegenüberliegenden Räder ab. Die Rückwirkungen auf die Lenkhaptik sind dabei entsprechend der Lenkkinematik gering. Die von der Bremse gestellten Momente unterliegen hierbei strengen Überwachungen bezüglich Gradienten und Maximalwert, sodass die Kontrollierbarkeit der Giermomente für den Fahrer jederzeit gewährleistet ist. Ein Abbruch des Giermomenteingriffs ist für den Fahrer jederzeit durch Lenken, Gasgeben oder Bremsen möglich. Der spurkorrigierende Bremseingriff wird automatisch unterdrückt beziehungsweise abgebrochen, falls andere Fahrsicherheitssysteme eingreifen oder keine beziehungsweise nicht konsistente Fahrspur-Begrenzungsmarkierungen erkannt werden. Die Wirksamkeit des Aktiven Spurhalte-Assistenten wurde im Rahmen von Fahrsimulatorversuchen und kundennahen Fahrerprobungen vor Markteinführung des Systems nachgewiesen. Der Aktive Spurhalte-Assistent wird im SL als Fahrerassistenzpaket zusammen mit dem Aktiven Totwinkel-Assistenten, DISTRONIC PLUS, PRE-SAFE-Bremse und dem Bremsassistentsystem BAS PLUS angeboten.

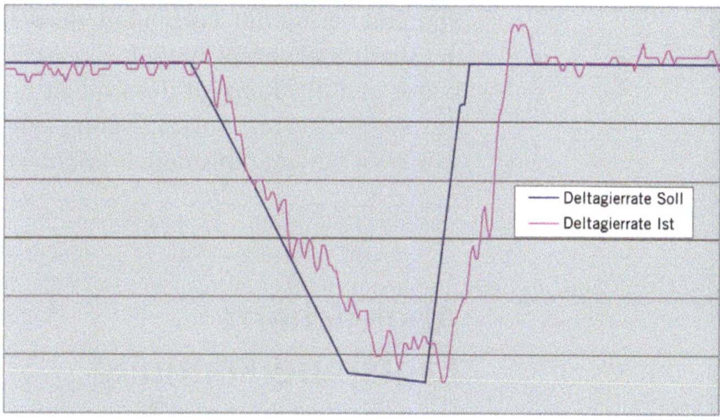

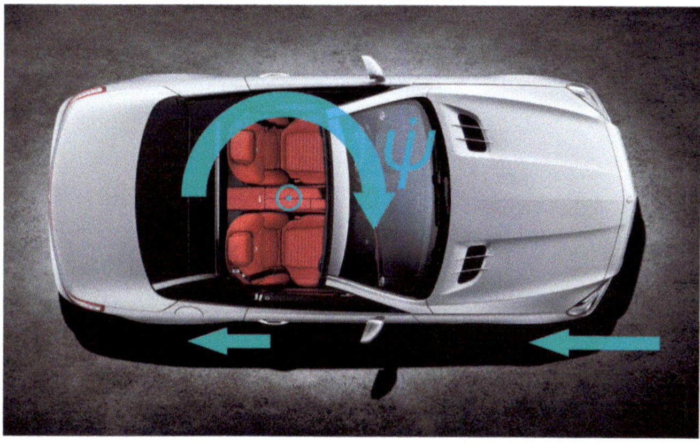

Bild 3
Einseitige Bremsung und Verlauf der Deltagierrate

Systemarchitektur

Der Aktive Spurhalte-Assistent ist eine Sicherheitsfunktion, die mittels aktiven Eingriffs in die Fahrzeugdynamik in kritischen Situationen ein Abkommen von der Fahrspur verhindern kann. Dieser Eingriff darf nur in den exakt definierten und streng eingegrenzten Eingriffsszenarien erfolgen, die der Funktionsauslegung zugrunde liegen, den sogenannten Use Cases. Ein Eingriff außerhalb der Eingriffsszenarien wäre für den Fahrer unplausibel und kein Sicherheitsgewinn. Aus diesem Grund werden für den Aktiven Spurhalte-Assistenten außerordentlich hohe Anforderungen an die Situationserfassung gestellt. Insbesondere der Verlauf der Fahrspurbegrenzungsmarkierungen und die laterale Position des Fahrzeugs in der Fahrspur müssen zuverlässig und robust erkannt werden. Dies wird unter dem Begriff „abgesicherte Fahrspurerkennung" verstanden. Da der Aktive Spurhalte-Assistent nur bei durchgezogenen Begrenzungslinien eingreifen soll, ist auch die Erkennung des Markierungstyps ein Bestandteil dieser abgesicherten

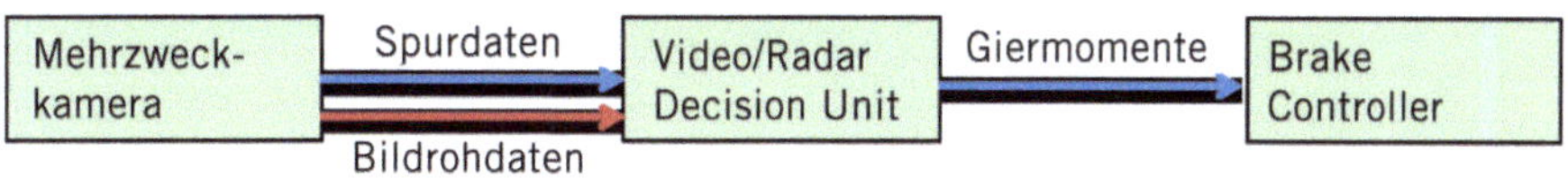

Bild 4
Architekturkonzept des Aktiven Spurhalte-Assistenten

Spurerkennung. Im Folgenden werden das Hardwarekonzept, die Softwarearchitektur und das Konzept des explizit für die abgesicherte Spurerkennung entworfenen Verifikationsmoduls erläutert, Bild 4.

Abgesicherte Fahrspurerkennung

Für die abgesicherte Spurerkennung des Aktiven Spurhalte-Assistenten wurde ein Konzept mit zwei unabhängigen Spuralgorithmen und einem nachgeschalteten Verifikationsmodul entworfen und umgesetzt, Bild 5. Die Spurerkennung wird somit auf mehrere Komponenten aufgeteilt. Ein Spurerkennungsalgorithmus ist im Kamerasteuergerät integriert, während der andere in einem separaten Video-/Radar-Steuergerät läuft. Die beiden Steuergeräte sind über eine geschirmte Videolinkleitung verbunden. Das Verifikationsmodul ist ebenfalls im Video-/Radar-Steuergerät untergebracht. Dieses beinhaltet auch das Softwaremodul für die Berechnung und Regelung der für die Rückführung auf die Fahrbahn benötigten Giermomente.

Softwarearchitektur

Die beiden Spuralgorithmen wurden so gewählt, dass sie eine möglichst große algorithmische Unabhängigkeit voneinander besitzen. Sie unterscheiden sich in wesentlichen Punkten, zum Beispiel dem grundsätzlichen Ansatz zur Liniensuche (Bottom-up- versus Top-down-Ansatz), der Hypothesenbildung, der Situationsbewertung und der Markierungstypklassifikation.

Dieses Vorgehen hat in zweierlei Hinsicht entscheidende Vorteile gegenüber einem singulären Spurmodul. Zum einen werden funktionale Unzulänglichkeiten der einzelnen Algorithmen durch korrektes Verhalten des jeweils anderen Algorithmus detektierbar. Für den Querregler kann somit vermieden werden, auf solchen Fahrbahnstrukturen zu regeln, die aufgrund der systeminhärenten Erkennungsgrenzen von einem Algorithmus fehlerhaft als Spurmarkierung erkannt werden. Zum anderen wird es ermöglicht, das funktionale Sicherheitskonzept mittels Dekomposition zu vereinfachen. So werden die E/E-seitigen Absicherungsanforderungen an Hardware und Software auf die beiden Steuergeräte beziehungsweise die beiden Algorithmen aufgeteilt.

In einem speziell für die abgesicherte Spurerkennung entwickelten Verifikationsmodul werden die Spurmodellkenngrößen der beiden Algorithmen miteinander verglichen. Dabei ist entscheidend, dass der Ausgang des Moduls eine Nichtübereinstimmung signalisiert, wenn die Kenngrößen relevante Abweichungen aufzeigen. Da die beiden Algorithmen nicht identisch sind, müssen jedoch kleine Abweichungen toleriert werden. Die genauen Abschaltschwellen wurden über ausführliche Fahrzeug- und HIL-Tests optimiert. Als weitere Vergleichsgröße wird der Fahrbahnmarkierungstyp plausibili-

Bild 5
Konzept für eine abgesicherte Fahrspurerkennung

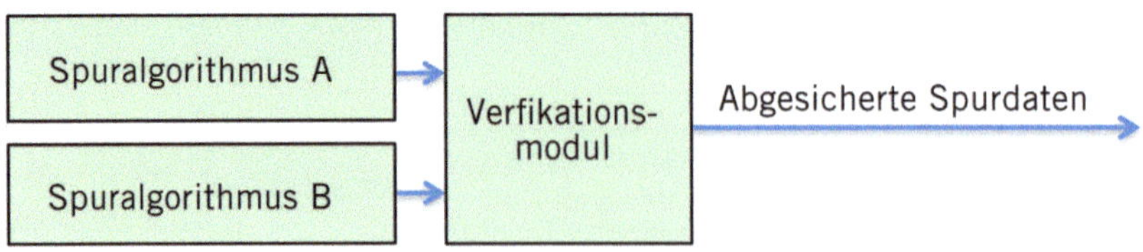

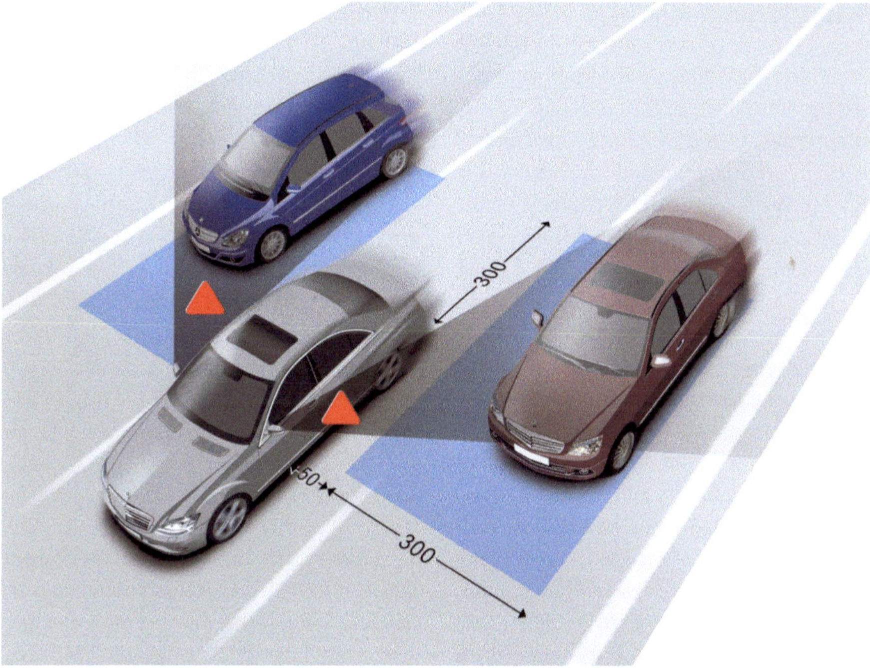

Bild 6
Warnkonzept des Totwinkel-Assistenten (Angaben in cm)

siert. Da der Aktive Spurhalte-Assistent nur bei durchgezogenen Linien eingreift, muss diese Markierungseigenschaft unabhängig von beiden Algorithmen ermittelt werden. Die funktionale Absicherung der Spurdaten im Verifikationsmodul wird um zahlreiche Synchronitäts- und Integritätstests ergänzt.

Tests bestätigen Systemrobustheit

Alle kamerabasierten Assistenzsysteme besitzen sensorspezifische Systemgrenzen. Bei der sicheren Fahrspurerkennung liegt die Herausforderung darin, nur bei relevanten Fahrspurmarkierungen zu warnen beziehungsweise zu regeln. Die Robustheit der sicheren Fahrspurerkennung des Aktiven Spurhalte-Assistenten wurde im Rahmen der Absicherungsfahrten mit über eine Million gefahrenen Kilometern bestätigt.

Aktiver Totwinkel-Assistent

Unfälle vermeiden und Unfallfolgen mindern: Das ist der ganzheitliche Ansatz der Mercedes-Benz-Sicherheitsforschung. Der bisherige, warnende Totwinkel-Assistent von Mercedes-Benz verfolgte bereits dieses Ziel. Zur Unfallvorbeugung und Unterstützung des Fahrers beim sicheren Wechseln der Fahrspur wurde 2007 in der S-Klasse und in der CL-Klasse von Mercedes-Benz der Totwinkel-Assistent eingeführt. Die evolutionäre Erweiterung um einen kurskorrigierenden Bremseingriff bei einer erkannten seitlichen Kollisionsgefahr mit Fahrzeugen im toten Winkel vervollständigt den Totwinkel-Assistenten zum aktiven Fahrsicherheitssystem, Bild 6.

Funktionsprinzip

Der Aktive Totwinkel-Assistent überwacht den toten Winkel des Fahrzeugs und informiert den Fahrer durch eine rote Anzeige in den Außenspiegeln über Fahrzeuge, die das System im toten Winkel erkennt beziehungsweise als in den toten Winkel eintretend registriert. Setzt der Fahrer vor einem Spurwechsel den Fahrtrichtungsanzeiger in Richtung eines erkannten Fahrzeugs im toten Winkel, wird der Fahrer zusätzlich optisch durch ein Blinken der roten Anzeige im Außenspiegel und akustisch durch einen Doppelwarnton vom Kombiinstrument gewarnt.
Registriert das System eine seitliche Kollisionsgefahr mit dem Fahrzeug im toten Winkel, kann kurskorrigierend über einen Bremseingriff eingegriffen werden. Ziel des Eingriffs ist es, den Fahrer haptisch zu warnen und ihn zum richtigen Handeln aufzufordern. Reagiert der Fahrer nicht, versucht der Aktive Totwinkel-Assistent mittels eines kurskorrigierenden Bremseingriffs, das eigene Fahrzeug aus der Gefahrenzone zu manövrieren. Die Stärke des kurskorrigierenden Bremseingriffs ist dabei auf ein fahrerverträgliches Maß begrenzt. Der Fahrer kann den kurskorrigierenden Bremseingriff über das Lenkrad beziehungsweise das Fahrpedal intuitiv beenden. Zur Absicherung des kurskorrigierenden Bremseingriffs wertet das System zusätzlich den Freiraum vor und neben dem Fahrzeug aus und passt den Eingriff an die jeweilige Verkehrssituation an.
Spürbare kurskorrigierende Bremseingriffe werden durch die gleichen optischen und akustischen Warnhinweise begleitet, die der Fahrer bereits bei Fahrzeugen im toten Winkel kennt. Parallel zur Warnung wird der Fahrer über die seitliche Kollisionsgefahr und den kurskorrigierenden Bremseingriff im Kombiinstrument informiert.

Systemarchitektur und Komponenten

Der Aktive Totwinkel-Assistent besteht aus einer radarbasierten Umgebungserfassung, einer Steuerungseinheit und den Aktuatoren für die Anzeige, die Warnung und den Eingriff, Bild 7. Die radarbasierte Umgebungserfassung des Systems stützt sich auf vier Nahbereichsradare (NBR) und einen Fernbereichsradar (FBR). Die NBR sind Ultraweitbandsensoren mit einer Mittenfrequenz von 24,125 GHz und einer Bandbreite von 5 GHz. Die Sensoren decken einen Öffnungswinkel von ± 40° bei einer Reichweite bis zu 30 m ab. Mithilfe dieser Technik und geeigneter Auswerteverfahren erreicht der NBR die Genauigkeit und die Reichweite, die für den Aktiven Totwinkel-Assistenten notwendig ist. Der FBR hat zwei getrennte Radarbereiche. Bis zu einer Reichweite von

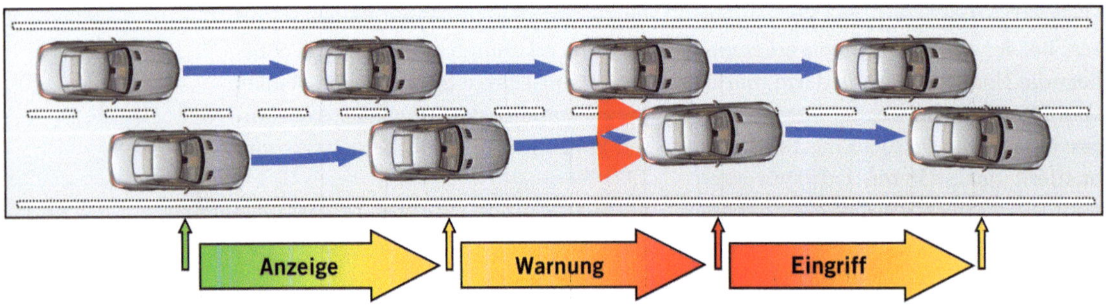

Bild 7
Kurskorrigierender Bremseingriff des Aktiven Totwinkel-Assistenten

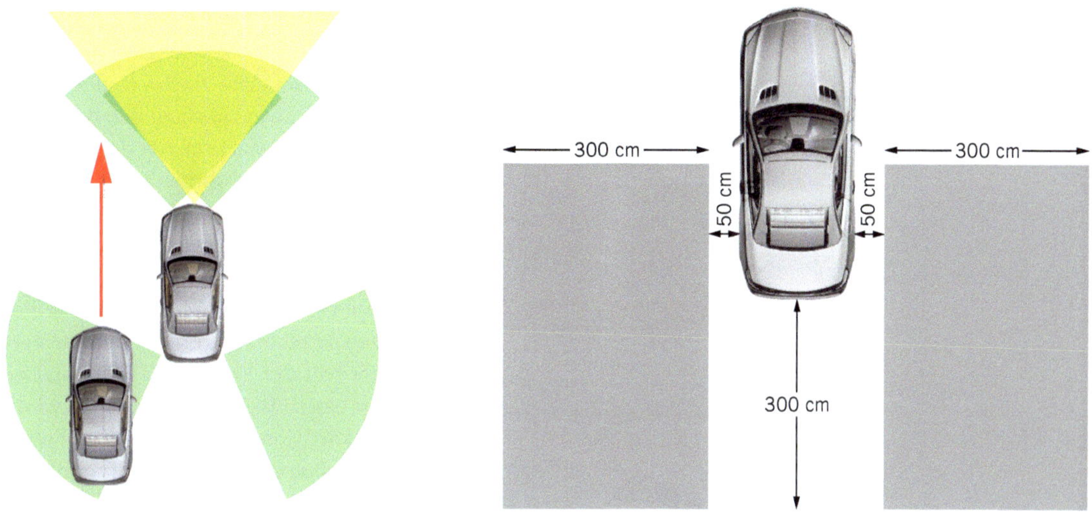

Bild 8
Sensorkonfiguration und Überwachungsbereiche des Aktiven Totwinkel-Assistenten

60 m tastet der FBR einen Winkelbereich von ±30° und bei der maximalen Reichweite von 200 m immer noch einen Bereich von ±9° ab. Der FBR arbeitet in einem Frequenzbereich zwischen 76 und 77 GHz. Zwei der vier NBR sind im hinteren Stoßfänger seitlich nach hinten gerichtet und überwachen den toten Winkel des Fahrzeugs, Bild 8. Der tote Winkel erstreckt sich über einen 3 m breiten Bereich seitlich neben dem Fahrzeug, der unmittelbar hinter dem Fahrer beginnt und 3 m hinter dem Fahrzeug endet. Die beiden anderen NBR sind vorne am Fahrzeug hinter dem Kühlergrill angeordnet. Zusammen mit dem FBR überwachen diese NBR den Raum in Fahrtrichtung und können so Hindernisse erkennen, die sich vor und neben dem Fahrzeug befinden beziehungsweise in Kürze befinden werden. Die NBR kommunizieren mittels CAN-Bus mit dem Video-/Radar-Steuergerät. Von den hinteren NBR werden Radarobjekte verfolgt und bereits im Sensor als fahrend oder stehend klassifiziert. Die Radarobjekte der vorderen NBR und des FBR werden im Video-/Radar-Steuergerät fusioniert und klassifiziert.

Eingriff-Strategie

Um eine seitliche Kollisionsgefahr mit Fahrzeugen im toten Winkel zu erkennen, werden die Bewegungen und das Klassifikationsmerkmal der Radarobjekte der hinteren NBR im Radarsteuergerät (RDU) ausgewertet, Bild 9. Droht ein Fahrzeug einen geschwindigkeitsabhängigen Mindestabstand zu unterschreiten, wird von der RDU in Abhängigkeit vom Abstand und von der Annäherungsgeschwindigkeit eine Kurskorrektur berechnet und ein kurskorrigierender Bremseingriff über einen CAN-Bus angefordert. Die Stärke des Bremseingriffs ist dabei abhängig vom seitlichen Abstand, der Annäherungsgeschwindigkeit zu den Radarobjekten und der Fahrervorgabe (beispielweise Lenkradwinkel).
Die Radarobjekte der vorderen Sensoren (NBR, FBR) werden in der RDU zur Freiraumanalyse herangezogen, Bild 10. Die Freiraumanalyse dient der situationsgerechten Anpassung notwendiger Kurskorrekturen: Werden seitlich, dicht neben dem Systemfahrzeug, Fahrzeuge beziehungsweise Hindernisse erkannt oder in Kürze erwartet, müssen Kurskorrekturen in diese Richtung

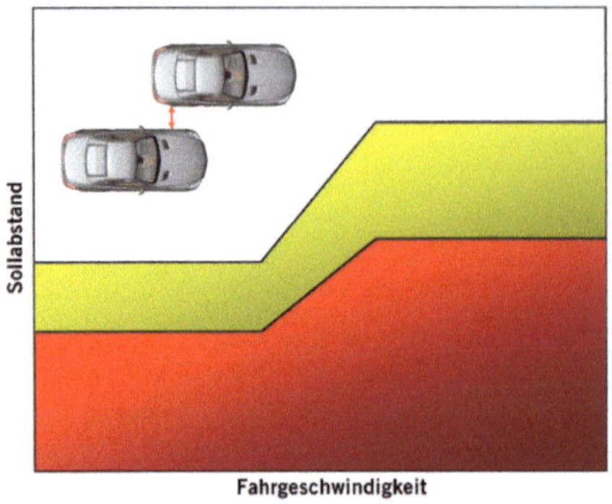

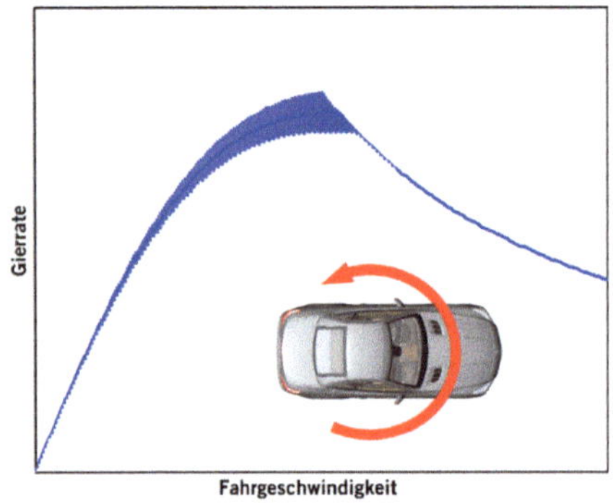

Bild 9
Geschwindigkeitsabhängiger Mindestabstand und maximale Gierreaktion des Aktiven Totwinkel-Assistenten

reduziert oder es muss auf Kurskorrekturen komplett verzichtet werden. Hierzu werden der seitliche Abstand, die Annäherungsgeschwindigkeit zu den Radarobjekten und die Reaktionszeit des Fahrers bewertet. Je nach Fahrgeschwindigkeit werden kurskorrigierende Bremseingriffe vom Fahrer als Verzögerung beziehungsweise Gierbewegung des Fahrzeugs wahrgenommen. Lenkt der Fahrer gegen die Wirkung eines kurskorrigierenden Bremseingriffs oder tritt der Fahrer das Fahrpedal während eines Eingriffs stärker durch, wird der kurskorrigierende Bremseingriff beendet. Der Abbau des Bremseingriffs erfolgt über einen geeigneten Gradienten.

Kurskorrigierende Bremseingriffe können vom Aktiven Totwinkel-Assistenten im Geschwindigkeitsbereich zwischen 30 und 200 km/h angefordert werden. Fährt das Fahrzeug in einer Kurve oder macht einen Spurwechsel, wird die Begrenzung an den aktuellen Fahrzustand angepasst. Bei großen Längs- oder Querbeschleunigungen, beispielsweise durch starke Teilbremsung oder Ausweichen des Fahrzeugs, findet kein kurskorrigierender Bremseingriff statt. Greift ein Fahrsicherheitssystem ein, beispielsweise ESP oder

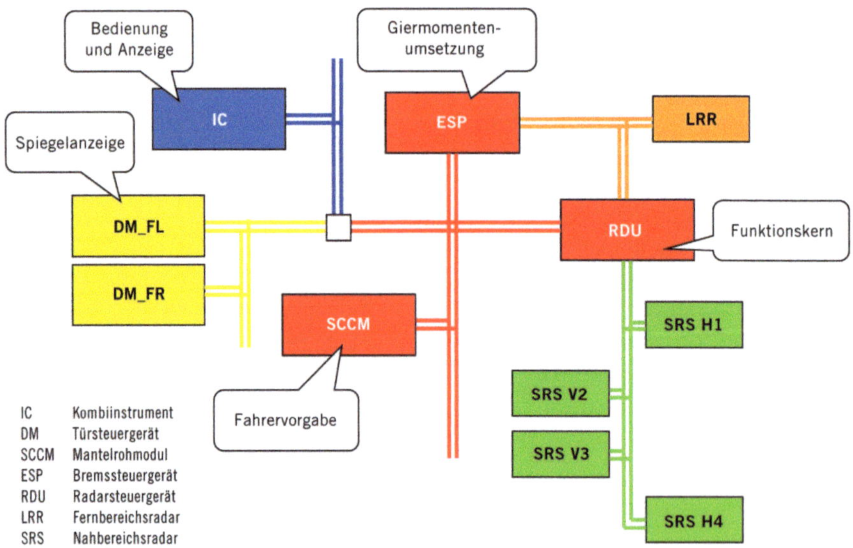

Bild 10
Komponenten und Vernetzung des Aktiven Totwinkel-Assistenten

Bild 11
Warnanzeige im Außenspiegel

die PRE-SAFE-Bremse, wird der kurskorrigierende Bremseingriff unterdrückt. Die Koordination aller Bremsanforderungen wird im ESP sichergestellt.

Funktionsanzeige

Ein wesentliches Anzeigeelement des Aktiven Totwinkel-Assistenten befindet sich im Außenspiegel. Hat der Fahrer das System eingeschaltet, leuchten die beiden Anzeigen in den Spiegeln unterhalb einer Fahrgeschwindigkeit von 30 km/h gelb und signalisieren, dass es nicht bereit ist. Mit Erreichen der Fahrgeschwindigkeit von 30 km/h erlöschen die Anzeigen in den Spiegeln. Erkennt das System dann ein Fahrzeug, das in den toten Winkel des Systemfahrzeugs eintritt oder das sich bereits im toten Winkel befindet, leuchtet die Spiegelanzeige auf der betroffenen Seite rot. Ist der Fahrtrichtungsanzeiger in Richtung des Fahrzeugs im toten Winkel gesetzt oder wird gesetzt, blinkt die rote Anzeige im Spiegel, Bild 11. Parallel dazu fordert die RDU vom Kombiinstrument einen Doppelwarnton an. Die Anzeige und Warnung bei Fahrzeugen im toten Winkel steht dem Fahrer auch bei Fahrgeschwindigkeiten über 200 km/h zur Verfügung.

Erfolgt ein kurskorrigierender Bremseingriff, werden die Anzeige- und Warnelemente – wenn sich ein Fahrzeug im toten Winkel befindet – wie bei Betätigung des Fahrtrichtungsanzeigers angesteuert. Zusätzlich wird der Fahrer über eine Anzeige im Kombiinstrument darüber informiert, dass das System eine seitliche Kollisionsgefahr erkannt hat und ein kurskorrigierender Bremseingriff durchgeführt wurde, Bild 12.

Der Aktive Totwinkel-Assistent kann Kollisionen mit Fahrzeugen im toten Winkel vermeiden beziehungsweise die Unfallfolgen mindern. Die Wirkung des Systems wurde erfolgreich in Probandenversuchen im Fahrsimulator und in Fahrerprobungen nachgewiesen. 2010 hat der Aktive Totwinkel-Assistent zusammen mit dem Aktiven Spurhalte-Assistenten vom ADAC den Gelben Engel in der Kategorie Innovation und Umwelt erhalten.

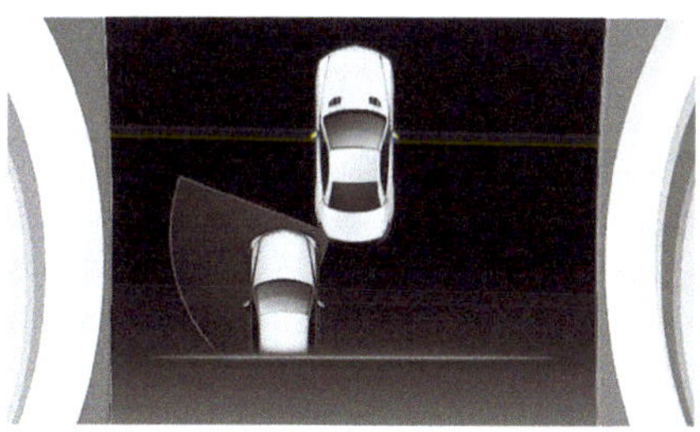

Bild 12
Fahrerinformation im Kombiinstrument nach Beginn eines kurskorrigierenden Bremseingriffs

Aktive Sicherheit

Prof. Dr. Thomas Breitling | Uwe Stenzel | Miriam Weyel | Dr. Frank Dettki

Ein Entwicklungsziel für den neuen SL war die Synthese aus sehr guter Fahrdynamik und leistungsförderndem Komfort. In Kombination mit den neuesten Assistenzsystemen führt das bei maximaler Fahrfreude zu einer Konditionssicherheit, welche die Aktive Sicherheit auf ein bisher nicht gekanntes Niveau hebt. Der folgende Beitrag veranschaulicht das Zusammenspiel von Fahrwerk, Lenkung und Assistenzsystemen im Hinblick auf die Aktive Sicherheit.

Kultivierte Sportlichkeit

Bei der Entwicklung des neuen SL spielte das Thema der kultivierten Sportlichkeit eine zentrale Rolle. Um maximale Agilität bei markentypischem Sicherheitsgefühl, unangetasteter Fahrstabilität und hoher Konditionssicherheit zu realisieren, wurden nahezu alle entscheidenden Komponenten einbezogen. Ihr optimales Zusammenspiel unter Berücksichtigung der genannten Grundeigenschaften führt zu der unverwechselbaren Charakteristik des Fahrverhaltens entsprechend den Kriterien von Mercedes-Benz. Diese Kriterien des Fahrverhaltens sind in Bild 1 veranschaulicht. Dort sind die verschiedenen Bereiche des Fahrgeschehens und deren Hauptanforderungen darstellt. Für diese Hauptanforderungen sind reproduzierbare Fahrmanöver und Tests definiert, welche durch die dabei ermittelten objektiven Kennwerte die Mercedes typischen Entwicklungsziele beschreiben und verfolgen helfen.
Bereits in der frühen Entwicklungsphase wird durch die gezielte Berechnung der Fahr- und Handlingkenngrößen eine Vorabstimmung der betroffenen Komponenten unterstützt. Einen ersten subjektiven Eindruck gewinnt man dann mithilfe der neuen Fahr- und Handlingsimulatoren, welche mittlerweile standardmäßig in den Entwicklungsprozess eingebunden sind. In der darauf folgenden Hardwarephase geben die Messungen an den Aggregateträgern und Prototypen den erforderlichen objektiven Hintergrund für die laufenden Abstimmungsarbeiten.
Beim neuen SL wurden nahezu alle Komponenten im Vergleich zum Vorgänger optimiert. Der zentrale Ausgangspunkt für diese Optimierung mit den weitreichenden Veränderungen im Bezug auf Fahrdynamik und Fahrverhalten findet sich in der deutlichen Gewichtsreduzierung, die beim Rohbau beginnt und sich wie ein roter Faden durch alle Bereiche zieht. Das Fahrzeuggewicht wurde um 140 kg beim SL 350 und 125 kg beim SL 500 (Vergleich Zertifizierungsgewicht zum Vorgänger) reduziert und die Achslastverteilung verbessert. Die Vergrößerung von Radstand und Spurweite an Vorder- und Hinterachse verbessert das Geradeauslauf- und das Kurvenverhalten. Diese Maßnahmen bilden eine ideale Basis für Fahrspaß und Fahrstabilität.
Serienmäßig neu zum Einsatz kommt ein Fahrwerk mit elektronisch geregelter

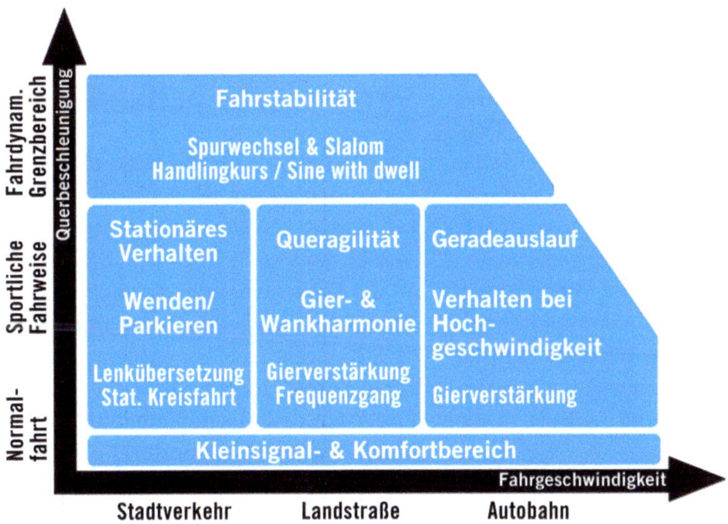

Bild 1
Aufteilung des Fahrverhaltens in unterschiedliche Bereiche bezüglich der Verkehrssituation, der Fahrweise und der Fahrsituation (mit ausgewählten Fahrdynamiktests)

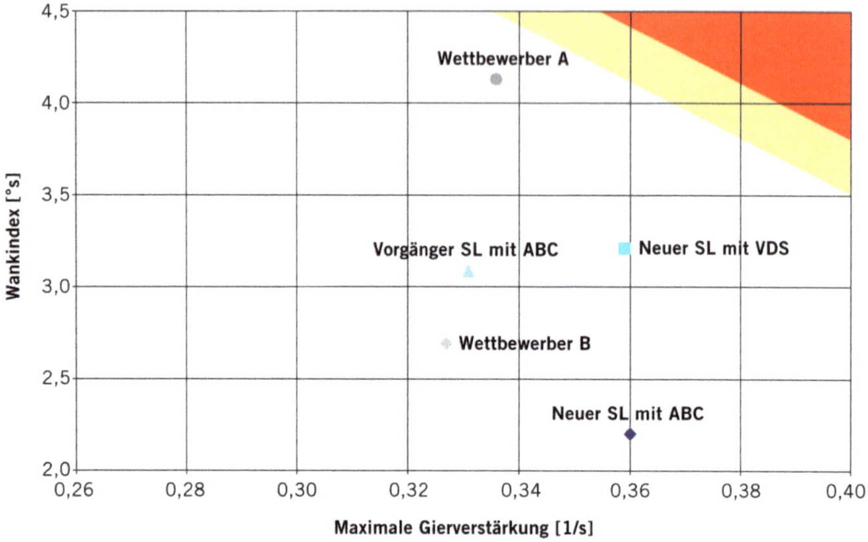

Bild 2 **Dynamisches Wankverhalten über der maximalen Gierverstärkung**

kontinuierlicher Verstelldämpfung (VSD) und Stahlfedern. Der Einsatz der verstellbaren Dämpfer bietet eine große Bandbreite möglicher Dämpferkräfte und damit die Möglichkeit zur Anpassung an die jeweilige Fahrsituation. Dadurch wird bei sportlicher Fahrweise eine hohe Agilität ermöglicht, ohne in Situationen, in denen es die Straßenverhältnisse erfordern, den Fahrkomfort zu mindern.

Das bereits im Vorgänger erhältliche optionale ABC-Fahrwerk wurde für den Einsatz im neuen SL bezüglich der Reglerstrategie verbessert. Durch die sportliche Auslegung des aktiven Federungssystems werden die durch den Fahrer hervorgerufenen Lenk- und Bremsaktionen des Aufbaus verringert. Gleichzeitig ermöglicht die Kompensation von durch Straßenunebenheiten erzeugten niederfrequenten Aufbaubewegungen ein ausgesprochen komfortables Fahrerlebnis. Zusätzlich unterstützt eine situationsgerechte Anpassung der Wankmomentenverteilung eine optimale Adaption von Eigenlenkverhalten und Agilität an die jeweilige Fahrsituation.

Insgesamt ergibt sich so ein verfeinertes Gesamtfahrzeugverhalten, welches den Zielkonflikt zwischen Fahrdynamik und Komfort weitgehend auflöst und sich dabei maßgeblich in einem harmonischen Verhältnis von Gier- und Wankdynamik äußert. Bild 2 zeigt das dynamische Wankverhalten über der maximalen Gierverstärkung. Sowohl beim Stahlfeder- als auch beim ABC-Fahrwerk konnte im Vergleich zum Vorgänger eine Steigerung der Agilität bei gleichzeitig geringerem Wanken erzielt werden. Das Fahrzeug zeigt sich damit im Vergleich zum Vorgänger noch angebundener.

Verbesserte Achsen

Als Beispiel für die Beiträge einzelner Komponenten zur kultivierten Sportlichkeit sind in Bild 3 zwei Eigenschaften der Achsen dargestellt. Beim neuen SL wurde an der Vorderachse der Achsschenkel in Aluminium ausgeführt. Dadurch ist es auch hier gelungen, konsequent Gewicht einzusparen. Dabei bestand die Herausforderung, dass die Radanbindung nicht weicher werden sollte. Durch Optimierung der Querschnitte ist es sogar gelungen, eine etwas höhere Steifigkeit zu realisieren, was Bild 3 belegt. Auf der x-Achse ist das von außen angesetzte Moment um die Radhochachse aufgetragen und auf der y-Achse die sich dabei ergebende Spurwinkeländerung bei fixiertem Lenkrad. Durch diese steife Anbindung der Vorderachse gelingt es dem Fahrer, präzise und mühelos eine kurvenreiche Strecke sportlich und kultiviert zu erleben. Bei der Hinterachse wurde durch die geänderte Kinematik auch das elastokinematische Verhalten verändert, sodass das Fahrzeug agil und kurvenwillig dem vom Fahrer vorgegebenen Lenkradeinschlag folgt. Dies ist besonders bei dem ABC-Fahrwerk gelungen. Lenkt der Fahrer in eine Kurve ein, sorgen die Aktoren des ABC-Fahrwerks dafür, dass der Aufbau sich hauptsächlich auf der kurvenäußeren Seite abstützt (zusätzliche Wankabstützung). Dabei steigt auf der kurvenäußeren Seite die Radlast deutlich an. Je mehr die Radlast ansteigt, desto mehr wird die statische Vorspur reduziert, Bild 4. Dadurch wird das Anlenken in eine Kurve spontan und akkurat umgesetzt und verleiht dem Fahrzeug die angestrebte kultivierte Sportlichkeit.

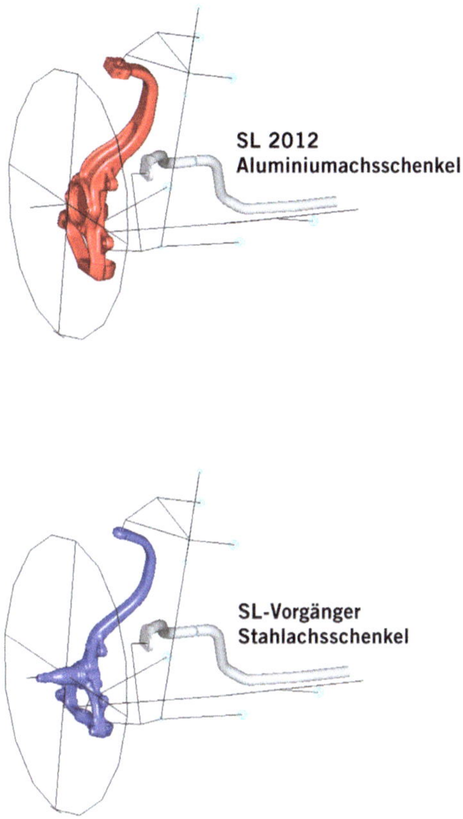

Fahrstabilität

Auch bei sehr sportlicher Fahrweise und im fahrdynamischen Grenzbereich ist die Fahrstabilität sicherzustellen. Dies ist bei sehr hohen Querbeschleunigungen und bei Spurwechselmanövern zu bewerten und zu optimieren. Die Gierverstärkung, deren Verlauf über der Fahrgeschwindigkeit in Bild 5 dargestellt ist, setzt die auftretende Gierreaktion bei quasistationärem Sinuslenken mit definierter Querbeschleunigung ins Verhältnis zum aufgebrachten Lenkwinkel. Die Auslegung der Queragilität des neuen SL erfolgte nach der für Mercedes-Benz-Fahrzeuge typischen Strategie. Die im mittleren Fahrgeschwindigkeitsbereich auftreten-

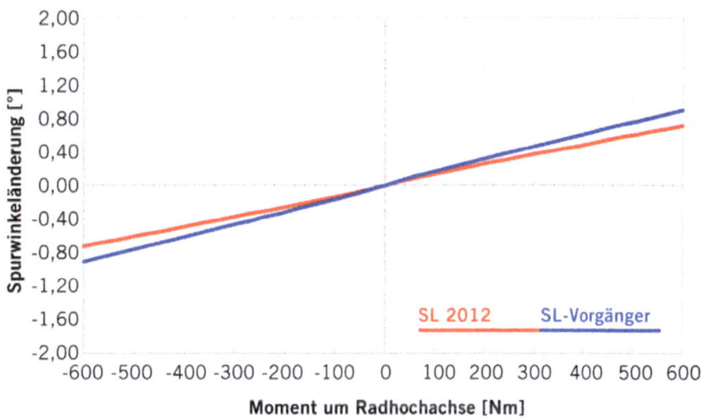

Bild 3
Spurwinkeländerung Vorderachse bei einem Moment um die Radhochachse

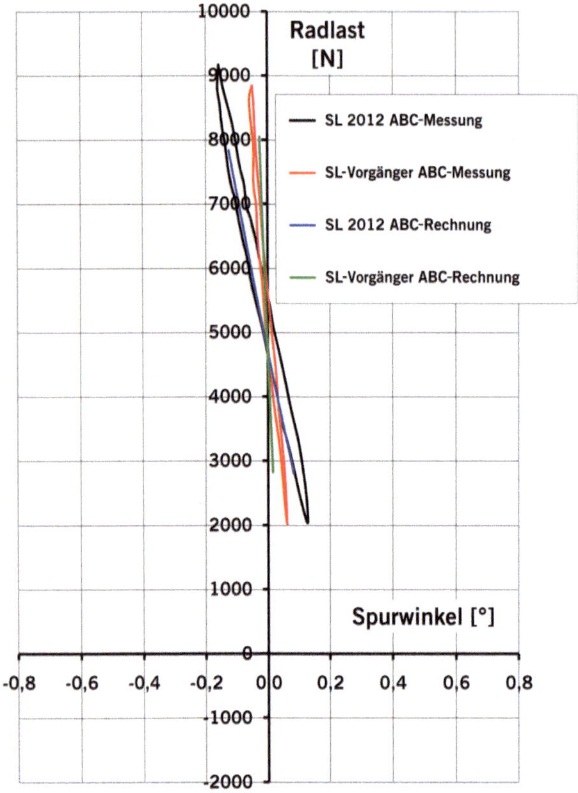

Bild 4
Spurwinkeländerung der Hinterachse über der Radlast

de hohe Agilität – einhergehend mit einer hohen Gierverstärkung – steht für Fahrspaß und ermöglicht eine sportliche Fahrweise, während im oberen Geschwindigkeitsbereich – erkennbar durch den guten Abfall des Giergeschwindigkeitsverlaufs – die Fahrstabilität und das Sicherheitsgefühl im Vordergrund stehen. Im Vergleich mit der Auslegungsstrategie der Wettbewerber wird deutlich, dass trotz der gesteigerten Agilität des neuen SL im relevanten mittleren Fahrgeschwindigkeitsbereich die Fahrstabilität unangetastet auf einem hohen Niveau verbleibt.

Neben vielen Mercedes-Benz internen Kriterien zur Fahrsicherheit gewinnen zunehmend auch öffentliche Gesetze und Ratings für die Aktive Sicherheit an Bedeutung. Nach den USA wird unter anderem auch auf europäischer Ebene über Fahrdynamik- und Stabilitätstests (H&S-Tests) nachgedacht. Der SL erfüllt mit der aktuellen Abstimmung von Fahrwerk und Regelsystemen schon heute die zukünftigen Standards, welche sich nach aktuellen Informationen an der FMVSS 126 beziehungsweise ECE R13H orientieren. Das im Rahmen der FMVSS126 (Electronic Stability Control Systems) durchgeführte Manöver „Sine with dwell" basiert auf einem Sinuslenken mit einer Halteperiode. Es dient der Absicherung der Fahrzeugstabilität beim Ausweichen im Zusammenspiel mit elektronischen Stabilitätssystemen. Das Erreichen der genau definierten hohen Lenkradwinkel und Lenkgeschwindigkeiten wird durch den Einsatz einer Lenkmaschine sicher-

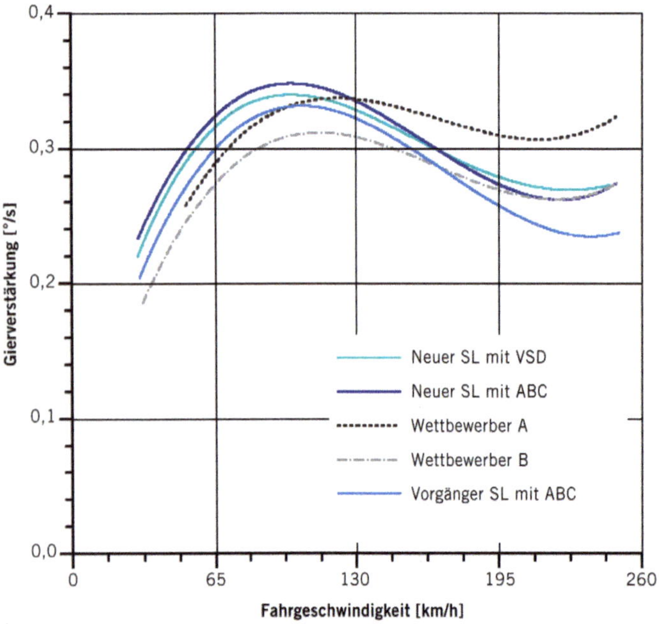

Bild 5
Gierverstärkung

gestellt. Durch die kontinuierliche Steigerung des Lenkwinkels wird ein breiter Bereich möglicher Fahrzustände abgesichert, Bild 6. Maßgebliche Bewertungskriterien sind Gier- und Schwimmstabilität sowie das Erreichen eines definierten Seitenversatzes. Diese Anforderungen werden vom neuen SL vollständig erfüllt. Bei einem plötzlich auftretenden Hindernis ermöglicht die stabile Grundauslegung des Fahrzeugs, unterstützt durch radselektive Bremseingriffe des ESP, den erforderlichen Seitenversatz zum sicheren Ausweichen, während gleichzeitig zu jedem Zeitpunkt des Ausweichmanövers eine sehr gute Fahrstabilität gewährleistet wird.

Bei der Entwicklung von Assistenzsystemen für den neuen SL wurden insbesondere die neuen Anforderungen durch das Crash-Avoidance NCAP (USA) für Forward Collision Warning (FCW) und Lane Departure Warning berücksichtigt. Darüber hinaus wurde der Erfüllung des Bremsassistent-Leistungsstandards (ECE R13H) im Rahmen der EU-Fußgängerschutzrichtlinie besondere Aufmerksamkeit gewidmet. Im neuen SL ist ein Paket von Assistenzsystemen verfügbar, das für die aktuellen und zukünftigen Anforderungen durch Gesetze und Beurteilungen bestens gerüstet ist.

Sicherheitsgefühl

Ergänzend zu den Kriterien Agilität, Fahrstabilität und Komfort wurde bei der Entwicklung des neuen SL besonderes Augenmerk auf ein hohes Sicherheitsgefühl gelegt. Die fahrdynamische Grundauslegung des neuen SL spielt hier eine entscheidende Rolle. Hervorzuheben ist an dieser Stelle das Sicherheitsgefühl bei Autobahnfahrten mit hoher Geschwindigkeit. Führt der Fahrer in diesem Fahrbereich Spurwechsel aus, so wird das Sicherheitsgefühl maßgeblich von der sich aus der Lenkradwinkeleingabe einstellenden Eigendynamik des Fahrzeugs bestimmt. Veranschaulichen lässt sich dies anhand von Bild 7. Das Diagramm setzt die Gierverstärkung aus quasistationärem Sinuslenken bei einer Fahrgeschwindigkeit von 200 km/h mit den auftretenden Schwimmwinkeln ins Verhältnis. Es wird deutlich, dass der neue SL dem Fahrer trotz der gegenüber dem Vorgänger gesteigerten Agilität ein für Mercedes-Benz-Fahrzeuge typisches hohes Sicherheitsgefühl vermittelt. Neben einem präzisen Lenkgefühl und einer für den Fahrer plausiblen Rückmeldung auf Lenkwinkeleingaben durch die entsprechende Auslegung des Lenkmoments leisten Assistenzfunktionen der im neuen SL zum Einsatz kommenden elektromechanischen Direktlenkung (EPS) dazu einen entscheidenden Beitrag.

Beispielhaft wird im Folgenden die Funktion des Lenkassistenten beschrieben. Der Lenkassistent bietet durch den Auf-

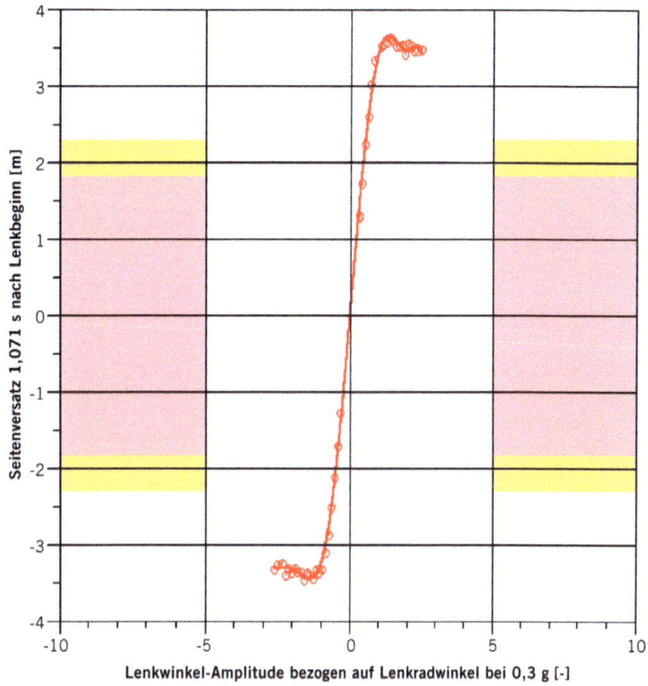

Bild 6
Seitenversatz des neuen SL beim Manöver „Sine with dwell" (FMVSS126) in Abhängigkeit von der Lenkradwinkelamplitude

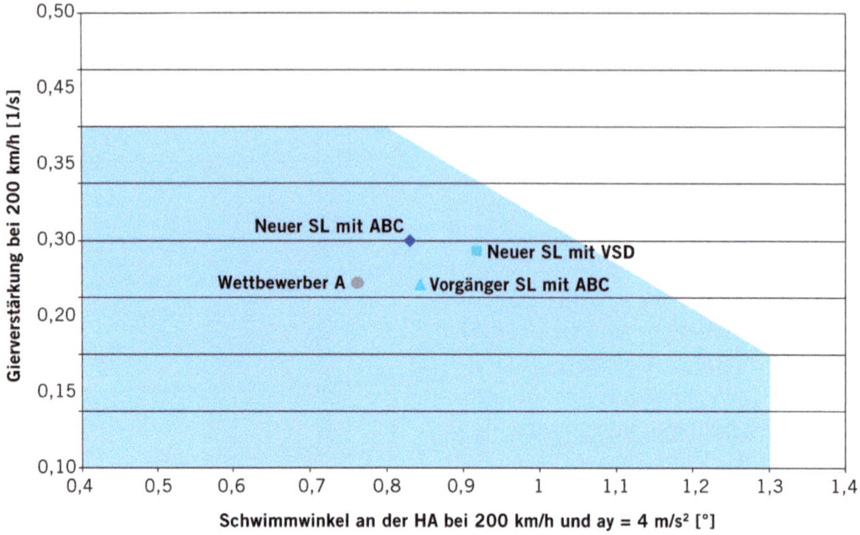

Bild 7
Hochgeschwindigkeitsempfindlichkeit: Gierverstärkung über Schwimmwinkel an der Hinterachse bei 200 km/h

bau eines Lenkmoments die Möglichkeit, dem Fahrer in kritischen Situationen einen Hinweis zur korrekten Lenkrichtung zu geben. Zum Einsatz kommt diese Funktion unter anderem beim Bremsen mit unterschiedlichen Reibwerten auf der rechten und der linken Fahrzeugseite. Droht das Fahrzeug beim sogenannten μ-split-Bremsen durch den auftretenden Gierimpuls zu übersteuern, wird ein Lenkmoment aufgebaut, das zum Gegenlenken animiert und so hilft, das Fahrzeug in dieser anspruchsvollen Situation zu stabilisieren.

Auch seitens des Fahrwerks unterstützen aktive Systeme den Fahrer und vermitteln ein hervorragendes Sicherheitsgefühl über den gesamten Fahrgeschwindigkeitsbereich. So bietet das ABC-Fahrwerk die Funktion eines Seitenwind-Assistenten, der den Fahrer bei Seitenwindböen durch eine aktive Radlastverlagerung dahingehend unterstützt, dass das Fahrzeug in der Spur gehalten wird und der Einfluss der Windböe zu einem großen Teil kompensiert wird.

Bild 8
Lenkübersetzung i_{ges}

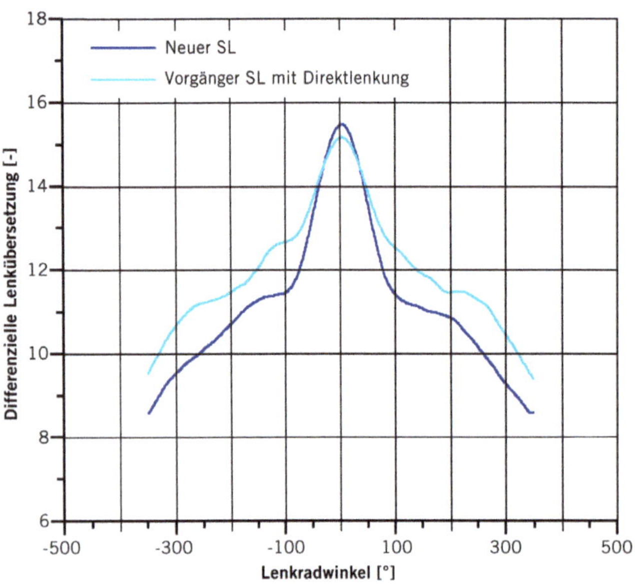

Agilität

Die Agilität des neuen SL konnte gegenüber seinem Vorgänger, insbesondere bei Stadt- und Landstraßenfahrt, deutlich gesteigert werden. Dies verdeutlicht der Verlauf der Gierverstärkung über der Geschwindigkeit in Bild 5. Einen entscheidenden Beitrag leistet neben der kinematischen und elastokinematischen

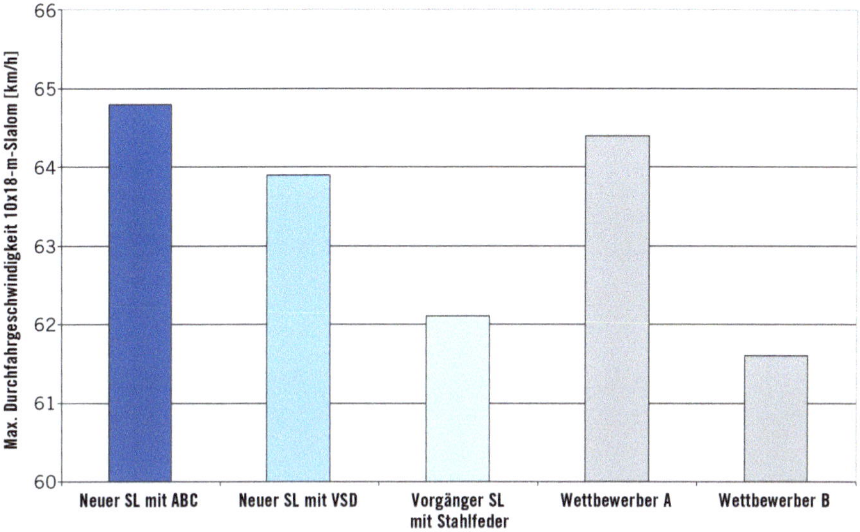

Bild 9
Erreichbare Durchfahrtsgeschwindigkeiten im 10x18-m-Slalom

Optimierung von Lenkung und Vorderachse besonders die bezüglich des Übersetzungsverlaufs überarbeitete Direktlenkung. Bereits im Vorgängerfahrzeug überzeugte die Lenkung mit einem zunehmend direkteren Lenkradwinkelverlauf. Bild 8 zeigt den Verlauf der Gesamtlenkübersetzung über dem Lenkradwinkel. Es zeigt sich, dass der für die Agilität im Stadt- und Landstraßenbereich besonders relevante Lenkwinkelbereich oberhalb ± 50° im Vergleich zum Vorgänger noch einmal deutlich direkter ausgelegt wurde. Das bietet eine optimale Voraussetzung für eine sportliche Fahrweise, gleichzeitig tritt aber durch die Wahl einer Lenkübersetzung auf dem Niveau des Vorgängers keine Beeinträchtigung des sehr stabilen Geradeauslaufverhaltens auf. Auf diese Weise wird mit dem neuen SL ein hohes Maß an Agilität und Fahrspaß erzielt.

Das Fahrmanöver 10x18-m-Slalom ist ebenfalls geeignet, um das dynamische Verhalten eines Fahrzeugs zu bewerten. Der Parcours besteht dabei aus elf Pylonen (mit zehn Zwischenräumen), die im Abstand von je 18 m aufgestellt werden. Ziel ist es, den Slalom mit einer möglichst hohen und konstanten Geschwindigkeit zu durchfahren. Dargestellt ist in Bild 9 die maximale Durchfahrgeschwindigkeit des neuen SL relativ zum Vorgänger und relevanten Wettbewerbern. Die gesteigerte Agilität findet sich sowohl beim Standardfahrwerk als auch beim Sportfahrwerk in höheren möglichen Durchfahrtsgeschwindigkeiten wieder: Der neue SL befindet sich auf Augenhöhe mit sportlichen Wettbewerbern.

Passive Sicherheit

Prof. Dr. Rodolfo Schöneburg | Roland Bachmann | Dennis Waldherr | Jörg Hirschkorn

Der neue SL wurde auf Basis eines breiten Portfolios von Crashtests ausgelegt. Er erfüllt nicht nur Gesetze und Ratinganforderungen in vorbildlicher Weise, sondern bietet – ganz in der Tradition seiner Vorgänger – hervorragenden Schutz im realen Unfallgeschehen.

Präventiver Insassenschutz

Die Serienausstattung PRE-SAFE des neuen SL bildet die Brücke zwischen Aktiver und Passiver Sicherheit und basiert auf Erkenntnissen der Mercedes-Benz-Unfallforschung: Danach bleibt bei rund zwei Dritteln aller Verkehrsunfälle vor einem tatsächlichen Crash noch Zeit für reversible Insassenschutzmaßnahmen. Diese Maßnahmen können bei einer – aufgrund von Fahrer- und Fahrzeugverhalten oder Umfeldbeobachtung erkannten – drohenden Unfallsituation präventiv eingeleitet werden. So kann der präventive Insassenschutz PRE-SAFE durch die Vernetzung der ESP- und der Umfeldsensorik eine große Zahl von potenziell kritischen Fahrsituationen bei deren Entstehung erkennen, indem entsprechende Informationen binnen Millisekunden durch die beteiligten Steuergeräte ausgetauscht und algorithmisch bewertet werden, Bild 1. Mit der Vernetzung von PRE-SAFE und verschiedenen Assistenzsystemen können immer mehr potenzielle Unfallgefahren erfasst werden. Durch diese Systemerweiterung kann das System bereits in als kritisch erkannten Situationen adaptiv reagieren und Schutzmaßnahmen für die Insassen noch frühzeitiger und daher in abgemilderter Form einleiten. So kann beispielsweise bei einer potenziell gefährlichen Situation zunächst eine sehr sanfte und langsame Gurtstraffung erfolgen, die bei zunehmender Gefahr entsprechend verstärkt und beschleunigt wird.

PRE-SAFE kann in folgenden Fällen aktiviert werden:

- Notbremsungen: Schnelle Bremspedalbetätigungen, die auf eine Schreckreaktion des Fahrers deuten lassen, beziehungsweise wenn der Bremsassistent BAS ausgelöst wird.
- Panikbremsungen: Der Verzögerungswunsch des Fahrers ist deutlich höher als die physikalisch mögliche Fahrzeugverzögerung auf glatter Straße (zum Beispiel Aquaplaning, Eis oder Schnee).
- Starkes Übersteuern: Ausbrechen des Fahrzeughecks, verbunden mit starken Stabilisierungseingriffen des ESP-Systems.
- Starkes Untersteuern: Fahrzeug schiebt aufgrund der Überschreitung der fahrphysikalischen Grenzen für eine gewisse Zeit über die Vorderräder.
- Kritische Lenkbewegungen: Schnelle Lenkbewegungen bei hohen Geschwindigkeiten, die auf eine Schreckreaktion des Fahrers schließen lassen und mit hoher Wahrscheinlichkeit zu Fahrzuständen führen, die einen Normalfahrer überfordern.
- Bremsunterstützung durch den Bremsassistenten BAS PLUS (in Verbindung mit der Sonderausstattung Fahrerassistenzpaket): Auf Basis einer radargestützten Umfeldbewertung wird eine Kollisionsgefahr im Längsverkehr

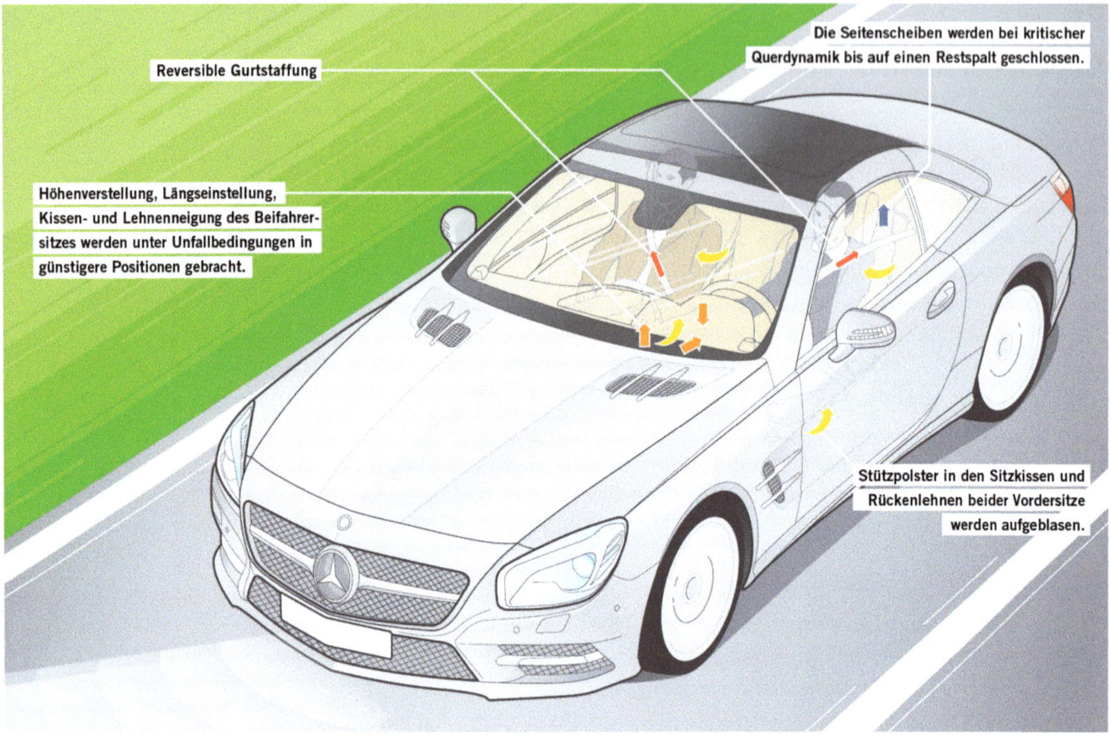

Bild 1
Funktionsumfang des PRE-SAFE-Systems

erkannt, verbunden mit einer starken Unterstützung der Fahrerbremshandlung durch das Bremsassistenzsystem BAS PLUS.

- Autonome Bremsung durch die PRE-SAFE-Bremse (in Verbindung mit der Sonderausstattung Fahrerassistenzpaket): Auf Basis einer radargestützten Umfeldbewertung wird eine Kollisionsgefahr im Längsverkehr erkannt, verbunden mit einer deutlichen Verzögerungsleistung des Fahrzeugs durch die PRE-SAFE-Bremse.
- Erkennung eines unmittelbar bevorstehenden Frontalaufpralls (in Verbindung mit der Sonderausstattung Fahrerassistenzpaket): Mittels Nahbereichsradarsensorik wird (unter bestimmten Bedingungen), unabhängig von Assistenzsystemeingriffen, ein unmittelbar bevorstehender Frontalaufprall erkannt (beispielsweise Kurvenfahrt, Gegenverkehr).
- Autonome Kurskorrektur durch den Aktiven Totwinkel-Assistenten (in Verbindung mit dem Fahrerassistenzpaket): Auf Basis einer radargestützen Umfeldbewertung wird die Gefahr einer seitlichen Kollision registriert, verbunden mit einem deutlichen, kurskorrigierenden Eingriff durch den Aktiven Totwinkel-Assistenten.

Folgende präventive Insassenschutzmaßnahmen können bei erkannter Gefahrensituation zur Verbesserung des Insassenschutzes eingeleitet werden:

- Reversible Gurtstraffung Fahrer/Beifahrer: Reduzierung der systembedingten Gurtlose zur frühzeitigen Fixierung der Insassen und zur Reduzierung unerwünschter Insassenbewegungen. Ziel der Fixierung ist die Verbesserung der Rückhaltewirkung und somit eine Reduzierung der Insassenbelastung.
- Positionierung Beifahrersitz: Der Beifahrer wird in eine für den Insassen-

schutz unter Unfallbedingungen günstigere Position gebracht. Die Verstellung erfolgt nur bei ungünstig eingestellten Sitzpositionen. Die günstigere Position unterscheidet sich bei angegurteten oder nicht angegurteten Insassen.

- Schließung der Seitenscheiben: Erkennt das System in Schleudersituationen die Gefahr eines drohenden Überschlags, werden die Seitenscheiben fast vollständig hochgefahren, sofern sie abgesenkt waren. Diese Maßnahme kann die Fahrzeugpassagiere sowohl vor eindringenden Gegenständen schützen als auch vermeiden helfen, dass Insassen oder deren Körperteile herauspendeln.
- Aufblasen von Luftpolstern im Aktiv-Multikontursitz-Paket (Sonderausstattung): Die Seitenhalteinlagen in der Sitzlehne und im -kissen werden zur verbesserten Fixierung der Insassen in der Sitzanlage und zur Vermeidung von unerwünschten Pendelbewegungen der Insassen aufgeblasen.

Bleibt der Unfall aus, werden nach Rückkehr zu einem stabilen Fahrzustand die reversiblen Schutzmaßnahmen aufgehoben: Die Gurte entspannen sich, die Aktiv-Multikontursitze werden entlüftet und die anderen Systeme lassen sich vom Insassen wieder in die gewünschte Stellung bringen. Das System steht dann bei der nächsten Gefahrensituation wieder zur Verfügung.

Rohbaustruktur

Um die gegenüber der Vorgängerbaureihe noch weiter erhöhten Anforderungen an die Struktur einer offenen Sicherheitsfahrgastzelle hinsichtlich Crashsicherheit zu erfüllen, setzt der neue SL auf ausgeprägte, hochsteife Strukturelemente aus Aluminium. Beispielsweise bestehen B-Säule, A-Säule unten und Stirnwand aus Aluminiumguss. Die Seitenschweller sind als Mehrkammerprofil aus stranggepresstem Aluminium gefertigt. Der Aluminium-Vorderachsintegralträger ist als zusätzliche dritte Längsträgerebene ausgelegt und damit Bestandteil der vorderen, auf mehreren Ebenen wirkenden Deformationszone. Diese ist, da die Aufprallkräfte großflächig verteilt und an der Fahrgastzelle vorbeigeführt werden können, wie bei allen modernen Mercedes-Benz-Pkw besonders leistungsfähig, Bild 2. Um die Steifigkeit der Fahrgastzelle gegenüber dem Vorgänger und dem Wettbewerb nochmals steigern zu können, wurde beim neuen SL erstmals bei Mercedes-Benz ein alternatives Bodenkonzept umgesetzt. Durch dieses innovative Vollaluminium-Strukturkonzept, vornehmlich aus Strangpressprofilen und verbindenden Gussknoten, entsteht eine ebenso leichte wie stabile Fahrgastzelle.

Der Kraftstoffbehälter befindet sich über der Hinterachse in einem Strukturkäfig, der aus Kokillenguss-Längsträgern, Querprofilen und einer Tanktrennwand aus Magnesiumguss gebildet wird. Im Falle einer Heckkollision steht so genügend energieabsorbierender Verformungsweg zur Verfügung.

In den völlig neu entwickelten Türen kommen je zwei Aluminiumprofile zum Einsatz, die im Falle einer Seitenkollision, im Zusammenspiel mit dem durch seinen inneren Kammeraufbau sehr steifen Seitenschweller und dem crashsteifen Sitz, für den größtmöglichen Überlebensraum sorgen, Bild 3.

Der Überschlagschutz des neuen SL soll die Passagiere in einer entsprechenden Unfallsituation schützen. Er besteht zum einen aus den A-Säulen in Stahl-Aluminium-Materialmix und zum anderen aus zwei Kassetten mit federvorgespannten Überrollschutzelementen, die am Rohbau im Bereich hinter den Sitzlehnen befestigt und vollständig versenkt sind. Im Falle eines vom Steuergerät erkannten

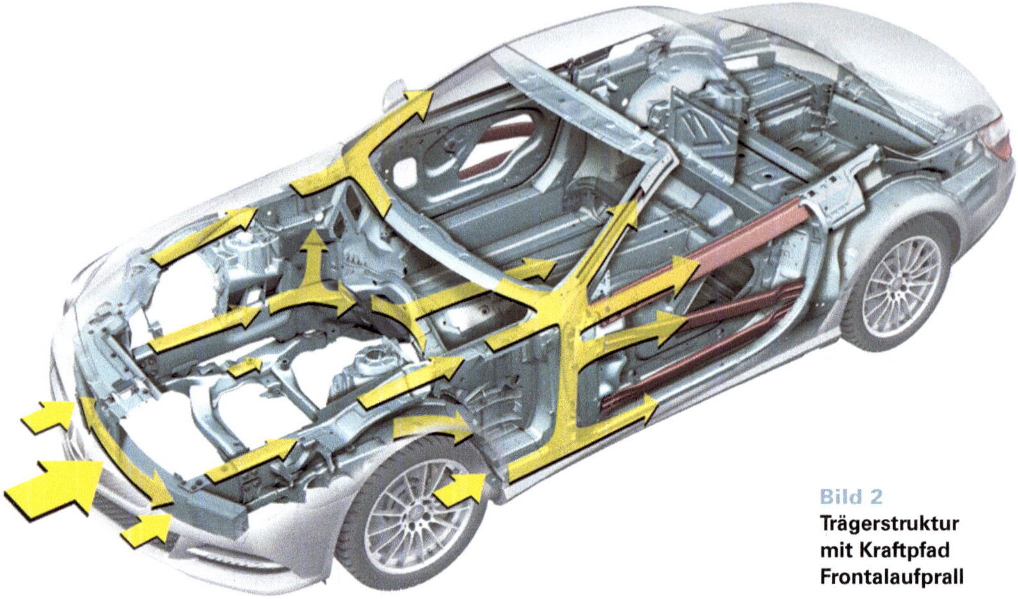

Bild 2
Trägerstruktur mit Kraftpfad Frontalaufprall

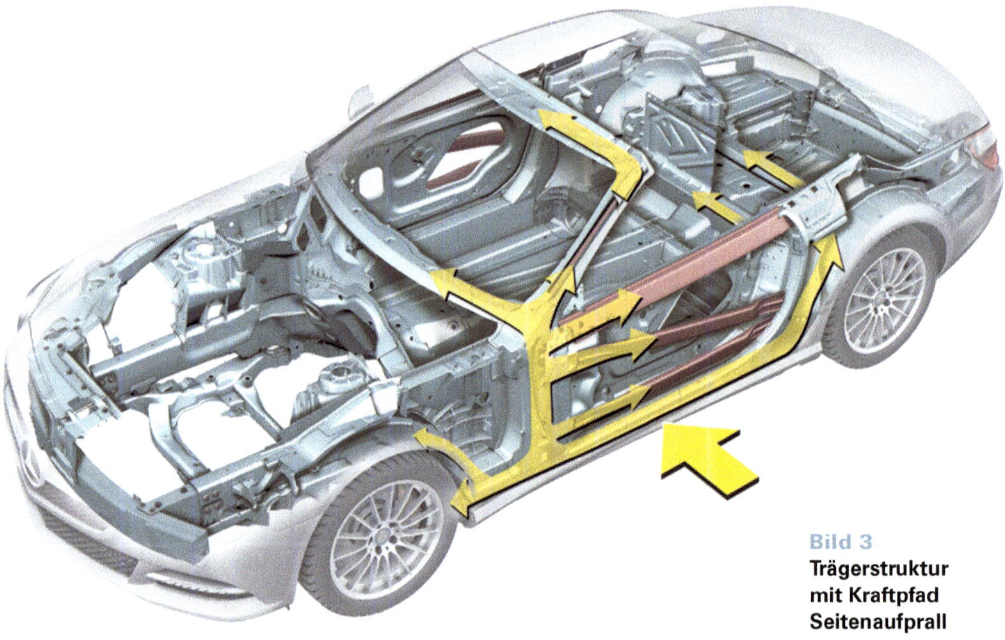

Bild 3
Trägerstruktur mit Kraftpfad Seitenaufprall

Bild 4
Überrollschutzelemente

Überschlags werden diese in Sekundenbruchteilen über das Airbagsteuergerät ausgelöst und ausgefahren, Bild 4.

Crashsensorik

Wie beim Vorgänger SL kommen Sensoren auf dem vorderen Biegeträger, seitliche Satellitensensoren im Bereich der B-Säulen sowie eine in das Airbagsteuergerät integrierte Überschlagerkennung zum Einsatz. Darüber hinaus wurde die Crashsensorik zur Prognose von Unfalltyp und Aufprallschwere nochmals verfeinert:

- Das zentrale Airbagsteuergerät Aramis steuert die Auslösung sämtlicher Rückhaltesysteme sowie des automatischen Überrollschutzes und der aktiven Motorhaube zur weiteren Verbesserung des Fußgängerschutzes.
- Es kommen neue Drucksensoren in den Türen zum Einsatz.
- Neue Beschleunigungssensoren im vorderen Stoßfänger erkennen einen frontalen Fußgängeranprall.
- Die automatische Kindersitzerkennung (AKSE) unterbindet die Auslösung des Beifahrerairbags, wenn auf dem Beifahrersitz ein mit Transpondern ausgestatteter (von Mercedes-Benz freigegebener) Kindersitz erkannt wird; alle anderen Rückhaltesysteme wie Seiten- und Kopfairbags und auch die Gurtstraffer bleiben aktiv.
- Die Sitzbelegungserkennung, die auch bei der Vorgängerbaureihe verwendet wurde, vermeidet unnötiges Auslösen des Beifahrerairbags sowie des Seiten- und Kopfairbags bei nichtbelegtem Beifahrersitz.

Rückhaltesysteme

Mit leistungsfähigen adaptiven Fahrer- und Beifahrerairbags, Bild 5, reversiblen und pyrotechnischen Gurtstraffern, Gurtkraftbegrenzern und crashaktiven Neck-Pro-Kopfstützen bietet die neue SL-Klasse eine umfangreiche Sicherheitsausstattung. Neben dem Verformungsvermögen von Karosserie- und Aggregate-

struktur und der Stabilität der Fahrgastzelle dienen die Rückhaltesysteme der Reduzierung des Verletzungsrisikos der Insassen bei Unfällen.
Für einen größtmöglichen Schutz der Insassen müssen Sicherheitsgurte und Airbags bestmöglich zusammenwirken. Wie beim Vorgänger SL verfügen Fahrer und Beifahrer jeweils über einen Dreipunktgurt mit Gurtkraftbegrenzung und Aufrollstraffung. Die obere Gurtumlenkung ist an der B-Säule verankert, Bild 6. Außen an der Sitzlehne oben ist eine zusätzliche Gurtführung angebracht, die ein gutes Erreichen des Gurts in Ablageposition ermöglicht. Die Gurtführung ist über einen Lederriemen mit integriertem Magnet verschlossen. Zur einfacheren Beladung des Fondraums kann der Sicherheitsgurt aus der Führung entnommen werden. Der Sicherheitsgurt ist mit der Funktion Gurtanpassung ausgestattet. Damit wird nach dem Anschnallvorgang die Gurtlose reduziert. Beim Aufprall kann die Gurtkraftbegrenzung automatisch die Insassenbelastung durch den Gurt reduzieren. So kann der Insasse tiefer in den Airbag eintauchen, wird sanfter aufgefangen und die Belastungen können nochmals reduziert werden.
Auf der Fahrerseite ist auch die Lenkung Bestandteil der Rückhaltesystemabstimmung. Mit einem möglichen Verformungsweg von 90 mm kann sie unter Energieaufnahme nachgeben und dem Fahrer so mehr Vorverlagerung mit Reduzierung der Brustbelastung ermöglichen.

Bild 6
Sitz mit Gurtführung

Seiten- und Kopfairbag

Der Seitenairbag kann die bei seitlichen Kollisionen auftretenden Brustbelastungen reduzieren. Er ist in der Sitzlehne untergebracht und tritt im Fall der Aktivierung aus der Lehne in den Raum zwischen Fahrersitz und Türbelag aus. Windowbags, die den direkten Kopfaufprall auf die Seitenscheibe und auf verletzungsrelevante Objekte wie Mast, Baum oder Teile eines seitlich kollidierenden

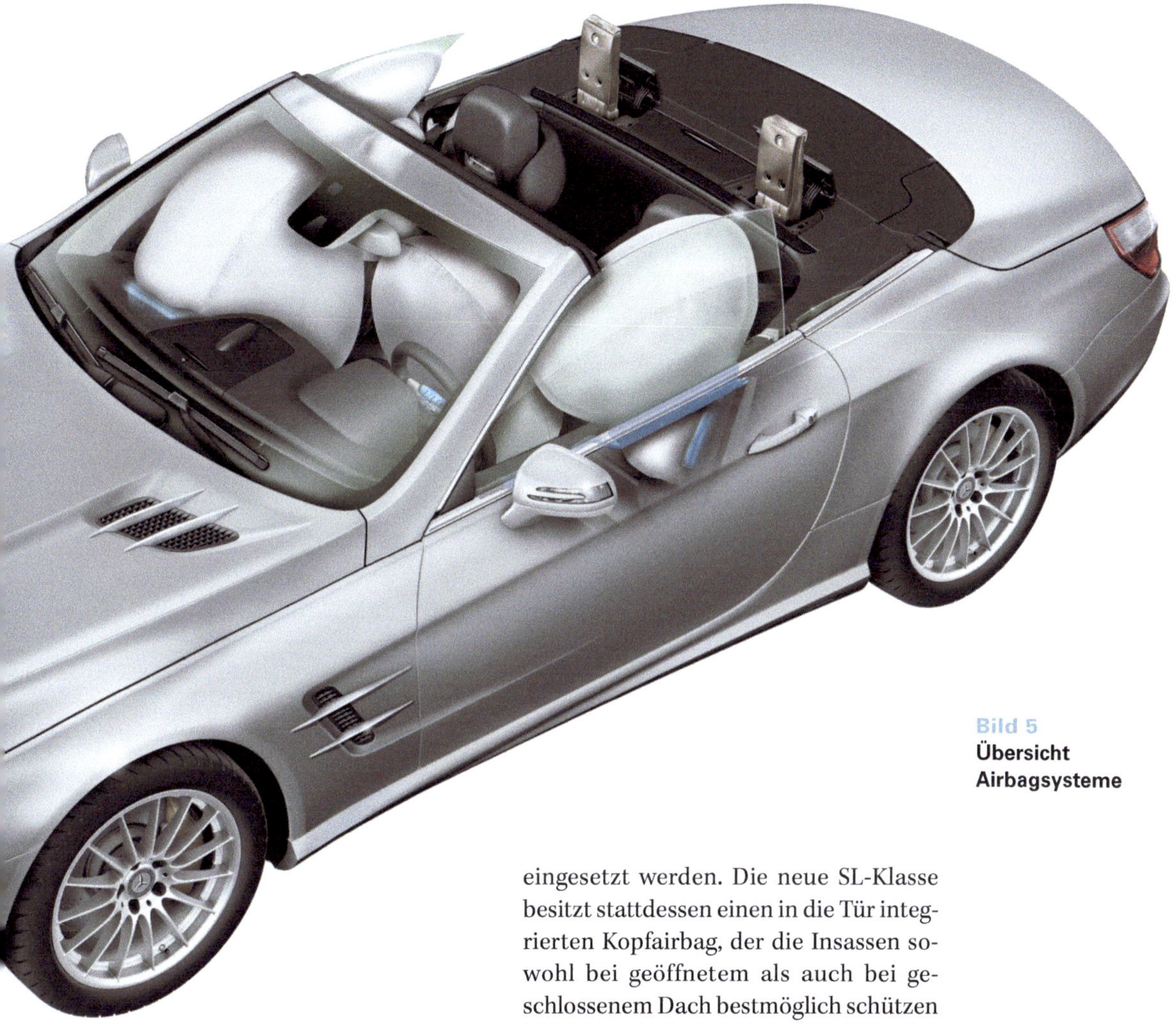

Bild 5
Übersicht Airbagsysteme

Fahrzeugs verhindern, können bei Roadstern oder Cabriolets wegen des beweglichen Daches nicht eingesetzt werden. Die neue SL-Klasse besitzt stattdessen einen in die Tür integrierten Kopfairbag, der die Insassen sowohl bei geöffnetem als auch bei geschlossenem Dach bestmöglich schützen kann. Bei Airbagauslösung öffnet der Kopfairbag die Türverkleidung entlang der Oberkante und entfaltet sich aufwärts, Bild 7.

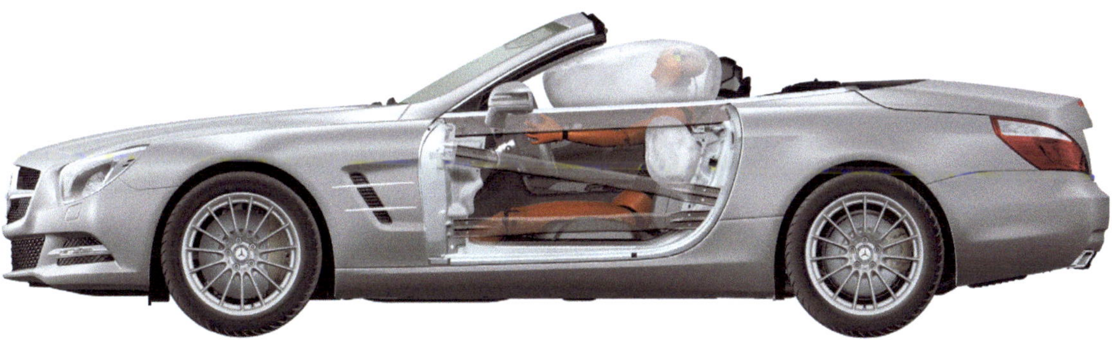

Bild 7
Seiten- und Kopfairbag

Bild 8
NECK-PRO kann Verletzungen der Halswirbelsäule vorbeugen

Crashaktive Kopfstütze

Der neue SL verfügt über reversible crash-aktive Kopfstützen, die beim Heckaufprall im Bruchteil einer Sekunde den Abstand zwischen Kopfstütze und Hinterkopf des Insassen verringern können. Das gefürchtete Schleudertrauma mit seinen oft langwierigen Beschwerden kann so vermieden oder zumindest signifikant abgeschwächt werden, Bild 8.

Fußgängerschutz

Beim Partnerschutz haben sich glattflächige Karosserien mit gezielten Nachgiebigkeiten im potenziellen Aufprallbereich bewährt. Die Motorhaube des neuen SL wurde systematisch auf diese Verformungseigenschaften hin entwickelt. Der Einsatz von Aluminium sowie einer homogenen Verstärkung auf der Innenseite der Motorhaube kann Belastungen beim Aufprall weiter reduzieren, und ein weniger harter Schaum im vorderen Stoßfänger kann auch die beim Beinaufprall eines Fußgängers auftretenden Belastungen verringern. Um zwischen Motorhaube und den darunter liegenden Bauteilen mehr Deformationsraum zu schaffen, wurden Komponenten wie Steuergeräte oder Flüssigkeitsbehälter und ihre Lage im Motorraum optimiert. So können Belastungen reduziert werden, wie sie beim Aufprall des Kopfs eines Fußgängers auf die Motorhaube entstehen. Beim SL kommt zudem eine aktive Motorhaube zum Einsatz, Bild 9. Registriert das System durch die Sensorik im Stoßfänger einen Zusammenstoß mit einem Fußgänger, werden in Verbindung mit intelligenten Algorithmen im Steuergerät die Aktoren im Bereich der Motorhaubenscharniere angesteuert. Diese heben dann die Motorhaube in Bruchteilen einer Sekunde an der Hinterkante um 85 mm an.

Bild 9
Aktive Motorhaube: Die Hinterkante der Motorhaube wird um 85 mm angehoben

Insassenrettung nach einem Unfall

Zum ganzheitlichen Mercedes-Benz-Sicherheitskonzept gehört es, im Bedarfsfall eine schnelle Rettung der Insassen nach einem Unfall zu ermöglichen. Abhängig vom registrierten Aufpralltyp und der erkannten Aufprallschwere können daher automatisch die Türen entriegelt, die Seitenscheiben zur besseren Belüftung des Innenraums um 50 mm abgesenkt und die Innenbeleuchtung aktiviert werden. Bei Fahrzeugen mit Memory-Paket auf der Fahrerseite kann auch das Lenkrad in die oberste Position gefahren werden. Zusätzlich stellt Mercedes-Benz im Internet einen Leitfaden für Rettungskräfte und Rettungsdatenblätter mit umfassenden Sicherheitshinweisen unter http:/www.mercedesbenz.de/rettungsleitfaden bereit.

Umweltverhalten

Werner Daubenschmid | Dr. Klaus Ruhland | Dr. Ulf Säger

Durch umfangreiche Maßnahmen konnte der Kraftstoffverbrauch beim neuen SL weiter reduziert werden. Damit ist er im direkten Vergleich mit allen Wettbewerbern die verbrauchsgünstigste Wahl. Auch die Gesamtumweltbilanz wurde weiter verbessert, sodass der neue SL in seinem Segment eine führende Position bei der Umweltverträglichkeit einnimmt.

Umweltverträgliche Produkte

„Wir entwickeln Produkte, die in ihrem Marktsegment besonders umweltverträglich sind" – so lautet die Umweltleitlinie des Daimler-Konzerns. Um diese Zielvorgabe umzusetzen, wird der Umweltschutz bereits zu Beginn der Entwicklung eines neuen Fahrzeugs priorisiert.
Die Umweltverträglichkeit objektiv messbar zu machen und ganzheitlich zu verbessern, zugleich auch den Wünschen der immer zahlreicheren Kunden entgegenzukommen, die auf Umweltaspekte wie die Reduzierung von Verbrauch und Emissionen oder die Verwendung umweltverträglicher Materialien achten, war bei der Entwicklung des neuen Mercedes-Benz SL ein wichtiger Gradmesser. Dass das Ziel erreicht wurde und die Umweltverträglichkeit deutlich verbessert wurde, haben dem neuen Mercedes-Benz SL neben internen Überprüfungen auch neutrale Prüfer des TÜV Süd bescheinigt. Deshalb erhielt der Roadster das Umweltzertifikat nach der ISO-Richtlinie TR 14062. Basis für diese Auszeichnung ist die beispielhafte Umweltbilanz des neuen SL. Dafür wurden die Umweltwirkungen des Roadsters umfassend analysiert.

CO_2-Ausstoß und Kraftstoffverbrauch

Sportliche Fahrzeuge, insbesondere aber Sportwagen mit hoher Motorleistung und großem Drehmoment, die üblicherweise sportlich bewegt werden, sind bisher in der Liste verbrauchsarmer Fahrzeuge nicht gerade auf den vorderen Rängen zu finden. Bei allen positiven Emotionen, die sie hervorrufen, werden solche Fahrzeuge in der Öffentlichkeit im Hinblick auf ihre vermeintlich negative Umweltverträglichkeit zunehmend auch kritisch wahrgenommen. Aus der Historie heraus betrachtet war es aber genau diese Spezies von Fahrzeugen, die auch über den Rennsport als Motor des Fortschritts fungierte und immer effizientere Antriebe hervorgebracht hat. Aus heutiger Sicht weisen Sportwagen klassischer Hersteller im Vergleich zu Fahrzeugen des Massenmarkts (Kompakt- bis Mittelklasse) einen doppelt bis dreifach so hohen CO_2-Ausstoß auf.
Betrachtet man die Fahrzeugklasse der Roadster und sportlichen offenen Fahrzeuge für sich, so ist zu beobachten, dass sich auch in diesem Segment auf der Verbrauchsseite einiges verändert. Der Trend zur energetischen Optimierung macht vor sportlichen Fahrzeugen nicht halt. Mercedes-Benz nimmt seit der Einführung des neuen SLK im Frühjahr 2011 bei den kleinen Roadstern die Spitzenposition in puncto Verbrauch ein und baute diesen Vorsprung mit der Einführung des SLK 250 CDI konsequent aus. Diese Erfolgsgeschichte soll mit dem neuen SL eine Fortsetzung erfahren. Grundsätzlicher Trend bei Fahrzeugen mit Verbrennungsmotor ist, dass die CO_2-Emission mit zunehmender Motornennleistung anwächst (in Europa der NEFZ-Verbrauch). Bild 1 zeigt diesen Zusammenhang für das Wettbewerbsumfeld des neuen SL (offene Sportwagen größer 200 kW). Fahrzeuge, die unterhalb der rot dargestellten Trendlinie liegen, sind im Marktsegment der Roadster tendenziell effizienter einzustufen als Fahrzeuge oberhalb der Trendlinie. Es ist zu erkennen, dass sich beide Baumuster des neuen SL bezüglich Effizienz an die Spitze im Wettbewerberumfeld setzen. Die große Streuung der einzelnen Fahrzeuge um die Trendlinie ist nicht nur ein Zeichen dafür, dass die spezifische Motorleistung und -effizienz der unterschiedlichen Hersteller weit streut, sondern dass weitere Einflussgrößen existieren, deren konsequente, gesamt-

heitliche Optimierung zu Verbrauchsvorteilen für das Fahrzeug führen.
Die Herausforderung bei der Entwicklung des neuen SL bestand darin, den sportlichen Charakter der Fahrzeugbaureihe bei allen Anstrengungen, den Verbrauch und damit die CO_2-Emission zu senken, zu erhalten und auszubauen. Die deutliche Reduktion des Fahrzeuggewichts steht im vollen Einklang mit diesen beiden Anforderungen. Des Weiteren will die Kundschaft bei einem komfortorientierten sportlichen Roadster wie dem Mercedes-Benz SL nicht gerne auf liebgewordene Merkmale aus dem Vorgängermodell verzichten. Im Gegenteil, der Trend geht zu höheren Ausstattungsumfängen und mehr hilfreichen Assistenzsystemen. Auch deshalb wurde der Gewichtsoptimierung größte Bedeutung zugemessen. Relativ schnell war klar, dass dieses Ziel auch mit einer fokussierten Gewichtsreduktion über alle Aggregate hinweg nicht erreichbar sein würde. Dies war der entscheidende Grund, der zur Umstellung des Rohbaumaterialkonzepts auf Vollaluminium führte. Diese Entscheidung führte in Verbindung mit flächendeckenden Anstrengungen, alle Bauteile und Komponenten einer Gewichtsoptimierung und nicht zuletzt einem konsequenten Gesamtfahrzeug-Gewichtscontrolling zu unterziehen, schließlich zu einer Gewichtseinsparung von circa 140 kg beim SL 350 und circa 125 kg beim SL 500 (Vergleich des Zertifizierungsgewichts zwischen dem Vorgängermodell und dem neuen SL).
Neben der Steigerung der Motoreffizienz und dem Leichtbau mit vermehrtem Einsatz von Leichtbaumaterialien und dem Aluminiumrohbau sind weitere Stellhebel für die Verbrauchsoptimierung: Aerodynamik, Reifentechnik, effiziente E/E-Architektur inklusive neuen Techniken (beispielsweise ECO Start-Stopp-Funktion) sowie konsequente Reduzierung der Reibung in allen Bauteilen (wie Radlagerung oder Getriebe NAG2-FE+).
Alle technischen Maßnahmen, die zur Verbrauchsminderung im neuen SL zum Einsatz kommen, sind in Bild 2 schematisch dargestellt und werden im Folgenden kurz erläutert.

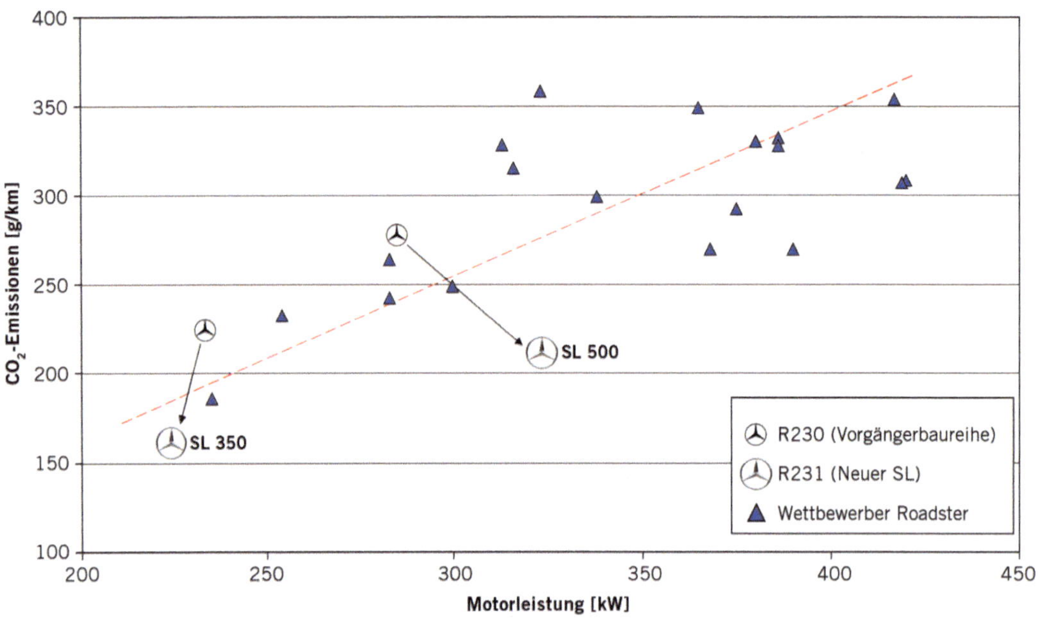

Bild 1
Zusammenhang zwischen CO_2-Emission im NEFZ und Motornennleistung für Sportwagen mit mehr als 200 kW Leistung

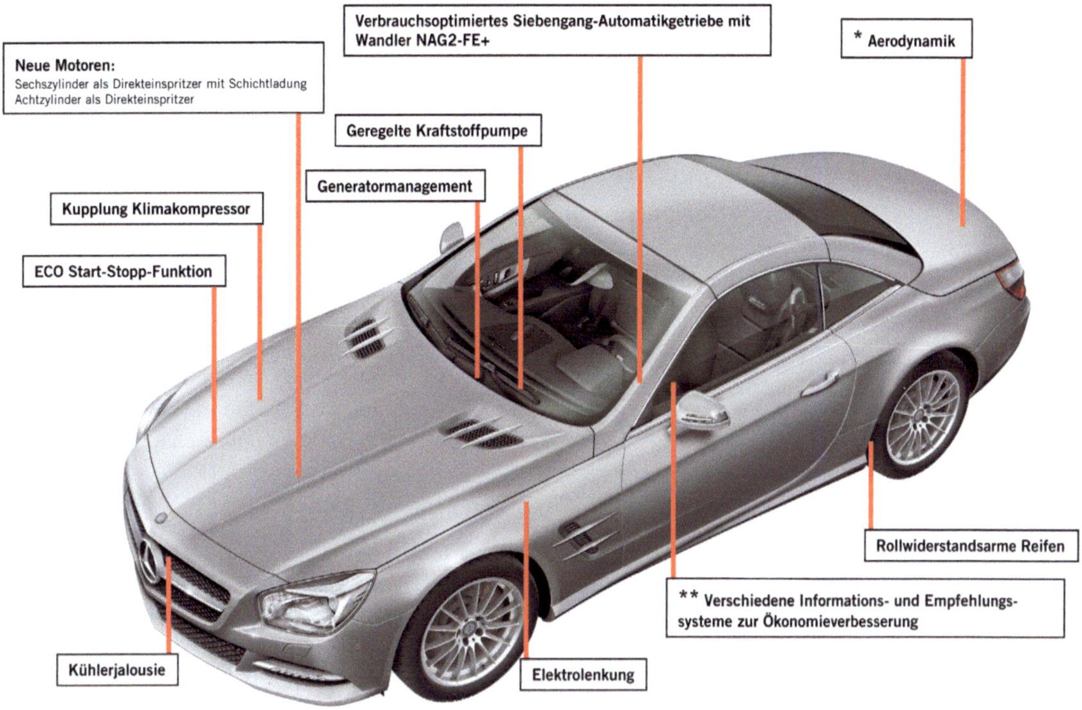

Bild 2 **Verbrauchssenkende Technikbausteine im neuen Mercedes-Benz SL**

- Zum Einsatz kommt die neueste V6- und V8-Motorengeneration von Mercedes-Benz mit Direkteinspritzung. Das V6-Aggregat verfügt zusätzlich über Schichtladetechnik.
- Insbesondere beim SL mit seinen Komfortfunktionen ist die damit einhergehende Gewichtszunahme kontraproduktiv zum Ziel der Reduktion der CO_2-Emission. Mit dem Vollaluminiumrohbau konnte der Trend umgekehrt werden, ohne auf diese Inhalte verzichten zu müssen.
- Die Elektrolenkung (EPS) bietet eine energieeffiziente, lenkwinkel- und geschwindigkeitsabhängige Lenkkraftunterstützung (Energiebereitstellung nur dann, wenn sie abgerufen wird). Ein zusätzlicher Gewichtsvorteil entsteht durch den Entfall der hydraulischen Lenkhelfpumpe. Die EPS ist ein trockenes System ohne das Problem etwaiger Ölleckage.
- Durch das Generatormanagement werden die Verbraucher bei Beschleunigungsvorgängen aus der Batterie versorgt. Beim Bremsen wird kinetische Energie in die Batterie zurückgespeist und diese dadurch rekuperiert.
- Die elektronisch geregelte Kraftstoffpumpe stellt bedarfsgerecht nur die für den jeweiligen Betrieb erforderliche Kraftstoffmenge bereit. Dagegen fördern ungeregelte Kraftstoffpumpen eine konstante Durchflussmenge, der Überschuss wird über ein Druckregelventil zurück in den Kraftstofftank befördert. In jedem Betriebszustand steht die Kraftstoffmenge zur Verfügung, die maximal benötigt werden könnte, aber meistens nicht benötigt wird.

- Mithilfe einer Kupplung im Klimakompressor werden Verluste durch die Schleppleistung des Klimakompressors vermieden, wenn keine Kühlung des Innenraums angefordert wird.
- Die ECO Start-Stopp-Funktion schaltet den Verbrennungsmotor automatisch ab, wenn er nicht benötigt wird. Dafür ist eine Betriebsstrategie hinterlegt, bei der der Motor dann abgestellt wird, wenn das Fahrzeug zum Stillstand kommt und ein bestimmter Bremsdruck anliegt. Geht der Fahrer von der Bremse, springt der Motor automatisch wieder an und die Fahrt kann unmittelbar fortgesetzt werden. Das weitreichende Betriebsfenster wird aus Sicherheits- und Komfortgründen (Klimatisierung) eingeschränkt. Auch in der Warmlaufphase wird die ECO Start-Stopp-Funktion temporär unterdrückt, was aus Umweltschutzsicht ebenfalls Vorteile hat, da höhere Betriebstemperaturen zu einer optimalen Abgasnachbehandlung führen. Im Stadtverkehr können damit Einsparpotenziale bis zu 10 % realisiert werden.
- Der neue SL verfügt serienmäßig über rollwiderstandsoptimierte Reifen.
- Der Triebstrang wurde durch neue Radlagerungen und das sogenannte Fuel-Economy-Hinterachsgetriebe der neuen Generation (FE HAG+) reibungsoptimiert.
- Der Schlupf des Drehmomentwandlers wurde minimiert (geregelter Nullschlupf) und weitere Bauteile zur Reduktion der Wandlerverluste optimiert.
- Der Luftwiderstandsbeiwert konnte auf einen Wert von 0,27 (SL 350) gesenkt werden – eine neue Rekordmarke im Marktsegment der Roadster. Hierzu trägt unter anderem auch eine Kühlerjalousie beim SL 350 bei, die bedarfsgerecht geöffnet oder geschlossen wird. Bei Fahrsituationen oder Klimabedingungen, die eine hohe Kühlleistung erfordern, wird die Kühlerjalousie geöffnet; ansonsten bleibt sie geschlossen, was sich günstig auf den Luftwiderstand auswirkt.
- Momentanverbrauchsanzeige im Kombiinstrument und Anzeige eines Verbrauchshistogramms in der Headunit geben dem Fahrer Rückmeldung über die Auswirkungen seines Fahrstils auf den Verbrauch.
- Serienmäßig kommt beim neuen SL ein Stahlfederfahrwerk mit Verstelldämpfung anstelle eines ABC-Fahrwerks (SL 500) zum Einsatz. Optional ist ein energetisch optimiertes ABC-Fahrwerk erhältlich (SL 350, SL 500).

Im direkten Vergleich zu ihren Vorgängern weisen die beiden Motorisierungen des neuen SL deutlich geringere CO_2-Emis-

	SL 350	SL 500
Verbrauch [l/100 km]	6,8 – 7,5*	9,1 – 9,2*
CO_2-Emission [g/km]	159 – 176*	212 – 214*

* Wertespanne je nach verbauter Reifendimension

Bild 3
Verbrauchs- und CO_2-Emissionswerte des neuen SL für beide Motorisierungen im NEFZ

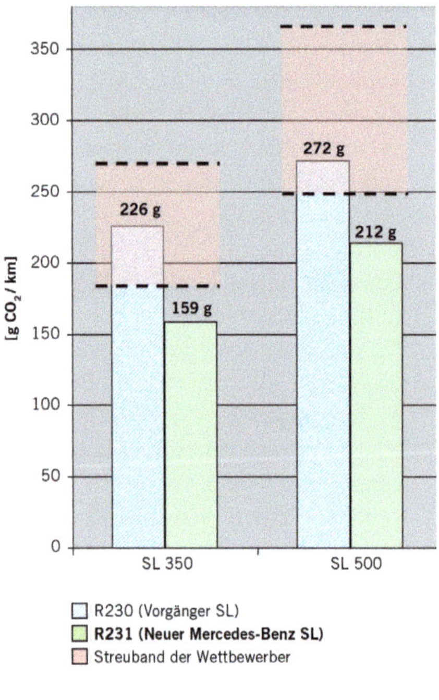

Bild 4
Vergleich der CO_2-Emissionen des neuen SL für beide Motorisierungen mit seinem Vorgänger und dem Wettbewerb im NEFZ

sions- und Verbrauchswerte auf. Beim SL 350 liegen die CO_2-Emissionen beinahe 30 % und beim SL 500 – bei deutlich gesteigerten Leistungs- und Drehmomentwerten – bis zu 23 % unter denen des Vorgängermodells, Bild 3 und Bild 4. Bezüglich CO_2-Emission setzt sich Mercedes-Benz auch im Segment der Luxusroadster mit dem neuen SL an die Spitzenposition. Bereits mit der Markteinführung des neuen SLK im Frühjahr 2011 hat Mercedes-Benz im Bereich der kompakten Roadster die Spitzenposition im Wettbewerberumfeld erobert und mit dem SLK 250 CDI über ein Dieselangebot den Vorsprung weiter ausgebaut. Mit dem neuen SL ist jetzt auch bei den Luxusroadstern ein Mercedes-Produkt die umweltverträglichste Wahl. Mercedes-Benz wird auch mit dem neuen SL seinem Anspruch auf die führende Position bei der Umweltverträglichkeit (green leadership) voll gerecht.

Umweltbilanz

Entscheidend für die Umweltverträglichkeit eines Fahrzeugs ist die Umweltbelastung durch Emissionen und Ressourcenverbrauch über den gesamten Lebenszyklus. Das standardisierte Werkzeug zur Bewertung der Umweltverträglichkeit ist die Ökobilanz. Sie erfasst sämtliche Umweltwirkungen eines Fahrzeugs „von der Wiege bis zur Bahre", das heißt von der Rohstoffgewinnung über Produktion und Gebrauch bis zur Verwertung, Bild 5. In der Pkw-Entwicklung von Mercedes-Benz werden Ökobilanzen für die Bewertung und den Vergleich verschiedener Fahrzeuge, Bauteile und Technologien eingesetzt. Die Normen DIN EN ISO 14040 und DIN EN ISO 14044 geben den Ablauf und die erforderlichen Elemente vor.

Gesamtfahrzeug

Die Produktion der neuen SL-Klasse verursacht zu Beginn des Lebenszyklus eine höhere Menge an CO_2-Emissionen als der Vorgänger (gesamt 11,6 t CO_2). In der sich daran anschließenden Nutzungsphase emittiert der neue SL rund 57 t CO_2; insgesamt ergeben sich somit für Herstellung, Nutzung und Verwertung 69 t CO_2. Die Herstellung des Vorgängermodells schlug mit 10,2 t CO_2 zu Buche. Bedingt

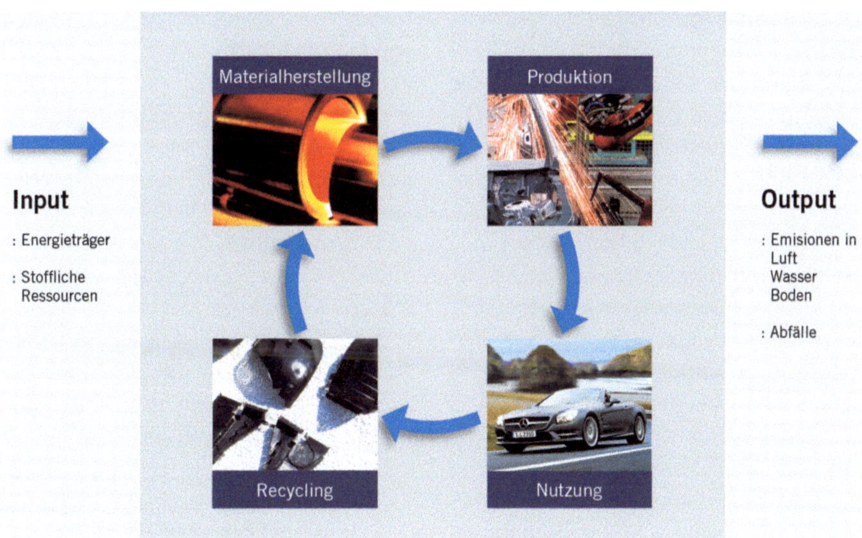

Bild 5
Ganzheitliche Bilanzierung im Überblick

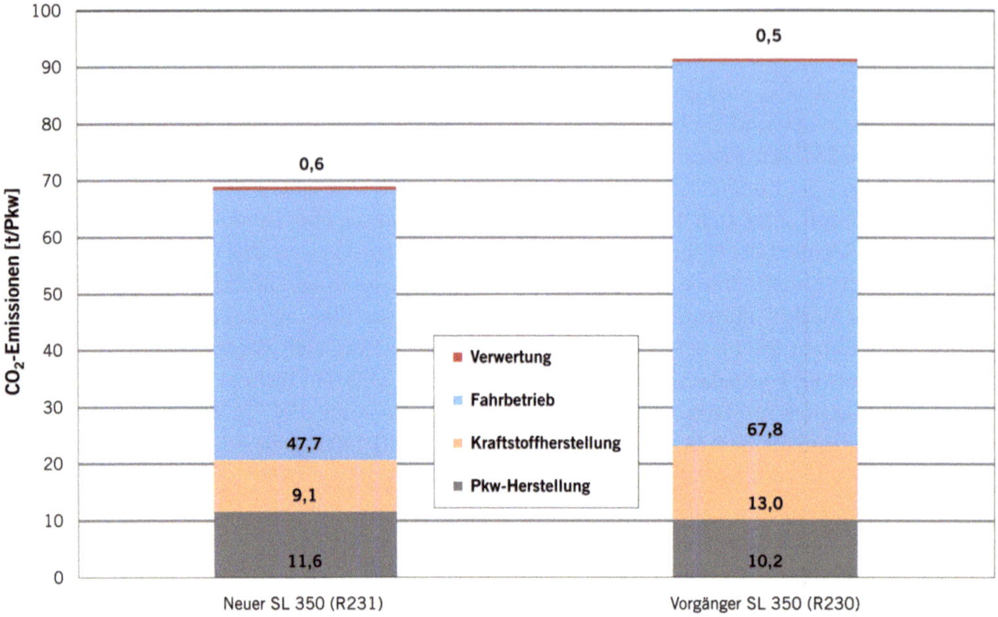

Bild 6
CO_2-Emissionen des neuen SL über den gesamten Lebenszyklus im Vergleich [t/Pkw]

durch den höheren Kraftstoffverbrauch emittiert das Vorgängermodell während der Nutzung 81 t CO_2. In Summe ergeben sich also etwa 92 t CO_2-Emissionen. Bild 6 stellt die CO_2-Emissionen über die Laufleistung von 300.000 km dar. Der etwas höhere Herstellaufwand des neuen SL kann aufgrund des deutlich geringeren Kraftstoffverbrauchs bereits nach rund 17.500 km kompensiert werden. Bei Betrachtung des gesamten Lebenszyklus verursacht das neue Modell somit 25 % (22,5 t) weniger CO_2-Emissionen als der Vorgänger. Diese Reduzierung der CO_2-Emissionen entspricht etwa der zweifachen jährlichen durchschnittlichen Pro-Kopf-Emission eines Europäers.

Neben den Kohlendioxidemissionen wird bei der Bewertung der Umweltvertäglichkeit auch der Verbrauch relevanter stofflicher und energetischer Ressourcen analysiert. Bild 7 zeigt die Ergebnisse des neuen SL im Vergleich zum Vorgänger. Durch die Verschiebungen im Materialmix verändert sich bei der Herstellung auch der Bedarf an stofflichen Ressourcen. Beispielsweise geht der Eisenerzverbrauch beim neuen SL wegen des geringeren Stahlanteils zurück, der Bauxitbedarf steigt dagegen wegen des höheren Primäraluminiumeinsatzes deutlich an. Der wesentlich geringere Bedarf an energetischen Ressourcen (Erdgas und Erdöl) ist vor allem auf den deutlich reduzierten Kraftstoffverbrauch in der Nutzung zurückzuführen.

Rohbau

Im Rahmen der Entwicklung der Rohbaustrukturen des neuen SL wurden auf der Basis der definierten Materialkonzepte frühzeitig Ökobilanzbewertungen durchgeführt. Zielsetzung war es, die Auswirkungen der neuen Leichtbaumaterialien zu bewerten und gleichzeitig Wege aufzuzeigen, die CO_2-Bilanz zu verbessern. Bild 8 zeigt die CO_2-Bilanz des Rohbaus im Vergleich zum Vorgänger-

Bild 7
Verbrauch an ausgewählten stofflichen und energetischen Ressourcen

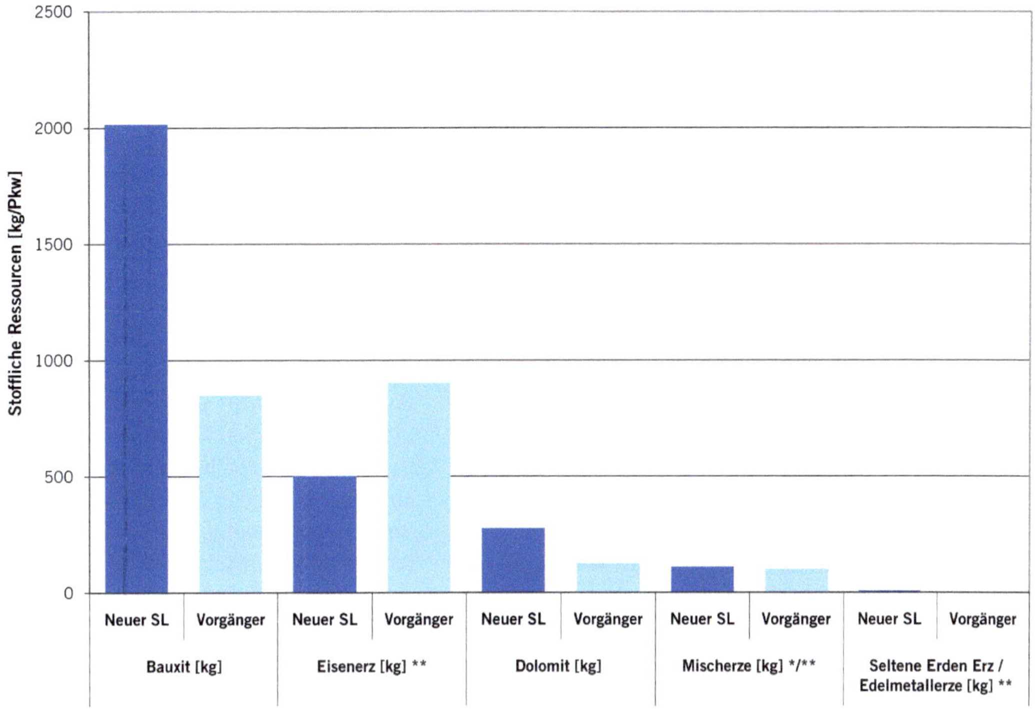

* vor allem zur Gewinnung der Elemente Blei, Kupfer und Zink
** dargestellt als Erzkonzentrat

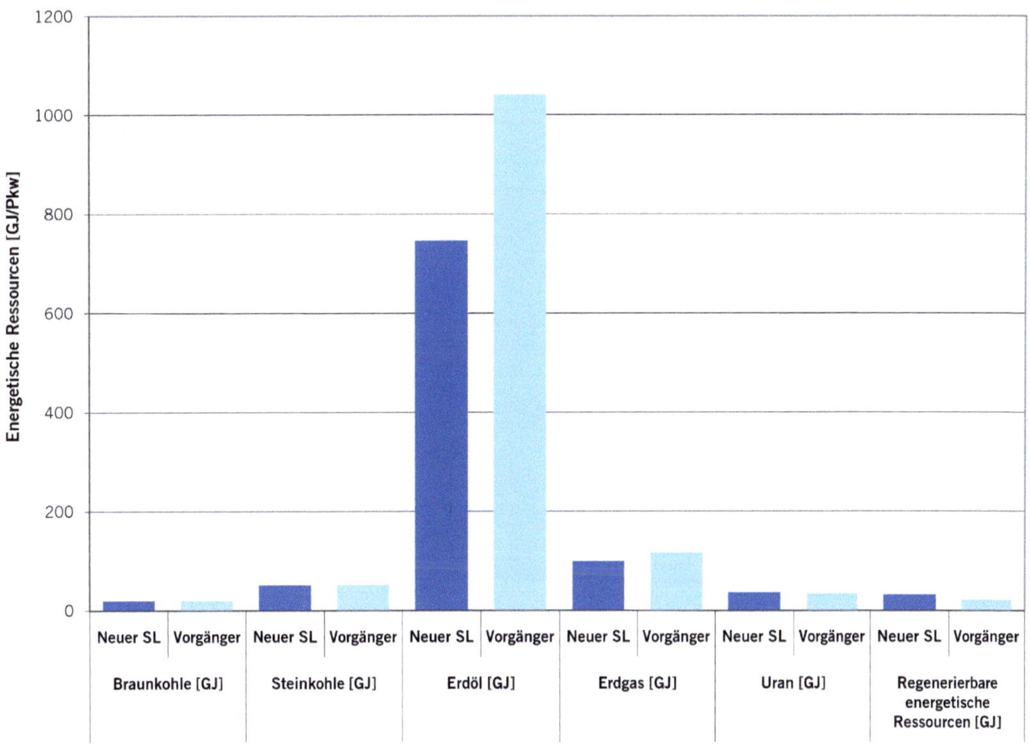

konzept für die Bauteilherstellung und -nutzung. Das stahlintensive Rohbaukonzept des Vorgängers liegt in der Herstellung günstiger als der Aluminiumrohbau des aktuellen SL. Dies ist im Wesentlichen auf die weniger energieintensive Herstellung von Stahl zurückzuführen. Die Abbildung der Nutzungsphase erfolgt anhand des Kraftstoffverbrauchs, der bei Bauteilvergleichen mittels des sogenannten Minderverbrauchsfaktors berechnet wird. Hierbei wird zugrunde gelegt, dass sich der Verbrauch eines Pkw bei Erhöhung oder Verminderung des Gewichts verändert. Aufgrund des deutlich geringeren Gewichts des neuen Vollaluminium-Rohbaukonzepts wird während der Nutzungsphase weniger Kraftstoff verbraucht. Über den gesamten Lebenszyklus verursacht das neue Rohbaukonzept 15 % weniger CO_2-Emissionen.

Mitentscheidend für das Umweltprofil von Aluminiumbauteilen ist, ob primäres (das heißt erstmals genutztes) oder sekundäres (das heißt aus Recycling gewonnenes) Aluminium zur Herstellung eingesetzt wird. Primärmaterial erfordert einen hohen Energieeinsatz (Elektrolyse). Aus diesem Grund wurde in der Entwicklungsphase des neuen SL sehr stark darauf geachtet, dass Sekundäranteile bei der Herstellung der Halbzeuge verwendet werden. Insbesondere bei den Gussteilen werden bereits bis zu 50 % Sekundärmaterialien eingesetzt. Bei Blechteilen werden bislang ausschließlich die Produktionsschrotte im Kreislauf geführt und bei der Umweltbewertung berücksichtigt. Um darüber hinaus zu gehen, müssen neue Legierungen aus End-of-Life-Material qualifiziert werden. Das Potenzial einer solchen sekundären Variante des SL-Rohbaukonzepts zeigt Bild 8. Bei der Bewertung wurde aufgezeigt, dass beim technisch möglichen Einsatz von Sekundäraluminium bei Innenblechen im Rohbau die CO_2-Bilanz in der Herstellung um 10 % gesenkt werden kann. Die Herstellung erfordert dabei 7 % weniger Energiebedarf als die Primärvariante. Zur Umsetzung des Potenzials wurde bei der Entwicklung des neuen SL erstmals eine sogenannte 6000er-Legierung für den Automobilbau qualifiziert, welche zu

Bild 8
CO_2-Emissionen Rohbau neuer SL im Vergleich zum Vorgänger (Herstellungsphase und Nutzungsphase)

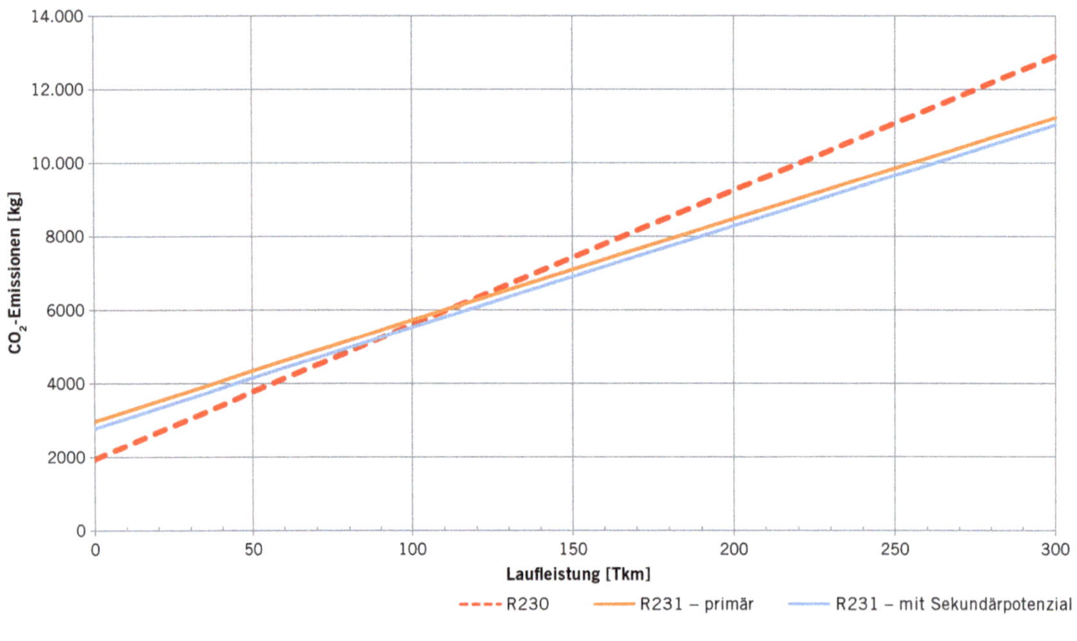

mindestens 90 % aus Sekundäraluminium besteht. Die Legierung wird als Pilotanwendung in der Kofferraumwanne des neuen SL eingesetzt und untermauert damit die Bestrebungen der Daimler AG in Richtung „green technology leadership".

Recycling

Für den neuen SL wurde das Recyclingkonzept parallel zur Entwicklung des Fahrzeugs erstellt, indem für jede Stufe des Prozessablaufs die einzelnen Bauteile beziehungsweise Werkstoffe analysiert wurden. Auf Basis der für die einzelnen Schritte festgelegten Mengenströme ergibt sich die Recycling- beziehungsweise Verwertungsquote des Gesamtfahrzeugs. Beim Altfahrzeugverwerter werden im Rahmen der Vorbehandlung die Flüssigkeiten, die Batterie, der Ölfilter, die Reifen sowie die Katalysatoren demontiert. Die Airbags werden mit einem für alle europäischen Automobilhersteller einheitlichen Gerät gezündet. Bei der Demontage werden zunächst die Pflichtbauteile entsprechend der europäischen Altfahrzeugrichtlinie entnommen. Danach werden zur Verbesserung des Recyclingbeitrags zahlreiche Bauteile und Baugruppen demontiert, die als gebrauchte Ersatzteile direkt verkauft werden oder als Basis für die Herstellung von Austauschteilen dienen. Neben den Gebrauchtteilen werden im Rahmen der Fahrzeugdemontage gezielt Materialien entnommen, die mit wirtschaftlich sinnvollen Verfahren recycelt werden können. Hierzu gehören neben Bauteilen aus Aluminium und Kupfer auch ausgewählte große Kunststoffbauteile. Beim anschließenden Schredderprozess der Restkarosserie werden zunächst die Metalle abgetrennt und in den Prozessen der Rohmaterialproduktion stofflich verwertet. Der verbleibende, überwiegend organische Rest wird in verschiedene Fraktionen getrennt und in rohstofflichen oder energetischen Verwertungsverfahren einer umweltgerechten Nutzung zugeführt. Insgesamt wurde mit der beschriebenen Prozesskette für den neuen SL im Rahmen der Fahrzeugtypgenehmigung eine stoffliche Recyclingfähigkeit von 85 % und eine Verwertbarkeit von 95 % gemäß dem Berechnungsmodell nach ISO 22628 nachgewiesen, Bild 9.

Bild 9
Stoffströme im Recyclingkonzept des neuen SL

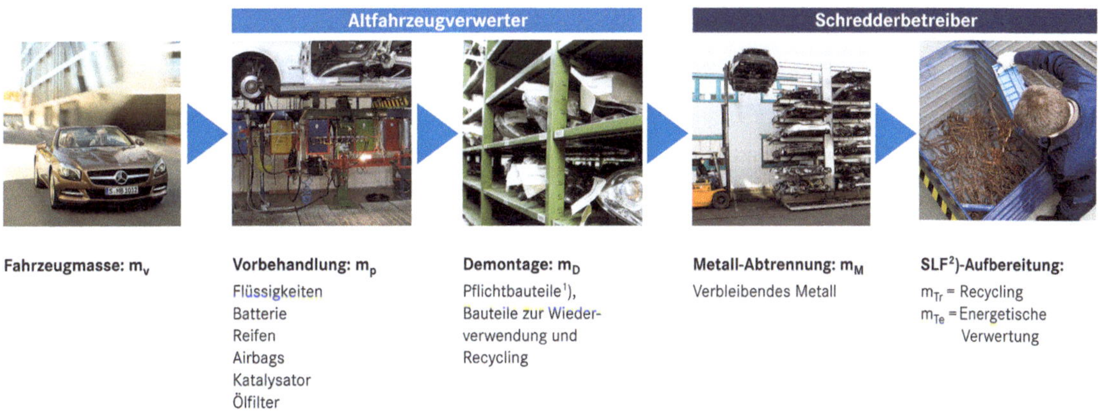

$$R_{cyc} = (m_P + m_D + m_M + m_{Tr}) / m_V \times 100 > 85\ \%$$

$$R_{cov} = R_{cyc} + m_{Te} / m_V \times 100 > 95\ \%$$

[1]) nach 2000/53/EG
[2]) SLF = Schredderleichtmüll

Nachwachsende Rohstoffe und Rezyklate

Der Einsatz nachwachsender Rohstoffe konzentriert sich im Fahrzeugbau auf Anwendungen im Interieur. Als Naturfasern kommen bei der neuen SL-Klasse überwiegend Leder sowie Kokos-, Holz- und Baumwollfasern in Kombination mit unterschiedlichen Polymerwerkstoffen zum Serieneinsatz, Bild 10. Durch den Einsatz von Naturstoffen im Automobilbau ergibt sich eine Reihe von Vorteilen:

- Die Nutzung von Naturfasern ergibt im Vergleich zur Verwendung von Glasfasern meist eine Reduktion des Bauteilgewichts.
- Nachwachsende Rohstoffe tragen dazu bei, den Verbrauch fossiler Ressourcen wie Kohle, Erdgas und Erdöl zu reduzieren.
- Sie können mit etablierten Techniken verarbeitet werden. Die daraus hergestellten Produkte sind in der Regel gut verwertbar.
- Im Falle der energetischen Verwertung weisen sie eine nahezu neutrale CO_2-Bilanz auf, da nur so viel CO_2 freigesetzt wird, wie die Pflanze in ihrem Wachstum aufgenommen hat.

In der neuen SL-Klasse werden insgesamt 28 Bauteile mit einem Gesamtgewicht von 17,6 kg unter der Verwendung von Naturmaterialien hergestellt. Damit hat sich das Gesamtgewicht der unter Verwendung von nachwachsenden Rohstoffen hergestellten Komponenten gegenüber dem Vorgängermodell um 42 % erhöht.

Neben dem Einsatz von Naturmaterialien werden bei der Fahrzeugherstellung verstärkt Recyclingmaterialien eingesetzt. Der Schwerpunkt der entwicklungsbegleitenden Untersuchungen zum Rezyklateinsatz liegt vor allem im Bereich der thermoplastischen Kunststoffe. Bei der neuen SL-Klasse können insgesamt 78 Bauteile mit einem Gesamtgewicht von 32,6 kg anteilig aus hochwertigen rezyklierten Kunststoffen hergestellt werden. Damit konnte die Masse der freigegebenen Rezyklatkomponenten gegenüber dem Vorgängermodell um 112 % gesteigert werden. Typische Anwendungsfelder sind Radlaufverkleidungen, Kabelkanäle, Kofferraumauskleidungen und Unterbodenverkleidungen, welche überwiegend aus dem Kunststoff Polypropylen bestehen. Bild 11 zeigt die für den Rezyklateinsatz freigegebenen Bauteile.

Fazit

Der neue SL entspricht auch auf dem Gebiet der Umweltverträglichkeit allen aktuellen Anforderungen. Die Kunden profitieren direkt von einem deutlich reduzierten Kraftstoffverbrauch und die Umwelt von geringeren Emissionen und einem umfassenden Recyclingkonzept. Im direkten Vergleich mit allen seinen Wettbewerbern ist der neue SL von Mercedes-Benz die verbrauchsgünstigste Wahl. Die Umweltbilanz des neuen SL ist verglichen mit seinem Vorgänger auch dann positiv, wenn man den Herstellungs- und Entsorgungsprozess mit in die Betrachtung integriert. Überdies wird ein höherer Anteil hochwertiger Rezyklate und nachwachsender Rohstoffe eingesetzt. Der neue SL bietet damit eine insgesamt deutlich verbesserte Ökobilanz als das Vorgängermodell und wird damit ein weiteres Mal dem Anspruch nach „green leadership“ von Mercedes-Benz im vollen Umfang gerecht.

Bild 10
Bauteile aus nachwachsenden Rohstoffen im neuen SL

Bild 11
Rezyklateinsatz im neuen SL

Abstimmung und Erprobung des Gesamtfahrzeugs

Jürgen Weissinger | Michael Scheer

Auf dem Weg zum kundenfähigen Produkt hat der neue SL ein umfangreiches Abstimmungs- und Erprobungsprogramm durchlaufen. Damit wurden die SL-spezifischen Eigenschaften wie Komfort, Sportlichkeit und Zuverlässigkeit auf das Gesamtfahrzeug übertragen.

Motivation

Die Entwicklung eines neuen SL ist für Mercedes-Benz immer eine Verpflichtung, Tradition und Fortschritt miteinander zu verbinden. Diese Verantwortung ist den Entwicklern stets bewusst und treibt sie an. Neben dem Design ist es die Summe aller Eigenschaften – das Fahrgefühl, der Komfort, die Sportlichkeit, die Zuverlässigkeit, die Eleganz und die Langzeitqualität – die Besitzer und Fans des SL in den Bann ziehen und ihm Kultstatus verleihen.

In gemeinsamen Besprechungen über die Unternehmensbereiche von Mercedes-Benz hinweg wurden Anforderungen und Wünsche, kreative Ideen und Visionen gesammelt und der zukünftige SL mit Leben gefüllt. Die zunehmend verbesserten Möglichkeiten der modernen rechnerischen Simulation unterstützten alle Entwicklungsbereiche bei der Gestaltung des neuen Fahrzeugs. Die Möglichkeiten, diverse Alternativen simultan zu rechnen und anschließend vergleichend zu bewerten, dienten der Entscheidungsfindung und minimieren so späte, kostenintensive Änderungen an den Bauteilen.

Die Möglichkeiten moderner Prüfstandstechnik wurden aktiv genutzt, um Probleme genau zu untersuchen, Lösungsvarianten zu beurteilen und auch die Erprobungswürdigkeit von Komponenten vor dem Einsatz im Gesamtfahrzeug nachzuweisen. Die Abstimmungs- und Erprobungsbereiche nutzten diese Methoden aktiv und formten den neuen SL zu einem stimmigen Ganzen und prüften die Fahrzeugeigenschaften auf ihre Langzeitbeständigkeit.

Im Vordergrund stand dabei immer die konstruktive, lösungsorientierte Zusammenarbeit aller Entwicklungsbereiche. Die Problemidentifikation, -analyse und -lösung, deren konstruktive Umsetzung, Erprobung und Bestätigung führten zu kontinuierlichen und dauerhaften Verbesserungen.

Erprobung

Mit der Hardwarephase beginnt die Abstimmung der Fahrzeugeigenschaften und Koordination der Erprobungsarbeit zwischen Gesamtfahrzeugversuch und den Fachbereichen. Bis zur Serienreife

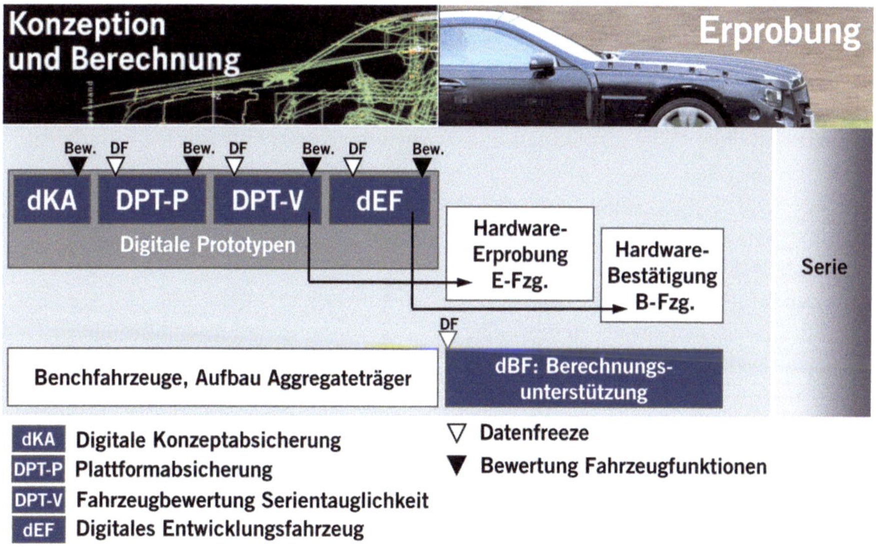

Bild 1 Gesamtfahrzeugaktivitäten an digitalen und physischen Prototypen

des neuen SL wurden in allen Entwicklungsbereichen gut 220 Prototypen aktiv genutzt und dabei über 7 Millionen Kilometer zurückgelegt.

Digitale Prototypen, Teilaufbauten für die Komponentenerprobung und Aggregateträger bilden die Basis für die erste Prototypenrate – das Entwicklungsfahrzeug (E-Fahrzeug). Die abgesicherten Ergebnisse aus dieser frühen Entwicklungsphase definieren deren Startreifegrad. Grundsätzlich gilt, dass möglichst alle Informationen und Verbesserungen in den Fahrzeugaufbau der folgenden Prototypenrate einfließen und so eine kontinuierliche Reifgradentwicklung sicherstellen.

Abschnitte der Entwicklungs- und Erprobungsaktivitäten, Bild 1:

- statisch-digitale Freigabe
- dynamisch-digitale Freigabe
- Aggregateträger
- Entwicklungsfahrzeug (E-Fahrzeug): Erprobung und Abstimmung
- Bestätigungsfahrzeug (B-Fahrzeug): Erprobung und Absicherung
- Fahrzeug aus dem Produktionstest (Pro-Fahrzeug)
- Entwicklungsfreigabe Gesamtfahrzeug.

Erprobungsplanung

Schon lange bevor der erste Prototyp auf Erprobungsfahrt gehen kann, müssen Unmengen an organisatorischen Dingen erledigt und wichtige Entscheidungen getroffen sein. Bereits sechs Monate vor dem Bau der Entwicklungsfahrzeuge in der Anlauffabrik mussten Fahrzeugbedarf, Erprobungsort, Zeitplan, grober Ablauf und alle für die Erprobung notwendigen Personen festgelegt sein. Zusätzlich ist es erforderlich, das gewünschte Wetter im richtigen Zeitfenster zu treffen sowie Synergieeffekte mit parallel laufenden Erprobungen an gleicher Stelle zu erschließen, um den finanziellen Gesamtaufwand für das Unternehmen im Rahmen zu halten.

Die Erprobungswürdigkeit der Bauteile und deren Einbau in das zu erprobende Fahrzeug müssen im Vorfeld geplant und sichergestellt werden. Diese Schritte sind ein Muss, um kontinuierlich Fortschritte zu erzielen. Des Weiteren gilt es, eine wirkungsvolle, aber dennoch die Fahrzeugfunktion nur wenig beeinflussende Tarnung herzustellen, Bild 2.

Bild 2
Der bisherige SL (R230) umrahmt von seinen R231-Nachfolgern in Harttarnung (E-Fahrzeug links) und Folientarnung (B-Fahrzeug rechts)

Auf dem Weg zum kundenfähigen Produkt

Sind die ersten Erprobungsträger und Entwicklungsfahrzeuge aufgebaut, kommen die klassischen Arbeitsmethoden der Versuchsingenieure zum Tragen. Notebook und Messequipment sind ständige Begleiter, aber auch die Erfahrung und das Gefühl der Ingenieure sind wichtige Voraussetzungen für eine gelungene, gesamtheitliche Abstimmung. Subjektive Eindrücke lassen sich oft nur schwer in Messwerten erfassen. Doch genau dieses letzte Quäntchen formt das Fahrzeug final und macht es zu dem, was Mercedes-Benz und seine Kunden von einem neuen SL erwarten.

Innerhalb kurzer Zeit werden zielgerichtet alle klimatischen und fahrerischen Extreme sowie die Veränderungen über die Fahrzeuglebensdauer bewertet.

Beispiele für Testumfänge und -umgebungen sind:

- extreme Kälte in Schweden
- unvorstellbare Hitze im Death Valley
- Höchstgeschwindigkeit in Nardo
- Nachtfahrten mit offenem Dach im heißen Laredo
- anspruchsvolle Fahrdynamik auf dem Nürburgring
- Hochgeschwindigkeit und Umbaumarathon in Idiada
- ruppige Sandstraßen in Afrika
- Dubai – heiß und schwül zu jeder Tageszeit
- Zwischenstationen zur Beurteilung, Analyse und Verbesserung der Prototypen in Deutschland.

Echte Herausforderungen, nicht nur für den neuen SL, sondern auch für die Menschen dahinter. Wie im Motorsport gilt auch bei der Gesamtfahrzeugerprobung: „Wer dauerhaft eine Spitzenposition behalten will, muss das Fahrzeug genau

Bild 3
Steilkurvenfahrt auf der Mercedes-Teststrecke in Untertürkheim

verstehen." Nur dann können Veränderungen mit den richtigen Stellhebeln vorgenommen werden. Nicht viele Kilometer in kurzer Zeit liefern das beste Ergebnis, sondern systematisch gesammelte Informationen und die daraus gewonnen Erkenntnisse sichern den Erfolg. Schließlich gilt es, während der Entwicklung gleich eine ganze Reihe von Marathontests erfolgreich zu absolvieren und am Ende ein Meisterstück – den neuen SL – abzuliefern, Bild 3.

Damit in der knapp bemessenen Zeit nichts vergessen wird, haben die Testfahrer und Entwickler ein umfangreiches „Hausaufgabenheft" an ihrer Seite. Für die Beurteilung aller Zielgrößen und deren kundenrelevanter Ausprägung wurden bei Mercedes-Benz detaillierte Versuchsanleitungen und -werte definiert. Diese sogenannten VAWs sichern nicht nur die vollständige Abarbeitung der notwendigen Versuche, sondern auch die Vergleichbarkeit ihrer Ergebnisse.

Auf dem Weg zum kundenfähigen Produkt müssen Komponenten in ihrer Geometrie und in ihren Eigenschaften angepasst werden. Technische und wirtschaftliche Gesichtspunkte sind dabei genauso in Einklang zu bringen wie sich unter Umständen verändernde Bereitstellungstermine. Ein frühzeitiger, hoher Reifegrad und Bauteile aus Serienwerkzeugen sowie wenige und geringfügige Änderungen sind das erklärte Ziel.

Beurteilungsfahrten

Verantwortliche Entscheidungsträger und die Vorstandsmitglieder der Daimler AG sind in den Entwicklungsprozess eingebunden und werden in regelmäßigen Beurteilungsfahrten über den Stand und Fortschritt der Entwicklung informiert. Die Rückmeldungen aus diesen Erprobungen fließen entweder umgehend über konkrete Optimierungsaufträge in das Produkt ein oder bestätigen den erreichten Stand als kundenfähig.

DANKE

Bei der Erstellung des Beitrags hat zudem Jörg Fabian mitgewirkt. Er unterstützt die Abteilung Gesamtfahrzeugversuch SL und SLK.

Abstimmung der Fahreigenschaften

Jürgen Berghus | Alexander Ott | Michael Ohmenhäuser | Arne Wetzel | Hauke Litzenberger

Bei der Fahrzeugabstimmung des neuen SL war neben Agilität und Fahrdynamik auch ein hohes Maß an Konditionssicherheit gefordert, um jederzeit ein entspanntes und sicheres Fahren zu ermöglichen. Durch eine Überprüfung und Optimierung aller die Fahreigenschaften beeinflussenden Parameter konnten die vorgegebenen Ziele erreicht werden.

Motivation

Dem Gesamtfahrzeugversuch kommt durch seine Querschnittsfunktion im Entwicklungsprozess eine besondere Rolle bei der Erprobung und Abstimmung eines Fahrzeugs zu. Die charakteristische Ausprägung der Fahreigenschaften wird im Gesamtfahrzeugversuch erarbeitet und gemeinsam mit den Entwicklungsbereichen im Sinne des Kunden optimiert. Oberstes Ziel der Entwickler war es, die Sportlichkeit des SL als harmonische Synthese aller kundenerlebbaren Eigenschaften neu zu interpretieren. Kultivierte Sportlichkeit zeichnet jeden SL seit dem legendären 300 SL Flügeltürer aus.

Neben Agilität und Fahrdynamik ist selbstverständlich auch ein hohes Maß an Konditionssicherheit gefordert, um jederzeit ein entspanntes und sicheres Fahren zu ermöglichen. Die Konditionssicherheit des Fahrers wird beeinflusst durch das interdisziplinäre Zusammenspiel aller Systeme. Ergonomie, Komfort, Akustik, Schwingungen sowie den Fahrer unterstützende Systeme sind nur einige Beispiele, die das Wohlbefinden beeinflussen und einen hohen Stellenwert bei jedem Mercedes-Benz genießen. Insbesondere subjektive Bewertungskriterien zwischen Fahrer, Fahrzeug und Umgebung kommen hier zum Tragen. Die Reaktion des Fahrzeugs auf Vorgaben des Fahrers sowie der Einfluss äußerer Störgrößen charakterisieren die Fahrzeugausprägung und beeinflussen maßgebend das subjektive Fahrgefühl respektive das Sicherheitsgefühl.

Schon in einer frühen Phase wurden die Fahreigenschaften rechnerisch untersucht, die verwendeten Fahrzeugsimulationsmodelle an einem Konzeptüberprüfungsfahrzeug (KÜF) weiter optimiert und schließlich bestätigt. Dadurch konnten Verbesserungspotenziale ausgewiesen und verifiziert werden, noch bevor Prototypen in Betrieb genommen wur-

Bild 1
Auch auf losem Untergrund souverän und entspannt reisen

den. Auch die besten rechnerischen Simulationen können bis dato eine Überprüfung in der realen Erprobung nicht ersetzen. Insbesondere das subjektive Empfinden, das stark durch NVH-Effekte (Noise, Vibration, Harshness) beeinflusst wird, sowie das Erkennen und Bewerten von Wechselwirkungen erfordern einen durchgängigen Entwicklungsprozess bei der Abstimmung des Gesamtfahrzeugs.

Im Folgenden werden wichtige Arbeitsgebiete für die Entwicklung des spezifischen SL-Charakters, deren besondere Anforderungen und die eingeschlagenen Lösungswege vorgestellt. Notwendige Optimierungen wurden zielgerichtet durchgeführt, und so zeichnet sich der neue SL durch die kultivierte Sportlichkeit aus, mit der man bisherige und zukünftige Kunden genau so faszinieren möchte, wie es bisher alle SL-Baureihen getan haben, Bild 1.

Fahrkomfort

Der von Fahrer und Beifahrer subjektiv empfundene Komfort eines Automobils setzt sich aus einer Vielzahl unterschiedlicher Wahrnehmungen zusammen. Dabei spielen neben den Handlingeigenschaften, den Schallimmissionen sowie dem Sitz- und Klimakomfort insbesondere die Schwingungseigenschaften des Fahrzeugs eine wichtige Rolle. Die Abstimmung der NVH-Eigenschaften hat zum Ziel, dass sowohl die von der Fahrbahn über das Fahrzeug auf den Insassen übertragenen als auch die vom Fahrzeug selbst erzeugten Schwingungen an der Schnittstelle zum Insassen (Komfortpunkte) nur geringe Pegel aufweisen. Als Komfortpunkte bezeichnet man dabei im Wesentlichen den haptischen Kontakt des Insassen zum Sitz, die Fußaufstandsflächen sowie die Berührungsstellen des Fahrers am Lenkrad. Bei offenen Fahrzeugen spielt zusätzlich der visuelle Kontakt zum Innenspiegel oder dem Dachrahmen eine wichtige Rolle. Die Entwicklungsaufgabe, den neuen SL mit der gewünschten „kultivierten Sportlichkeit" auszustatten, stellt daher höchste Ansprüche an die Fahrkomfortabstimmung.

Im Fokus steht daher stets, dem Kunden neben einem fahragilen Roadster in gleicher Weise ein komfortbetontes und mit klassischen Mercedes-Tugenden ausgestattetes Fahrzeug zu bieten.

Diese im gewissen Sinne konkurrierenden Anforderungen bedingen frühzeitig eine solide Achslager-, Aggregatelager-, sowie Basisfederungsabstimmung, um so einerseits einen sportlich angebundenen Grundkomfort zu gewährleisten und andererseits genügend Spielraum für die spezifischen Eigenschaften der Federungssysteme Verstelldämpfung (VSD) und Active Body Control (ABC) zu bieten.

Mithilfe gezielter Softwareanpassungen können am Ende der Abstimmungsarbeiten beide Fahrwerkssysteme die gesamte Bandbreite von sportlich bis komfortabel abdecken.

Aus dem breiten Spektrum von Schwingungsphänomenen lassen sich beispielsweise die niederfrequenten Aufbauschwingungen, die Stuckerschwingungen bis circa 25 Hz sowie die höherfrequenten Abrollschwingungen deutlich unterscheiden.

Fahrbahnerregte Schwingungen

Beim Überfahren von Einzelhindernissen wie Kanaldeckeln und Querfugen oder durch stochastische Unebenheiten der Fahrbahn werden die Räder und damit das Fahrzeug durch sogenannte fahrbahnerregte Schwingungen beaufschlagt. Für den Schwingungskomfort ist hier in hohem Maße die Vertikaldynamik von Bedeutung, Bild 2.

Die enge Vernetzung von Messungen auf dem Prüfstand und auf der Straße ermöglicht bereits in einer frühen Phase, mögliche Übertragungswege zu identifizieren und die Koppelstellen entsprechend zu dimensionieren. In Erprobungsschleifen werden sowohl Bauteiloptimierungen als auch Gesamtsystemveränderungen verfeinert und bestätigt.

Bereits mit dem KÜF wird zu einem frühen Entwicklungszeitpunkt die Frequenzlage der Achsresonanzen im Fahrversuch messtechnisch ermittelt, um diese den Schwingformen und Eigenfrequenzlagen des Gesamtfahrzeugs gegenüberzustellen und so mögliche negative Wechselwirkungen frühzeitig auszuschließen. Die wesentliche Aufgabe besteht darin, die Steifigkeitsvorteile des Aluminiumrohbaus bei der Lagerabstimmung in Form von erweiterten Abstimmspielräumen auszunutzen. Erhöhte Steifigkeiten werden unter anderem durch den Einsatz von Strangpressprofilen (Schweller- und Bodenbereich) sowie von Gussbauteilen – zum Beispiel in der Rippenstruktur des Tunnels, den Dämpferdomen und der Stirnwand – erreicht.

Bei der Motorlagerabstimmung wird neben der gezielten Positionierung des Dämpfungsmaximums der Wert der dynamischen Steifigkeit um 75 % erhöht. Das sogenannte Stuckern – eine durch die Fahrbahn angeregte und durch Resonanzen von Motor- und Achsverbund verstärkte Fahrzeugschwingung – wird hiermit gegenüber dem bisherigen SL nochmals deutlich reduziert und auf ein Minimum herabgesetzt. In Kombination mit den Eigenschaften des ABC-Fahrwerks lassen sich dann zusätzlich die tieffrequenten Aufbaubewegungen (Heben, Nicken, Wanken) zwischen komfortabel federnd und sportlich angebunden variieren.

Raderregte Schwingungen

Die durch ungleichförmigen Rundlauf und Unwuchten der Rad-Reifen-Kombinationen auftretenden raderregten Kraftschwankungen führen bei höheren Geschwindigkeiten zu störenden Schwingungen im Fahrzeug und werden als Vorderachs- (VA) beziehungsweise Hinterachszittern (HA) bezeichnet. In diesen beiden Disziplinen gelang es, den Spagat zwischen hervorragendem Fahrkomfort und sportiver Fahrdynamik zu bewältigen.

Die Achslagerabstimmung zielt dabei einerseits auf möglichst geringe dynamische Steifigkeiten bei ausreichender Dämpfung in Vertikalrichtung, andererseits auf genügend Spielraum zur Gewährleistung der erforderlichen Längs-

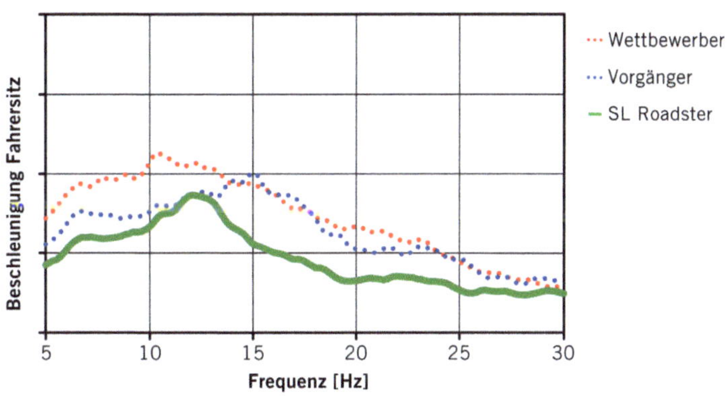

Bild 2 Stuckerverhalten bei starker Fahrbahnanregung

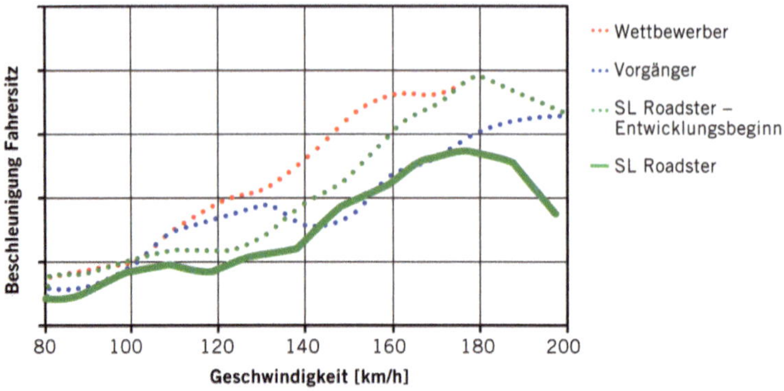

Bild 3
Zitterschwingung am Fahrersitz bei dynamischer Unwuchtanregung an der Hinterachse

federung ab. Gerade bei der HA-Lagerkonfiguration ist der Verbund aus Fahrschemel und Hinterachsgetriebe ein wesentlicher Stellhebel, Bild 3. Demgegenüber stehen aus fahrdynamischer Sicht die Forderung nach hohen statischen und dynamischen Steifigkeitswerten in Querrichtung, um die auftretenden Kräfte möglichst direkt absetzen zu können. Durch Optimierung dieses Zusammenspiels werden bei der Lagerauslegung vor allem im komfortorientierten Geschwindigkeitsbereich um 120 km/h nochmals enorme Verbesserungen gegenüber dem Vorgänger SL und den hohen, selbst gesteckten NVH-Zielen realisiert.

An der Vorderachse kann es durch einen Überlagerungseffekt des Lenksystems neben dem Zittern auch zu einer Lenkraddrehschwingung – dem sogenannten Shimmy – kommen, Bild 4. Nicht zuletzt durch den Einsatz der elektromechanischen Direktlenkung EPS wird dieses Phänomen auf ein Minimum reduziert.

Fahrverhalten

Am Anfang der Fahrwerksabstimmung stand die Zieldefinition des Fahrverhaltens im Lastenheft. Der neue SL sollte demnach in puncto Fahrdynamik leicht zulegen und den bestehenden Vorsprung zu den Wettbewerbern in Bezug auf Fahrkomfort weiter ausbauen. Bereits in der Konzeptphase wurden dazu die nötigen Voraussetzungen geschaffen. So erhält der neue SL eine selbsttragende Aluminiumkarosserie und zusätzlich zahlreiche

Bild 4
Lenkradrotation bei Radanregung an der Vorderachse

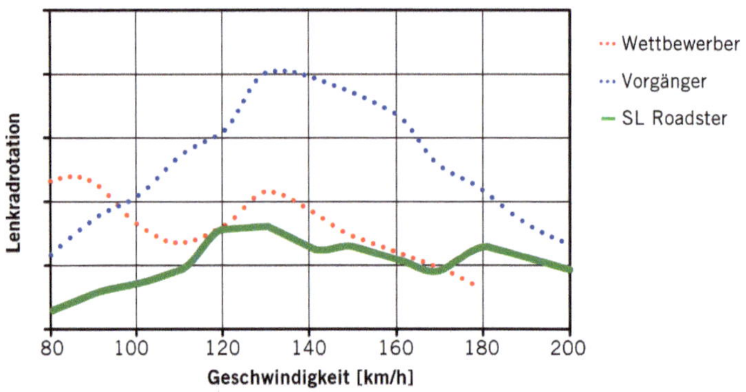

aus Aluminium gefertigte Achsbauteile. Die durch eine aluminiumgerechte Konstruktion erarbeiteten Gewichts- und Steifigkeitsvorteile kommen sowohl dem Komfort als auch den fahrdynamischen Eigenschaften zugute. Das Ziel für den neuen SL war zudem eine aus fahrdynamischer Sicht ideal ausgeglichene Achslastverteilung zwischen Vorder- und Hinterachse von 50:50.

Achsabstimmung

Das bewährte Prinzip der Vierlenker-Vorderachse wurde aus der Vorgängerbaureihe übernommen, in Details weiterentwickelt und optimiert. Die vier Lenker werden durch einen oberen Querlenker, die untere aufgelöste Lenkerebene mit Zugstrebe und Federlenker sowie die mit dem Lenkgetriebe verbundene Spurstange gebildet. Die Achse wurde weiter optimiert und mit dem Fokus auf die Lastenheftziele abgestimmt. Sie erhält eine größere Lenkspurhebellänge zur Verringerung der Spurstangen- und Achsstörkräfte und einen Aluminiumachsschenkel zur Reduzierung der ungefederten Massen.

An der Hinterachse kommt die bewährte Mercedes-Benz-Mehrlenkerachse aus dem aktuellen CLS zum Einsatz. Der große Vorteil dieser Fünflenkerachse ist die große Bandbreite zur Auslegung der kinematischen und elastokinematischen Eigenschaften über die Lenkerlängen, die Lenkerlager einschließlich deren Position und über die Hinterachsfahrschemellager. Diese Möglichkeiten wurden beim SL genutzt, um ein stabiles Fahrverhalten, größtmöglichen Fahrkomfort und überzeugende NVH-Eigenschaften zu erreichen. Die deutliche Vergrößerung der Spurweiten an Vorderachse (+38 mm) und Hinterachse (+77 mm) kommt den sportlich-agilen und sicher beherrschbaren Fahreigenschaften zugute.

Die Abstimmung des Zielfahrverhaltens startet bereits parallel zur digitalen Phase mit dem KÜF. Die erste Auslegung der kinematischen und elastokinematischen Fahrwerkskenngrößen wird mit dem KÜF überprüft und Varianten bezüglich ihrer Einflüsse auf das Fahrverhalten bewertet. Zusätzlich werden, bevor eine Prototypenrate in Hardware aufgebaut wird, ausgewählte Abstimmungsvarianten auf dem Fahrdynamik-Gesamtfahrwerkprüfstand, Bild 5, erprobt. So kann bereits in einer frühen Entwicklungsphase ein vorabgesicherter, erprobungswürdiger Aufbauzustand der ersten Entwicklungsfahrzeuge festgelegt werden.

Die in der Folge aufgebauten Entwicklungsfahrzeuge werden fortlaufend für Überprüfungen und Optimierungen der Fahrwerksabstimmung verwendet. Diese Erprobungen finden mehrheitlich auf Prüfgeländen in Papenburg und südlich von Barcelona statt. Ergänzt werden sie durch Versuchsfahrten zum Beispiel in Nordschweden, Frankreich, Italien und USA. Die festgelegte Fahrwerkskonfiguration wird somit auf möglichst verschiedenen Straßen und unter vielen Umgebungsbedingungen erprobt. Durch diese Vorgehensweise sowie die zahlreichen Fahrzeugdauerläufe und Festigkeitsprüf-

Bild 5
Der neue SL auf dem Fahrdynamikprüfstand

stand-Untersuchungen erfolgt eine zuverlässige Absicherung des Alltagsbetriebs im Sinne des Kunden.

Durch Rückführung der Erprobungsergebnisse auf definierte Lastzustände des Fahrwerks können zum Beispiel auf Fahrdynamikprüfständen mithilfe von Spur-/Sturzänderungskurven und weiteren Fahrwerkskenngrößen Optimierungspotenziale identifiziert und Lösungen erarbeitet werden. Rechnerische Sensitivitätsanalysen unterstützen dabei die zielgerichtete Abstimmungsarbeit an den Entwicklungsfahrzeugen. Die optimale Position zwischen einerseits hoher Fahrdynamik und andererseits gutem Fahrkomfort sowie guten NVH-Eigenschaften wurde durch Iteration der Simulations- und Prüfstandsergebnisse, Optimierungen im Detail und subjektiver wie objektiver Überprüfungen auf der Straße erreicht, Bild 6.

Federung und Dämpfung

Der neue SL wird in drei Fahrwerksvarianten angeboten: Als Serienfahrwerk kommt das Stahlfederfahrwerk mit kontinuierlicher Verstelldämpfung (VSD) zum Einsatz. Dieses Fahrwerk wird optional in einer straffer angebundenen Variante als Sportfahrwerk mit einem um 10 mm abgesenkten Niveau und einer eigenen Feder-/Dämpfungsabstimmung angeboten. Das ABC-Fahrwerk, welches die Radlasten hydraulisch individuell steuert, um eine straffe Aufbauanbindung ohne Kompromisse beim Fahrkomfort zu erreichen, steht als weitere Sonderausstattung zur Verfügung. Mit dem serienmäßig verbauten VSD-Fahrwerk wird ein weiterer Schritt in Richtung der Auflösung des Zielkonflikts zwischen

Bild 6
Fahrten durch die Pylonengasse

Komfort und Fahrdynamik gemacht. Über einen im Millisekundenbereich getakteten Regler werden Wank-, Nick- und Hubbewegungen rad- und phasenrichtig bedämpft. Zusätzlich wird im Bereich hoher Querdynamik oder bei einer Panikbremsung die Grunddämpfung auf das bestmögliche Maß angehoben. Durch Betätigen der Fahrwerkstaste kann der Fahrer die Eigenschaften der Verstelldämpfung aktiv in Richtung „Sport" oder „Komfort" ändern. Das optionale Sportfahrwerk – als Bestandteil des Sportpakets – erzeugt durch steifere Schraubenfedern, steifere Drehstäbe und Anschlagpuffer eine erhöhte Wankabstützung sowie durch die eigene Dämpferabstimmung ein betont sportliches Fahrerlebnis.

Das obere Ende bezüglich Komfort, Reduzierung der Aufbaubewegungen und querdynamischer Agilität stellt nach wie vor das aus dem Vorgänger bekannte und in seinen Eigenschaften nochmals verfeinerte ABC-Fahrwerk dar. Hydraulische Aktuatoren im Federbein bekämpfen aktiv die niederfrequenten Aufbauschwingungen durch Verschieben der Federteller. Der im Federbein eingesetzte Zweirohrdämpfer muss so nur noch die höherfrequenten Radschwingungen bedämpfen. Dadurch werden die in die Karosserie eingeleiteten dynamischen Radanregungen beim ABC-Fahrwerk deutlich verringert und der Fahrkomfort nochmals verbessert. Dies zeigt sich zum Beispiel an den gemessenen Beschleunigungen der Fahrersitzkonsole, Bild 7, und des Lenkradkranzes.

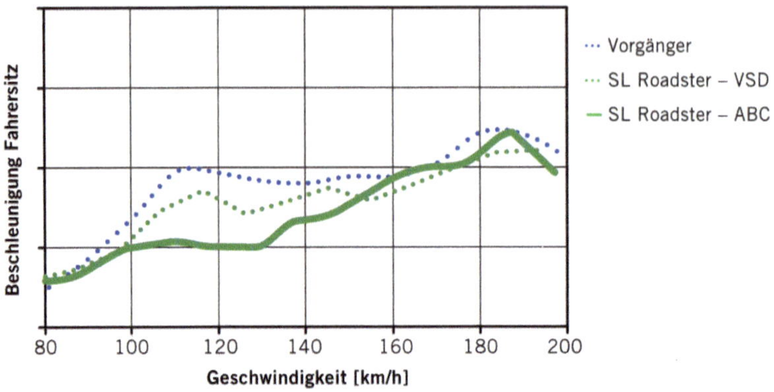

Bild 7
Gemessene Vibrationen am Fahrersitz

Räder- und Reifenerprobung

Alle Reifen wurden für den SL neu entwickelt und auf die speziellen Herausforderungen abgestimmt. Der Schwerpunkt der Reifenentwicklung lag auf der Auflösung des klassischen Zielkonflikts, das heißt der Erfüllung der fahrdynamischen Ziele des neuen SL bei gleichzeitiger Minimierung des Rollwiderstands ohne Einbußen bei den Nässeeigenschaften. Wie bereits sein Vorgänger erhält der neue SL eine Reifenkonfiguration mit 670 mm Außendurchmesser. Zusätzlich zu den Standard-MO-Sommerreifen (Mercedes Original) wurden für den neuen SL MOE-Reifen (Mercedes Original Extended) mit Notlaufeigenschaften bei Druckverlust als Sonderausstattung entwickelt. Beide Ausführungen stehen auch als Winterreifen zur Verfügung. Das Augenmerk bei der Entwicklung der MO- und MOE-Reifen lag auf einer zur sportlichen und fahrdynamischen Positionierung der SL-Klasse passenden Auslegung, bei gleichzeitiger Berücksichtigung des besonderen Komfortanspruchs eines SL. So bieten die MOE-Reifen neuester Generation dem Kunden trotz ihrer verstärkten, selbstragenden Seitenwand den gleichen Komfort wie MO-Standardreifen.

Neben zahlreichen Tests auf Prüfständen mussten auch die neuen SL-Reifen zahlreiche Fahrzeugprüfungen durchlaufen. In mehreren Entwicklungsschleifen und im engen Schulterschluss mit den beteiligten Entwicklungspartnern wurden die Reifen auf den Teststrecken anhand eines festgelegten Mercedes-Benz-Kriterienkatalogs fahrdynamisch abgeprüft und bewertet. Komfort und Abrollgeräusch der Reifen wurden auf unterschiedlichen Fahrbahnbelägen und Anregungen (beispielsweise Flickasphalt, Kanaldeckel oder Querfugen) bewertet und optimiert. Zudem wurden auf dem italienischen EUPG (European Ultimate Proving Ground) und auf dem niedersächsischen Contidrom die Nässeeigenschaften der Reifen in den Disziplinen Nasshandling, Aquaplaning und Nassrutschen auf einer Kreisbahn im Vergleich zu einem im Vorfeld definierten Referenzreifen beurteilt. Aufgrund der ausgezeichneten Ganzjahreseigenschaften des SL wurden auch passende Winterreifen mit in den Entwicklungsprozess einbezogen. Sie mussten sich härtesten Tests unterziehen, um eine Freigabe für den neuen SL zu erhalten. Neben den fahrdynamischen Beurteilungen auf trockener und nasser Fahrbahn wurden die Winterreifen auf Teststrecken in Österreich sowie in Schweden auf ihre Wintertauglichkeit überprüft. Neben Traktionsmessungen auf einer

Bild 8
Sportlich und sicher auch auf den verschneiten Straßen Nordeuropas

schneebedeckten Strecke am Berg erfolgten Handlingbeurteilungen auf abgesperrten, präparierten Strecken, Bild 8.

Fahrdynamik

Den Kernwerten der Marke Mercedes-Benz folgend ist auch der neue SL mit seiner gegenüber dem Vorgänger gesteigerten Agilität in nahezu jeder Situation sicher beherrschbar. Um dies zu erreichen, wurde die jeweils aktuelle Fahrwerkskonfiguration fahrdynamisch analysiert und optimiert. Als Ergebnis ist ein sehr agiles, besonders im Bereich der Landstraßengeschwindigkeit kurvenwilliges Fahrverhalten erreicht worden, was durch die direkte Lenkung und die serienmäßige Torque Vectoring Brake zusätzlich unterstützt wird. Alle Fahrwerksvarianten des neuen SL erreichen den für Mercedes-Benz typischen hohen Anspruch an eine sichere und ermüdungsarme Fahrt und ermöglichen dem Fahrer auf Wunsch ein hohes Maß an Längs- und Querdynamik.

Hervorragende Langstreckentauglichkeit und Fahrstabilität bei hohen Autobahngeschwindigkeiten werden durch einen starken Abfall der Gierverstärkung bei hohen Geschwindigkeiten erreicht. Das Gierverstärkungsmaximum liegt dagegen im Geschwindigkeitsbereich einer zügigen Landstraßenfahrt, um dem Fahrer ein Höchstmaß an Fahrspaß zu ermöglichen. Die Fahrzeugbalance ist sportwagentypisch leicht untersteuernd definiert, sodass hohe maximale Querbeschleunigungswerte erreicht werden. Die guten Werte des Vorgängers werden nochmals um 0,4 m/s^2 gesteigert.

Das Elektronische Stabilitätsprogramm ESP ist für die Anforderungen einer sportlichen und aktiven Fahrweise ausgelegt. Es hilft, das Fahrzeug sicher und für den Fahrer gut beherrschbar zu halten. Die elektromechanische Direktlenkung (Electric Power Steering) unterstützt den Fahrer bei Regeleingriff des ESP und bei μ-Split-Bremsungen mit einem auf die Gierbewegung des Fahrzeugs angepassten Lenkmoment. So wird dem Fahrer in kritischen Fahrzuständen eine der Situation angepasste Lenkbewegung erleichtert. Dabei behält der Fahrer jederzeit die volle Kontrolle über Lenkwinkel und gewünschte Lenkraddrehrichtung. Die elektromechanische Direktlenkung trägt somit zur weiteren Steigerung der Aktiven Sicherheit bei.
Ziel der Fahrdynamik- und der Lenkungsentwicklung war ein präzises, sportliches Lenkgefühl. Die umfangreichen Abstimmmöglichkeiten der Direktlenkung erlauben eine gezielte Parametrierung einzelner Geschwindigkeitsbereiche und Anpassung auf verschiedene Achslasten. Die Fahreigenschaften aller Fahrwerksvarianten in Verbindung mit der jeweiligen Lenkungsabstimmung unterstreichen die kultivierte Sportlichkeit des neuen SL und erfüllen so den hohen Anspruch an ein Fahrzeug aus dem Hause Mercedes-Benz, Bild 9.

Triebstrang und Antriebscharakteristik

Die Erfolgsgeschichte des SL wird mit der neuen Motorengeneration fortgeschrieben – Reisen wird noch komfortabler, ambitioniertes Fahren bereitet noch mehr Freude und der Verbrauch wurde durch eine deutliche Effizienzsteigerung erneut spürbar gesenkt. Der SL ist und bleibt ein sportlich-eleganter Alleskönner.

Bild 9
Serpentinenstrecke in den Alpen

Motoren und Getriebe

Die im SL neuen V6- und V8-Motoren mit Direkteinspritzung der dritten Generation sind bereits in anderen Mercedes-Benz-Baureihen erfolgreich im Einsatz. Dank moderner Motorentechnik, wie Schichtladung und Abgasrückführung, werden exzellente Fahreigenschaften mit geringem Verbrauch kombiniert. Der SL 350 erreicht einen Kraftstoffverbrauch von nur 6,8 l/100 km, der SL 500 einen Verbrauch von 9,1 l/100 km im NEFZ. Für eine optimale Kraftübertragung kommt serienmäßig das reibungsoptimierte Getriebe 7G-TRONIC PLUS zum Einsatz, das gegenüber seinem Vorgänger nochmals bezüglich Schlupf, Reibung und NVH-Eigenschaften optimiert wurde. Neben weiteren Detailverbesserungen wird beim neuen SL die ECO Start-Stopp-Funktion erstmals weltweit eingesetzt.

Auf zahlreichen Erprobungsfahrten fand eine umfangreiche Anpassung der Steuerungssoftware von Motor und Getriebe an das Fahrzeug statt. Dabei wurden die sportlichen Fahreigenschaften roadstertypisch ausgestaltet und die Fahrprogramme auf die Wünsche der Kunden abgestimmt. Der Kunde kann zwischen ökonomischem, sportlich orientiertem und manuellem Fahrprogramm wählen. Das ökonomische Programm ermöglicht einen minimierten Kraftstoffverbrauch bei gleichzeitig komfortabler und souveräner Fahrweise.

Im sportlich orientierten Automatikprogramm steht die Leistung spontaner zur Verfügung und die Gangwechsel erfolgen schneller. Die konsequente Weiterentwicklung der Zwischengasfunktion und der aktiven Bremsrückschaltung unterstützen den sportlichen SL-Fahrer und steigern das Roadsterempfinden. Beim starken Bremsen schaltet das Getriebe deutlich früher zurück, sodass höhere Drehzahlen das darauf folgende Beschleunigen erleichtern. Die Zwischengasfunktion, bei der die Drehzahl aktiv mit einem Gasstoß angehoben wird, sorgt dabei für eine schnellere und komfortablere Rückschaltung. Diese akustische Rückmeldung unterstreicht eine sportliche Fahrweise. In den beiden Automatikprogrammen findet eine kontinuierliche Anpassung an das Verhalten des Fahrers statt. So bewirkt unter anderem die Dynamik bei der Betätigung des Gaspedals und die auftretende Querbeschleunigung des Fahrzeugs eine Verschiebung der Schaltpunkte.

Das manuelle Fahrprogramm mit Schaltwippenbetätigung am Lenkrad gehört zur Serienausstattung des neuen SL. Der Motor nimmt in diesem Programm das Gas über eine steilere Pedalkennlinie noch spontaner an. Die Gangwahl über die Lenkradschalttasten bietet kürzeste Schaltzeiten und betont sportliches Zwischengas. Die Ganganzeige im Kombiinstrument wird bei Wahl des manuellen Fahrprogramms im oberen Bereich des Farbdisplays visualisiert und zeigt die sieben zur Verfügung stehenden Gänge sowie den aktuell gewählten Gang an, Bild 10.

Bild 10
Ganganzeige des manuellen Schaltprogramms im Kombiinstrument

Antriebsstrang

Bereits im digitalen Prototyp wurde neben der bestmöglichen Anordnung der Komponenten im Fahrzeug auch die Auslegung der Anbindungs- und Triebstrangkomponenten für optimierten Verbrauch, Geräusch- und Schwingungskomfort und verbesserte Fahrleistungen berechnet und simuliert. Als Ergebnis dieser Berechnungen wurden zum Beispiel die Anbindungspunkte an die Karosserie im Rahmen der digitalen Entwicklung gezielt versteift ausgeführt. Diese Änderungen verringern die Rückwirkungen des Antriebsstrangs auf das Fahrzeug und die Insassen. Zusätzlich wurden der Lagerkörper des Gelenkwellenzwischenlagers und die Getriebequerbrücke als besonders steife Aluminiumstrangpressprofile ausgeführt. Auf Prüfständen und Erprobungsfahrten wurden die Triebstranglager mit dem Ziel, das Gesamtoptimum aller Fahrzeugeigenschaften zu erhalten, abgestimmt. Diese kontinuierlichen Verbesserungen führten zu einer harmonischen Abstimmung des Serienfahrzeugs.

Bild 11
Übersicht der Fahrleistungswerte des neuen SL

		SL 350 7G-Tronic	SL 500 7G-Tronic
0 – 100 km/h		5,9 s	4,6 s
0 – 200 km/h		22,0 s	13,9 s
Höchstgeschwindigkeit		250 km/h	250 km/h
Stehender Kilometer		25,5 s	22,3 s
Elastizität 80 – 120 km/h	III. Automatik	4,5 s	4,1 s
	IV. Automatik	5,6 s	4,9 s

Fahrleistungen und Agilität

Prüfstands- und Straßenmessungen bestätigten früh das große sportliche Potenzial des neuen SL. Messwertanalysen und Detailarbeit zur Optimierung der einzelnen Aggregate ermöglichten die gegenüber dem Vorgänger deutlich besseren Fahrleistungen des neuen SL, Bild 11. Besonders deutlich wird die Verbesserung beim SL 500, der bei der Beschleunigung von 0 auf 100 km/h lediglich 4,6 s statt bisher 5,4 s benötigt. Auch

das Anfahr-, das Ansprechverhalten und die Dosierbarkeit wurden detailliert untersucht und so ausgelegt, dass die Ausgewogenheit zwischen Sportlichkeit und Komfort SL-typisch erhalten bleibt.

Absicherung des Gesamtfahrzeugs

Die Überprüfung und Optimierung des Zusammenspiels von Motor und Getriebe in allen kundenrelevanten Fahrzuständen, bei unterschiedlichen Umweltbedingungen und in Kombination mit allen Fahrzeugfunktionen und -eigenschaften ist die wesentliche Aufgabe der Gesamtfahrzeugabstimmung und -erprobung. In sogenannten Summenfahrzeugen werden die verschiedenen Entwicklungsstufen der einzelnen Komponenten abgesichert. Erkenntnisse aus weltweiten Versuchsfahrten und Dauerlauferprobungen mit mehreren Millionen gefahrenen Kilometern, unter verschiedenen klimatischen Bedingungen, flossen kontinuierlich in den neuen SL ein. Ob in der Hitze des Death Valley oder im arktischen Frost in Nordschweden, auf Passfahrten, bei häufigen Lastwechseln, Steigungen, Überlandfahrten und unterschiedlichen Höhen, alle Aggregate wurden bis an ihre Leistungsgrenze gefordert und ihre Funktionssicherheit getestet, Bild 12. In enger Zusammenarbeit aller Entwicklungspartner aus den beteiligten Bereichen von Mercedes-Benz wurde der neue SL zu einem kultivierten Sportler der Extraklasse geformt.

DANKE

Bei der Erstellung des Beitrags haben zudem mitgewirkt: Fränky Schumacher, Funktionsgruppensprecher Räder/Reifen SL, und Christian Stal, Reifegradcontrolling und Erprobungsplanung Gesamtfahrzeugversuch SL.

Gesamtfahrzeugerprobung

Thomas Werner | Jan Husser | Jürgen Alexander | Dr. Thomas Binner | Pamela Amann | Carsten Söll

Mit einer umfangreichen Gesamtfahrzeugerprobung stellt Mercedes-Benz die hohe Qualität des neuen SL über die gesamte Fahrzeuglebensdauer sicher. Dazu wurden weltweit umfangreiche Testfahrten unter den extremsten klimatischen Bedingungen durchgeführt.

Verpflichtung zur Qualität

Abstimmungs- und Absicherungsaktivitäten lassen sich durchaus mit Kür- und Pflichtprogramm vergleichen. Trotz aller theoretischen Vorgaben bleibt bei der Abstimmung des Gesamtfahrzeugs Raum zur Interpretation der Ergebnisse. Nachdem die Einzelteile und Komponenten eines Mercedes-Benz-Fahrzeugs zu einem stimmigen Ganzen kombiniert wurden, gilt es nun, die Qualität über die gesamte Fahrzeuglebensdauer sicherzustellen.

Neue Materialien und veränderte Produktionsprozesse ermöglichen es dem Design und der Konstruktion, neue Lösungswege einzuschlagen. Die Robustheit der so kreierten neuen Komponenten und ihr Zusammenspiel im Gesamtsystem werden im Rahmen eines vielfältigen und umfassenden Erprobungsprogramms überprüft und bewertet. Erst wenn alle Ergebnisse den hohen Ansprüchen von Mercedes-Benz gerecht werden, wird der geplante Serieneinsatz bestätigt.

Im Hause Mercedes-Benz – und insbesondere für ein Fahrzeug wie den neuen SL – gilt es, die lange Tradition begeisternder und zuverlässiger Fahrzeuge fortzuschreiben. Diese Verpflichtung zur Qualität spiegelt sich in der mit großem Engagement und Aufwand getriebenen Entwicklung wider. Was dabei den gewissen Unterschied ausmacht und welche Arbeitsschwerpunkte gesetzt wurden, wird im Folgenden anhand einiger Beispiele näher erläutert.

Alterungserprobung

Um dem hohen Qualitätsanspruch von Mercedes-Benz gerecht zu werden, durchlaufen die Fahrzeuge während der Entwicklungszeit ein hartes Versuchsprogramm und werden dabei auf Herz und Nieren geprüft. Insbesondere das Absichern im Hinblick auf die Langzeitqualität stellt eine besondere Herausforderung dar. Über viele Mercedes-Benz-Fahrzeuggenerationen wurde deshalb ein Programm entwickelt, das die Langzeithaltbarkeit und -qualität abprüft. Hierfür wird in kurzer Zeit ein kundennahes Fahrprofil abgefahren, welches einer Nutzungsdauer im realen Kundenfahrbetrieb von bis zu zehn Jahren entspricht, Bild 1.

Prototypen aus festgelegten Entwicklungsphasen werden dabei unter definierten klimatischen Bedingungen ei-

Bild 1 **Geräuschbeurteilung auf Belgisch Block**

nem sogenannten Alterungsprogramm unterzogen. Hierzu werden Streckenprofile auf öffentlichen Straßen in Kombination mit speziellen Testgeländeprofilen von verschiedenen Fahrern rund um die Uhr gefahren. Wie so oft gilt auch hier die Devise: „Die Mischung macht's".

Der Wechsel zwischen großen und kleinen Personen, sportlichen und genüsslichen Fahrern sowie unterschiedlichen Straßenprofilen und Verkehrssituationen sind ein Spiegelbild des späteren Fahrzeuglebens und bilden nach, was der SL-Kunde im Alltagsbetrieb erfahren wird. Karosserie, Fahrwerk, Motor und Triebstrang werden dabei durch das Alterungsprogramm genauso gefordert wie Exterieur und Interieur, welche insbesondere den zusätzlichen Beanspruchungen beim offenen Fahren gerecht werden müssen, Bild 2.

Zwischen der Eingangs- und Abschlussbeurteilung finden zu festgelegten Meilensteinterminen Abgleiche mit vorher definierten Referenzfahrzeugen statt. Veränderungen, Alterungserscheinungen und die herrschenden Randbedingungen werden kontinuierlich aufgezeichnet und sind so auch unter Laborbedingungen reproduzierbar. Die jeweiligen Fachexperten können dadurch – noch während der laufenden Erprobungen – Fehlerquellen und Qualitätsmängel im Fahrzeug und in Simulationen nachvollziehen und notwendige Schritte zur Verbesserung des Gesamtreifegrads festlegen.

Thermische Absicherung

Ein sehr wichtiger Aspekt der Gesamtfahrzeugerprobung ist die sogenannte Thermische Absicherung Gesamtfahrzeug (TAG). Diese beinhaltet die Absicherung der Fahrzeugkühlung, des Klimatisierungskomforts und aller Einzelkomponenten im Fahrzeug zur Vermeidung thermischer Schädigungen und resultierendem Bauteilversagen sowie die Gewährleistung der Bauteillebensdauer. Eine Runde mit Experten aus Gesamtfahrzeugkonstruktion, Berechnung, Kühlung, Klimatisierung, Elektrik, Aerodynamik und Gesamtfahrzeugversuch beobachtet, bewertet und koordiniert über alle Entwicklungsphasen die not-

Bild 2 Kein typisches Roadsterwetter (–28 °C in Schweden) – aber auch hier muss die Dachkinematik problemlos funktionieren

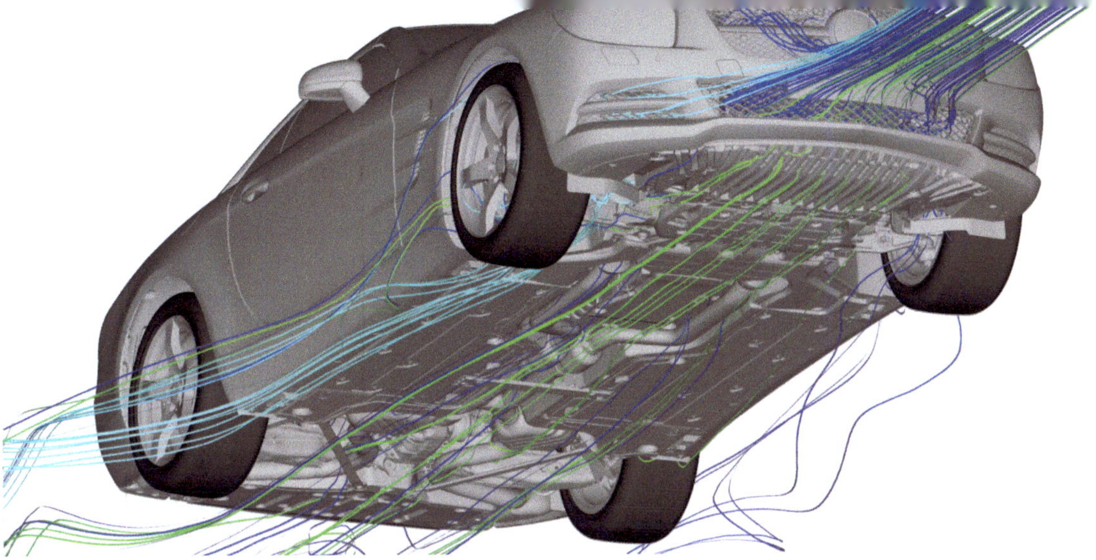

Bild 3
Kühlluftströmung am Vorderwagen des neuen SL mit V8-Motorisierung

wendigen Aktivitäten, um die Einhaltung von Grenztemperaturen in allen kundenrelevanten Betriebszuständen sicherzustellen.

Bei der thermischen Entwicklung des neuen SL wurde erstmals der Schwerpunkt auf eine integrierte Erprobung gelegt. Dafür wurde ein Prozess definiert, der eine optimale Verzahnung zwischen der digitalen und experimentellen Entwicklung gewährleistet und dabei alle temperaturerzeugenden und von Temperaturen betroffenen Funktionsbereiche einschließt. Ziel war es, die Erprobungsfahrzeuge optimal zu nutzen und dabei Messstellen zu minimieren sowie unnötigen Erprobungsaufwand zu vermeiden.

Bauteiltemperaturen

In der frühen Entwicklungsphase des SL fanden Berechnungen am digitalen Prototyp statt. Für die unterschiedlichen Motorisierungen entstanden jeweils Simulationsmodelle des vollständigen Fahrzeugs. Unter Berücksichtigung von Wärmeleitung, -konvektion und -strahlung wurden Berechnungen zur Luftströmung und zu den Bauteiltemperaturen bei unterschiedlichen kundenrelevanten Fahrzuständen durchgeführt, beispielsweise Hochgeschwindigkeit sowie langsame Bergfahrt unter Last und am stehenden Fahrzeug mit laufendem Motor (Idle). Eine der Kernaufgaben war die frühzeitige Bereitstellung von belastbaren, durch Simulationsergebnisse gestützten Anforderungen an die Kühlluftöffnungsflächen und ihre Gestaltung für den Modellabsicherungsprozess mit dem Designbereich. Zudem wurde das für die Fahrzeuganforderungen geeignete Kühlmodul festgelegt.

Die Ausführung des Rohbaus des neuen SL in Vollaluminium machte aufgrund der Materialeigenschaften neue Absicherungsmethoden erforderlich. Die Neuentwicklung bot die Chance, zum Beispiel ein auf das Gesamtfahrzeug abgestimmtes, innovatives und durchgängiges Be- und Entlüftungskonzept zu erarbeiten. In Zusammenarbeit von Aerodynamik, Akustik und Bauteilfachbereichen im Arbeitskreis TAG wurde die bestmögliche geometrische und funktionelle Verzahnung zwischen den für die Luftführung notwendigen Bauteilen und den im Fahrzeug verbauten Abschirmblechen geschaffen.

Bild 3 zeigt die mit diesem Konzept festgelegten Kühlluftpfade. Die zentralen Kühlluftöffnungsflächen in der Frontmaske und am Stoßfänger unten versorgen das Hauptkühlmodul mit Luft. Die Entlüftung dieser Hauptströmung erfolgt gezielt im Unterboden im Bereich der Abgasanlage, über den Tunnel und über Schlitze in der Radlaufverkleidung. Vor dem Hauptkühlmodul sitzt beim V8-Motor noch ein Luft-Motoröl-Kühler, der zusätzlich durch die Öffnungen im Stoßfänger unten durchströmt wird. Durch die optimierte Anordnung dieses Bauteils und einer Entlüftung in den Unterboden über Schlitze in der Motorraumverkleidung vorne konnte dieser Zusatzkühler ohne Verschlechterung der Hauptkühlung integriert werden. Die V8-Motorisierung besitzt zudem einen weiteren Wasserkühler im rechten Radlauf, der einen eigenen Luftpfad von der Tagfahrleuchte bis hin zur Entlüftung in der Radlaufverkleidung hat. Durch eine gezielte Auslegung und Gestaltung der Kühlluftzufuhr und deren Abströmung konnten am Fahrzeug definierte Warm- und Kaltbereiche geschaffen werden. Dadurch entstand beim neuen SL der Zweizonen-Motorraum, in dem zum Beispiel die temperaturempfindlichen Vorderachslager in einer kalten Radhausumgebung liegen, thermisch getrennt vom warmen Motorraum, Bild 4.

Eine weitere Neuerung am SL ist ein zusätzlicher, im Bereich der Wischerablage platzierter Belüftungskanal, Bild 5. Dieser Kanal sorgt für eine verbesserte Kühlung des Stirnwand- und Tunnelbereichs. Die im Fahrkollektiv auftretenden Bauteiltemperaturen werden in diesen Bereichen deutlich abgesenkt, dadurch die Wärmebelastung im Innenraum und Kofferraum reduziert und somit der thermische Komfort deutlich verbessert.

Bei der thermischen Absicherung der Elektrik- und Elektronikkomponenten wurden einzelne thermisch relevante Komponenten wie der Soundverstärker hinsichtlich ihrer Einbauposition und Betriebsstrategie optimiert. Mit den ersten Messungen am Entwicklungsfahrzeug wurden die Konzepte überprüft und final festgelegt. In der abschließenden Bestätigungsphase erfolgte die thermische Freigabe des Fahrzeugs.

Die unter anderem aus Verbrauchsgründen am Fahrzeug umgesetzten Energiemanagementmaßnahmen, wie die Anhebung der Kühlmitteltemperaturen im

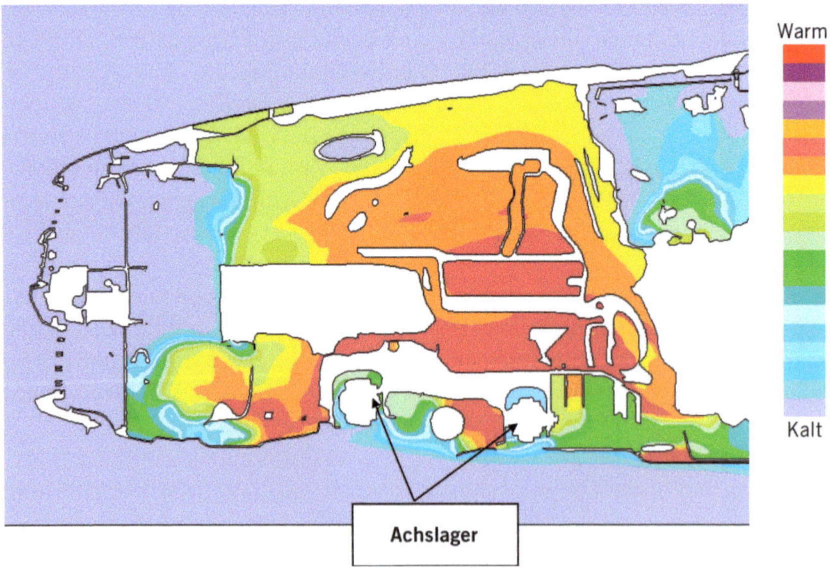

Bild 4
Zweizonen-Motorraum: warmer Motorraum und kalte Luft im Bereich der Vorderachslager

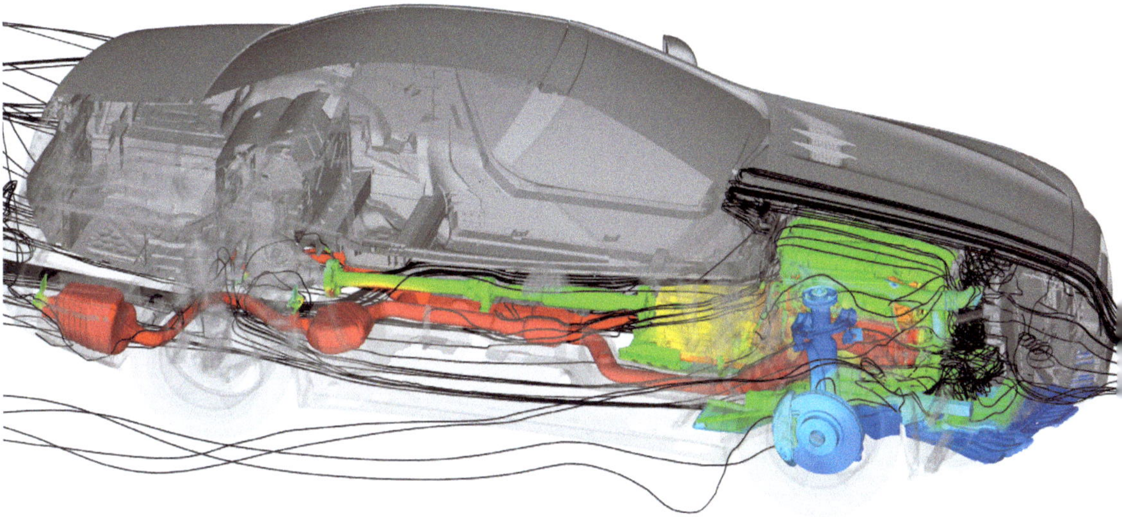

Bild 5
Zusätzliche Luftströmung über den Belüftungskanal im Bereich der Wischerablage

Teillastbetrieb oder die gesteuerte Reduktion des Kühlluftmassenstroms über eine Kühlerjalousie, haben einen großem Einfluss auf die thermische Dauerbelastung der Bauteile. Zur Bestätigung der thermischen Sicherheit und zur Gewährleistung der Bauteillebensdauer wurde daher in dieser Phase der Schwerpunkt auf dynamische Zyklen und Fahrten mit kundenrelevantem Belastungskollektiv gelegt. Dafür wurden auch Ergebnisse aus der Fahrzeugdauerlauferprobung in den thermischen Entwicklungsprozess einbezogen. Ausgewählte Dauerlauffahrzeuge erhielten Temperaturmessstellen und mithilfe eines neuentwickelten Verfahrens konnten Basisdaten für kundennahe Temperaturkollektive aufgenommen werden. Damit stand die Temperaturverteilung des Bauteils über der Betriebszeit als Basis zur Ermittlung der prognostizierten Bauteillebensdauer zur Verfügung.

Über gezielte Bedatung der Steuergeräte konnte der thermische Haushalt des Fahrzeugs nochmals feinjustiert werden. Zum Beispiel wurden die Schließzeiten der Kühlerjalousie der V6-Motorisierung in Bezug auf den resultierenden Verbrauch und die Temperaturbelastung weiter optimiert.

Klimatisierung

Die Erfüllung höchster Ansprüche an den thermischen Komfort im Innenraum bei geschlossenem oder geöffnetem Dach – im Sommer wie im Winter – ist für den neuen SL als Fahrzeug des Luxussegments von Mercedes-Benz selbstverständlich. Eine frühzeitige rechnerische Simulation ist dabei Grundlage für eine zielgerichtete Auslegung und Abstimmung der Klimatisierung und ihrer Komponenten. Beispielsweise wurde so die Auslegung der Luftkanäle hinsichtlich Luftmassenstrom und Geräuschentwicklung mithilfe von Strömungssimulationen im virtuellen Fahrzeug bereits vor dem Aufbau realer Fahrzeuge berechnet und bezüglich Strömungsgeräusch und Gewicht optimiert. Der Wirksamkeitsnachweis der Maßnahmen erfolgte anschließend im Akustiklabor.

Ein wichtiger Aspekt der Aktiven Sicherheit ist die schnelle Windschutzschei-

benenteisung und -freihaltung unter allen im Fahrbetrieb relevanten klimatischen Bedingungen. Dies konnte bereits frühzeitig durch die Simulation abgesichert werden. Die endgültige und zertifizierungsrelevante Messung erfolgte zu einem späteren Zeitpunkt am realen Fahrzeug.
In einer frühen Phase, lange vor dem Aufbau der ersten Prototypen des neuen SL, wurde zur Absicherung des Klimatisierungskonzepts ein sogenannter Klimamule aufgebaut. Dazu wurden die Klimatisierungsumfänge des neuen SL in ein Vorgängerfahrzeug integriert. So konnte die durch rechnerische Simulation ermittelte Grundauslegung bereits frühzeitig verifiziert werden, um dem Kunden später eine akustisch unauffällige, zugfreie und komfortable Klimatisierung zu bieten. Mit diesem Klimamule wurden erste Erprobungsfahrten im Schwarzwald und Spanien absolviert. In den daran anschließenden ersten Erprobungsfahrzeugen wurde das Konzept im Zielfahrzeug weiter erprobt und optimiert, um es final für den Serieneinsatz abzusichern. Hierzu fanden sowohl standardisierte Messungen im Klimakanal als auch auf der Straße statt.
Die im Mercedes Technology Center Sindelfingen neu errichteten Klimakanäle ermöglichen Messungen der Klimakomponenten in Extrembereichen unter realistischen und reproduzierbaren Bedingungen. Dies ist vor allem bei der vergleichenden Messung und Bewertung von Varianten sinnvoll. So wurde beispielsweise viel Abstimmungsarbeit in den Fahrerfußraumkanal gesteckt, um Luftmenge und Strömungsrichtung der einzelnen Ausströmer so zu gestalten, dass diese die Füße und Waden angenehm temperieren, ohne den Fußraum zu überheizen und sogenannte Hot-Spots oder kalte Stellen entstehen zu lassen.
Der Heiz- und der Kältekreislauf mussten bei Auslegungstemperaturen von +40 °C mit hoher Sonnenlast und Luftfeuchte (wie in asiatischen Ländern) sowie –20 °C (wie am Polarkreis) ihre Leistungsfähigkeit beweisen. In den Klimakanälen wurden unter diesen Randbedingungen auch Bergfahrten simuliert, welche besonders hohe Anforderung an die Systeme stellen. Trotz aller Möglichkeiten der rechnerischen Simulation bleiben Fahrten zur Abstimmung des thermischen Komforts unter kundennahen Randbedingungen auf der Straße eine absolute Notwendigkeit. Die Klimaregelung kann so im Detail optimal an das Fahrzeug angepasst werden. Der Fokus beim neuen SL lag darauf, dem Kunden unter jeglichen äußeren Bedingungen – ob Sonne, Regen oder Schnee – einen bestmöglichen thermischen Komfort zu bieten. Ausgangspunkte für die Auslegung waren die beiden extremen Temperaturbereiche mit extremer Hitze im Death Valley und extremer Kälte am Polarkreis. Die Temperaturbereiche dazwischen wurden über Fahrten in Deutschland und Europa erprobt und abgestimmt.
Besondere Aufmerksamkeit wurde der neuen Funktion AIRflow, der Applikation des thermischen Komforts im Betrieb der ECO Start-Stopp-Funktion und der effizienten Steuerung der Klimaanlage geschenkt. Die verschiedenen Varianten des Variodaches wurden ebenso berücksichtigt wie die verschiedenen Windschottvarianten sowie die Einflüsse des AIRSCARF-Systems. Die abgestimmten Änderungen und der finale Stand der Klimatisierung wurden in Bestätigungsfahrzeugen überprüft und freigegeben.

Fahrzeugdauerlauferprobung

Im Rahmen der SL-Gesamtfahrzeugerprobung wurden zur Absicherung der Dauerhaltbarkeit und Langzeitqualität von Systemen und Komponenten allein über zwei Millionen Kilometer mit Prototypen gefahren. Bei Mercedes-Benz gehört die Dauerlaufabsicherung seit Jahrzehnten zum festen Bestandteil jeder Fahrzeugentwicklung. Aktuelle Entwicklungen und besondere Fahrzeuganforderungen werden im Prüfprogramm selbstverständlich berücksichtigt und dieses so stetig verbessert und weiterentwickelt. Kernfaktor zur Unterscheidung sind die in Abhängigkeit des Streckenprofils auftretenden Belastungen:

- Straßendauererprobung (gemischte Streckenprofile und spezielle Prüfgeländemodule)
- geraffte Straßendauererprobung (mit zusätzlich verschärften Streckenprofilen inklusive Nürburgring-Nordschleife)
- Weltdauerlauf (alle Klimazonen)
- Betriebsfestigkeitsdauerlauf
- Antriebsstrangdauerlauf.

In erster Linie geht es bei all diesen Dauerläufen um laufleistungsbezogene Prüfungen der Fahrzeuge. Bei besonders anspruchsvollen Strecken kann zudem ein definierter Multiplikator, als Ausdruck des Raffungsfaktors gegenüber dem normalen Kundenbetrieb, angesetzt werden. Rennstrecke oder Straßen mit sogenanntem „Waschbrettbelag" sind im realen Kundenalltag eher die Ausnahme, aber es sollen so die Grenzen des Möglichen abgesichert werden.

Für den ersten SL mit selbsttragender Vollaluminiumkarosse wurden, aufgrund der im Vergleich zu Stahl unterschiedlichen Material- und Korrosionseigenschaften, die Ziellaufstrecken auf den extremen Schlechtwegmodulstrecken weiter erhöht. Gegenüber einem herkömmlichen Stahlrohbau wurde die Laufstrecke für lackierte Aluminiumteile um den Faktor 1,5 und für unlackierte, betriebsfestigkeitsrelevanten Teile sogar um den Faktor 2,5 erhöht. Zur weiteren Langzeitabsicherung der Aluminiumkarosserie wurde der neue SL in der Straßenerprobung über eine Kundenlaufstrecke von gut 600.000 km gefahren. Die Dauerlaufabsicherung erfolgt zu großen Teilen auf Prüfgeländen, wobei die Erprobung durch reale Belastungskollektive auf Autobahnen, Landstraßen und in Städten ergänzt wurde, Bild 6.

Bild 6
Auch Nachtfahrten bei widrigen Wetterverhältnissen gehören zum Erprobungsprogramm

Der Weltdauerlauf ist in vielen Belangen faszinierend, anspruchsvoll und herausfordernd zugleich. Der SL musste sich dabei in kürzester Zeit den Extremen der verschiedenen Klimazonen, den oftmals abenteuerlichen Straßenverhältnissen und den örtlichen Besonderheiten stellen. Das tropisch feuchtheiße Dubai ist dabei ein Extrem, Bild 7. Neben den Fahrten auf Sandpisten und Asphaltstraßen durch die arabische Wüste galt es eine weitere Herausforderung in der Stadt zu bestehen. Tausende Kilometer durch die City bei mehr als 40 °C und einer Luftfeuchtigkeit von gut 85 %, gepaart mit Durchschnittsgeschwindigkeiten von 10 km/h, ergeben einen gnadenlosen Hitze- und Verschleißtest, bei dem insbesondere die Klimatisierung und Motorkühlung auf eine harte Probe gestellt werden.

Ein anderes Extrem sind dann –30 °C und schneebedeckte Straßen im hohen Norden. Hier wurden speziell die Regelsysteme, das Fahrwerk und die Heizleistung des neuen SL gefordert, besonders die Schnee- und Eisfreihaltung der Scheiben musste hier ihre Funktionsfähigkeit unter Beweis stellen.

Freigabe

Der Entwicklungsfortschritt der Fahrzeuge und die Reifegradsteigerung im Hinblick auf das Testat „kundenfähig" wurden in Reifegradberichten dokumentiert. Zu fest definierten Meilensteinen wurde das Erreichen von wichtigen Entwicklungs- und Produktionsphasen mit dem Durchschreiten sogenannter Quality Gates bestätigt. Nachdem die finalen Bauteilstände und die erarbeitete Gesamtfahrzeugabstimmung die Testverfahren erfolgreich durchlaufen sowie die Dauerlauferprobungen die Dauerhalt-

Bild 7
Weltdauerlauffahrzeug in der Wüste Dubais

Bild 8
Erfolgreicher Abschluss der Erprobung des neuen SL

barkeit und Langzeitqualität bestätigt hatten, erfolgte die Entwicklungsfreigabe. Darin spiegeln sich alle bis dahin gesammelten Erfahrungen mit dem neuen Fahrzeug wider. In den sich anschließenden Freigabeklausuren der beteiligten Bereiche wurde dem neuen SL die Auslieferungsbestätigung erteilt und damit das Recht, sein Qualitätsprädikat zu tragen – den Mercedes-Stern, Bild 8.

MIX
Papier aus verantwortungsvollen Quellen
Paper from responsible sources
FSC® C105338

If you have any concerns about our products,
you can contact us on
ProductSafety@springernature.com

In case Publisher is established outside the EU,
the EU authorized representative is:
Springer Nature Customer Service Center GmbH
Europaplatz 3, 69115 Heidelberg, Germany

Printed by Libri Plureos GmbH
in Hamburg, Germany